SQL Server 数据库应用
（全案例微课版）

张 华 编著

清华大学出版社
北 京

内 容 简 介

本书是针对零基础读者编写的SQL Server入门教材，侧重案例实训，并提供扫码微课来讲解当前热门的案例。

本书分为20章，内容包括初识SQL Server 2019，SQL Server数据库，数据库中的数据表，Transact-SQL语言基础，掌握Transact-SQL语句，规则、默认值和完整性约束，数据的插入、更新和删除，Transact-SQL查询数据，系统函数与自定义函数，创建和使用视图，索引的创建和使用，存储过程的创建与应用，创建和使用触发器，创建和使用游标，事务和锁的应用，用户账户及角色的管理，数据库的备份与恢复，数据库的自动化管理，新闻发布系统数据库设计，开发教务选课系统。

本书通过精选热门案例，可以让初学者快速掌握SQL Server数据库应用技术。

图书在版编目(CIP)数据

SQL Server数据库应用：全案例微课版 / 张华编著. —北京：清华大学出版社，2021.5
ISBN 978-7-302-56936-7

Ⅰ.①S… Ⅱ.①张… Ⅲ.①关系数据库系统 Ⅳ.①TP311.132.3

中国版本图书馆 CIP 数据核字（2020）第 228146 号

责任编辑：张彦青
封面设计：李 坤
责任校对：吴春华
责任印制：杨 艳

出版发行：清华大学出版社
　　　　网　　　址：http://www.tup.com.cn，http://www.wqbook.com
　　　　地　　　址：北京清华大学学研大厦 A 座　　　　邮　　编：100084
　　　　社 总 机：010-62770175　　　　　　　　　　邮　　购：010-62786544
　　　　投稿与读者服务：010-62776969，c-service@tup.tsinghua.edu.cn
　　　　质 量 反 馈：010-62772015，zhiliang@tup.tsinghua.edu.cn
印 装 者：小森印刷霸州有限公司
经　　销：全国新华书店
开　　本：185mm×260mm　　　印　　张：29.25　　　字　　数：708 千字
版　　次：2021 年 5 月第 1 版　　　印　　次：2021 年 5 月第 1 次印刷
定　　价：98.00 元

产品编号：087771-01

前　　言

为什么要写这样一本书

数据库技术已成为软件开发中不可或缺的重要技术。SQL Server 2019 为所有数据工作负载带来了创新的安全性和合规性功能，业界领先的性能，任务关键型可用性和高级分析，并支持内置的大数据。SQL Server 2019 数据库发展到今天已经具有非常广泛的用户基础，市场的结果已经证明 SQL Server 2019 具有性价比高、灵活、使用广泛和良好支持的特点。通过本书的实训，大学生可以很快地上手流行的工具，提升职业化能力，从而有助于解决公司与学生的双重需求问题。

本书特色

零基础、入门级的讲解

无论您是否从事计算机相关行业，无论您是否接触过 SQL Server 2019 数据库设计，都能从本书中找到最佳起点。

实用、专业的范例和项目

本书内容在编排上紧密结合深入学习 SQL Server 2019 数据库设计的过程，从 SQL Server 2019 基本操作开始，逐步带领读者学习 SQL Server 2019 的各种应用技巧，侧重实战技能，使用简单易懂的实际案例进行分析和操作指导，让读者学起来简明轻松，操作起来有章可循。

随时随地学习

本书提供了微课视频，通过手机扫码即可观看，可随时随地解决学习中的困惑。

全程同步教学录像

涵盖本书所有知识点，详细讲解每个实例及项目的创建过程及技术关键点。可以比看书更轻松地掌握书中所有的数据库应用技术，而且扩展的讲解部分可以让读者有更多的收获。

读者对象

本书是一本完整介绍 SQL Server 数据库应用技术的教程，内容丰富、条理清晰、实用性强，适合以下读者学习使用。

- ■ 零基础的数据库自学者
- ■ 希望快速、全面掌握 SQL Server 数据库应用技术的人员

■ 高等院校或培训机构的老师和学生

■ 参加毕业设计的学生

创作团队

本书由张华编著，参加编写的人员还有刘春茂、李艳恩和李佳康。在编写本书的过程中，我们虽竭尽所能将最好的讲解呈现给读者，但难免有疏漏和不妥之处，敬请读者不吝指正。

编者

案例源代码　　　　精美幻灯片

目 录

Contents

第1章　初识SQL Server 2019

本章导读

SQL Server 2019 是新一代的数据平台产品，它不仅延续了现有数据平台的强大能力，而且全面支持云技术。本章就来介绍 SQL Server 2019 的相关内容，包括 SQL Server 2019 的相关概述、SQL Server 2019 的下载与安装、SQL Server Management Studio 的安装与基本操作等内容。

知识导图

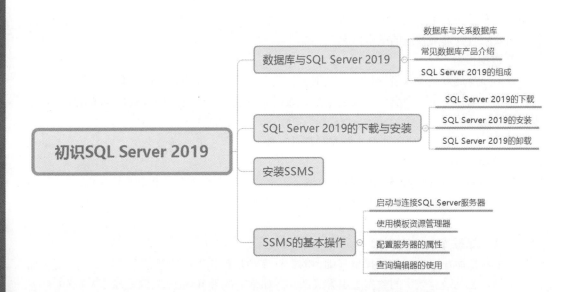

1.1　数据库与 SQL Server 2019

　　SQL Server 2019 是在早期版本的基础上构建的，旨在将 SQL Server 发展成一个平台，以提供开发语言、数据类型、本地或云环境以及操作系统选项。可以满足成千上万个用户的海量数据管理需求，能够快速构建相应的解决方案实现私有云与公有云之间数据的扩展与应用的迁移。

1.1.1　数据库与关系数据库

　　在学习数据库之前，我们需要了解一些与数据库相关的基本概念，如数据库、数据库系统、数据库管理系统等，只有理解这些概念，我们才能更好地学习与掌握数据库。

1. 数据库简介

　　数据库（Database）简称 DB，是指用来存放数据的仓库。按照数据库的表面意义来理解，可以将数据库看作电子化的文件柜，用户可以对文件柜中的数据进行新增、读取、更新、删除等操作。

　　例如，学校的人事部门常常要把本单位教师的基本情况（工号、姓名、年龄、性别、籍贯、学历等）存放在表中，这张表就可以看成是一个数据库。有了这个"数据仓库"，用户可以根据需要随时查询某教师的基本情况。

2. 数据模型

　　数据模型是数据库系统的核心与基础，是关于描述数据与数据之间的联系，数据库的语义、数据一致性约束的概念性工具的集合。数据模型通常由数据结构、数据操作和完整性约束三部分组成。

- 数据结构：是对系统静态特征的描述。描述对象包括数据的类型、内容、性质和数据之间的相互关系。
- 数据操作：是对系统动态特性的描述，是对数据库中各种对象实例的操作。
- 完整性约束：是完整性规则的集合。它定义了数据模型中数据及其联系所具有的制约和依存规则。

3. 关系数据库

　　关系数据库是建立在关系模型基础上的数据库，是现代流行的数据库管理系统中最为常用的一种，也是最有效率的数据组织方式之一。如常见的 SQL Server、Oracle、MySQL 等都是关系数据库系统。

　　关系数据库由数据表和数据表之间的关联组成，其中数据表通常是一个由行和列组成的二维表，每一个数据表分别说明数据库中某一特定的方面或部分的对象及其属性。如图 1-1 所示为一个水果信息表。在这个数据表中，每行记录代表一种水果的完整信息，每列数据代表水果某一方面的信息。

　　关系数据库的特点在于它将每个具有相同属性的数据独立地存放在一个表中，对任何一个表而言，用户都可以新增、修改、查询和删除表中的数据，而不影响表中的其他数据。下面我们来了解关系数据库中的一些常用术语，这对于后面章节的学习有很大的帮助。

水果信息表

编号	名称	产地	单价
101	苹果	山东烟台	5.8 元 /kg
102	橘子	福建南平	10 元 /kg
103	香蕉	海南三亚	8.5 元 /kg

图 1-1　数据表

- 关系：一个关系通常对应一张表。
- 记录：表中的一行即为一个记录。
- 属性：也被称为字段，表中的一列即为一个属性，给每个属性起一个名称即为属性名或字段名。
- 键：关系模型中的一个重要概念，在关系中用来标识行的一列或多列。
- 主键：也称主关键字，是表中用于唯一确定一行的数据。关键字用来确保表中记录的唯一性，可以是一个字段或多个字段，常用作一个表的索引字段。每条记录的关键字都是不同的，因而可以唯一地标识一个记录。

1.1.2　常见数据库产品介绍

目前常见的数据库产品包括 Access、MySQL、Oracle、SQL Server 等，下面分别进行介绍。

1. Access 数据库

Microsoft Office Access 是由微软发布的关联式数据库管理系统。它结合了 Microsoft Jet Database Engine 和图形用户界面的特点，是 Microsoft Office 的系统程序之一。主要为专业人士用来进行数据分析，目前一般不用于开发。如图 1-2 所示为 Access 数据库工作界面。

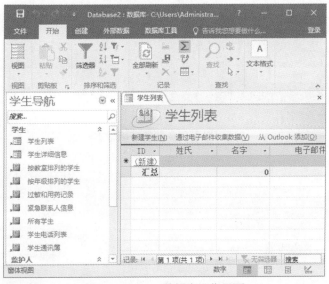

图 1-2　Access 数据库工作界面

2. MySQL 数据库

MySQL 数据库是一个小型的关系型数据库管理系统，由于其体积小、速度快、总体拥有成本低，尤其是开放源码这一特点，许多中小型网站为了降低网站总体拥有成本而选择 MySQL 作为网站数据库。如图 1-3 所示为 MySQL 8.0.13 数据库的下载界面。

另外，MySQL 还是一种关联数据库管理系统，关联数据库将数据保存在不同的表中，而不是将所有数据放在一个大仓库内，这样就提高了运行速度并增强了数据应用的灵活性。

3. Oracle 数据库

Oracle 公司的前身叫 SDL，由 Larry Ellison 和另两个编程人员在 1977 年创办。在 1979 年，Oracle 公司引入了第一个商用 SQL 关系数据库管理系统，其产品支持最广泛的操作系统平台，目前 Oracle 关系数据库产品的市场占有率名列前茅。如图 1-4 所示为 Oracle 数据库的安装配置界面。

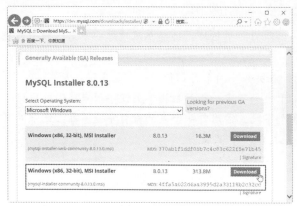

图 1-3　MySQL 数据库的下载界面

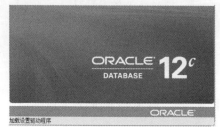

图 1-4　Oracle 数据库的安装配置界面

4. SQL Server 数据库

Microsoft SQL Server 是微软公司开发的大型关系型数据库系统，SQL Server 的功能比较全面，效率高，可以作为中型企业或单位的数据库平台，为用户提供了更加安全可靠的存储功能。如图 1-5 所示为 SQL Server 2019 数据库的下载页面。

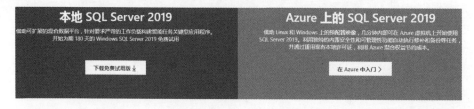

图 1-5　SQL Server 2019 数据库的下载页面

1.1.3　SQL Server 2019 的组成

作为微软的信息平台解决方案，SQL Server 2019 的发布，可以帮助数以千计的企业用户突破性地快速实现各种数据体验，完全释放对企业的洞察力。SQL Server 2019 主要由 4 部分组成，分别是数据库引擎、分析服务、报表服务和集成服务。

1. SQL Server 2019 数据库引擎

SQL Server 2019 数据库引擎是 SQL Server 2019 系统的核心服务，负责完成数据的存储、处理和安全管理。例如，创建数据库、创建表、创建视图、查询数据和访问数据库等操作，都是由数据库引擎完成的。通常情况下，使用数据库系统实际上就是在使用数据库引擎。

2. 分析服务（Analysis Services）

SQL Server 2019 分析服务的主要作用是通过服务器和客户端技术的组合提供联机分析处理（On-Line Analytical Processing，OLAP）和数据挖掘功能。通过分析服务，用户可以设计、创建和管理包含来自其他数据源的多维结构，通过对多维数据进行多角度分析，可以使管理人员对业务数据有更全面的理解。另外，使用分析服务，用户可以完成数据挖掘模型的构造和应用，实现知识的发现、表示和管理。

3. 报表服务（Reporting Services）

SQL Server 2019 的报表服务是一种基于服务器的解决方案，主要包含用于创建和发布报表及报表模型的图形工具和向导、用于管理 Reporting Services 的报表服务器管理工具，以及用于对 Reporting Services 对象模型进行编程和扩展的应用程序编程接口。

4. 集成服务（Integration Services）

SQL Server 2019 的集成服务是一个用于生成高性能数据集成和工作解决方案的平台，负责完成数据的提取、转换和加载等操作。上述 3 种服务都是通过 Integration Services 来进行联系的。除此之外，使用数据集成服务可以高效地处理各种各样的数据源，例如，SQL Server、Oracle、Excel、XML 文档、文本文件等。

1.2 SQL Server 2019 的下载与安装

本节以 SQL Server 2019（Evaluation Edition）的安装过程为例进行讲解。不同版本的 SQL Server 在安装时对软件和硬件的要求是不同的，其安装的数据库中的组件内容也不同，但是安装过程大同小异。

1.2.1 SQL Server 2019 的下载

SQL Server 2019 的各种版本可以通过官方网站进行下载，下载 SQL Server 2019 的步骤如下。

01 ▶ 在浏览器地址栏中输入"https://www.microsoft.com/zh-cn/sql-server/sql-server-2019"，按 Enter 键进入 SQL Server 2019 的下载主页面，如图 1-6 所示。

图 1-6　SQL Server 2019 下载主页面

02 单击【立即试用】按钮，进入【试用本地或云中的 SQL Server】页面，如图 1-7 所示。

图 1-7 【试用本地或云中的 SQL Server】页面

03 单击【下载免费试用版】按钮，进入【注册下载 SQL Server 2019 评估版】页面，在其中输入注册信息，如图 1-8 所示。

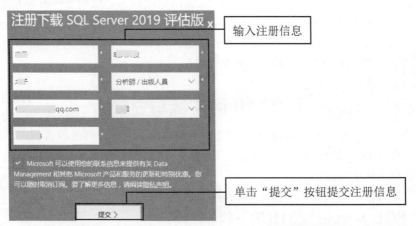

图 1-8 【注册下载 SQL Server 2019 评估版】页面

04 单击【提交】按钮，进入如图 1-9 所示的页面，单击【立即下载】按钮。

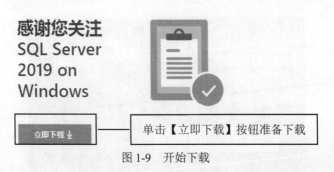

图 1-9 开始下载

05 打开【新建下载任务】对话框，设置 SQL Server 2019 下载的名称和地址，单击【下载】按钮，就可以下载 SQL Server 2019 程序了，如图 1-10 所示。

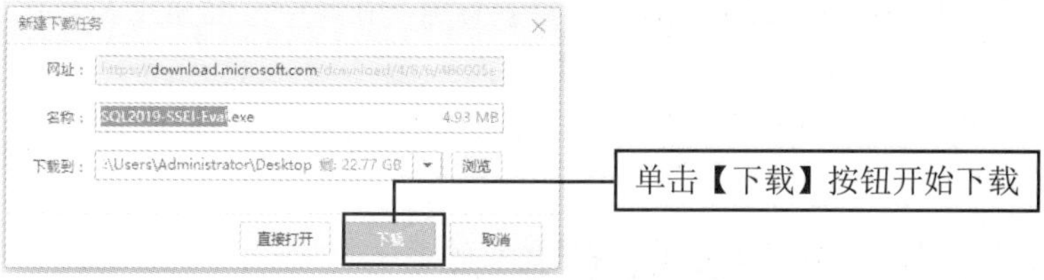

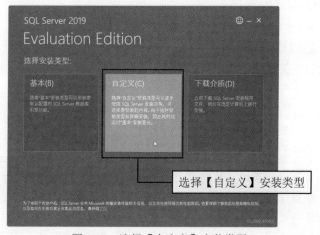

单击【下载】按钮开始下载

图 1-10　【新建下载任务】对话框

1.2.2　SQL Server 2019 的安装

SQL Server 2019 程序下载完成后，就可以安装了，不过在安装之前，用户需要了解其对安装环境的具体要求。

1. SQL Server 2019 安装环境需求

不同版本的 SQL Server 2019 对系统的要求略有差异，下面以 SQL Server 2019 标准版为例来介绍，其具体安装环境需求如表 1-1 所示。

表 1-1　SQL Server 2019 的安装环境需求

组　件	要　求
处理器	x64 处理器；处理器频率：最低 1.4 GHz，建议 2.0 GHz 或更快
内存	最小 2GB，推荐使用 4GB 的内存
硬盘	最少 6GB 的可用硬盘空间，建议 10GB 或更大的可用硬盘空间
驱动器	从磁盘进行安装时需要相应的 DVD 驱动器
显示器	Super-VGA（1024×768）或更高分辨率的显示器
Framework	在选择数据库引擎等操作时，.NET Framework 4.6.2 是 SQL Server 2019 所必需的，此程序可以单独安装
Windows PowerShell	对于数据库引擎组件和 SQL Server Management Studio 而言，Windows PowerShell 2.0 是一个安装必备组件

2. SQL Server 2019 的安装

确认完系统的配置要求和所需的安装组件后，下面介绍 SQL Server 2019 的安装步骤。

01 双击下载的 SQL Server 2019 Evaluation Edition 安装程序，打开【选择安装类型】界面，在其中选择程序的安装类型，这里选择【自定义】类型，如图 1-11 所示。

图 1-11　选择【自定义】安装类型

02▶打开【指定 SQL Server 媒体下载目标位置】界面，在其中设置 SQL Server 的安装语言以及媒体位置，单击【安装】按钮，如图 1-12 所示。

03▶开始下载 SQL Server 2019 的具体安装程序，下载完成后，会提示用户开始安装 SQL Server，如图 1-13 所示。

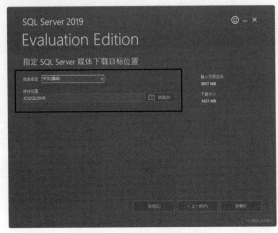

图 1-12　指定下载目标位置　　　　　　　　　　图 1-13　下载成功界面

04▶进入【SQL Server 安装中心】界面，选择界面左侧的【安装】选项，该选项提供了多种功能，如图 1-14 所示。

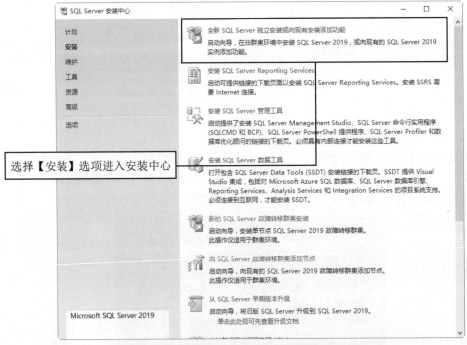

图 1-14　【SQL Server 安装中心】界面

提示：安装时读者可以使用购买的安装光盘进行安装，也可以从微软的网站下载相关的安装程序（微软提供了一个 180 天的免费企业试用版，该版本包含企业版的所有功能，随时可以直接激活为正式版本。读者可以下载该文件进行安装）。

05 选择【全新 SQL Server 独立安装或向现有安装添加功能】选项，打开【产品更新】界面，提示用户是否有产品更新信息，单击【下一步】按钮，如图 1-15 所示。

图 1-15 【产品更新】界面

06 打开【安装安装程序文件】界面，该步骤将下载、提取并安装 SQL Server 程序所需的组件，安装过程如图 1-16 所示。

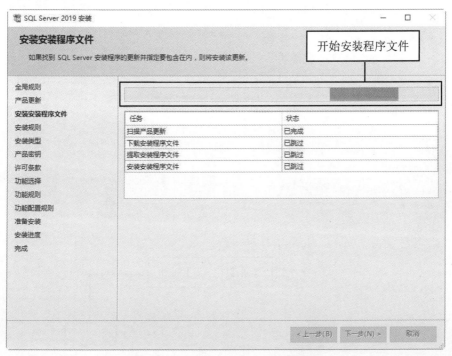

图 1-16 【安装安装程序文件】界面

07 安装完安装程序文件之后，安装程序将自动进行第二次支持规则的检测，全部通过之后单击【下一步】按钮，进入【安装规则】界面，再单击【下一步】按钮，如图 1-17 所示。

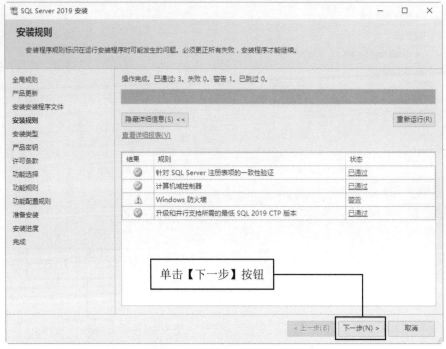

图 1-17　【安装规则】界面

08 进入【安装类型】界面，选中【执行 SQL Server 2019 的全新安装】单选按钮，单击【下一步】按钮，如图 1-18 所示。

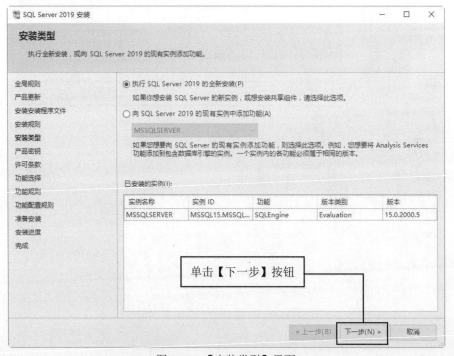

图 1-18　【安装类型】界面

09▶进入【产品密钥】界面，在该界面中可以输入购买的产品密钥。如果使用的是体验版本，可以在【指定可用版本】下拉列表框中选择 Evaluation 选项，然后单击【下一步】按钮，如图 1-19 所示。

图 1-19　【产品密钥】界面

10▶打开【许可条款】界面，选中该界面中的【我接受许可条款和隐私声明】复选框，然后单击【下一步】按钮，如图 1-20 所示。

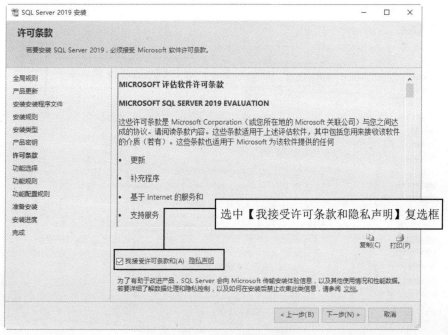

图 1-20　【许可条款】界面

11 打开【功能选择】界面，如果需要安装某项功能，则选中其前面的复选框，也可以使用下面的【全选】或者【取消全选】按钮来选择，然后单击【下一步】按钮，如图 1-21 所示。

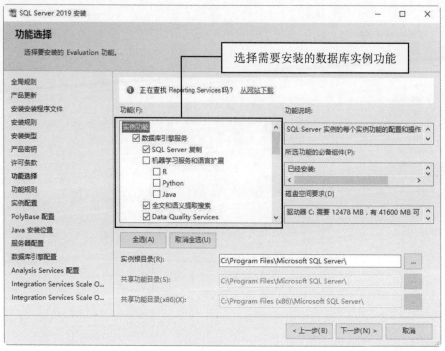

图 1-21　【功能选择】界面

12 打开【实例配置】界面，在安装 SQL Server 的系统中可以配置多个实例，每个实例必须有唯一的名称，这里选中【默认实例】单选按钮，单击【下一步】按钮，如图 1-22 所示。

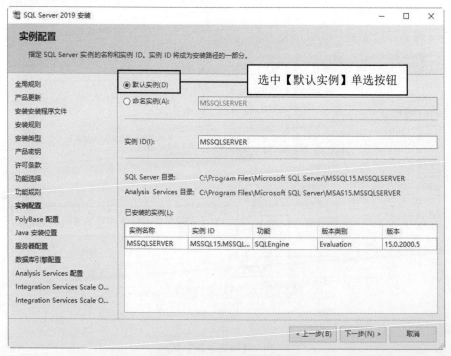

图 1-22　【实例配置】界面

13▶打开【PolyBase 配置】界面，在其中可以指定 PolyBase 扩大选项和端口范围，单击【下一步】按钮，如图 1-23 所示。

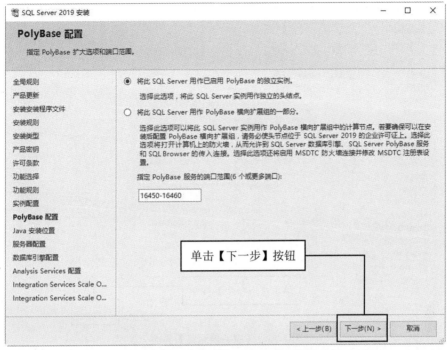

图 1-23　【PolyBase 配置】界面

14▶打开【Java 安装位置】界面，在其中指定 SQL Server 中 Java 的安装位置，单击【下一步】按钮，如图 1-24 所示。

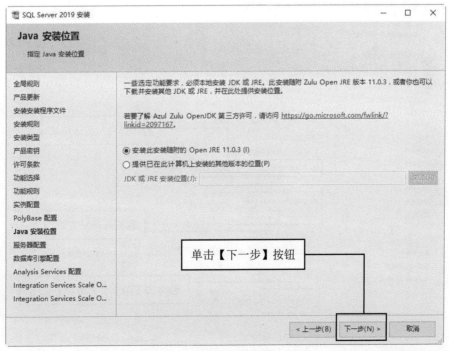

图 1-24　【Java 安装位置】界面

⑮打开【服务器配置】界面，该步骤设置使用 SQL Server 各种服务的用户，单击【下一步】按钮，如图 1-25 所示。

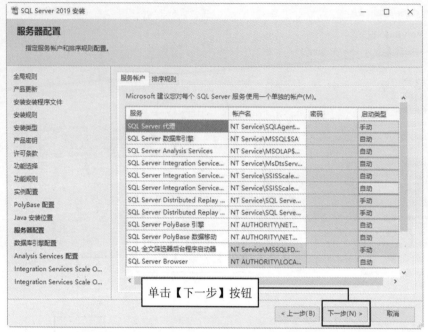

图 1-25　【服务器配置】界面

⑯打开【数据库引擎配置】界面，该界面显示了设计 SQL Server 的身份验证模式，这里选择第二种混合模式，此时需要为 SQL Server 的系统管理员设置登录密码，之后可以使用两种不同的方式登录 SQL Server。单击【添加当前用户】按钮，将当前用户添加为 SQL Server 管理员。单击【下一步】按钮，如图 1-26 所示。

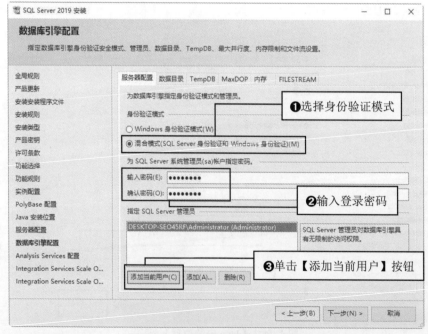

图 1-26　【数据库引擎配置】界面

17▶打开【Analysis Services 配置】界面，同样在该界面中单击【添加当前用户】按钮，将当前用户添加为 SQL Server 管理员，然后单击【下一步】按钮，如图 1-27 所示。

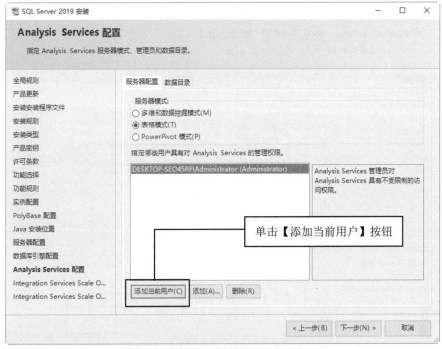

图 1-27　【Analysis Services 配置】界面

18▶打开【Integration Services Scale Out 配置 - 主节点】界面，在其中指定 Scale Out 主节点的端口号和安全证书，单击【下一步】按钮，如图 1-28 所示。

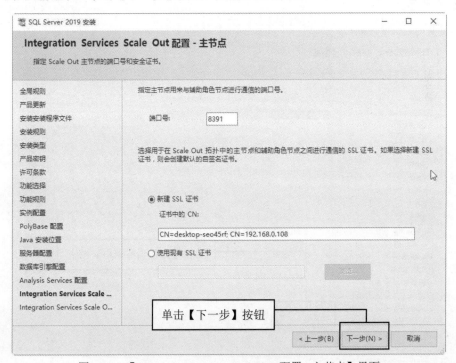

图 1-28　【Integration Services Scale Out 配置 - 主节点】界面

19 打开【Integration Services Scale Out 配置 - 辅助角色节点】界面，在其中指定 Scale Out 辅助角色节点所使用的主节点端点和安全证书，单击【下一步】按钮，如图 1-29 所示。

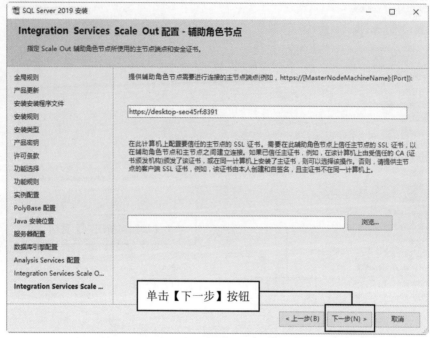

图 1-29　【Integration Services Scale Out 配置 - 辅助角色节点】界面

20 打开【Distributed Replay 控制器】界面，指定 Distributed Replay 控制器服务的访问权限。单击【添加当前用户】按钮，将当前用户添加为具有上述权限的用户，单击【下一步】按钮，如图 1-30 所示。

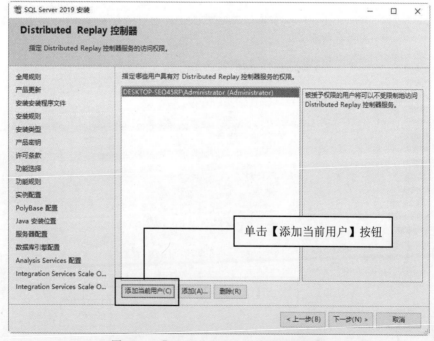

图 1-30　【Distributed Replay 控制器】界面

21 打开【Distributed Replay 客户端】界面，为 Distributed Replay 客户端指定相应的控制器和数据目录，单击【下一步】按钮，如图 1-31 所示。

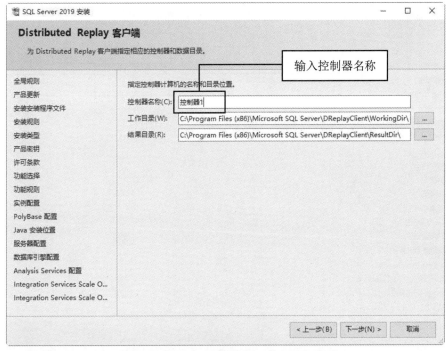

图 1-31 　【Distributed Replay 客户端】界面

22 打开【准备安装】界面，该界面描述了将要进行的全部安装过程和安装路径，单击【安装】按钮开始进行安装，如图 1-32 所示。

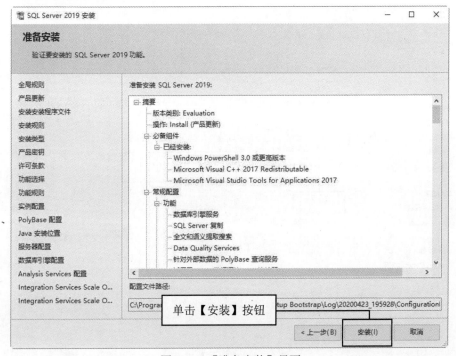

图 1-32 　【准备安装】界面

23 在打开的【安装进度】界面中显示安装的进度，如图 1-33 所示。

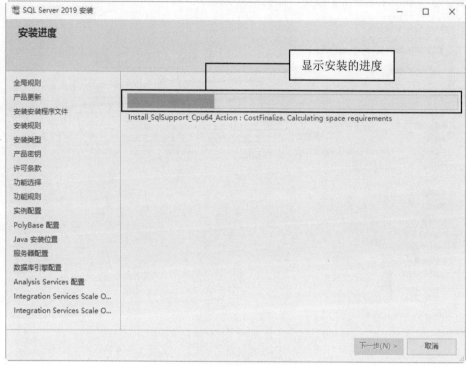

图 1-33　SQL Server 的安装进度

24 安装完成后，单击【关闭】按钮完成 SQL Server 2019 的安装过程，如图 1-34 所示。

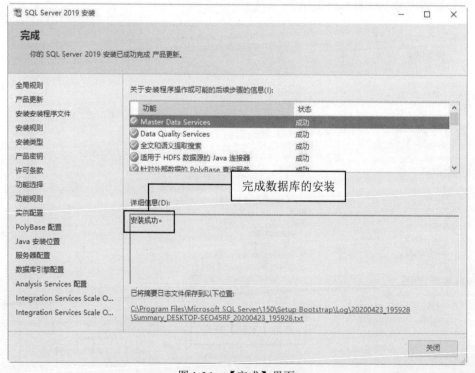

图 1-34　【完成】界面

1.2.3 SQL Server 2019 的卸载

如果 SQL Server 2019 被损坏或不再需要了，可以将其从计算机中卸载，卸载过程可分为如下几步。

01 在 Windows 10 操作系统中，单击左下角的【开始】按钮，在弹出的菜单中选择【Windows 系统】→【控制面板】命令，如图 1-35 所示。

02 打开【所有控制面板项】窗口，单击【程序和功能】按钮，如图 1-36 所示。

图 1-35　选择【控制面板】命令　　　　　　图 1-36　【所有控制面板项】窗口

03 打开【程序和功能】窗口，在其中选择【Microsoft SQL Server 2019（64 位）】选项，如图 1-37 所示。

04 单击【卸载 / 更改】按钮，将弹出一个如图 1-38 所示的对话框。

图 1-37　【程序和功能】窗口　　　　　　图 1-38　信息提示框

05 单击【删除】链接，即可根据向导卸载 SQL Server 2019 数据库系统。

1.3　安装 SQL Server Management Studio

SQL Server 2019 提供了图形化的数据库开发和管理工具，该工具就是 SQL Server

Management Studio（SSMS），它是 SQL Server 提供的一种集成化开发环境。SSMS 工具简易直观，可以使用该工具访问、配置、控制、管理和开发 SQL Server 的所有组件，极大地方便了各种开发人员和管理人员对 SQL Server 的访问。

默认情况下，SQL Server Management Studio 并没有被安装，下面介绍 SQL Server Management Studio 的安装步骤。

01 在【SQL Server 安装中心】界面中，单击左侧的【安装】选项，然后单击【安装 SQL Server 管理工具】链接，如图 1-39 所示。

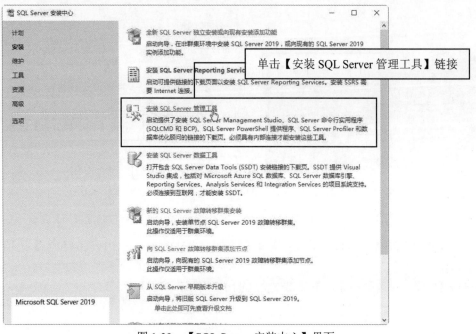

图 1-39　【SQL Server 安装中心】界面

02 在打开的页面中单击【下载 SQL Server Management Studio（SSMS）】链接，如图 1-40 所示。

下载 SQL Server Management Studio (SSMS)

2020/04/07 · ⬤⬤⬤

适用于：✅ SQL Server ✅ Azure SQL 数据库 ✅ Azure Synapse Analytics (SQL DW) ✖ 并行数据仓库

SQL Server Management Studio (SSMS) 是一种集成环境，用于管理从 SQL Server 到 Azure SQL 数据库的任何 SQL 基础结构。SSMS 提供用于配置、监视和管理 SQL Server 和数据库实例的工具。使用 SSMS 部署、监视和升级应用程序使用的数据层组件，以及生成查询和脚本。

使用 SSMS 在本地计算机或云端查询、设计和管理数据库及数据仓库，无论它们位于何处。

SSMS 是免费的！

单击【SQL Server Management Studio（SSMS）】超链接

下载 SSMS

⬇ 下载 SQL Server Management Studio (SSMS)

SSMS 18.5 是 SSMS 的最新正式发布 (GA) 版本。如果安装的是旧 GA 版本 SSMS 18，请安装 SSMS 18.5 将它升级到 18.5。

图 1-40　SQL Server Management Studio 的下载页面

03 下载完成后，双击下载文件 SSMS-Setup-CHS.exe，打开安装界面，单击【安装】按钮，如图 1-41 所示。

04 系统开始自动安装并显示安装进度，如图 1-42 所示。

图 1-41　安装界面

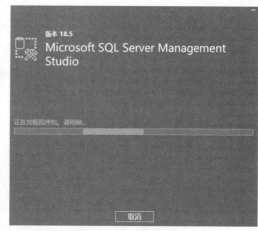

图 1-42　开始安装

05 安装完成后，单击【关闭】按钮即可，如图 1-43 所示。

图 1-43　安装完成

1.4　SQL Server Management Studio 的基本操作

熟练使用 SQL Server Management Studio 是 SQL Server 开发者的必备技能，下面就来介绍 SQL Server Management Studio 的基本操作以及常用组件的使用。

1.4.1　启动与连接 SQL Server 服务器

SQL Server 安装到系统中之后，将作为一个服务由操作系统监控，而 SQL Server Management Studio 是作为一个单独的进程运行的。安装好 SQL Server 2019 之后，就可以打开 SQL Server Management Studio 并且连接到 SQL Server 服务器了，操作步骤如下。

01 单击【开始】按钮，在弹出的菜单中选择【所有程序】→ Microsoft SQL Server Tools 18 → Microsoft SQL Server Management Studio 18 命令，打开【连接到服务器】对话框，在其中设置服务器的类型、名称以及身份验证信息，单击【连接】按钮，如图 1-44 所示。

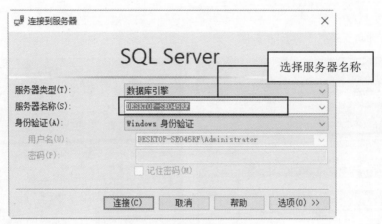

图 1-44 【连接到服务器】对话框

在【连接到服务器】对话框中有如下几项内容。

（1）服务器类型：根据安装的 SQL Server 版本，这里可能有多种不同的服务器类型，对于本书，将主要讲解数据库服务，所以选择【数据库引擎】选项。

（2）服务器名称：该下拉列表框中列出了所有可以连接的服务器的名称，这里的 DESKTOP-SEO45RF 为笔者主机的名称，表示连接到一个本地主机；如果要连接到远程数据库服务器，则需要输入服务器的 IP 地址。

（3）身份验证：如果设置了混合验证模式，可以在该下拉列表框中使用 SQL Server 身份登录，此时，需要输入用户名和密码；如果在安装过程中指定使用 Windows 身份验证，则可以选择【Windows 身份验证】选项。

02 进入 Microsoft SQL Server Management Studio 主界面，该界面左侧为【对象资源管理器】任务窗格，如图 1-45 所示。

03 选择【视图】→【已注册的服务器】命令，打开【已注册的服务器】任务窗格，如图 1-46 所示，该窗格中显示了所有已经注册的 SQL Server 服务器。

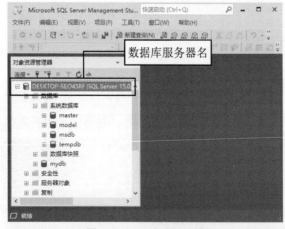

图 1-45 SSMS 图形界面

图 1-46 【已注册的服务器】任务窗格

1.4.2 使用模板资源管理器

模板资源管理器可以用来访问 SQL 代码模板，使用模板提供的代码，省去了用户在开发时每次都要输入基本代码的工作。使用模板资源管理器的方法如下。

01 进入 SQL Server Management Studio 主界面之后，选择【视图】→【模板资源管理器】命令，打开【模板浏览器】任务窗格，如图 1-47 所示。

02 模板资源管理器按代码类型进行分组，比如有关对数据库（database）的操作都放在 Database 目录下，用户可以双击 Database 目录下面的 Create Database 模板，如图 1-48 所示。

图 1-47 【模板浏览器】任务窗格   图 1-48   Create Database 代码模板的内容

03 将光标定位到左侧窗格，此时 SQL Server Management Studio 的主菜单栏中将会多出来一个【查询】菜单项，选择【查询】→【指定模板参数的值】命令，如图 1-49 所示。

04 打开【指定模板参数的值】对话框，在【值】文本框中输入"test"，如图 1-50 所示。

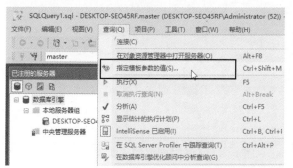

图 1-49   选择【指定模板参数的值】命令   图 1-50   【指定模板参数的值】对话框

05 输入完成之后，单击【确定】按钮，返回代码模板的查询编辑窗口，此时模板中的代码发生了变化，代码中的 Database_Name 值都被 test 值所取代。选择【查询】→【执行】命令，SQL Server Management Studio 将根据修改过的代码，创建一个新的名称为 test 的数据库，如图 1-51 所示。

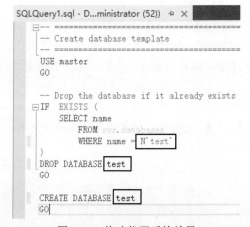

图 1-51   修改代码后的效果

1.4.3　配置服务器的属性

对服务器进行必要的优化配置可以保证 SQL Server 2019 服务器安全、稳定、高效地运行。配置时主要从内存、安全性、数据库设置和权限 4 个方面进行考虑。

配置 SQL Server 2019 服务器的具体操作步骤如下。

01 首先启动 SQL Server Management Studio，在【对象资源管理器】任务窗格中选择当前登录的服务器，右击并在弹出的快捷菜单中选择【属性】命令，如图 1-52 所示。

02 打开【服务器属性】对话框，在对话框左侧的【选择页】列表中可以看到当前服务器的所有选项：【常规】、【内存】、【处理器】、【安全性】、【连接】、【数据库设置】、【高级】和【权限】。其中，【常规】选项设置界面中的内容不能修改，这里列出的是服务器名称、产品信息、操作系统、平台、版本、语言、内存、处理器、根目录等固有属性信息，而其他7 个选项包含服务器端的可配置信息，如图 1-53 所示。

图 1-52　选择【属性】命令

图 1-53　【服务器属性】对话框

其他 7 个选项的具体配置方法如下。

1. 内存

在【选择页】列表中选择【内存】选项，该选项设置界面主要用来根据实际要求对服务器的内存大小进行配置与更改，这里包含的内容有：【服务器内存选项】、【其他内存选项】、【配置值】和【运行值】，如图 1-54 所示。

（1）服务器内存选项。

- 最小服务器内存：分配给 SQL Server 的最小内存，低于该值的内存不会被释放。
- 最大服务器内存：分配给 SQL Server 的最大内存。

（2）其他内存选项。

- 创建索引占用的内存：指定在创建索引排序过程中要使用的内存量，数值为 0 表示由操作系统动态分配。
- 每次查询占用的最小内存：为执行查询操作分配的内存量，默认值为 1024KB。

（3）配置值：显示并运行该选项设置界面中的配置内容。

（4）运行值：查看本对话框中各选项当前运行的值。

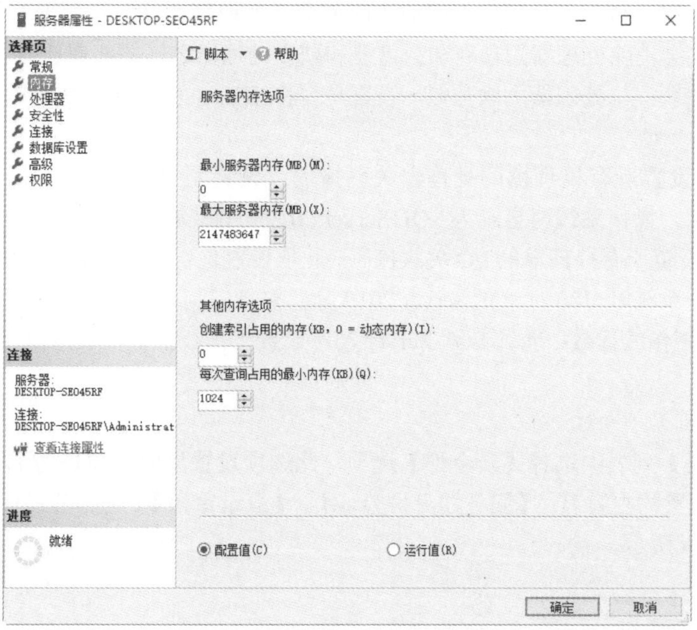

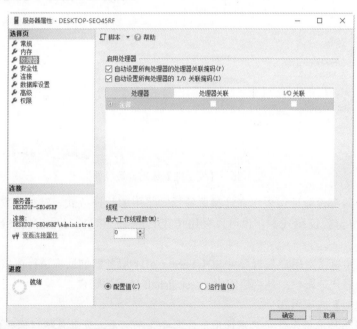

图 1-54 【内存】选项设置界面

2. 处理器

在【选择页】列表中选择【处理器】选项，可以查看或修改 CPU 选项。一般来说，只有安装了多个处理器才需要配置此选项。【处理器】选项设置界面里有以下选项：【处理器关联】、【I/O 关联】、【自动设置所有处理器的处理器关联掩码】、【自动设置所有处理器的 I/O 关联掩码】，如图 1-55 所示。

图 1-55 【处理器】选项设置界面

（1）处理器关联：对于操作系统，为了执行多任务，同一进程可以在多个 CPU 之间移动，提高处理器的效率，但对于高负荷的 SQL Server，该活动会降低其性能，因为会导致数据的不断重新加载。这种线程与处理器之间的关联就是"处理器关联"。如果将每个处理器分配给特定线程，就会消除处理器的重新加载需要和减少处理器之间的线程迁移。

（2）I/O 关联：与处理器关联类似，设置是否将 SQL Server 磁盘 I/O 绑定到指定的 CPU 子集。

（3）自动设置所有处理器的处理器关联掩码：设置是否允许 SQL Server 设置处理器关联。如果启用，操作系统将自动为 SQL Server 2019 分配 CPU。

（4）自动设置所有处理器的 I/O 关联掩码：此项设置是否允许 SQL Server 设置 I/O 关联。如果启用，操作系统将自动为 SQL Server 2019 分配磁盘控制器。

（5）最大工作线程数：允许 SQL Server 动态设置工作线程数，默认值为 0。一般来说，不用修改该值。

3. 安全性

在【选择页】列表中选择【安全性】选项，此选项设置界面主要是为了确保服务器的安全运行，可以配置的内容有：【服务器身份验证】、【登录审核】、【服务器代理账户】和【选项】，如图 1-56 所示。

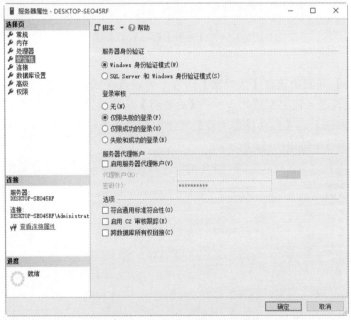

图 1-56 【安全性】选项设置界面

（1）服务器身份验证：表示在连接服务器时采用的验证方式，默认在安装过程中设定为【Windows 身份验证模式】，也可以采用【SQL Server 和 Windows 身份验证模式】的混合模式。

（2）登录审核：对用户是否登录 SQL Server 2019 服务器的情况进行审核。

（3）服务器代理账户：是否启用供 xp_cmdshell 使用的账户。

（4）【选项】选项组。

● 符合通用标准符合性：启用通用条件需要 3 个元素，分别是残留保护信息（RIP）、查看登录统计信息的能力和字段 GRANT 不能覆盖表 DENY。

● 启用 C2 审核跟踪：保证系统能够保护资源并具有足够的审核能力，运行监视所有数据库实体的访问企图。

● 跨数据库所有权链接：允许数据库成为跨数据库所有权限的源或目标。

> **注意**：更改安全性配置之后需要重新启动服务。

4. 连接

在【选择页】列表中选择【连接】选项，此选项设置界面中有以下选项：【最大并发连接数】、【使用查询调控器防止查询长时间运行】、【默认连接选项】、【允许远程连接到此服务器】和【需要将分布式事务用于服务器到服务器的通信】，如图 1-57 所示。

图 1-57　【连接】选项设置界面

（1）最大并发连接数：默认值为 0，表示无限制。也可以输入数字来限制 SQL Server 2019 允许的连接数。需要注意，如果此值设置得过小，可能会阻止管理员进行连接，但是"专用管理员连接"始终可以连接。

（2）使用查询调控器防止查询长时间运行：为了避免使用 SQL 查询语句执行过长时间，导致 SQL Server 服务器的资源被长时间占用，可以设置此项。选择此项后输入最长的查询运行时间，超过这个时间，会自动中止查询，以释放更多的资源。

（3）默认连接选项：该列表框中的选项内容比较多，各个选项的作用如表 1-2 所示。

表 1-2　默认连接选项

配置选项	作　　用
隐式事务	控制在运行一条语句时，是否隐式启动一项事务
提交式关闭游标	控制执行提交操作后游标的行为
ansi 警告	控制集合警告中的截断和 NULL
ansi 填充	控制固定长度的变量的填充
ansi nulls	在使用相等运算符时控制 NULL 的处理
arithmetic 中止	在查询执行过程中发生溢出或被零除错误时终止查询
arithmetic 忽略	在查询过程中发生溢出或被零除错误时返回 NULL
带引号的标识符	计算表达式时区分单引号和双引号

续表

配置选项	作 用
未计数	关闭在每个语句执行后所返回的说明有多少行受影响的消息
ansi null 默认启用	更改会话的行为，使用 ANSI 兼容为空性。未显式定义为空性的新列定义为允许使用空值
ansi null 默认禁用	更改会话的行为，不使用 ANSI 兼容为空性。未显式定义为空性的新列定义为不允许使用空值
串联 null 时得到 null	当将 NULL 值与字符串连接时返回 NULL
数值舍入中止	当表达式中出现失去精度的情况时生成错误
xact 中止	如果 Transact-SQL 语句引发运行时错误，则回滚事务

（4）允许远程连接到此服务器：选中此复选框允许从运行 SQL Server 实例的远程服务器，控制存储过程的执行。远程查询超时值是指定在 SQL Server 超时之前远程操作可执行的时间，默认为 600s。

（5）需要将分布式事务用于服务器到服务器的通信：选中此复选框允许通过 Microsoft 分布式事务处理协调器（MS DTC），保护服务器到服务器过程的操作。

5. 数据库设置

【数据库设置】选项设置界面可以设置针对该服务器上的全部数据库的一些选项，包含【默认索引填充因子】、【备份和还原】、【恢复】和【数据库默认位置】、【配置值】和【运行值】等，如图 1-58 所示。

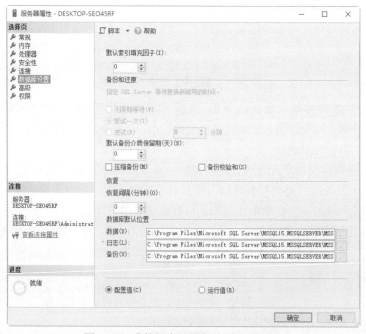

图 1-58 【数据库设置】选项设置界面

（1）默认索引填充因子：指定在 SQL Server 使用目前数据创建新索引时对每一页的填充程度。索引的填充因子就是规定向索引页中插入索引数据最多可以占用的页面空间。例如填充因子为 70%，那么在向索引页面中插入索引数据时最多可以占用页面空间的 70%，剩下 30% 的空间留给索引的数据更新时使用。默认值是 0，有效值是 0~100%。

（2）备份和还原：指定 SQL Server 等待更换新磁带的时间。

- 无限期等待：SQL Server 在等待新备份磁带时永不超时。
- 尝试一次：是指如果需要备份磁带，但它却不可用，则 SQL Server 将超时。
- 尝试：它的分钟数是指如果备份磁带在指定的时间内不可用，SQL Server 将超时。

（3）默认备份介质保留期（天）：指示在用于数据库备份或事务日志备份后每一个备份媒体的保留时间。此选项可以防止在指定的日期前覆盖备份。

（4）恢复：设置每个数据库恢复时所需的最大分钟数。数值 0 表示让 SQL Server 自动配置。

（5）数据库默认位置：指定数据文件和日志文件的默认位置。

6. 高级

【高级】选项设置界面中包含许多选项，如图 1-59 所示。

图 1-59　【高级】选项设置界面

（1）并行的开销阈值：指定数值，单位为秒，如果一个 SQL 查询语句的开销超过这个数值，就会启用多个 CPU 来并行执行高于这个数值的查询，以优化性能。

（2）查询等待值：指定在超时之前查询等待资源的秒数，有效值是 0~2 147 483 647。默认值是 -1，意思是按估计查询开销的 25 倍计算超时值。

（3）锁：设置可用锁的最大数目，以限制 SQL Server 为锁分配的内存量。默认值为 0，表示允许 SQL Server 根据系统要求来动态分配和释放锁。

（4）最大并行度：设置执行并行计划时能使用的 CPU 数量，最大值为 64。0 值表示使用所有可用的处理器；1 值表示不生成并行计划。默认值为 0。

（5）网络数据包大小：设置整个网络使用的数据包大小，单位为字节。默认值是 4096字节。

> **注意：** 如果应用程序经常执行大容量复制操作或者是发送、接收大量的 text 和 image 数据，可以将"网络数据包大小"的值设置得大一点。如果应用程序接收和发送的信息量都很小，那么可以将其设置为 512 字节。

（6）远程登录超时值：指定从远程登录尝试失败返回之前等待的秒数。默认值为 20s，如果设置为 0，则允许无限期等待。此项设置影响为执行异类查询所创建的与 OLE DB 访问接口的连接。

（7）两位数年份截止：指定为 1753 到 9999 之间的整数，该整数表示将两位数年份解释为四位数年份的截止年份。

（8）默认全文语言：指定全文索引列的默认语言。全文索引数据的语言分析取决于数据的语言。默认值为服务器的语言。

（9）默认语言：指定默认情况下所有新创建的登录名使用的语言。

（10）启动时扫描存储过程：指定 SQL Server 在启动时是否扫描并自动执行存储过程。如果设置为 True，则 SQL Server 在启动时将扫描并自动运行服务器上定义的所有存储过程。

（11）游标阈值：指定游标集中的行数，如果超过此行数，将异步生成游标键集。当游标为结果集生成键集时，查询优化器会估算将为该结果集返回的行数。如果查询优化器估算出的返回行数大于此阈值，则将异步生成游标，使用户能够在继续填充游标的同时从该游标中提取行。否则，同步生成游标，查询将一直等待到返回所有行。

-1 表示将同步生成所有键集，此设置适用于较小的游标集。

0 表示将异步生成所有游标键集。

其他值表示查询优化器将比较游标集中的预期行数，并在该行数超过所设置的数量时异步生成键集。

（12）允许触发器激发其他触发器：指定触发器是否可以执行启动另一个触发器的操作，也就是指定触发器是否允许递归或嵌套。

（13）大文本复制大小：指定用一个 INSERT、UPDATE、WRITETEXT 或 UPDATETEXT 语句可以向复制列添加的 text 和 image 数据的最大值，单位为字节。

7. 权限

【权限】选项设置界面用于授予或撤销账户对服务器的操作权限，如图 1-60 所示。

图 1-60　【权限】选项设置界面

【登录名或角色】列表框中显示的是多个可以设置权限的对象，在【显式】列表框中，可以看到【登录名或角色】列表框中对象的权限。在【登录名或角色】列表框中选择不同的对象，在【显式】列表框中会有不同的权限显示。在这里也可以为【登录名或角色】列表框中的对象设置权限。

1.4.4　查询编辑器的使用

SQL Server Management Studio 中的查询编辑器是用来帮助用户编写 Transact-SQL 语句的工具，这些语句可以在编辑器中执行，用于查询、操作数据等。下面介绍查询编辑器的基本用法，操作步骤如下。

01 在 SQL Server Management Studio 窗口中选择【文件】→【新建】→【项目】命令，如图 1-61 所示。

图 1-61　选择【项目】命令

02 打开【新建项目】对话框，选择【SQL Server 脚本 SQL Server Management Studio 项目】选项，单击【确定】按钮，如图 1-62 所示。

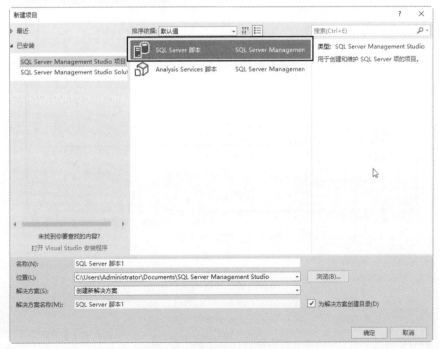

图 1-62　【新建项目】对话框

03 在工具栏中单击【新建查询】按钮，将在查询编辑器中打开一个后缀为 .sql 的文件，其中没有任何代码，如图 1-63 所示。

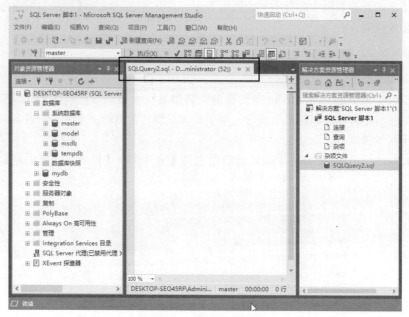

图 1-63　查询编辑器窗口

在查询编辑器窗口中输入下面的 Transact-SQL 语句，如图 1-64 所示。

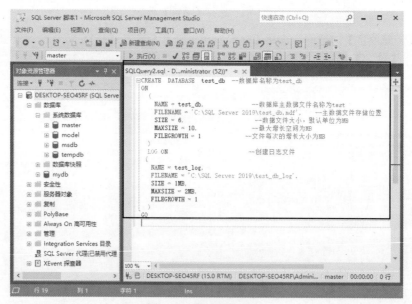

图 1-64　输入相关语句

```
CREATE  DATABASE  test_db  --数据库名称为test_db
ON
  (
   NAME = test_db,          --数据库主数据文件名称为test
   FILENAME = 'C:\SQL Server 2019\test_db.mdf',   --主数据文件存储位置
   SIZE = 6,                --数据文件大小，默认单位为MB
   MAXSIZE = 10,            --最大增长空间为MB
```

```
        FILEGROWTH = 1.                  --文件每次的增长大小为MB
    )
 LOG ON                                  --创建日志文件
(
  NAME = test_log,
  FILENAME = 'C:\SQL Server 2019\test_db_log',
  SIZE = 1MB,
  MAXSIZE = 2MB,
  FILEGROWTH = 1
    )
  GO
```

04 输入完成之后，选择【文件】→【保存 SQLQuery2.sql】命令，保存该 .sql 文件，另外用户也可以单击工具栏中的【保存】按钮或者直接按 Ctrl+S 组合键，如图 1-65 所示。

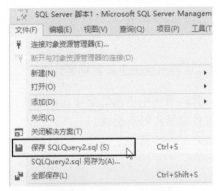

图 1-65　保存 .sql 文件

05 打开【另存文件为】对话框，设置保存类型和文件名后，单击【保存】按钮，如图 1-66 所示。

06 .sql 文件保存成功之后，单击工具栏中的【执行】按钮，或者直接按 F5 键，将会执行 .sql 文件中的代码。执行之后，在消息窗口中会提示命令已成功执行，同时在 C:\ SQL Server 2019\ 目录下创建两个文件，名称分别为 test_db 和 test_db_log，如图 1-67 所示。

图 1-66　【另存文件为】对话框

图 1-67　查看创建的数据库文件

注意：在执行这段代码的时候必须保证 C:\SQL Server 2019\ 目录存在，否则代码执行过程会出错。

1.5　疑难问题解析

▌疑问 1：如何选择适合自己的数据库？

答：选择数据库时，需要考虑运行的操作系统和管理系统的实际情况。一般情况下，要遵循以下原则。

（1）如果是开发大的管理系统，可以在 Oracle、SQL Server、DB2 中选择；如果是开发中小型的管理系统，可以在 Access、MySQL、PostgreSQL 中选择。

（2）Access 和 SQL Server 数据库只能运行在 Windows 系列的操作系统上，其与 Windows 系列的操作系统有很好的兼容性。Oracle、DB2、MySQL 和 PostgreSQL 除了在 Windows 平台上可以运行外，还可以在 Linux 和 UNIX 平台上运行。

（3）Access、MySQL 和 PostgreSQL 都非常容易使用，Oracle 和 DB2 相对比较复杂，但是其性能比较好。

▌疑问 2：数据库系统与数据库管理系统的主要区别是什么？

答：数据库系统是指在计算机系统中引入数据库后的系统构成，一般由数据库、数据库管理系统、应用系统、数据库管理员和用户构成。

数据库管理系统是位于用户与操作系统之间的一层数据管理软件，是数据库系统的一个重要组成部分。

1.6　综合实战训练营

▌实战 1：掌握安装 SQL Server 2019 的方法

按照 SQL Server 2019 程序的安装步骤以及提示可以一步一步地进行 SQL Server 2019 的安装，最终效果如图 1-68 所示。

▌实战 2：掌握配置 SQL Server 2019 的方法

通过客户端管理工具 SQL Server Management Studio 可以连接到 SQL Server 2019 服务器，登录界面如图 1-69 所示。

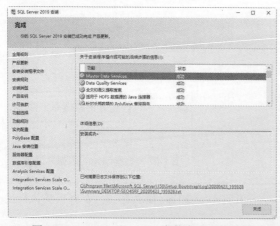

图 1-68　SQL Server 2019 安装完成后的效果

图 1-69　【连接到服务器】对话框

第2章　SQL Server数据库

本章导读

　　SQL Server 2019 数据库是指所涉及的对象以及数据的集合，它不仅反映了数据本身，而且反映了对象以及数据之间的联系。对数据库的操作是开发人员的一项重要工作，而且数据的操作只有在创建了数据库和数据表之后才能进行。本章就来介绍 SQL Server 数据库，主要内容包括 SQL Server 数据库概述、创建和管理数据库等。

知识导图

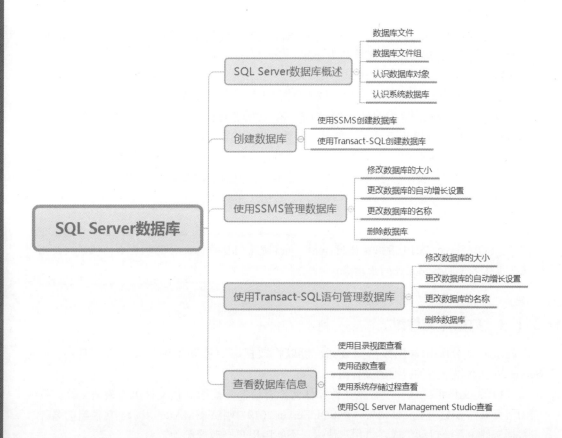

2.1 SQL Server 数据库概述

SQL Server 2019 数据库就是存放有组织的数据集合的容器，以操作系统文件的形式存储在磁盘上，由数据库系统进行管理和维护。数据库中的数据和日志信息分别保存在不同的文件中，这些文件只能在一个数据库中使用。

2.1.1 数据库文件

数据库文件是指数据库中用来存放数据库数据和数据库对象的文件，一个数据库可以有一个或多个数据库文件，一个数据库文件只能属于一个数据库。SQL Server 2019 的数据库具有以下 3 种类型的文件。

（1）主数据文件。

主数据文件包含数据库的启动信息，是数据库的起点，指向数据库中的其他文件，用于存储用户数据和对象，是 SQL Server 数据库的主体，每个数据库有且仅有一个主数据文件。主数据文件的默认文件扩展名是 .mdf。

（2）次要数据文件。

除主数据文件以外的所有其他数据文件都是次要数据文件，也称为辅助数据文件，可用于将数据分散到多个磁盘上。一个数据库可以没有次要数据文件，也可能有多个次要数据文件。次要数据文件的默认文件扩展名为 .ndf。

（3）事务日志文件。

用来记录数据库更新情况的文件，每个数据库至少有一个事务日志文件，事务日志文件不属于任何文件组。对数据库中的数据进行的增、删、改等各种操作，都会记录在事务日志文件中。当数据库被破坏时可以利用事务日志文件恢复数据库中的数据，从而最大限度地减少损失。

SQL Server 数据库采用"提前写"方式的事务，即对数据库的修改先写入事务日志，再写入数据库。因此，使用日志文件还可以通过事务有效地维护数据库的完整性。与数据文件不同，日志文件不存放数据，不包含数据，它是由一系列的日志记录组成的。日志文件的默认文件扩展名是 .ldf。

> 注意：SQL Server 2019 不强制使用 .mdf、.ndf 或者 .ldf 作为文件的扩展名，但建议使用这些扩展名帮助标识文件的用途。

2.1.2 数据库文件组

为了方便分配和管理数据库数据，可以将数据库对象和文件一起分成文件组，SQL Server 2019 有以下两种类型的文件组。

（1）主文件组：包含主数据文件和任何没有明确分配给其他文件组的数据文件。系统表的所有页都分配在主文件组中。在 SQL Server 2019 中用 PRIMARY 表示主文件组的名称。主数据文件由系统自动生成，供用户使用，不能由用户修改或删除。

（2）用户定义文件组：在 CREATE DATABASE 或 ALTER DATABASE 语句中用 FILEGROUP 关键字指定的除主文件组以外的任何文件组。

日志文件不包括在文件组内，而且日志空间与数据空间分开管理。一个文件不可以是多个文件组的成员。表、索引和大型对象数据可以与指定的文件组相关联，在这种情况下，它们的所有页将分配到该文件组。也可以对表和索引进行分区，已分区表和索引的数据被分割为单元，每个单元可以放置在数据库中的单独文件组中。

每个数据库中均有一个文件组被指定为默认文件组。一次只能将一个文件组作为默认文件组，并将假定所有页都从默认文件组分配。

> **注意**：每个数据库中均有一个文件组被指定为默认文件组，一次只能将一个文件组作为默认文件组。如果没有指定默认文件组，则将主文件组作为默认文件组。

2.1.3　认识数据库对象

SQL Server 2019 数据库中的数据在逻辑上被组织成一系列对象，当一个用户连接到数据库后，所看到的是这些逻辑对象，而不是物理的数据库文件。SQL Server 2019 中有以下常用的数据库对象。

（1）表：数据库中的表与我们日常生活中使用的表格相似，由列和行组成。其中每一列都代表一个相同类型的数据，每列又称为一个字段，每列的标题称为字段名。每一行包括若干列信息。一行数据称为一条记录，它是具有一定意义的信息组合，代表一个实体。一个数据库表由一条或多条记录组成，没有记录的表称为空表。每个表中通常有一个主关键字，用于唯一标识一条记录。

（2）索引：某个表中一列或若干列值的集合与相应的指向表中物理标识这些值的数据页的逻辑指针清单。

（3）视图：视图看上去与表相似，具有一组命名的字段和数据项，它其实是一个虚拟的表，在数据库中并不实际存在。

（4）关系图表：关系图表其实就是数据库表之间的关系示意图。利用它可以编辑表与表之间的关系。

（5）默认值：指当在表中创建列或插入数据时，为没有指定具体值的列或列数据赋予的事先设定好的值。

（6）约束：是 SQL Server 实施数据一致性和数据完整性的方法。

（7）规则：用来限制数据表中字段的有限范围，以确保列中数据完整性的一种方式。

（8）触发器：一个特殊的存储过程，与表格或某些操作相关联。当用户对数据进行插入、修改、删除或对数据库表进行建立、修改、删除时激活，并自动运行。

（9）存储过程：一组经过编译的可以重复使用的 Transact-SQL 代码的组合。

（10）登录：SQL Server 访问控制允许连接到服务器的账户。

（11）用户：是指拥有一定权限的数据库的使用者。

（12）角色：数据库操作权限的集合，可以将角色关联到同一类级别的用户。

2.1.4　认识系统数据库

使用 SQL Server Management Studio 启动并连接到 SQL Server 2019 数据库服务器后，在对象资源管理器的【数据库】节点下面的【系统数据库】节点中，可以看到几个已经存在的数据库，这些数据库在 SQL Server 安装到系统中之后就创建好了，这就是 SQL Server 2019

的系统数据库。

1. master 数据库

master 是 SQL Server 2019 中最重要的数据库，是整个数据库服务器的核心。用户不能直接修改该数据库，如果损坏了 master 数据库，那么整个 SQL Server 服务器将不能工作。该数据库中包含所有用户的登录信息、用户所在的组、所有系统的配置选项、服务器中本地数据库的名称和信息、SQL Server 的初始化方式等内容。要想提高数据库的安全性，应定期备份 master 数据库。

2. model 数据库

model 数据库是 SQL Server 2019 中创建数据库的模板，如果用户希望创建的数据库有相同的初始化文件大小，则可以在 model 数据库中保存文件大小的信息；若希望所有的数据库中都有一个相同的数据表，同样也可以将该数据表保存在 model 数据库中。因为将来创建的数据库以 model 数据库中的数据为模板，因此在修改 model 数据库之前要考虑到，任何对 model 数据库中数据的修改都将影响所有使用模板创建的数据库。

3. msdb 数据库

msdb 提供运行 SQL Server Agent 工作的信息，SQL Server Agent 是 SQL Server 中的一个 Windows 服务，该服务用来运行制定的计划任务。计划任务是在 SQL Server 中定义的一个程序，该程序不需要干预即可自动开始执行。

与 tempdb 和 model 数据库一样，各位读者在使用 SQL Server 时也不要直接修改 msdb 数据库，SQL Server 中的其他一些程序会自动使用该数据库。例如，当用户对数据进行存储或者备份时，msdb 数据库会记录与执行这些任务相关的一些信息。

4. tempdb 数据库

tempdb 是 SQL Server 中的一个临时数据库，用于存放临时对象或中间结果，SQL Server 关闭后，该数据库中的内容被清空。每次重新启动服务器时，tempdb 数据库都将被重建。

2.2　创建数据库

数据库的创建过程实际上就是数据库从逻辑设计到物理实现的过程。在 SQL Server 中创建数据库时有两种方法：一种是在 SQL Server Management Studio 中使用对象资源管理器创建，另一种是使用 Transact-SQL 语句创建。这两种方法在创建数据库时，有各自的优缺点，用户可以根据自己的喜好，灵活地选择不同的方法。对于不熟悉 Transact-SQL 语句的用户来说，可以使用 SQL Server Management Studio 提供的创建向导来创建数据库。

2.2.1　使用 SQL Server Management Studio 创建数据库

使用 SQL Server Management Studio 创建数据库比使用 Transact-SQL 语句创建数据库更加直观，因此比较适合初学者。

▌实例 1：创建一个用于存储商品信息的数据库 Goods

01▶选择【开始】→ Microsoft SQL Server Tools 18 → SQL Server Management Studio 18 命令，打开【连接到服务器】对话框，在其中设置服务器类型、名称以及身份验证信息，如图 2-1 所示。

02▶单击【连接】按钮，即可进入 SQL Server Management Studio 18 工作界面，在左侧的【对

象资源管理器】任务窗格中展开【数据库】节点，如图 2-2 所示。

图 2-1 【连接到服务器】对话框　　　　图 2-2 展开【数据库】节点

03 右击【数据库】节点文件夹，在弹出的快捷菜单中选择【新建数据库】命令，如图 2-3 所示。
04 打开【新建数据库】对话框，在该对话框左侧的【选择页】列表中有 3 个选项，默认选择的是【常规】选项，在右侧【常规】选项设置界面中输入数据库的名称和初始大小等参数，如图 2-4 所示。

图 2-3 选择【新建数据库】命令　　　　图 2-4 【新建数据库】对话框

【新建数据库】对话框中【常规】选项设置界面中的主要参数如下。

（1）【数据库名称】：输入数据库的名称。

（2）【所有者】：这里可以指定任何一个拥有创建数据库权限的账户。此处为默认账户（default）——当前登录到 SQL Server 的账户。用户也可以修改此处的值，如果使用 Windows 系统身份验证登录，这里的值将会是系统用户 ID；如果使用 SQL Server 身份验证登录，这里的值将会是连接到服务器的 ID。

（3）【使用全文检索】：如果想让数据库具有搜索特定内容的字段，需要选中此复选框。

（4）【逻辑名称】：引用文件时使用的文件名称。

（5）【文件类型】：表示该文件存放的内容。行数据表示这是一个数据库文件，其中存储了数据库中的数据；日志文件中记录的是用户对数据进行的操作。

（6）【文件组】：为数据库中的文件指定文件组，可以指定的值有 PRIMARY 和 SECOND，数据库中必须有一个主文件组（PRIMARY）。

（7）【初始大小】：该列下的两个值分别表示数据库文件的初始大小和日志文件的初

始大小。

（8）【自动增长】：当数据库文件超过初始大小时，文件大小增加的速度。这里数据文件是每次增加 1MB，日志文件每次增加的大小为初始大小的 10%。默认情况下，在增长时不限制文件的增长极限，即"不限制文件增长"，这样可以不必担心数据库的维护，但在数据库出问题时磁盘空间可能会被完全占满。因此在应用时，要根据需要设置一个合理的文件增长的最大值。

（9）【路径】：数据库文件和日志文件的保存位置，默认路径为 C:\Program Files\ Microsoft SQL Server\MSSQL15.MSSQLSERVER\MSSQL\DATA。如果要修改路径，单击路径右边带省略号的按钮，将打开【定位文件夹】对话框，在该对话框中选择想要保存数据的路径之后单击【确认】按钮返回。

（10）【文件名】：将滚动条向右拉到最后可以看到该参数，该值用来存储数据库中数据的物理文件名称。默认情况下，SQL Server 使用数据库名称加上 _Data 后缀来创建物理文件名，例如这里的 Goods_Data。

（11）【添加】按钮：添加多个数据文件或者日志文件。单击【添加】按钮之后，将新增一行，在新增行的【文件类型】列的下拉列表中可以选择文件类型，分别是【行数据】或者【日志】。

（12）【删除】按钮：删除指定的数据文件和日志文件。用鼠标选定想要删除的行，然后单击【删除】按钮，注意主数据文件不能被删除。

> **提示：** 文件类型为【日志】的行与【行数据】的行所包含的信息基本相同，对于日志文件，【文件组】列的值是通过在数据库名称后面加 _log 后缀而得到的，并且不能修改【文件组】列的值。

> **注意：** 数据库名称中不能使用 Windows 不允许使用的非法字符，如 " ' * /?:\<> -。

05 在【选择页】列表中选择【选项】选项，在其选项设置界面中可以设置数据库的排序规则、恢复模式等参数信息，如图 2-5 所示。

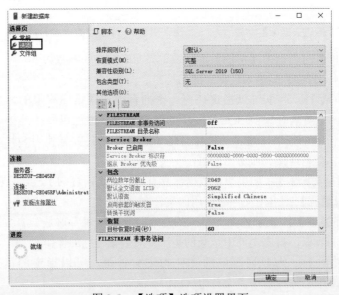

图 2-5　【选项】选项设置界面

【新建数据库】对话框中【选项】选项设置界面中的主要参数如下。

（1）【恢复模式】：该下拉列表框中的【完整】选项允许发生错误时恢复数据库，在发生错误时，可以即时使用事务日志恢复数据库。

（2）【大容量日志】：当执行操作的数据量比较大时，只记录该操作事件，并不记录插入的细节。例如，向数据库插入上万条记录数据，此时只记录该插入操作，而对于每一行插入的内容并不记录。这种方式可以在执行某些操作时提高系统性能，但是当服务器出现问题时，只能恢复到最后一次备份的日志内容。

（3）【简单】：每次备份数据库时清除事务日志，该选项表示根据最后一次对数据库的备份进行恢复。

（4）【兼容性级别】：是否允许建立一个兼容早期版本的数据库，如要兼容早期版本的 SQL Server，则新版本中的一些功能将不能使用。

> **注意**：【选项】选项设置界面中还有许多其他可设置参数，这里直接使用其默认值即可，在 SQL Server 的学习过程中，读者会逐步理解这些值的作用。

06 在【文件组】选项设置界面中，可以设置或添加数据库文件和文件组的属性，例如是否为只读，是否有默认值，如图 2-6 所示。

07 单击【确定】按钮，开始创建数据库 Goods，创建成功之后，在【对象资源管理器】任务窗格中可以看到新建立的名称为 Goods 的数据库，如图 2-7 所示。

图 2-6　【文件组】选项设置界面　　　　　　图 2-7　创建的数据库

> **注意**：SQL Server 2019 在创建数据库的过程中会对数据库进行检验，如果存在一个相同名称的数据库，则创建操作失败，并提示错误信息，如图 2-8 所示。

图 2-8　错误提示信息对话框

2.2.2 使用 Transact-SQL 创建数据库

SQL Server Management Studio 是一个非常实用、方便的图形化（GUI）管理工具，前面进行的创建数据库的操作，实际上执行的就是 Transact-SQL 语言脚本，根据设定的各个选项的值在脚本中执行创建操作的过程。接下来的内容，将向读者介绍创建数据库对象的 Transact-SQL 语句。在 SQL Server 中创建一个新数据库及存储该数据库的文件的基本 Transact-SQL 语法格式如下：

```
CREATE DATABASE database_name
[ ON
       [ PRIMARY ] [<filespec> [ ,...n ]]
]
[ LOG ON
[<filespec> [ ,...n ]]
];
<filespec>::=
(
    NAME = logical_file_name
    [ , NEWNAME = new_logical_name ]
    [ , FILENAME = {'os_file_name' | 'filestream_path' } ]
    [ , SIZE = size [ KB | MB | GB | TB ] ]
    [ , MAXSIZE = { max_size [ KB | MB | GB | TB ] | UNLIMITED } ]
    [ , FILEGROWTH = growth_increment [ KB | MB | GB | TB| % ] ]
);
```

上述语句分析如下。

（1）database_name：数据库名称，不能与 SQL Server 中现有的数据库实例名称相冲突，最多可以包含 128 个字符。

（2）ON：指定显式定义用来存储数据库中数据的磁盘文件。

（3）PRIMARY：指定关联的 <filespec> 列表定义的主文件，在主文件组 <filespec> 项中指定的第一个文件将生成主文件，一个数据库只能有一个主文件。如果没有指定 PRIMARY，那么 CREATE DATABASE 语句中列出的第一个文件将成为主文件。

（4）LOG ON：指定用来存储数据库日志的日志文件。LOG ON 后跟以逗号分隔的用以定义日志文件的 <filespec> 项列表。如果没有指定 LOG ON，将自动创建一个日志文件，其大小为该数据库的所有数据文件大小总和的 25% 或 512KB，取两者之中的较大者。

（5）NAME：指定文件的逻辑名称。指定 FILENAME 时，需要使用 NAME，除非指定 FORATTACH 子句之一。无法将 FILESTREAM 文件组命名为 PRIMARY。

（6）FILENAME：指定创建文件时由操作系统使用的路径和文件名，执行 CREATE DATABASE 语句前，指定路径必须存在。

（7）SIZE：指定数据库文件的初始大小，如果没有为主文件提供 size，数据库引擎将使用 model 数据库中的主文件大小。

（8）MAXSIZE max_size：指定文件可增大到的最大大小。可以使用 KB、MB、GB 和 TB 后缀。默认值为 MB。max_size 是整数值。如果不指定 max_size，则文件将不断增长，直至磁盘被占满。UNLIMITED 表示文件一直增长到磁盘充满。

（9）FILEGROWTH：指定文件的自动增量。文件的 FILEGROWTH 设置不能超过 MAXSIZE 设置。该值可以 MB、KB、GB、TB 或百分比（%）为单位指定。默认值为 MB。如果指定 %，则增量大小为发生增长时文件大小的指定百分比。值为 0 时表明自动增长被设置为关闭，不允许增加空间。

实例 2：创建一个用于存储学生与教师信息的数据库 School

创建一个数据库 School，该数据库的主数据文件逻辑名为 School，物理文件名称为 School.mdf，初始大小为 8MB，最大尺寸为 30MB，增长速度为 5%；数据库日志文件的逻辑名称为 School_log，保存日志的物理文件名称为 School.ldf，初始大小为 1MB，最大尺寸为 8MB，增长速度为 128KB。

01 启动 SQL Server Management Studio 并连接数据库，选择【文件】→【新建】→【使用当前连接的查询】菜单命令，如图 2-9 所示。

图 2-9　选择【使用当前连接的查询】菜单命令

02 在查询编辑器窗口中打开一个空的 .sql 文件，将下面的 Transact-SQL 语句输入空白文档中，如图 2-10 所示。

图 2-10　输入相应的语句

```
CREATE DATABASE [School] ON  PRIMARY
(
NAME = 'School',
FILENAME = 'C:\SQL Server 2019\School.mdf',
SIZE = 8192KB ,
MAXSIZE =30MB,
FILEGROWTH = 5%
)
LOG ON
(
NAME = 'School_log',
FILENAME = 'C:\SQL Server 2019\School_log.ldf',
SIZE = 1024KB ,
MAXSIZE = 8192KB ,
FILEGROWTH = 10%
)
GO
```

03 输入完成之后，单击【执行】按钮。命令执行成功之后，刷新 SQL Server 2019 中的数据库节点，可以在子节点中看到新创建的名称为 School 的数据库，如图 2-11 所示。

> **注意**：如果刷新 SQL Server 中的数据库节点后，仍然看不到新建的数据库，可以重新连接对象资源管理器，即可看到新建的数据库。

04 选择新建的数据库后右击，在弹出的快捷菜单中选择【属性】命令，打开【数据库属性】对话框，选择【文件】选项，即可查看数据库的相关信息。可以看到，这里的各个参数值与 Transact-SQL 代码中指定的值完全相同，说明使用 Transact-SQL 代码创建数据库成功，如图 2-12 所示。

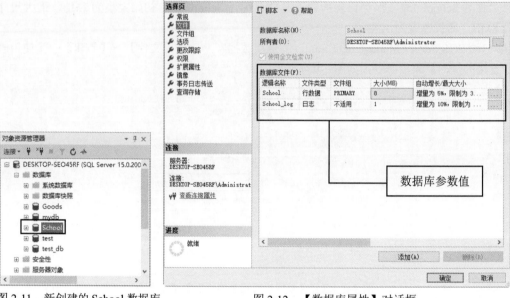

图 2-11　新创建的 School 数据库　　　　　　图 2-12　【数据库属性】对话框

2.3　使用 SQL Server Management Studio 管理数据库

　　数据库创建完毕后，还可以对数据库进行管理，主要内容包括修改数据库、查看数据库信息、更改数据库名称和删除数据库等。本节就来介绍使用 SQL Server Management Studio 管理数据库的方法。

2.3.1　修改数据库的大小

　　在创建数据库时，系统会自动设置数据库的大小，这个数值就是数据库的初始大小，如果这个大小不能满足实际需求，可以对其进行修改。

▎实例 3：修改数据库 Goods 的大小为 25MB

01 在【对象资源管理器】任务窗格中展开【数据库】节点，选择需要修改容量的数据库 Goods，单击鼠标右键，在弹出的快捷菜单中选择【属性】命令，如图 2-13 所示。

02 打开【数据库属性】对话框，单击 Goods 行的初始大小列下的文本框，重新输入一个值，这里输入 "25"。也可以单击旁边的两个小箭头按钮，增大或者减小值。修改完成之后，单击【确定】按钮，这样就成功修改了 Goods 数据库的文件大小。读者可以重新打开 Goods 数据库的属性对话框，查看修改结果，如图 2-14 所示。

图 2-13　选择【属性】命令

图 2-14　修改数据库的文件大小

2.3.2　更改数据库的自动增长设置

在修改数据库大小时，可以更改数据库的自动增长设置，包括文件增长大小以及数据库文件自动增长的最大限制数。

▌实例 4：修改数据库 Goods 的自动增长增量为 50MB，最大文件大小为 100MB

01 在 Goods 数据库的属性对话框中，选择左侧的【文件】选项，打开其选项设置界面，在 Goods 行中，单击【自动增长 / 最大大小】列下面的带省略号的按钮 ，如图 2-15 所示。

图 2-15　Goods 的属性对话框

02 弹出【更改 Goods 的自动增长设置】对话框，选中【启用自动增长】复选框和【按MB】单选按钮，并在【按 MB】右侧的微调框中输入"50"，如图 2-16 所示。

03 选中【限制为（MB）】单选按钮，并在其右侧的微调框中输入"100"，设置数据库的增长限制，如图 2-17 所示。

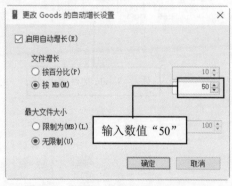

图 2-16　设置文件增长大小为 50

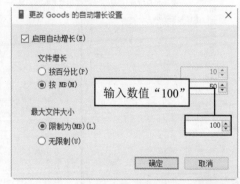

图 2-17　设置最大文件大小限制值

04 单击【确定】按钮，返回到【数据库属性】对话框，即可看到修改后的结果，单击【确定】按钮完成修改，如图 2-18 所示。

图 2-18　修改自动增长最大限制为 100MB

2.3.3　更改数据库名称

▌实例 5：修改数据库 Goods 的名称为 Goods_db

01 选择 Goods 数据库，单击鼠标右键，在弹出的快捷菜单中选择【重命名】命令，如图 2-19 所示。

02 在显示的文本框中输入新的数据库名称 Goods_db，输入完成之后按 Enter 键确认或者在【对象资源管理器】任务窗格中的空白处单击，如图 2-20 所示。

图 2-19　选择【重命名】命令

图 2-20　修改数据库名称

2.3.4　删除数据库

当数据库不再需要时，为了节省磁盘空间，可以将它们从系统中删除。

▋ 实例 6：删除数据库 Goods_db

01 在【对象资源管理器】任务窗格中，选择需要删除的数据库 Goods_db，单击鼠标右键，在弹出的快捷菜单中选择【删除】命令或直接按下键盘上的 Delete 键，如图 2-21 所示。

02 打开【删除对象】对话框，确认要删除的目标数据库对象，在该对话框中同时也可以选中【删除数据库备份和还原历史记录信息】和【关闭现有连接】复选框，单击【确定】按钮，之后将执行数据库的删除操作，如图 2-22 所示。

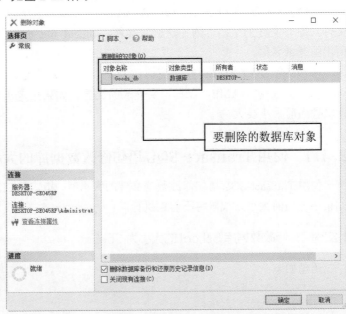

图 2-21　选择【删除】命令

图 2-22　【删除对象】对话框

047

2.4 使用 Transact-SQL 语句管理数据库

使用 Transact-SQL 语句中的 ALTER DATABASE 语句可以管理数据库，包括增加或删除数据文件、改变数据文件或日志文件的大小和增长方式，增加或者删除日志文件和文件组。ALTER DATABASE 语句的基本语法格式如下：

```
ALTER DATABASE database_name
{
    MODIFY NAME = new_database_name
  | ADD FILE <filespec> [ ,...n ] [ TO FILEGROUP { filegroup_name } ]
  | ADD LOG FILE <filespec> [ ,...n ]
  | REMOVE FILE logical_file_name
  | MODIFY FILE <filespec>
}
<filespec>::=
(
    NAME = logical_file_name
  [ , NEWNAME = new_logical_name ]
  [ , FILENAME = {'os_file_name' | 'filestream_path' } ]
  [ , SIZE = size [ KB | MB | GB | TB ] ]
  [ , MAXSIZE = { max_size [ KB | MB | GB | TB ] | UNLIMITED } ]
  [ , FILEGROWTH = growth_increment [ KB | MB | GB | TB| % ] ]
  [ , OFFLINE ]
);
```

（1）database_name：要修改的数据库的名称。

（2）MODIFY NAME：指定新的数据库的名称。

（3）ADD FILE：向数据库中添加文件。

（4）TO FILEGROUP { filegroup_name }：将指定文件添加到的文件组。filegroup_name 为文件组名称。

（5）ADD LOG FILE：将要添加的日志文件添加到指定的数据库。

（6）REMOVE FILE logical_file_name：从 SQL Server 的实例中删除逻辑文件和物理文件。除非文件为空，否则无法删除文件。logical_file_name 是在 SQL Server 中引用文件时所用的逻辑名称。

（7）MODIFY FILE：指定应修改的文件。一次只能更改一个 <filespec> 属性。必须在 <filespec> 中指定 NAME，以标识要修改的文件。如果指定了 SIZE，那么新设置的大小必须比文件当前大小要大。

2.4.1 使用 Transact-SQL 语句修改数据库的大小

使用 Transact-SQL 语句修改数据文件的大小时，指定的 SIZE 必须大于或等于当前大小，如果小于当前大小，代码将不能被执行。

▎实例 7：修改数据库 School 的大小为 25MB

语句如下：

```
ALTER DATABASE School
MODIFY FILE
```

```
(
    NAME=school,
    SIZE=25MB
);
GO
```

代码执行结果如图 2-23 所示，这样 School 数据库的大小将被修改为 25MB。打开【数据库属性】对话框，可以在【文件】选项设置界面中看到数据库 School 的数据文件大小为 25MB，如图 2-24 所示。

图 2-23　执行代码　　　　　　　　图 2-24　【文件】选项设置界面

2.4.2　更改数据库的自动增长设置

通过 Transact-SQL 语句可以更改数据库的自动增长设置，包括自动增长的增量以及自动增长的最大限制值。

▌实例 8：修改数据库 School 的自动增长增量为 10%，最大文件大小为 100MB

输入语句如下：

```
ALTER DATABASE School
MODIFY FILE
(
    NAME=School,
    FILEGROWTH =10%,
    MAXSIZE=100MB
);
GO
```

代码执行结果如图 2-25 所示，这样 School 数据库的自动增长设置就会被修改。打开【数据库属性】对话框，可以在【文件】选项设置界面中看到数据库 School 的自动增长增量为 10%，自动增长最大大小限制值增加到 100MB，如图 2-26 所示。

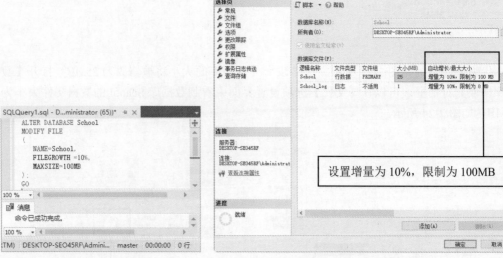

图 2-25　执行代码　　　　　　　　　图 2-26　修改最大增长限制值

2.4.3　使用 Transact-SQL 语句修改数据库名称

使用 ALTER DATABASE 语句可以修改数据库的名称，其语法格式如下：

```
ALTER DATABASE old_database_name
 MODIFY NAME = new_database_name
```

▍实例 9：修改数据库 School 的名称为 School_db

输入语句如下：

```
ALTER DATABASE School
    MODIFY NAME = School_db;
GO
```

代码执行结果如图 2-27 所示，School 数据库的名称被修改为 School_db，刷新【数据库】节点，可以看到 School 数据库的名称被修改为 School_db，如图 2-28 所示。

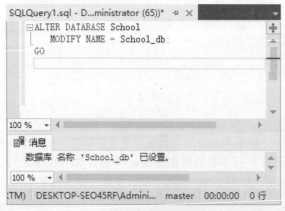

图 2-27　执行代码

图 2-28　修改数据库名称

2.4.4 使用 Transact-SQL 语句删除数据库

删除数据库可以使用 DROP 语句，DROP 语句可以从 SQL Server 中一次删除一个或多个数据库，该语句的用法比较简单，基本语法格式如下：

```
DROP DATABASE database_name[, …n];
```

▌实例 10：删除数据库 School_db

输入语句如下：

```
DROP DATABASE School_db;
```

代码执行结果如图 2-29 所示，School_db 数据库将被删除。

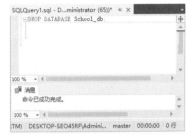

图 2-29 执行代码

注意：并不是所有的数据库在任何时候都可以被删除，只有处于正常状态下的数据库，才能使用 DROP 语句删除。当数据库处于以下状态时不能被删除：数据库正在使用；数据库正在恢复；数据库包含用于复制的对象。如图 2-30 所示为删除正在使用的数据库时给出的提示信息。

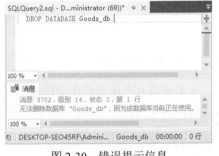

图 2-30 错误提示信息

2.5 查看数据库信息

在 SQL Server 2019 中可以使用多种方式查看数据库信息，例如使用目录视图、函数、存储过程等。

2.5.1 使用目录视图查看

使用目录视图可以查看数据库的基本信息，常用的目录视图如表 2-1 所示。

表 2-1 目录视图

目录视图名称	功能介绍
sys.database_files	查看数据库文件的信息
sys.filegroups	查看数据库文件组的信息
sys.master_files	查看数据库文件的基本信息和状态信息
sys.databases	查看数据库的基本信息

▌实例 11：使用 sys.databases 查看所有数据库的基本信息

输入语句如下：

```
SELECT name,user_access_desc, is_read_only, state_desc, recovery_model_desc
FROM sys.databases;
```

代码执行结果如图 2-31 所示，从中可以查看数据库的名称、是否为只读、数据库的状态等信息。

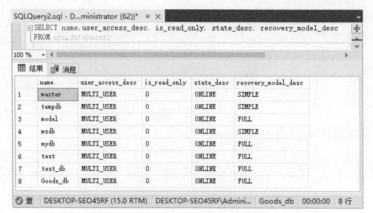

图 2-31　查看所有数据库的基本信息

2.5.2　使用函数查看

如果要查看指定数据库中的指定选项信息时，可以使用 DATABASEPROPERTYEX() 函数，该函数每次只返回一个选项的信息。

实例 12：使用 DATABASEPROPERTYEX() 函数查看数据库 Goods_db 的状态信息

输入语句如下：

```
USE Goods_db
GO
SELECT  DATABASEPROPERTYEX('Goods_
db', 'Status')
AS 'Goods_db数据库状态'
```

代码执行结果如图 2-32 所示。

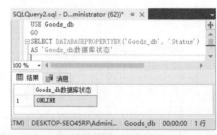

图 2-32　查看数据库 Goods_db 状态信息

上述代码中 DATABASEPROPERTYEX 语句中的第一个参数表示要返回信息的数据库，第二个参数则表示要返回数据库的属性表达式，其他可查看的属性参数值如表 2-2 所示。

表 2-2　DATABASEPROPERTYEX 可用属性值

属　　性	说　　明
Collation	数据库的默认排序规则名称
ComparisonStyle	排序规则的 Windows 比较样式
IsAnsiNullDefault	数据库遵循 ISO 规则，允许 Null 值
IsAnsiNullsEnabled	所有与 Null 的比较将取值为未知
IsAnsiPaddingEnabled	在比较或插入前，字符串将被填充到相同长度
IsAnsiWarningsEnabled	如果发生了标准错误条件，则将发出错误消息或警告消息

属　　性	说　　明
IsArithmeticAbortEnabled	如果执行查询时发生溢出或被零除错误，则结束查询
IsAutoClose	数据库在最后一位用户退出后完全关闭并释放资源
IsAutoCreateStatistics	在查询优化期间自动生成优化查询所需的缺失统计信息
IsAutoShrink	数据库文件可以自动定期收缩
IsAutoUpdateStatistics	如果表中数据更改造成统计信息过期，则自动更新现有统计信息
IsCloseCursorsOnCommitEnabled	提交事务时打开的游标已关闭
IsFulltextEnabled	数据库已启用全文功能
IsInStandBy	数据库以只读方式联机，并允许还原日志
IsLocalCursorsDefault	游标声明默认为 LOCAL
IsMergePublished	如果安装了复制，则可以发布数据库表供合并复制
IsNullConcat	Null 串联操作数产生 NULL
IsNumericRoundAbortEnabled	表达式中缺少精度时将产生错误
IsParameterizationForced	PARAMETERIZATION 数据库 SET 选项为 FORCED
IsQuotedIdentifiersEnabled	可对标识符使用英文双引号
IsPublished	如果安装了复制，可以发布数据库表供快照复制或事务复制
IsRecursiveTriggersEnabled	已启用触发器递归触发
IsSubscribed	数据库已订阅发布
IsSyncWithBackup	数据库为发布数据库或分发数据库，并且在还原时不用中断事务复制
IsTornPageDetectionEnabled	SQL Server 数据库引擎检测到因电力故障或其他系统故障造成的不完全 I/O 操作
LCID	排序规则的 Windows 区域设置标识符 (LCID)
Recovery	数据库的恢复模式
SQLSortOrder	SQL Server 早期版本中支持的 SQL Server 排序顺序 ID
Status	数据库状态
Updateability	指示是否可修改数据
UserAccess	指示哪些用户可以访问数据库
Version	用于创建数据库的 SQL Server 代码的内部版本号。标识为仅供参考，不提供支持，不保证以后的兼容性

2.5.3　使用系统存储过程查看

除了上述的目录视图和函数外，还可以使用存储过程查看数据库的相关信息。

实例 13：使用 sp_spaceused 查看数据库 Goods_db 的使用和保留空间

输入语句如下：

```
sp_spaceused
```

代码执行后结果如图 2-33 所示。

图 2-33　使用存储过程 sp_spaceused 查看信息

▌实例 14：使用 sp_helpdb 查看所有数据库的基本信息

输入语句如下：

```
sp_helpdb
```

代码执行后结果如图 2-34 所示。

图 2-34　使用存储过程 sp_helpdb 查看信息

2.5.4　使用 SQL Server Management Studio 查看

使用 SQL Server Management Studio 查看数据库信息比较简单，在【对象资源管理器】任务窗格中选中需要查看信息的数据库，单击鼠标右键，在弹出的快捷菜单中选择【属性】命令，打开【数据库属性】对话框，在其中即可查看数据库的基本信息、文件信息、文件组信息和权限信息等。如图 2-35 所示为数据库的文件信息界面，如图 2-36 所示为数据库的选项信息界面。

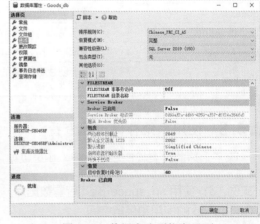

图 2-35　数据库文件信息界面　　　　　　图 2-36　数据库选项信息界面

2.6　疑难问题解析

▌疑问 1：为什么不能在 master 数据库中创建任何用户对象？

答：因为 master 数据库记录了 SQL Server 2019 实例的所有系统级信息，例如，登录信息和配置选项设置等，它还记录了所有其他数据库是否存在和这些数据库文件的位置以及 SQL Server 的初始化信息。一旦 master 数据库不可用，则 SQL Server 无法启动。因此不能在 master 数据库中创建任何用户对象，包括表、视图、存储过程或触发器等。

▎疑问 2：在删除数据库时，需要注意哪些事项？

　　答：使用 SQL Server Management Studio 删除数据库时会有确认删除的提示对话框，这样我们就可以再次确认是否要删除数据库。如果使用 DROP 语句删除数据库，则不会出现确认信息，所以使用 DROP 语句删除数据库时要小心谨慎。另外要注意，千万不能删除系统数据库，否则会导致 SQL Server 2019 服务器无法使用。

2.7　综合实战训练营

▎实战 1：创建名为"stu01db"的数据库

　　使用 CREATE DATABASE 命令创建一个名为"stu01db"的数据库，包含一个主文件和一个事务日志文件。数据库参数要求如下。

　　主文件的逻辑名为"stu01data"，物理文件名为"stu01data.mdf"，初始容量为 5MB，最大容量为 10MB，每次的增长量为 20%。事务日志文件的逻辑名为"stu01log"，物理文件名为"stu01log.ldf"，初始容量为 5MB，最大容量不受限制，每次的增长量为 2MB。这两个文件都放在当前服务器实例的默认数据库文件夹中。

▎实战 2：修改名为"stu01db"的数据库

　　修改 stu01db 数据库，增加一个辅助数据文件，并且将这两个辅助数据文件划归到新的文件组 stufgrp 中。辅助数据文件的逻辑名为 stu01sf01，初始容量为 1MB，按 10% 增长。

第3章　数据库中的数据表

本章导读

数据表是数据库中最重要、最基本的操作对象，是数据存储的基本单位。数据表被定义为列的集合，数据在表中是按照行和列的格式来存储的。每一行代表一条唯一的记录，每一列代表记录中的一个字段信息。本章就来介绍 SQL Server 2019 数据库中数据表的基本操作。

知识导图

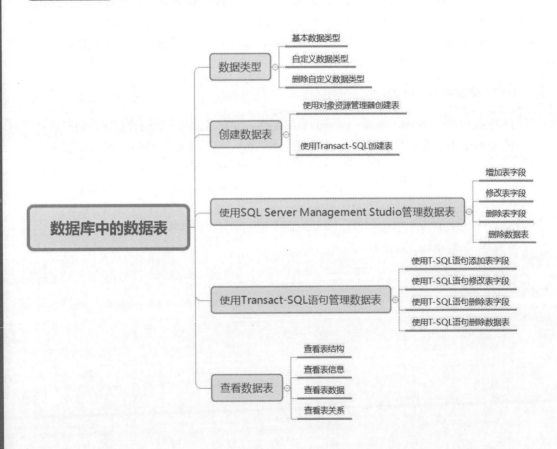

3.1 数据类型

SQL Server 2019 中支持多种数据类型，包括字符类型、数值类型以及日期时间类型等基本数据类型，还包括用户自定义数据类型。

3.1.1 基本数据类型

SQL Server 2019 提供的基本数据类型按照数据的表现方式及存储方式的不同可分为整数数据类型、浮点数据类型、字符数据类型等。通过使用这些数据类型，在创建数据表的过程中，SQL Server 会自动限制每个系统数据类型的值的范围，当插入数据库中的值超过数据类型允许的范围时，SQL Server 就会报错。

1. 整数数据类型

整数数据类型是常用的一种数据类型，主要用于存储整数，可以直接进行数据运算而不必使用函数转换，如表 3-1 所示。

表 3-1 整数数据类型

数据类型	描 述	存储
bigint	允许介于 −9223372036854775808 ~ 9223372036854775807 的所有数字	8 字节
int	允许介于 −2147483648 ~ 2147483647 的所有数字	4 字节
smallint	允许介于 −32768 ~ 32767 的所有数字	2 字节
tinyint	允许 0 ~ 255 的所有数字	1 字节

2. 浮点数据类型

浮点数据类型用于存储十进制小数，如表 3-2 所示。浮点数据为近似值，浮点数据在 SQL Server 中采用只入不舍的方式进行存储，即当且仅当要舍入的数是一个非零数时，对其保留数字部分的最低有效位上的数值加 1，并进行必要的进位。

表 3-2 浮点数据类型

数据类型	描 述	存 储
real	从 −3.40E+38 ~ 3.40E+38 之间的浮动精度数字数据	4 字节
float(n)	从 −1.79E+308 ~ 1.79E+308 之间的浮动精度数字数据。 n 参数指示该字段保存 4 字节还是 8 字节。float(24) 保存 4 字节，而 float(53) 保存 8 字节。n 的默认值是 53	4 或 8 字节
decimal(p,s)	固定精度和比例的数字。 允许从 $-10^{38}+1$ ~ $10^{38}-1$ 之间的数字。 p 参数指示可以存储的最大位数（小数点左侧和右侧），必须是 1 ~ 38 之间的值，默认是 18。 s 参数指示小数点右侧存储的最大位数，必须是 0 ~ p 之间的值，默认是 0	5~17 字节
numeric(p,s)	固定精度和比例的数字。 允许从 $-10^{38}+1$ ~ $10^{38} -1$ 之间的数字。 p 参数指示可以存储的最大位数（小数点左侧和右侧），必须是 1 ~ 38 之间的值，默认是 18。 s 参数指示小数点右侧存储的最大位数，必须是 0 ~ p 之间的值，默认是 0	5~17 字节

3. 字符数据类型

字符数据类型也是 SQL Server 中最常用的数据类型之一，用来存储各种字母、数字符号和特殊符号。在使用字符数据类型时，需要在其前后加上英文单引号或者双引号，如表 3-3 所示。

表 3-3　字符数据类型

数据类型	描述	存储
char(n)	固定长度的字符串，最多 8000 个字符	n 字节，n 为输入数据的实际长度
varchar(n)	可变长度的字符串，最多 8000 个字符	n+2 个字节，n 为输入数据的实际长度
varchar(max)	可变长度的字符串，最多 1073741824 个字符	n+2 个字节，n 为输入数据的实际长度
nchar	固定长度的 Unicode 字符串，最多 4000 个字符	2n 个字节，n 为输入数据的实际长度
nvarchar	可变长度的 Unicode 字符串，最多 4000 个字符	
nvarchar(max)	可变长度的 Unicode 字符串，最多 536870912 个字符	

4. 日期和时间数据类型

日期和时间数据类型用于存储日期类型和时间类型的组合数据，如表 3-4 所示。

表 3-4　日期和时间数据类型

数据类型	描述	存储
datetime	从 1753 年 1 月 1 日到 9999 年 12 月 31 日，精度为 3.33 毫秒	8 字节
datetime2	从 1753 年 1 月 1 日到 9999 年 12 月 31 日，精度为 100 纳秒	6~8 字节
smalldatetime	从 1900 年 1 月 1 日到 2079 年 6 月 6 日，精度为 1 分钟	4 字节
date	仅存储日期，从 0001 年 1 月 1 日到 9999 年 12 月 31 日	3 字节
time	仅存储时间，精度为 100 纳秒	3~5 字节
datetimeoffset	与 datetime2 相同，外加时区偏移	8~10 字节
timestamp	存储唯一的数字，每当创建或修改某行时，该数字会更新。timestamp 值基于内部时钟，不对应真实时间。每个表只能有一个 timestamp 变量	

5. 图像和文本数据类型

图像和文本数据类型用于存储大量的字符及二进制数据，如表 3-5 所示。

表 3-5　图像和文本数据类型

数据类型	描述	存储
text	可变长度的字符串，最多 2GB 文本数据	n+4 字节，n 为输入数据的实际长度
ntext	可变长度的字符串，最多 2GB 文本数据	2n 字节，n 为输入数据的实际长度
image	可变长度的二进制字符串，最多 2GB	

6. 货币数据类型

货币数据类型用于存储货币值，使用时在数据前加上货币符号，不加货币符号的情况下默认为"¥"，如表 3-6 所示。

表 3-6　货币数据类型

数据类型	描述	存储
money	介于 −922337203685477.5808 ～ 922337203685477.5807 之间的货币数据	8 字节
smallmoney	介于 −214748.3648 ～ 214748.3647 之间的货币数据	4 字节

7. 二进制数据类型

二进制数据类型用于存储二进制数，如表 3-7 所示。

表 3-7　二进制数据类型

数据类型	描　述	存　储
binary(n)	固定长度的二进制字符串，最多 8000 字节	n 字节
varbinary	可变长度的二进制字符串，最多 8000 字节	n+2 字节，n 为输入数据的实际长度
varbinary(max)	可变长度的二进制字符串，最多 2GB	n+2 字节，n 为输入数据的实际长度

8. 其他数据类型

除上述介绍的数据类型外，SQL Server 还提供有大量其他数据类型供用户进行选择，常用的其他数据类型如表 3-8 所示。

表 3-8　其他数据类型

数据类型	描　述
bit	位数据类型，只取 0 或 1，长度为 1 字节。bit 值经常当作逻辑值用于判断 TRUE（1）和 FALSE（0），输入非零值时系统将其转换为 1
timestamp	时间戳数据类型，timestamp 的数据类型为 rowversion 数据类型的同义词，提供数据库范围内的唯一值，反映数据修改的相对顺序，是一个单调上升的计数器，此列的值被自动更新
sql_variant	用于存储除文本、图形数据和 timestamp 数据外的其他任何合法的 SQL Server 数据，可以方便 SQL Server 的开发工作
uniqueidentifier	存储全局唯一标识符（GUID）
xml	存储 xml 数据的数据类型。可以在列中或者 xml 类型的变量中存储 xml 实例。存储的 xml 数据类型表示实例大小不能超过 2GB
cursor	游标数据类型，该类型类似于数据表，其保存的数据中包含行和列值，但是没有索引，游标用来建立一个数据的数据集，每次处理一行数据
table	用于存储对表或者视图处理后的结果集。这种新的数据类型使得变量可以存储一个表，从而使函数或过程返回查询结果更加方便、快捷

3.1.2　自定义数据类型

SQL Server 2019 为用户提供了两种创建自定义数据类型的方法：一种是使用对象资源管理器，另一种是使用 Transact-SQL 语句。

1. 使用对象资源管理器创建

自定义数据类型与具体的数据库有关，因此，在创建自定义数据类型之前首先需要选择要创建数据类型的数据库。

▍实例 1：创建自定义数据类型 address

01 打开 SQL Server Management Studio 工作界面，在【对象资源管理器】任务窗格中选择需要创建自定义数据类型的数据库，如图 3-1 所示。

02 依次展开 Goods\【可编程性】\【类型】节点，右击【用户定义数据类型】节点，在弹出的快捷菜单中选择【新建用户定义数据类型】命令，如图 3-2 所示。

03 打开【新建用户定义数据类型】对话框，在【名称】文本框中输入需要定义的数据类型的名称，这里输入数据类型的名称为 "address"，表示存储一个地址数据值，在【数据类型】下拉列表框中选择 char 系统数据类型，【长度】指定为 8000，如果用户希望该类型的字段值为空，可以选中【允许 NULL 值】复选框，其他参数不做更改，如图 3-3 所示。

04 单击【确定】按钮，完成用户定义数据类型的创建，即可看到新创建的自定义数据类型，如图 3-4 所示。

图 3-1　选择数据库　　　　图 3-2　选择【新建用户定义数据类型】命令

图 3-3　【新建用户定义数据类型】对话框　　　图 3-4　新创建的自定义数据类型

2. 使用 Transact-SQL 语句创建

在 SQL Server 2019 中，除了可以使用图形界面创建自定义数据类型外，还可以使用系统数据类型 sp_addtype 来创建用户自定义数据类型。其语法格式如下：

```
sp_addtype [@typename=] type,
[@phystype=] system_data_type
[, [@nulltype=] 'null_type']
```

各个参数的含义如下。

（1）type：指定用户定义的数据类型的名称。

（2）system_data_type：指定相应的系统提供的数据类型的名称及定义。注意，不能使用 timestamp 数据类型，当所使用的系统数据类型有额外说明时，需要用引号将其括起来。

（3）null_type：指定用户自定义的数据类型的 null 属性，其值可以为 "null"、"not null" 或 "nonull"。默认时与系统默认的 null 属性相同。用户自定义的数据类型的名称在数据库中应该是唯一的。

实例 2：创建自定义数据类型 postcode

在 mydb 数据库中，创建用来存储邮政编号信息的 postcode 用户自定义数据类型，输入语句如下：

```
sp_addtype postcode,'char(128)','not null'
```

代码执行结果如图 3-5 所示，刷新【用户定义数据类型】节点，将会看到新增的数据类型，如图 3-6 所示。

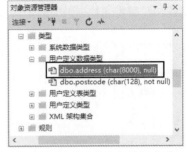

图 3-5　使用系统存储过程创建用户定义数据类型　　图 3-6　新建用户定义数据类型

3.1.3　删除自定义数据类型

当不再需要用户自定义的数据类型时，可以将其删除。删除的方法有两种：一种是在对象资源管理器中删除，另一种是使用系统存储过程 sp_droptype 来删除。

1. 在对象资源管理器中删除

实例 3：删除自定义数据类型 address

01 在【对象资源管理器】任务窗格中选择需要删除的数据类型，然后右击鼠标，在弹出的快捷菜单中选择【删除】命令，如图 3-7 所示。

02 打开【删除对象】对话框，单击【确定】按钮，即可删除自定义数据类型，如图 3-8 所示。

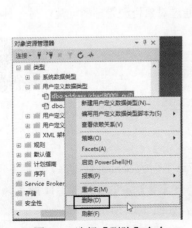

图 3-7　选择【删除】命令　　　　　　图 3-8　【删除对象】对话框

2. 使用 Transact-SQL 语句删除

使用 sp_droptype 可以删除自定义数据类型，语法格式如下：

```
sp_droptype type
```

type 为用户定义的数据类型。

▎实例 4：删除自定义数据类型 address

在 mydb 数据库中，删除 address 自定义数据类型。打开【查询编辑器】窗口，在其中输入要删除用户自定义数据类型的 Transact-SQL 语句：

```
sp_droptype address
```

代码执行结果如图 3-9 所示，刷新【用户定义数据类型】节点，将会看到删除的数据类型消失，如图 3-10 所示。

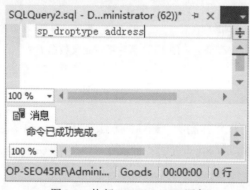

图 3-9　执行 Transact-SQL 语句

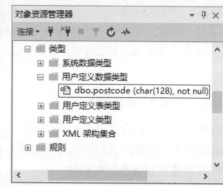

图 3-10　【对象资源管理器】任务窗格

> **注意**：数据库中正在使用 用户定义数据类型时，不能被删除。

3.2　创建数据表

SQL Server 2019 是一个关系数据库，关系数据库中的数据表之间存在一定的关联关系。SQL Server 2019 提供了两种创建数据表的方法：一种是通过对象资源管理器创建，另一种是通过 Transact-SQL 语句进行创建。

3.2.1　使用对象资源管理器创建表

使用对象资源管理器提供的创建表的方法可以轻而易举地完成表的创建。

▎实例 5：创建学生信息表 students

01 在【对象资源管理器】任务窗格中，展开【数据库】节点下面的 School 数据库，选择【表】节点，单击鼠标右键，在弹出的快捷菜单中选择【新建】→【表】命令，如图 3-11 所示。

02 打开表设计窗口，在其中输入学生信息表的字段信息，如图 3-12 所示。

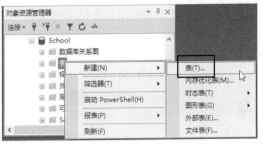

图 3-11 选择【表】命令

图 3-12 表设计窗口

03 单击【保存】或者【关闭】按钮，在弹出的【选择名称】对话框中输入表名称"students"，单击【确定】按钮，完成表的创建，如图 3-13 所示。

04 单击【对象资源管理器】任务窗格中的【刷新】按钮，即可看到新添加的表，如图 3-14 所示。

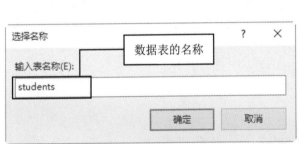

图 3-13 【选择名称】对话框

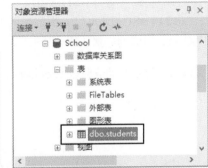

图 3-14 新增加的表

3.2.2 使用 Transact-SQL 创建表

Transact-SQL 中使用 CREATE TABLE 语句创建数据表，该语句非常灵活，其基本语法格式如下：

```
CREATE TABLE  [database_name. [ schema_name ].] table_name
[column_name  <data_type>]
[ NULL | NOT NULL ] | [ DEFAULT constant_expression ] | [ ROWGUIDCOL ]
{ PRIMARY KEY | UNIQUE } [CLUSTERED | NONCLUSTERED]
 [ ASC | DESC ]
]  [ ,...n ]
```

其中，各参数说明如下。

（1）database_name：指定要在其中创建表的数据库名称，若不指定数据库名称，则默认使用当前数据库。

（2）schema_name：指定新表所属架构的名称，若此项为空，则默认为新表所在当前架构的名称。

（3）table_name：指定创建的数据表的名称。

（4）column_name：指定数据表中的各个列的名称，列名称必须唯一。

（5）data_type：指定字段列的数据类型，可以是系统数据类型，也可以是用户定义数据类型。

（6）NULL | NOT NULL：表示确定列中是否允许使用空值。

（7）DEFAULT：用于指定列的默认值。

（8）ROWGUIDCOL：指示新列为 GUID 列。对于每个表，只能将其中的一个 uniqueidentifier 列指定为 ROWGUIDCOL 列。

（9）PRIMARY KEY：主键约束，通过唯一索引对给定的一列或多列强制实体完整性的约束。每个表只能创建一个 PRIMARY KEY 约束。PRIMARY KEY 约束中定义的所有列都必须定义为 NOT NULL。

（10）UNIQUE：唯一性约束，该约束通过唯一索引为一个或多个指定列提供实体完整性。一个表可以有多个 UNIQUE 约束。

（11）CLUSTERED | NONCLUSTERED：表示为 PRIMARY KEY 或 UNIQUE 约束创建聚集索引还是非聚集索引。PRIMARY KEY 约束默认为 CLUSTERED，UNIQUE 约束默认为 NONCLUSTERED。在 CREATE TABLE 语句中，可只为一个约束指定 CLUSTERED。如果在为 UNIQUE 约束指定 CLUSTERED 的同时又指定了 RIMARY KEY 约束，则 PRIMARY KEY 将默认为 NONCLUSTERED。

（12）[ASC | DESC]：指定加入表约束中的一列或多列的排序顺序，ASC 为升序排列，DESC 为降序排列，默认值为 ASC。

实例 6：创建教师信息表 teachers

输入语句如下：

```
CREATE TABLE teachers
(
    工号        CHAR(10)        PRIMARY KEY,        --数据表主键
    姓名        CHAR(10)        NOT NULL unique,    --姓名不能为空
    性别        CHAR(2)         NULL,
    年龄        int             NULL,
    职称        CHAR(20)        NULL,
    系别        CHAR(20)        NULL
);
```

代码执行结果如图 3-15 所示，刷新数据库列表可以看到新建名称为 teachers 的数据表，如图 3-16 所示。

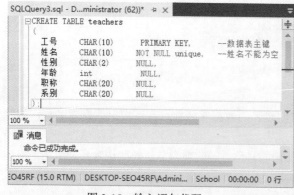

图 3-15　输入语句代码

图 3-16　新增加的表

3.3　使用 SQL Server Management Studio 管理数据表

数据表创建完成之后，可以根据需要改变表中定义的许多选项，用户除了可以对字段进

行增加、删除和修改操作，以及更改表的名称和所属架构外，还可以删除和修改表中的约束，创建或修改完成之后可以查看表结构；表不需要时可以删除。

3.3.1 增加表字段

在使用数据表时，如果发现定义的表字段不能满足实际需要，可以根据需要添加表字段。

▌ 实例 7：在 teachers 表中添加"电话"字段

在 teachers 数据表中，增加一个新的字段，名称为"电话"，数据类型为 varchar(24)，允许空值。

`01` 在 teachers 表上右击，在弹出的快捷菜单中选择【设计】命令，如图 3-17 所示。

`02` 弹出表设计窗口，在其中添加新字段"电话"，并设置字段数据类型为 varchar(24)，允许空值，如图 3-18 所示。

图 3-17 选择【设计】命令　　图 3-18 增加"电话"字段

`03` 修改完成之后，单击【保存】按钮，保存结果，新字段添加成功，如图 3-19 所示。

`04` 在保存的过程中，如果无法保存增加的表字段，则弹出相应的警告对话框，如图 3-20 所示。

图 3-19 增加的新字段

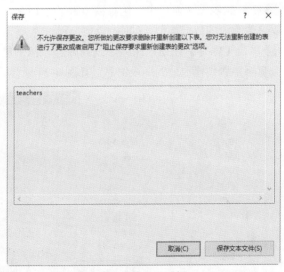

图 3-20 警告对话框

解决这一问题的操作步骤如下。

`01` 选择【工具】→【选项】菜单命令，如图 3-21 所示。

02 打开【选项】对话框，选择【设计器】选项，在右侧取消选中【阻止保存要求重新创建表的更改】复选框，单击【确定】按钮即可，如图 3-22 所示。

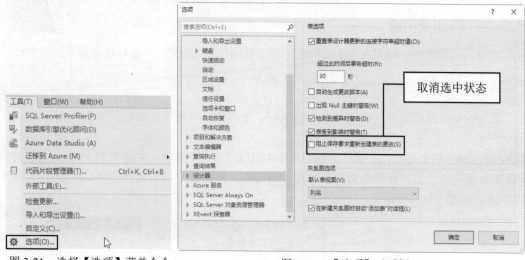

图 3-21 选择【选项】菜单命令　　　　　图 3-22 【选项】对话框

3.3.2 修改表字段

当数据表中的字段不能满足需求时，可以对其进行修改，修改的内容包括改变字段的数据类型、是否允许空值等。

▎实例 8：修改 teachers 表中的"电话"字段

将"电话"字段的数据类型由 varchar(24) 修改为 char(24)，不允许空值。

01 在数据表设计窗口中，选择要修改的字段名称，单击数据类型，在弹出的下拉列表中可以更改字段的数据类型，如图 3-23 所示。

02 单击【保存】按钮，保存修改的内容，然后刷新数据库，即可在【对象资源管理器】任务窗格中看到修改后的字段信息，如图 3-24 所示。

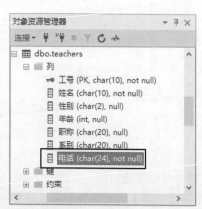

图 3-23 选择字段的数据类型　　　　　图 3-24 修改后的字段

3.3.3 删除表字段

数据表中的字段可以被删除，在表设计窗口中，每次可以删除表中的一个字段。

▌ 实例 9：删除 teachers 表中的"电话"字段

01 打开表设计窗口之后，选中要删除的字段，右击鼠标，在弹出的快捷菜单中选择【删除列】命令，如图 3-25 所示。

02 删除字段操作成功后，数据表的结构如图 3-26 所示。

图 3-25　选择【删除列】命令　　　　图 3-26　删除字段后的效果

3.3.4 删除数据表

当数据表不再使用时，可以将其删除。

▌ 实例 10：删除教师信息表 teachers

01 在【对象资源管理器】任务窗格中，展开指定的数据库和表，选择需要删除的表，如图 3-27 所示。

02 右击鼠标，在弹出的快捷菜单中选择【删除】命令，弹出【删除对象】对话框，然后单击【确定】按钮，即可删除表，如图 3-28 所示。

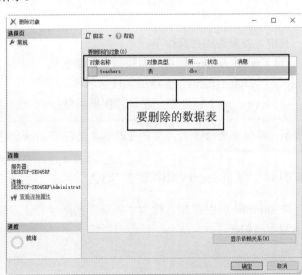

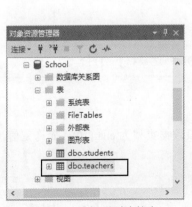

图 3-27　选择要删除的表　　　　　图 3-28　【删除对象】对话框

注意：当有对象依赖于表时，该表不能删除，在【删除对象】对话框中单击【显示依赖关系】按钮可查看依赖于表和该表依赖的对象。如图 3-29 所示为 teachers 数据表的依赖关系。

图 3-29 【teachers 依赖关系】对话框

3.4 使用 Transact-SQL 语句管理数据表

除了可以使用 SQL Server Management Studio 管理数据表外，还可以使用 Transact-SQL 语句来管理数据表，不过这就要求我们必须精通 Transact-SQL 语言了。

3.4.1 使用 Transact-SQL 语句添加表字段

使用 Transact-SQL 语句中的 ALTER TABLE 语句可以在数据表中添加字段，基本语法格式如下：

```
ALTER TABLE [ database_name. schema_name . ] table_name
{
ADD   column_name type_name
[ NULL | NOT NULL ] | [ DEFAULT constant_expression ] | [ ROWGUIDCOL ]
{ PRIMARY KEY | UNIQUE } [CLUSTERED | NONCLUSTERED]
}
```

其中，各参数的含义如下。

（1）table_name：新增加字段的数据表名称。

（2）column_name：新增加字段的名称。

（3）type_name：新增加字段的数据类型。

提示：其他参数的含义，用户可以参考使用 Transact-SQL 创建数据表的内容。

▌实例 11：在 students 表中添加"电话"字段

在 students 表中添加名称为"电话"的新字段，字段数据类型为 char(10)，允许空值。输入以下语句：

```
ALTER TABLE students
ADD   电话   char(10)   NULL
```

代码执行结果如图 3-30 所示。重新打开 students 表设计窗口，将会看到新添加的数据表字段，如图 3-31 所示。

图 3-30　添加字段"电话"

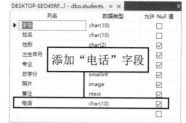

图 3-31　添加字段后的表结构

3.4.2　使用 Transact-SQL 语句修改表字段

在 Transact-SQL 中使用 ALTER TABLE 语句可以在数据表中修改字段，基本语法格式如下：

```
ALTER TABLE [ database_name. schema_name . ] table_name
{
ALTER COLUMN column_name  new_type_name
 [ NULL | NOT NULL ] | [ DEFAULT constant_expression ] | [ ROWGUIDCOL ]
{ PRIMARY KEY | UNIQUE } [CLUSTERED | NONCLUSTERED]
}
```

其中，各参数的含义如下。

（1）table_name：要修改字段的数据表名称。

（2）column_name：要修改的字段名称。

（3）new_type_name：要修改字段的新的数据类型。

其他参数的含义，用户可以参考前面的内容。

▌实例 12：修改 students 表中的"电话"字段

在 students 表中修改名称为"电话"的字段，将数据类型改为 VARCHAR(11)。
输入以下语句：

```
ALTER TABLE students
ALTER  COLUMN 电话 VARCHAR(11)
GO
```

代码执行结果如图 3-32 所示。重新打开 students 表设计窗口，将会看到修改之后的数据表字段，如图 3-33 所示。

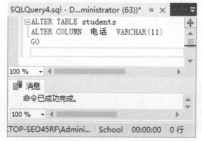

图 3-32　执行 Transact-SQL 语句

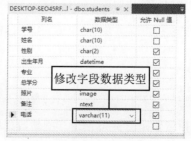

图 3-33　students 表的结构

3.4.3 使用 Transact-SQL 语句删除表字段

在 Transact-SQL 中使用 ALTER TABLE 语句可以删除数据表中的字段，基本语法格式如下：

```
ALTER TABLE [ database_name. schema_name . ] table_name
{
    DROP COLUMN column_name
}
```

其中，各参数的含义如下。

（1）table_name：删除字段所在数据表的名称。

（2）column_name：要删除的字段的名称。

▎实例 13：删除 students 表中的"电话"字段

输入以下语句：

```
ALTER TABLE students
DROP  COLUMN  电话
```

代码执行结果如图 3-34 所示。重新打开 students 表设计窗口，将会看到删除字段后的数据表结构，"电话"字段已经不存在了，如图 3-35 所示。

图 3-34　执行 Transact-SQL 语句

图 3-35　删除字段后的表效果

3.4.4 使用 Transact-SQL 语句删除数据表

使用 Transact-SQL 语言中的 DROP TABLE 语句可以删除指定的数据表，基本语法格式如下：

```
DROP TABLE table_name
```

table_name 是等待删除的表名称。

▎实例 14：删除学生信息表 students

输入以下语句：

```
USE school
GO
DROP TABLE students
```

代码执行结果如图 3-36 所示。刷新数据库列表，将会看到选择的数据表不存在了，如

图 3-37 所示。

图 3-36 执行 Transact-SQL 语句   图 3-37 【对象资源管理器】任务窗格

3.5 查看数据表

数据表创建完成后，用户可以查看数据表的结构、数据表的信息、数据表的数据以及数据表的关系等。

3.5.1 查看表结构

数据表的结构一般包括列名、数据类型、允许 NULL 值等，通过查看表结构，可以从整体上了解当前数据表的大致内容。

▌实例 15：查看 teachers 表的结构

`01` 展开数据库，选择需要查看表结构的数据表，这里选择 School 数据库中的 teachers 表，右击鼠标，在弹出的快捷菜单中选择【设计】命令，如图 3-38 所示。

`02` 打开表设计窗口，即可在该窗口中查看当前表的结构，如图 3-39 所示。

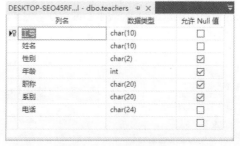

图 3-38 选择【设计】命令   图 3-39 当前表的结构

3.5.2 查看表信息

数据表的信息包括当前连接参数、表创建的时间等。

▌实例 16：查看 teachers 表的信息

`01` 展开数据库，选择需要查看表信息的数据表，这里选择 School 数据库中的 teachers 表，如图 3-40 所示。

02 单击鼠标右键，在弹出的快捷菜单中选择【属性】命令，打开【表属性】对话框，在【常规】选项设置界面中显示了该表所在数据库名称、当前连接到服务器的用户名称、表的创建时间和架构等属性，这里显示的属性不能修改，如图 3-41 所示。

图 3-40　选择要查看的表

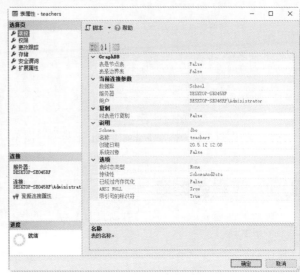

图 3-41　【表属性】对话框

3.5.3　查看表数据

查看表数据的操作比较简单。

| 实例 17：查看 teachers 表的数据

01 选择需要查看数据的表，这里选择 School 数据库中的 teachers 表，单击鼠标右键，在弹出的快捷菜单中选择【编辑前 200 行】命令，如图 3-42 所示。

02 在打开的窗格中显示 teachers 表中的前 200 条记录，并允许用户编辑这些数据，如图 3-43 所示。

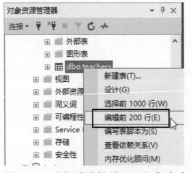

图 3-42　选择【编辑前 200 行】命令

工号	姓名	性别	年龄	职称		系别		电话	
1001	李洋	男	28	助教	…	计算机系	…	123456	…
1002	明祥	男	45	教授	…	土木工程系	…	123457	…
1003	王莉	女	35	讲师	…	服装设计系	…	123458	…
NULL	NULL	NULL	NULL	NULL		NULL		NULL	

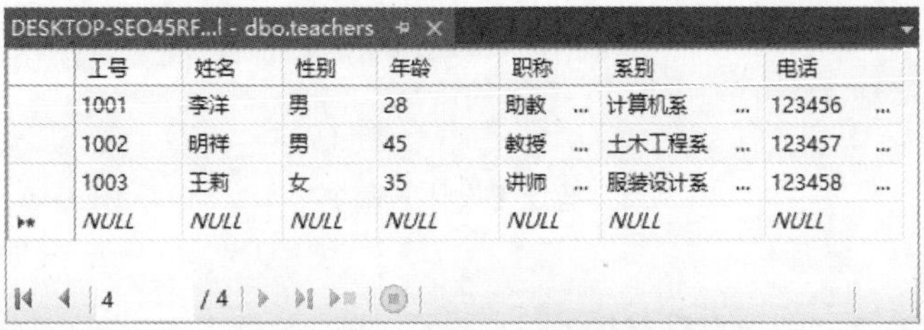

图 3-43　查看到的表数据

3.5.4　查看表关系

有些数据表会与其他数据对象产生依赖关系，用户可以查看表的依赖关系。

实例 18：查看 teachers 表的依赖关系

`01` 在要查看关系的表上右击，这里选择 School 数据库中的 teachers 表，在弹出的快捷菜单中选择【查看依赖关系】命令，如图 3-44 所示。

`02` 打开【对象依赖关系】对话框，该对话框中显示了表和其他数据对象的依赖关系，如图 3-45 所示。

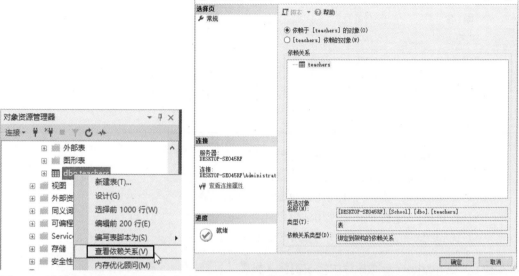

图 3-44　选择【查看依赖关系】命令　　　　图 3-45　【对象依赖关系】对话框

> **注意**：如果某个存储过程中使用了一个表，该表的主键若被其他表的外键约束所依赖或者该表依赖其他数据对象时，那么这里会列出相关的信息。

3.6　疑难问题解析

疑问 1：为什么数据表中的 id 号或编号字段不能重复呢？

答：不能重复的原因是为了避免出现多条重复的记录。

疑问 2：使用 DROP TABLE 语句删除数据表时，应注意哪些事项？

使用 DROP TABLE 语句删除数据表时，应注意以下事项。

（1）DROP TABLE 语句不能删除系统表。

（2）DROP TABLE 语句不能删除正被其他表中的外键约束参考的表。当需要删除这种有外键约束参考的表时，必须先删除外键约束，然后才能删除表。

（3）当删除表时，属于该表的约束和触发器也会自动被删除。如果重新创建该表，必须注意创建相应的规则、约束和触发器等。

（4）使用 DROP TABLE 语句一次可以删除多个表，多个表名之间用逗号隔开。

3.7　综合实战训练营

▍实战 1：在 marketing 数据库中创建数据表。

（1）在 marketing 数据库中利用 SQL Server Management Studio 的对象资源管理器创建"销售人员"数据表，表的结构如表 3-9 所示。

表 3-9　销售人员表结构

字 段 名	数据类型	主 键	非 空	唯 一
工号	INT	是	是	是
部门号	INT	否	否	否
姓名	CHAR(10)	否	否	否
地址	VARCHAR(50)	否	否	否
电话	VARCHAR(13)	否	是	否

（2）在 marketing 数据库中使用命令创建部门信息表。

（3）在 marketing 数据库中使用命令创建客户信息表。

（4）在 marketing 数据库中使用命令创建货品信息表。

（5）在 marketing 数据库中使用命令创建订单信息表。

（6）在 marketing 数据库中使用命令创建供应商信息表。

▍实战 2：在 marketing 数据库中修改销售人员表。

（1）在销售人员表中增加"性别"和"电子邮件"两个字段，其定义如表 3-10 所示，

表 3-10　销售人员表新增字段

字 段 名	类型说明	是否允许为空
性别	CHAR(2)	允许
电子邮件	VARCHAR(50)	允许

（2）将销售人员表中的"电子邮件"字段的长度修改为 40。

（3）将销售人员表中的"电子邮件"字段名改为"电邮"。

（4）删除销售人员表中的"电邮"字段。

第4章 Transact-SQL语言基础

📋 本章导读

　　Transact-SQL 语言是结构化查询语言的增强版本，与多种 ANSI SQL 标准兼容，而且在标准的基础上还进行了许多扩展。Transact-SQL 语言是 SQL Server 的核心，使用 Transact-SQL 可以实现关系数据库中的数据查询、操作和添加功能。本章将详细介绍 Transact-SQL 语言的基础，主要内容包括什么是 Transact-SQL 语言，Transact-SQL 中的常量和变量、运算符和表达式以及如何在 Transact-SQL 中使用通配符和注释等。

🗺 知识导图

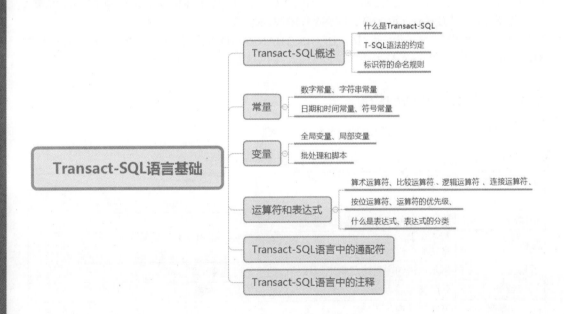

4.1 Transact-SQL 概述

Transact-SQL 语言是 SQL 的一种实现形式，它包含标准的 SQL 语言部分。标准的 SQL 语句几乎完全可以在 Transact-SQL 语言中执行，因为用包含这些标准的 SQL 语言来编写应用程序和脚本，所以提高了它们的可移植性。Transact-SQL 语言不仅具有 SQL 的主要特点，还增加了变量、运算符、函数、流程控制和注释等语言因素，使得 Transact-SQL 的功能更加强大。

4.1.1　什么是 Transact-SQL

Transact-SQL（简称 T-SQL）是 Microsoft 公司在关系型数据库管理系统 SQL Server 中的 SQL3 标准的实现，是微软对 SQL 的扩展。在 SQL Server 中，所有与服务器实例的通信，都是通过发送 T-SQL 语句到服务器来实现的。根据其完成的具体功能，可以将 T-SQL 语句分为四大类，分别为数据操作语句、数据定义语句、数据控制语句和一些附加的语言元素。

数据操作语句包括：SELECT、INSERT、DELETE、UPDATE 等。

数 据 定 义 语 句 包 括：CREATE TABLE、DROP TABLE、ALTER TABLE、CREATE VIEW、DROP VIEW、CREATE INDEX、DROP INDEX、CREATE PROCEDURE、ALTER PROCEDURE、DROP PROCEDURE、CREATE TRIGGER、ALTER TRIGGER、DROP TRIGGER 等。

数据控制语句包括：GRANT、DENY、REVOKE 等。

附 加 的 语 言 元 素 包 括：BEGIN TRANSACTION/COMMIT、ROLLBACK、SET TRANSACTION、DECLARE OPEN、FETCH、CLOSE、EXECUTE 等。

4.1.2　T-SQL 语法的约定

表 4-1 列出了 T-SQL 语法中使用的约定，并进行了说明。

表 4-1　语法约定

约　定	用　于
大写	T-SQL 关键字
斜体	用户提供的 T-SQL 语法的参数
粗体	数据库名、表名、列名、索引名、存储过程、实用工具、数据类型名以及必须按所显示的原样输入的文本
下划线	指示当语句中省略了带下划线的值的子句时应用的默认值
|（竖线）	分隔括号或大括号中的语法项。只能使用其中一项
[ ]（方括号）	可选语法项。不要输入方括号
{ }（大括号）	必选语法项。不要输入大括号
[,...n]	指示前面的项可以重复 n 次。各项之间以逗号分隔
[...n]	指示前面的项可以重复 n 次。每一项由空格分隔
;	T-SQL 语句终止符。虽然在目前使用版本的 SQL Server 中大部分语句不需要分号，但将来的版本中需要
<label> ::=	语法块的名称。此约定用于对可在语句中的多个位置使用的过长语法段或语法单元进行分组和标记。可使用语法块的位置，由括在尖括号内的标签指示：< 标签 >

除非另外指定，否则所有对数据库对象名的 T-SQL 引用将由 4 部分名称组成，格式如下：

```
server_name .[database_name].[schema_name].object_name
| database_name.[schema_name].object_name
| schema_name.object_name
| object_name
```

主要参数介绍如下。

（1）server_name：指定链接的服务器名称或远程服务器名称。

（2）database_name：如果对象驻留在 SQL Server 的本地实例中，则指定 SQL Server 数据库的名称；如果对象在链接服务器中，则指定 OLE DB 目录。

（3）schema_name：如果对象在 SQL Server 数据库中，则指定包含对象的架构的名称；如果对象在链接服务器中，则指定 OLE DB 架构名称。

（4）object_name：表示对象的名称。

引用某个特定对象时，不必总是指定服务器、数据库和架构供 SQL Server 数据库引擎标识该对象。但是，如果找不到对象，就会返回错误消息。

除了使用时完全限定引用时的 4 个部分，在引用时若要省略中间节点，则需要使用句点来指示这些位置。表 4-2 所示为引用对象名的有效格式。

表 4-2 引用对象名格式

引用对象名格式	说　明
server . database . schema . object	4 个部分的名称
server . database .. object	省略架构名称
server .. schema . object	省略数据库名称
server ... object	省略数据库和架构名称
database . schema . object	省略服务器名称
database .. object	省略服务器和架构名称
schema . object	省略服务器和数据库名称
object	省略服务器、数据库和架构名称

许多代码示例用字母 N 作为 Unicode 字符串常量的前缀。如果没有 N 前缀，则字符串被转换为数据库的默认代码页。此默认代码页可能不识别某些字符。

4.1.3 标识符的命名规则

为了提供完善的数据库管理机制，SQL Server 设计了严格的对象命名规则。在创建或引用数据库实例（如表、索引、约束等）时，必须遵守 SQL Server 命名规则，否则可能发生一些难以预测和检测的错误。

1. 标识符分类

SQL Server 的所有对象，包括服务器、数据库及数据对象，如表、视图、列、索引、触发器、存储过程、规则、默认值和约束等都可以有一个标识符。对绝大多数对象来说，标识符是必不可少的，但对某些对象来说，是否规定标识符是可以选择的。对象的标识符一般在创建对象时定义，作为引用对象的工具使用。

SQL Server 一共定义了两种类型的标识符：规则标识符和界定标识符。

（1）规则标识符。

规则标识符严格遵守标识符的有关规定，所以在 T-SQL 中凡是规则标识符都不必使用界定符，对于不符合标识符格式的标识符要使用界定符（[]）或单引号（''）。

（2）界定标识符。

界定标识符是指使用如 [] 和 '' 等界定符号来进行位置限定的标识符，使用界定标识符既可以遵守标识符命名规则，也可以不遵守标识符命名规则。

2. 标识符规则

标识符的首字符必须是以下两种情况之一。

第一种情况：所有 Unicode 2.0 标准规定的字符，包括 26 个英文字母 a ～ z 和 A~Z，以及其他一些语言字符，如汉字。例如，可以给一个表命名为"员工基本情况"。

第二种情况："_""@"或"#"。

标识符首字符后的字符可以是下面 3 种情况。

第一种情况：所有 Unicode 2.0 标准规定的字符，包括 26 个英文字母 a ～ z 和 A~Z，以及其他一些语言字符，如汉字。

第二种情况："_""@"或"#"。

第三种情况：0，1，2，3，4，5，6，7，8，9。

> **注意**：标识符不允许是 T-SQL 的保留字：T-SQL 不区分大小写，所以无论是保留字的大写还是小写都不允许使用。

标识符内部不允许有空格或特殊字符：某些以特殊符号开头的标识符在 SQL Server 中具有特定的含义。如以"@"开头的标识符表示一个局部变量或一个函数的参数；以"#"开头的标识符表示一个临时表或存储过程；以"##"开头的标识符表示一个全局的临时数据库对象。T-SQL 的全局变量以"@@"开头，为避免同这些全局变量混淆，建议不要使用"@@"作为标识符的开始。

无论是界定标识符还是规则标识符最多都只能容纳 128 个字符，对于本地的临时表最多可以有 116 个字符。

3. 对象命名规则

SQL Server 数据库管理系统中的数据库对象名称由 1 ～ 128 个字符组成，不区分大小写。在一个数据库中创建了一个数据库对象后，数据库对象的前面应该有服务器名、数据库名和包含对象的架构名和对象名 4 个部分。

4. 实例的命名规则

在 SQL Server 数据库管理系统中，默认实例的名字采用计算机名，实例的名字一般由计算机名和实例名两部分组成。

正确掌握数据库的命名和引用方式是用好 SQL Server 数据库管理系统的前提，也便于用户理解 SQL Server 数据库管理系统中的其他内容。

4.2 常量

常量也称为文字值或标量值，是表示一个特定数据值的符号。根据数据类型的不同，常量可以分为数字常量、字符串常量、日期和时间常量及符号常量。

4.2.1　数字常量

数字常量包括有符号和无符号的整数、定点数和浮点小数。

integer 常量由没有用引号括起来并且不包含小数点的数字字符串来表示。integer 常量必须全部为数字，它们不能包含小数。例如：

```
1894
2
```

decimal 常量由没有用引号括起来并且包含小数点的数字字符串来表示。例如：

```
1892.1204
2.0
```

float 和 real 常量使用科学记数法来表示。例如：

```
101.5E5
0.5E-2
```

若要指示一个数是正数还是负数，可以对数值常量应用 "＋" 或 "－" 一元运算符。这将创建一个表示有符号数字值的表达式。如果没有应用＋或－一元运算符，数值常量将使用正数。

money 常量是以可选的货币符号为前缀的一串数字，money 常量不用引号括起来。例如：

```
$12
￥542023.14
```

4.2.2　字符串常量

字符串常量是括在单引号内并可以包含字母、数字字符（a~z、A~Z 和 0~9）以及特殊字符的一串符号，如感叹号（！）、at 符 (@) 和数字号 (#)。数据库系统会为字符串常量分配当前数据库的默认排序规则，除非使用 COLLATE 子句为其指定排序规则。例如：

```
'Cincinnati'
'O''Brien'
'Process X is 50% complete.'
'The level for job_id: %d should be between %d and %d.'
"O'Brien"
```

4.2.3　日期和时间常量

T-SQL 规定日期、时间和时间间隔的常量值被指定为日期和时间常量，并用单引号括起来。例如：

```
'December 5, 1985'
'5 December, 1985'
'851205'
'12/5/85'
```

4.2.4　符号常量

除了用户提供的常量外，SQL 还包含几个特有的符号常量，这些常量代表不同的常用数据值，例如：CURRENT_DATE 表示当前的日期，类似的还有 CURRENT_TIME、CURRENT_TIMESTAMP 等。这些符号常量可以通过 SQL Server 的内嵌函数访问。

4.3 变量

变量可以保存查询的结果，可以在查询语句中使用变量，也可以将变量中的值插入数据表中。在 T-SQL 中，变量的使用非常灵活方便，可以在任何 T-SQL 语句集合中声明使用，根据其生命周期，可以分为全局变量和局部变量。

4.3.1 全局变量

全局变量是 SQL Server 系统提供的内部使用变量，其作用范围并不局限于某一程序，而是任何程序均可以随时调用。全局变量通常存储一些 SQL Server 的配置设定值和统计数据。用户可以在程序中用全局变量来测试系统的设定值或者 T-SQL 命令执行后的状态值。

在使用全局变量时应注意以下两点。

（1）全局变量不是由用户的程序定义的，它们是在服务器级定义的。用户只能使用预先定义的全局变量，而不能修改全局变量。引用全局变量时，必须以标记符"@@"开头。

（2）局部变量的名称不能与全局变量的名称相同，否则会在应用程序中出现不可预测的结果。

SQL Server 2019 中常用的全局变量及其含义如表 4-3 所示。

表 4-3　SQL Server 2019 中常用的全局变量及其含义

全局变量名称	含　义
@@CONNECTIONS	返回自最后一次服务器启动以来，所有针对这台服务器进行的连接数目，包括没有成功的连接尝试
@@CPU_BUSY	返回自上次启动以来尝试的连接数，无论连接是成功还是失败，是以 ms 为单位的 CPU 工作时间
@@CURSOR_ROWS	返回在本次服务器连接中，打开游标取出数据行的数目
@@DATEFIRST	针对会话返回 SET DATEFIRST 的当前值
@@DBTS	返回当前数据库中 timestamp 数据类型的当前值。这一时间值在数据库中必须是唯一的
@@ERROR	返回执行上一个 T-SQL 语句所返回的错误代码
@@FETCH_STATUS	返回上一次使用游标 FETCH 操作所返回的状态值，且返回值为整数
@@IDENTITY	返回最近一次插入的 identity 列的数值，返回值是 numeric
@@IDLE	返回以 ms 为单位计算的 SQL Server 服务器自最近一次启动以来处于停顿状态的时间
@@IO_BUSY	返回以 ms 为单位计算的 SQL Server 服务器自最近一次启动以来花在输入和输出上的时间
@@LANGID	返回当前使用的语言的本地语言标识符（ID）
@@LANGUAGE	返回当前所用语言的名称
@@LOCK_TIMEOUT	返回当前会话的当前锁定超时设置（毫秒）
@@MAX_CONNECTIONS	返回 SQL Server 实例允许同时进行的最大用户连接数。返回的数值不一定是当前配置的数值
@@MAX_PRECISION	按照服务器中的当前设置，返回 decimal 和 numeric 数据类型所用的精度级别。默认情况下，最大精度返回 38
@@NESTLEVEL	返回本地服务器上执行的当前存储过程的嵌套级别（初始值为 0）
@@OPTIONS	返回有关当前 SET 选项的信息
@@PACK_RECEIVED	返回 SQL Server 自上次启动后从网络读取的输入数据包数
@@PACK_SENT	返回 SQL Server 自上次启动后写入网络的输出数据包个数
@@PACKET_ERRORS	返回自上次启动 SQL Server 后，在 SQL Server 连接上发生的网络数据包错误数

续表

全局变量名称	含　义
@@ROWCOUNT	返回上一次语句影响的数据行的行数
@@PROCID	返回当前存储过程的 ID 标识
@@SERVERNAME	返回运行 SQL Server 的本地服务器的名称
@@SERVICENAME	返回 SQL Server 正在其下运行的注册表项的名称。若当前实例为默认实例，则 @@SERVICENAME 返回 MSSQLSERVER；若当前实例是命名实例，则该函数返回该实例名
@@SPID	返回当前服务器进程的 ID 标识
@@TEXTSIZE	返回 SET 语句的 TEXTSIZE 选项的当前值，它指定 SELECT 语句返回的 text 或 image 数据类型的最大长度，其单位为字节
@@TIMETICKS	返回每个时钟周期的微秒数
@@TOTAL_ERRORS	返回自 SQL Server 服务器启动以来，所遇到读写错误的总数
@@TOTAL_READ	返回自 SQL Server 服务器启动以来，读磁盘的次数
@@TOTAL_WRITE	返回自 SQL Server 服务器启动以来，写磁盘的次数
@@TRANCOUNT	返回当前连接的活动事务数
@@VERSION	返回当前 SQL Server 安装的日期、版本和处理器类型

▌实例 1：使用全局变量查看数据库的信息

使用全局变量 @@VERSION 可以查看当前 SQL Server 的版本信息和服务器名称，输入语句如下：

```
SELECT @@VERSION AS 'SQL Server版本', @@SERVERNAME AS '服务器名称'
```

代码执行结果如图 4-1 所示。

图 4-1　查看全局变量值

4.3.2　局部变量

局部变量是一个拥有特定数据类型的对象，它的作用范围仅限制在程序内部。局部变量被引用时要在其名称前加上标志"@"，而且必须先用 DECLARE 命令声明后才可以使用。定义局部变量的语法形式如下：

```
DECLARE {@local-variable data-type} [...n]
```

（1）@local-variable：用于指定局部变量的名称，变量名必须以符号"@"开头，且必须符合 SQL Server 的命名规则。

（2）data-type：用于设置局部变量的数据类型及其大小。data-type 可以是任何由系统提供的或用户定义的数据类型。但是，局部变量不能是 text、ntext 或 image 数据类型。

使用 DECLARE 命令声明并创建局部变量之后，会将其初始值设置为 NULL，如果想要设置局部变量的值，必须使用 SELECT 命令或者 SET 命令。其语法形式如下：

```
SET {@local-variable=expression}
SELECT {@local-variable=expression } [, ...n]
```

其中，@local-variable 是给其赋值并声明的局部变量。expression 是任何有效的 SQL Server 表达式。

实例 2：定义局部变量并赋值，然后输出局部变量的值

使用 SELECT 语句为 @MyCount 变量赋值，最后输出 @MyCount 变量的值，输入语句如下：

```
DECLARE @MyCount INT
SELECT @MyCount =50
SELECT @MyCount  AS 局部变量的值
GO
```

执行结果如图 4-2 所示。

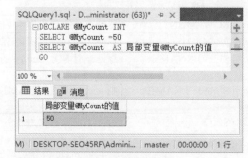

图 4-2   执行结果

4.3.3　批处理和脚本

批处理是同时从应用程序发送到 SQL Server 并得以执行的一组单条或多条 T-SQL 语句。这些语句为了达到一个整体的目标而同时执行。GO 命令表示批处理的结束。如果 T-SQL 脚本中没有 GO 命令，那么它将被作为单个批处理来执行。

SQL Server 将批处理中的语句作为一个整体，编译为一个执行计划，因此批处理中的语句是一起提交给服务器的，所以可以节省系统开销。

批处理中的语句如果在编译时出现错误，则不能产生执行计划，批处理中的任何一个语句都不会执行。批处理运行时出现错误将有以下影响。

（1）大多数运行时错误将停止执行批处理中当前语句和它之后的语句。

（2）某些运行时错误（如违反约束）仅停止执行当前语句，而继续执行批处理中其他的语句。

（3）在遇到运行时错误之前执行的语句不受影响。唯一例外的情况是批处理位于事务中并且错误导致事务回滚，在这种情况下，所有在运行时错误之前执行的未提交数据修改都将回滚。

使用批处理时有以下限制规则。

（1）CREATE DEFAULT、CREATE FUNCTION、CREATE PROCEDURE、CREATE RULE、CREATE SCHEMA、CREATE TRIGGER 和 CREATE VIEW 语句不能在批处理中与其他语句组合使用。

（2）批处理必须以 CREATE 语句开始。所有跟在该批处理后的其他语句将被解释为第一个 CREATE 语句定义的一部分。

（3）不能在同一个批处理中更改表，然后引用新列。

（4）如果 EXECUTE 语句是批处理中的第一句，则不需要 EXECUTE 关键字。如果 EXECUTE 语句不是批处理中的第一条语句，则需要 EXECUTE 关键字。

脚本是存储在文件中的一系列 T-SQL 语句。T-SQL 脚本包含一个或多个批处理。T-SQL 脚本主要有以下用途。

（1）在服务器上保存用来创建和填充数据库步骤的永久副本，作为一种备份机制。

（2）必要时将语句从一台计算机传输到另一台计算机。

（3）脚本可以看作一个单元，以文本文件的形式存储在系统中。在脚本中，可以使用系统函数和局部变量。

实例 3：定义一组脚本代码，输出表中数据的行数

输入语句如下：

```
USE test_db
GO
DECLARE @mycount int
CREATE TABLE person
(
  id      INT NOT NULL PRIMARY KEY,
  name    VARCHAR(40) NOT NULL,
  age     INT NOT NULL,
  info    VARCHAR(50) NULL
);
INSERT INTO person (id ,name, age )
VALUES (1,'Green', 21);
INSERT INTO person (age ,name, id ,
info) VALUES (22, 'Suse', 2, 'dancer');
```

```
SET @mycount =(SELECT COUNT(*)  FROM
person)
SELECT @myCount  AS 数据表中的行数
GO
```

代码执行结果如图 4-3 所示。

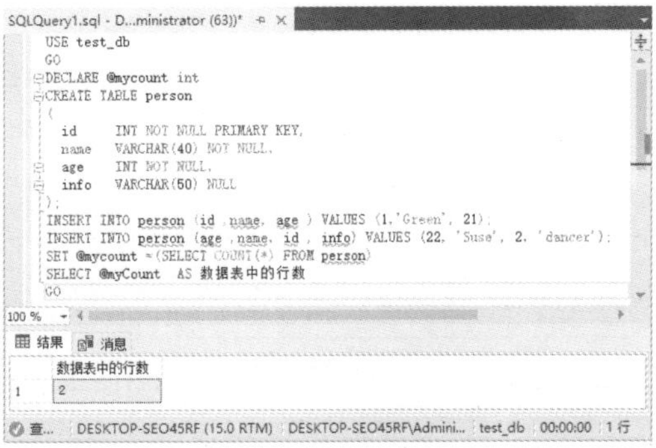

图 4-3　代码执行结果

该脚本中使用了 6 条语句，分别包含 USE 语句、局部变量的定义、CREATE 语句、INSERT 语句、SELECT 语句以及 SET 赋值语句，所有的这些语句在一起完成了 person 数据表的创建、插入数据以及统计插入的记录总数的工作。

USE 语句用来设置当前使用的数据库，可以看到，因为使用了 USE 语句，所以在执行 INSERT 和 SELECT 语句时，它们将在指定的数据库（test_db）中进行操作。

4.4　运算符和表达式

在 SQL Server 2019 中，运算符主要有以下六大类：算术运算符、赋值运算符、比较运算符、逻辑运算符、连接运算符以及按位运算符。表达式在 SQL Server 2019 中也有非常重要的作用，SQL 语言中的许多重要操作都需要使用表达式来完成。

4.4.1　算术运算符

算术运算符可以在两个表达式上执行数学运算，这两个表达式可以是任何数值数据类型。T-SQL 中的算术运算符如表 4-4 所示。

表 4-4　T-SQL 中的算术运算符

运　算　符	作　用
+	加法运算
−	减法运算
*	乘法运算
/	除法运算，返回商
%	求余运算，返回余数

加法和减法运算符也可以对 datetime 和 smalldatetime 类型的数据执行算术运算。求余运算将返回一个除法运算的整数余数，例如表达式 I4%3 的结果等于 2。

4.4.2　比较运算符

比较运算符用来比较两个表达式的大小，表达式可以是字符、数字或日期数据，其比较结果是布尔值。比较运算符测试两个表达式是否相同。除了 text、ntext 或 image 数据类型的表达式外，比较运算符可以用于所有的表达式。表 4-5 列出了 T-SQL 中的比较运算符。

表 4-5　T-SQL 中的比较运算符

运　算　符	含　义
=	等于
>	大于
<	小于
>=	大于等于
<=	小于等于
<>	不等于
!=	不等于（非 ISO 标准）
!<	不小于（非 ISO 标准）
!>	不大于（非 ISO 标准）

4.4.3　逻辑运算符

逻辑运算符可以把多个逻辑表达式连接起来测试，以获得真实情况。返回带有 TRUE 或 FALSE 值的布尔数据类型。

T-SQL 中包含以下一些逻辑运算符。

- ALL：如果一个比较集中全部都是 TRUE，则值为 TRUE。
- AND：如果两个布尔表达式都为 TRUE，则值为 TRUE。
- ANY：如果一个比较集中任何一个为 TRUE，则值为 TRUE。
- BETWEEN：如果操作数在某个范围之内，则值为 TRUE。
- EXISTS：如果子查询包含任何行，则值为 TRUE。
- IN：如果操作数与一个表达式列表中的某个相等的话，则值为 TRUE。
- LIKE：如果操作数与一种模式相匹配，则值为 TRUE。
- NOT：对任何其他布尔运算符的值取反。
- OR：如果任何一个布尔表达式是 TRUE，则值为 TRUE。
- SOME：如果一个比较集中的某些为 TRUE 的话，则值为 TRUE。

4.4.4　连接运算符

连接运算符"+"用于连接两个或两个以上的字符或二进制串、列名或者串和列的混合体，将一个串加入另一个串的末尾。语法格式如下：

```
<expression1>+<expression1>
```

例如，'abc'+'def' 被存储为 'abcdef'，这里用单引号。

4.4.5　按位运算符

按位运算符在两个表达式之间执行位操作，这两个表达式可以为整数数据类型类别中的任何数据类型。T-SQL 中的按位运算符如表 4-6 所示。

表 4-6 按位运算符

运　算　符	含　义
&	位与
|	位或
^	位异或
~	返回数字的非

4.4.6　运算符的优先级

当一个复杂的表达式有多个运算符时，运算符优先级决定执行运算的先后次序。执行的顺序可能会严重地影响所得到的值。

在较低级别的运算符之前先对较高级别的运算符进行求值。表 4-7 按从高到低的顺序列出了 SQL Server 中运算符的优先级。

表 4-7　SQL Server 运算符的优先级

级　别	运　算　符
1	~（位非）
2	*（乘）、/（除）、%（取模）
3	+（正）、-（负）、+（加）、+（连接）、-（减）、&（位与）、^（位异或）、|（位或）
4	=、>、<、>=、<=、<>、!=、!>、!<（比较运算符）
5	NOT
6	AND
7	ALL、ANY、BETWEEN、IN、LIKE、OR、SOME
8	=（赋值）

当一个表达式中的两个运算符有相同的运算符优先级别时，将按照它们在表达式中的位置从左到右进行求值。当然，在无法确定优先级的情况下，可以使用圆括号来改变优先级，并且这样会使计算过程更加清晰。

4.4.7　什么是表达式

表达式是指用运算符和圆括号把变量、常量和函数等运算成分连接起来的有意义的式子，即使单个的常量、变量和函数也可以看成是一个表达式。表达式有多方面的用途，如执行计算、提供查询记录条件等。

4.4.8　表达式的分类

根据连接表达式的运算符进行分类，可以将表达式分为算术表达式、比较表达式、逻辑表达式、按位表达式和混合表达式等；根据表达式的作用进行分类，可以将表达式分为字段名表达式、目标表达式和条件表达式。

1. 字段名表达式

字段名表达式可以是单一的字段名或几个字段的组合，还可以是由字段、作用于字段的集合函数和常量的任意算术运算符（+、-、*、/）组成的运算表达式，主要包括数值表达式、字符表达式、逻辑表达式和日期表达式 4 种。

2. 目标表达式

目标表达式有 4 种构成方式。

（1）*：表示选择相应基表和视图的所有字段。

（2）< 表名 >.*：表示选择指定的基表和视图的所有字段。

（3）集函数 ()：表示在相应的表中按集函数操作和运算。

（4）[< 表名 >.] 字段名表达式 [,[< 表名 >.]< 字段名表达式 >]……：表示按字段名表达式在多个指定的表中选择。

3. 条件表达式

常用的条件表达式有以下 6 种。

（1）比较大小。应用比较运算符构成表达式，主要的比较运算符有 "="">"">="<"<="!="<>""!>"（不大于）"!<"（不小于）、NOT（与比较运算符相同，对条件求非）。

（2）指定范围。用（NOT）BETWEEN…AND…运算符查找字段值在或者不在指定范围内的记录。BETWEEN 后面指定范围的最小值，AND 后面指定范围的最大值。

（3）集合（NOT）IN。查询字段值属于或者不属于指定集合内的记录。

（4）字符匹配。（NOT）LIKE'< 匹配字符串 >'[ESCAPE '< 换码字符 >'] 表示查找字段值满足 < 匹配字符串 > 中指定的匹配条件的记录。< 匹配字符串 > 可以是一个完整的字符串，也可以包含通配符 "_" 和 "%"，"_" 代表任意单个字符，"%" 代表任意长度的字符串。

（5）空值 IS（NOT）NULL。查找字段值为空（不为空）的记录。SQL 规定，在含有运算符 "+""–""*""/" 的算术表达式中，若有一个值是空值，则该算术表达式的值也是空值。

（6）多重条件 AND 和 OR。AND 表达式用来查找字段值同时满足 AND 相连接的查询条件的记录；OR 表达式用来查询字段值满足 OR 连接的查询条件中任意一个的记录。AND 运算符的优先级高于 OR 运算符。

4.5　T-SQL 语言中的通配符

查询时，有时无法指定一个清楚的查询条件，此时可以使用 SQL 通配符。通配符用来代替一个或多个字符，在使用通配符时，要与 LIKE 运算符一起使用。T-SQL 中常用的通配符如表 4-8 所示。

表 4-8　T-SQL 中的通配符

通配符	说　明	例　子	匹配值示例
%	匹配任意长度的字符，甚至包括零字符	'f%n' 匹配字符 n 前面有任意个字符，返回的字符以 f 开头	fn、fan、faan
_	匹配任意单个字符	'b_' 匹配以 b 开头长度为两个字符的值	ba、by、bx、bp
[字符集合]	匹配字符集合中的任何一个字符	'[xz]' 匹配 x 或者 z	dizzy、zebra、x-ray、extra
[^] 或 [!]	匹配不在括号中的任何字符	'[^abc]' 匹配任何不包含 a、b 或 c 的字符串	desk、fox、f8ke

4.6　T-SQL 语言中的注释

注释中包含对 SQL 代码的解释说明性文字，这些文字可以插入单独行中、嵌套在 T-SQL 命令行的结尾或 T-SQL 语句中。服务器不会执行注释。为 SQL 代码添加注释可以增强代码的可读性和清晰度,而对于团队开发时,使用注释更能够加强同伴之间的沟通,提高工作效率。

SQL 中的注释分为以下两种。

1. 单行注释

单行注释以两个连字符"--"开始,作用范围是从注释符号开始到一行的结束。例如:

```
--CREATE TABLE temp
--( id INT PRIMAYR KEY, hobby VARCHAR(100) NULL)
```

该段代码表示创建一个数据表,但是因为加了注释符号"--",所以该段代码是不会被执行的。

```
--查找表中的所有记录
SELECT * FROM member WHERE id=1
```

该段代码中的第二行将被 SQL 解释器执行,而第一行作为第二行语句的解释说明性文字,不会被执行。

2. 多行注释

多行注释作用于某一代码块,该种注释使用斜杠和星号(/**/),使用这种注释时,编译器将忽略从 /* 开始后面的所有内容,直到遇到 */ 为止。例如:

```
/*CREATE TABLE temp
--( id INT PRIMAYR KEY, hobby VARCHAR(100) NULL)*/
```

该段代码被当作注释内容,不会被解释器执行。

4.7　疑难问题解析

▎疑问 1: 如何在 SQL Server 中学习 SQL 语句?

答:SQL 语句是 SQL Server 的核心,是进行 SQL Server 2019 数据库编程的基础。SQL 是一种面向集合的说明式语言,与常见的过程式编程语言在思维上有明显不同。所以开始学习 SQL 时,最好先对各种数据库对象和 SQL 的查询有个基本理解,再开始写 SQL 代码。

▎疑问 2: 使用比较运算符时要保证数据类型一致吗?

答:在 SQL Server 2019 中,比较运算符几乎可以连接所有的数据类型,但是比较运算符两边的数据类型必须保持一致。如果连接的数据类型不是数字值时,必须用单引号将比较运算符后面的数据括起来。

4.8　综合实战训练营

▎实战 1: 局部变量的应用

查询销售信息表,将返回的记录数赋给局部变量,并显示。

▎实战 2: 全局变量的应用

利用全局变量查看 SQL Server 的版本、当前所使用的语言、服务器及服务的名称、SQL Server 上允许同时连接的最大用户数。

第5章 掌握Transact-SQL语句

本章导读

　　T-SQL 是标准 SQL 的增强版，是应用程序与 SQL Server 沟通的主要语言，本章就来介绍 T-SQL 语句的应用，主要内容包括数据定义语句、数据操作语句、数据控制语句、其他基本语句、流程控制语句等。

知识导图

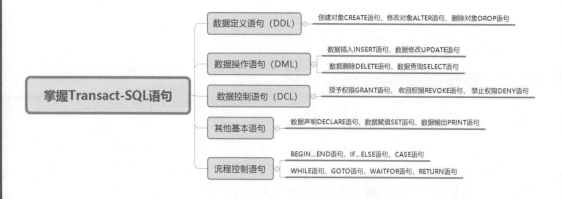

5.1 数据定义语句（DDL）

数据定义语句（DDL）是用于描述数据库中要存储的现实世界实体的语言。作为数据库管理系统的一部分，DDL 语句用于定义数据库的所有特性和属性。常见的数据定义语句有 CREATE DATABASE、CREATE TABLE、CREATE VIEW、DROP VIEW、ALTER TABLE 等。

5.1.1 创建对象语句 CREATE

作为数据库操作语言中非常重要的部分，CREATE 语句用于创建数据库、数据表以及约束等。

1. 创建数据库

创建数据库是在系统磁盘上划分一块区域用于数据的存储和管理。创建数据库时需要指定数据库的名称、文件名称、数据文件大小、初始大小、是否自动增长等内容。在 SQL Server 中可以使用 CREATE DATABASE 语句，或者通过对象资源管理创建数据库。这里主要介绍 CREATE DATABASE 的用法。

CREAETE DATABASE 语句的基本语法格式如下：

```
CREATE DATABASE database_name
[ ON [ PRIMARY ]][<filespec>[,…n]
[,<filespec>[,…n]]
[LOG ON{<filespec>[,…n]}]
]
NAME = logical_file_name
    [ , NEWNAME = new_logical_name ]
    [ , FILENAME = {'os_file_name' | 'filestream_path' } ]
    [ , SIZE = size [ KB | MB | GB | TB ] ]
    [ , MAXSIZE = { max_size [ KB | MB | GB | TB ] | UNLIMITED } ]
    [ , FILEGROWTH = growth_increment [ KB | MB | GB | TB| % ] ]
]   [ ,…n ]
```

主要参数介绍如下。

（1）database_name：数据库名称，不能与 SQL Server 中现有的数据库实例名称冲突，最多可以包含 128 个字符。

（2）ON：指定显式定义用来存储数据库中数据的磁盘文件。

（3）PRIMARY：指定关联的 <filespec> 列表定义主文件，在主文件组的 <filespec> 项中指定的第一个文件将成为主文件。一个数据库只能有一个主文件。如果没有指定 PRIMARY，那么 CREATE DATABASE 语句中列出的第一个文件将成为主文件。

（4）LOG ON：指定用来存储数据库日志的日志文件。LOG ON 后跟以逗号分隔的用以定义日志文件的 <filespec> 项列表。如果没有指定 LOG ON，将自动创建一个日志文件，其大小为该数据库的所有数据文件大小总和的 25% 或 512KB，取两者之中的较大者。

（5）NAME：指定文件的逻辑名称，引用文件时在 SQL Server 中使用的逻辑名称。

（6）FILENAME：指定创建文件时由操作系统使用的路径和文件名，执行 CREATE DATABASE 语句前，指定路径必须存在。

（7）SIZE：指定数据库文件的初始大小，如果没有为主文件提供 size，数据库引擎将使用 model 数据库中主文件的大小。

（8）MAXSIZE：指定文件可增大到的最大大小，可以使用 KB、MB、GB 和 TB 做后缀，默认值为 MB。max_size 是整数值。如果不指定 max_size，则文件将不断增长直至磁盘被占满。UNLIMITED 表示文件一直增长到磁盘充满。

（9）FILEGROWTH：指定文件的自动增量。文件的 FILEGROWTH 设置不能超过 MAXSIZE。该值可以 MB、KB、GB、TB 或百分比（%）为单位指定。默认值为 MB。如果指定%，则增量大小为发生增长时文件大小的指定百分比。值为 0 时表明自动增长被设置为关闭，不允许增加空间。

▌ 实例 1：创建数据库 my_db

输入语句如下：

```
CREATE DATABASE my_db ON  PRIMARY
(
NAME = my_db_data,          --数据库逻辑文件名称
FILENAME ='C:\SQL Server 2019\my_db_data.mdf',    --主数据文件存储位置
SIZE = 5120KB ,             --主数据文件大小
MAXSIZE =20,                --主数据文件最大增长空间为20MB
FILEGROWTH =1.              --文件增长大小设置为1MB
)
```

代码执行结果如图 5-1 所示。该段代码创建一个名称为 my_db 的数据库，设定数据库的主数据文件名称为 my_db_data、主数据文件大小为 5MB、增长大小为 1MB。

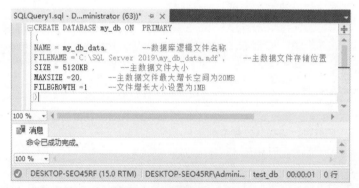

图 5-1　创建数据库 my_db

> **注意**：该段代码没有指定创建事务日志文件，但是系统默认会创建一个数据库名称加上 _log 的日志文件，该日志文件的大小为系统默认值 2MB，增量为 10%，因为没有设置增长限制，所以事务日志文件的最大增长空间将是指定磁盘上所有剩余可用空间。

2. 创建数据表

创建数据表是指在创建好的数据库中建立新表。创建数据表的过程是规定数据列的属性的过程，同时也是实施数据完整性约束的过程。创建数据表使用 CREATE TABLE 语句。CREATE TABLE 语句的基本语法格式如下：

```
CREATE TABLE  [database_name.[ schema_name ].] table_name
{column_name  <data_type>
```

```
[ NULL | NOT NULL ] | [ DEFAULT constant_expression ] | [ ROWGUIDCOL ]
{ PRIMARY KEY | UNIQUE } [CLUSTERED | NONCLUSTERED]
 [ ASC | DESC ]
}[ ,...n ]
```

主要参数介绍如下。

（1）database_name：要在其中创建表的数据库名称，不指定数据库名称时，则默认使用当前数据库。

（2）schema_name：指定新表所属架构的名称，若此项为空，则默认为新表所在当前架构的名称。

（3）table_name：创建的数据表的名称。

（4）column_name：数据表中的各个列的名称，列名称必须唯一。

（5）data_type：指定字段列的数据类型，可以是系统数据类型，也可以是用户定义数据类型。

（6）NULL | NOT NULL：确定列中是否允许使用空值。

（7）DEFAULT：用于指定列的默认值。

（8）ROWGUIDCOL：指示新列为 GUID 列。对于每个表，只能将其中的一个 uniqueidentifier 列指定为 ROWGUIDCOL 列。

（9）PRIMARY KEY：主键约束，通过唯一索引对给定的一列或多列强制实体完整性约束。每个表只能创建一个 PRIMARY KEY 约束。PRIMARY KEY 约束中定义的所有列都必须定义为 NOT NULL。

（10）UNIQUE：唯一性约束，该约束通过唯一索引为一个或多个指定列提供实体完整性。一个表可以有多个 UNIQUE 约束。

（11）CLUSTERED | NONCLUSTERED：指示为 PRIMARY KEY 或 UNIQUE 约束创建聚集索引或是非聚集索引。PRIMARY KEY 约束默认为 CLUSTERED，UNIQUE 约束默认为 NONCLUSTERED。在 CREATE TABLE 语句中，可只为一个约束指定 CLUSTERED。如果在为 UNIQUE 约束指定 CLUSTERED 的同时又指定了 RIMARY KEY 约束，则 PRIMARY KEY 将默认为 NONCLUSTERED。

（12）[ASC | DESC]：指定加入表约束中的一列或多列的排序顺序，ASC 为升序排列，DESC 为降序排列，默认值为 ASC。

▌实例 2：创建数据表 tb_emp1

输入语句如下：

```
USE my_db
CREATE TABLE tb_emp1
(
id      INT PRIMARY KEY,
name    VARCHAR(25) NOT NULL,
deptId  CHAR(2) NOT NULL,
salary   SMALLMONEY NULL
);
```

代码执行结果如图 5-2 所示。打开表 tb_emp1 的设计窗口，可以看到该表的结构，如图 5-3 所示。

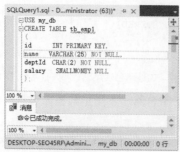

图 5-2 创建数据表

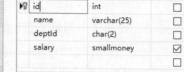

图 5-3 tb_emp1 表的结构

5.1.2 修改对象语句 ALTER

当数据库结构无法满足需求或者存储空间已经填满时，可以使用 ALTER 语句对数据库和数据表进行修改。下面将介绍如何使用 ALTER 语句修改数据库和数据表。

1. 修改数据库

修改数据库可以使用 ALTER DATABASE 语句，其基本语法格式如下：

```
ALTER DATABASE database_name
{
    ADD FILE <filespec> [ ,...n ]  [ TO FILEGROUP { filegroup_name } ]
  | ADD LOG FILE <filespec> [ ,...n ]
  | REMOVE FILE logical_file_name
  | MODIFY FILE <filespec>
| MODIFY NAME = new_database_name
| ADD FILEGROUP filegroup_name
| REMOVE FILEGROUP filegroup_name
| MODIFY FILEGROUP filegroup_name
}
<filespec>::=
(
NAME = logical_file_name
[ , NEWNAME = new_logical_name ]
[ , FILENAME = {'os_file_name' | 'filestream_path' } ]
 [ , SIZE = size [ KB | MB | GB | TB ] ]
[ , MAXSIZE = { max_size [ KB | MB | GB | TB ] | UNLIMITED } ]
[ , FILEGROWTH = growth_increment [ KB | MB | GB | TB| % ] ]
[ , OFFLINE ]
)
```

主要参数介绍如下。

（1）database_name：要修改的数据库的名称。

（2）ADD FILE…TO FILEGROUP：添加新数据库文件到指定的文件组中。

（3）ADD LOG FILE：添加日志文件。

（4）REMOVE FILE：从 SQL Server 的实例中删除逻辑文件说明并删除物理文件。除非文件为空，否则无法删除文件。

（5）MODIFY FILE：指定应修改的文件。一次只能更改一个 <filespec> 属性。必须在 <filespec> 中指定 NAME，以标识要修改的文件。如果指定了 SIZE，那么新大小必须比文件当前大小要大。

（6）MODIFY NAME：使用指定的名称重命名数据库。

（7）ADD FILEGROUP：向数据库中添加文件组。

（8）REMOVE FILEGROUP：从数据库中删除文件组。除非文件组为空，否则无法将其删除。

（9）MODIFY FILEGROUP：通过将状态设置为 READ_ONLY 或 READ_WRITE，将文件组设置为数据库的默认文件组或者更改文件组名称来修改文件组。

▍实例 3：修改数据库的名称

将数据库 my_db 的名称修改为 company，输入语句如下：

```
ALTER DATABASE my_db
MODIFY NAME=company
```

代码执行结果如图 5-4 所示。

图 5-4　修改数据库的名称

2. 修改数据表

修改数据表结构可以在已经定义的表中增加新的字段列或删除多余的字段。实现这些操作可以使用 ALTER TABLE 语句，其基本语法格式如下：

```
ALTER TABLE [ database_name . [ schema_name ] . ] table_name
{
ALTER
{
[COLUMN   column_name type_name  [column_constraints] ] [,…n]
}
| ADD
{
[ column_name1 typename [column_constraints],[table_constraint] ] [, …n]
}
| DROP
{
[COLUMN column_name1] [, …n]
}
}
```

主要参数介绍如下。

（1）ALTER：修改字段属性。

（2）ADD：表示向表中添加新的字段列，后面可以跟多个字段的定义信息，多个字段之间用逗号隔开。

（3）DROP：删除表中的字段，可以同时删除多个字段，多个字段之间用逗号隔开。

▍实例 4：修改数据表结构

在 company 数据库中，向 tb_emp1 数据表中添加名称为 birth 的字段列，数据类型为 date，要求非空，输入语句如下：

```
USE company
GO
ALTER TABLE tb_emp1
ADD  birth DATE NOT NULL
```

代码执行结果如图 5-5 所示。

图 5-5　添加数据表字段

5.1.3 删除对象语句 DROP

使用 DROP 语句可以轻松地删除数据库和数据表。

1. 删除数据表

删除数据表是将数据库中的表从数据库中删除。删除数据表的语法格式如下：

```
DROP TABLE table_name
```

table_name 为要删除的数据表的名称。

▌实例 5：删除数据表 tb_emp1

删除 company 数据库中的 tb_emp1 表，输入语句如下：

```
USE company
GO
DROP TABLE dbo.tb_emp1
```

代码执行结果如图 5-6 所示。

2. 删除数据库

删除数据库是将已经存在的数据库从磁盘空间上删除，删除之后，数据库中的所有数据也将一同被删除，删除数据库的基本语法格式如下：

```
DROP DATABASE database_name
```

database_name 为要删除的数据库的名称。

▌实例 6：删除数据库 company

删除数据库的语句如下：

```
DROP DATABASE company
```

代码执行结果如图 5-7 所示。

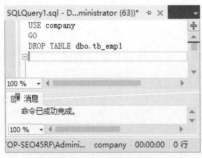

图 5-6　删除数据表

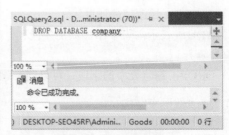

图 5-7　删除数据库

5.2　数据操作语句（DML）

数据操作语句（Data Manipulation Language，DML）是使用户能够查询数据库及操作已有数据库中数据的语句，包括数据插入语句、数据更改语句、数据删除语句和数据查询语句等。

5.2.1 数据插入语句 INSERT

向创建好的数据表中插入记录，可以一次插入一条记录，也可以一次插入多条记录。插入表中的记录的值必须符合各个字段值的数据类型及相应的约束。INSERT 语句的基本语法格式如下：

```
INSERT INTO table_name ( column_list )
VALUES (value_list);
```

主要参数介绍如下。

● table_name：指定要插入数据的表名。

● column_list：指定要插入数据的列。

● value_list：指定每个列对应插入的数据。

> **注意**：使用该语句时字段和数据值的数量必须相同，value_list 中的这些值可以是 DEFAULT、NULL 或者表达式。DEFAULT 表示插入该列在定义时的默认值；NULL 表示插入空值；表达式将插入表达式计算之后的结果。

准备一张数据表，这里定义表名称为 teacher，可以在 mydb 数据库中创建该数据表，创建表的语句如下：

```
CREATE  TABLE  teacher
(
id        INT  NOT NULL PRIMARY KEY,
name      VARCHAR(20)  NOT NULL ,
birthday  DATE ,
sex       VARCHAR(4) ,
cellphone VARCHAR(18)
);
```

执行操作后刷新表节点，即可看到新添加的 teacher 表，如图 5-8 所示。

▌ 实例 7：向数据表 teacher 中插入一条数据

输入语句如下：

```
INSERT INTO teacher VALUES(1001, '张向阳', '1978-02-14', '男', '123456')
--插入一条记录
SELECT * FROM teacher
```

代码执行结果如图 5-9 所示。插入操作成功，可以从 teacher 表中查询出一条记录。

图 5-8 添加 teacher 表

图 5-9 向 teacher 表中插入一条记录

▌实例 8：向数据表 teacher 中插入多条数据

输入语句如下：

```
SELECT * FROM teacher
INSERT INTO teacher
VALUES (1002, '李阳', '1978-11-
21','女', '123457') ,
    (1003, '王旭','1976-12-05','男',
'123458') ,
    (1004, '贾丽丽','1980-6-5','女',
'123459') ;
SELECT * FROM teacher
```

执行结果如图 5-10 所示。对比插入前后的查询结果，可以看到现在表中已经多了 3

条记录，插入操作成功。

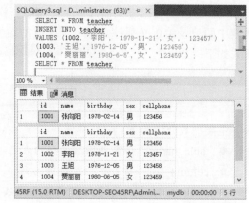

图 5-10　向 teacher 表中插入多条记录

5.2.2　数据修改语句 UPDATE

使用 SQL Server 中的 UPDATE 语句可以修改数据表中的数据，还可以更新特定的行数据或者同时更新所有列数据。UPDATE 语句的基本语法结构如下：

```
UPDATE table_name
SET column_name1 = value1,column_name2=value2,…,column_nameN=valueN
WHERE search_condition
```

（1）column_name1，column_name2，…，column_nameN 为指定更新的字段的名称。

（2）value1，value2，…，valueN 为相对应的指定字段的更新值。

（3）condition 指定更新的记录需要满足的条件。更新多个列时，每个"列 = 值"对之间用逗号隔开，最后一列的后面不需要逗号。

▌实例 9：修改数据表中指定条件的数据记录

在 teacher 表中，更新 id 值为 1002 的记录，将 birthday 字段值改为 '1980-8-8'，将 cellphone 字段值改为 '123459'，输入语句如下：

```
SELECT * FROM teacher WHERE id =1002;
UPDATE teacher
SET birthday = '1980-8-8',cellphone='123459' WHERE id = 1002;
SELECT * FROM teacher WHERE id =1002;
```

执行前后的结果如图 5-11 所示。对比前后的查询结果，可以看到更新指定记录成功。

▌实例 10：同时修改数据表中所有数据记录

在 teacher 表中，将所有老师的电话都修改为 '01008611'，输入语句如下：

```
SELECT * FROM teacher;
UPDATE teacher SET cellphone='01008611';
SELECT * FROM teacher;
```

代码执行后的结果如图 5-12 所示。由结果可以看到，现在表中所有记录的 cellphone 字段都有相同的值，修改操作成功。

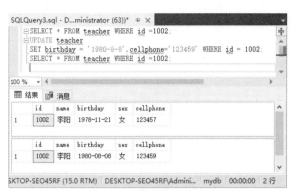

图 5-11　指定条件修改记录

图 5-12　同时修改 cellphone 字段值

5.2.3　数据删除语句 DELETE

数据的删除是指删除表的部分或全部记录，删除时可以指定删除条件，从而删除一条或多条记录；如果不指定删除条件，DELETE 语句将删除表中的所有记录，清空数据表。DELETE 语句的基本语法格式如下：

```
DELETE FROM table_name
[WHERE condition]
```

主要参数介绍如下。
- table_name：执行删除操作的数据表。
- WHERE：指定删除的记录要满足的条件。
- condition：条件表达式。

实例 11：按指定条件删除一条或多条记录

删除 teacher 表中 id 等于 1001 的记录，输入语句如下：

```
DELETE FROM teacher WHERE id=1001;
SELECT * FROM teacher WHERE id=1001;
```

执行结果如图 5-13 所示。由结果可以看到，代码执行之后，SELECT 语句的查询结果为空，删除记录成功。

实例 12：删除数据表中的所有数据记录

使用不带 WHERE 子句的 DELETE 语句，可以删除表中的所有记录。例如，删除 teacher 表中所有记录，输入语句如下：

```
SELECT * FROM teacher;
DELETE FROM teacher;
SELECT * FROM teacher;
```

执行结果如图 5-14 所示。对比删除前后的查询结果，可以看到，执行 DELETE 语句之后，表中的记录被全部删除，所以第二条 SELECT 语句的查询结果为空。

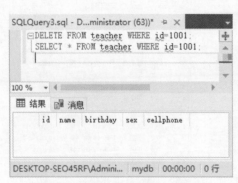

图 5-13　按指定条件删除一条记录

图 5-14　删除表中所有记录

5.2.4　数据查询语句 SELECT

对于数据库管理系统来说，数据查询是执行频率最高的操作，是数据库中非常重要的部分。T-SQL 中使用 SELECT 语句进行数据查询，SELECT 语句的基本语法结构如下：

```
SELECT [ALL | DISTINCT] {* | <字段列表>}
FROM  table_name | view_name
[WHERE <condition>]
[GROUP BY <字段名>] [HAVING <expression> ]
[ORDER BY <字段名>] [ASC | DESC]
```

主要参数介绍如下。

（1）ALL：指定在结果集中可以包含重复行。

（2）DISTINCT：指定在结果集中只能包含唯一行。对于 DISTINCT 关键字来说，NULL 值是相等的。

（3）{*|<字段列表>}：包含星号通配符和选定字段列表，"*"表示查询所有的字段，"字段列表"表示查询指定的字段，字段列表至少包含一个字段名称，如果要查询多个字段，多个字段之间用逗号隔开，最后一个字段后不要加逗号。

（4）FROM table_name | view_name：表示查询数据的来源。table_name 表示从数据表中查询数据，view_name 表示从视图中查询。对于表和视图，在查询时均可指定单个或者多个。

（5）WHERE <condition>：指定查询结果需要满足的条件。

（6）GROUP BY < 字段名 >：该子句告诉 SQL Server 显示查询出来的数据时按照指定的字段分组。

（7）[ORDER BY < 字段名 >]：该子句告诉 SQL Server 按什么样的顺序显示查询出来的数据，可以进行的排序有升序（ASC）和降序（DESC）。

▎实例 13：查询 teacher 表中所有数据记录

输入语句如下：

```
SELECT * FROM teacher;
```

执行结果如图 5-15 所示。可以看到，使用星号（*）通配符时，将返回所有列，列按照定义表时的顺序显示。

有时候，并不需要数据表中的所有字段值，此时可以指定需要查询的字段名称，这样不但显示的结果更清晰，而且能提高查询的效率。

▌实例 14：查询 teacher 表中教师的姓名及联系电话

输入语句如下：

```
SELECT name, cellphone FROM teacher;
```

代码执行结果如图 5-16 所示。

图 5-15　查询 teacher 表中所有教师信息

图 5-16　查询指定条件数据记录

5.3　数据控制语句（DCL）

数据控制语句用来设置、更改用户或角色权限，包括 GRANT、REVOKE、DENY 等语句。GRANT 语句用来为用户授予权限，REVOKE 语句用于删除已授予的权限，DENY 语句用于防止主体通过 GRANT 获得特定权限。默认状态下，只有 sysadmin、dbcreater、db_owner、db_securityadmin 等成员有权执行数据控制语句。

5.3.1　授予权限语句 GRANT

利用 SQL 的 GRANT 语句可向用户授予操作权限，当用该语句向用户授予操作权限时，若允许用户将获得的权限再授予其他用户，应在该语句中使用 WITH GRANT OPTION 短语。

授予语句权限的语法形式如下：

```
GRANT {ALL | statement[,...n]} TO security_account [ ,...n ]
```

授予对象权限的语法形式如下：

```
GRANT{ ALL [ PRIVILEGES ] | permission [ ,...n ] }{[ ( column [ ,...n ] ) ]ON {
table | view }| ON { table | view } [ ( column [ ,...n ] ) ]| ON {stored_procedure
| extended_procedure }| ON { user_defined_function } }TO security_account [ ,...n ] [
WITH GRANT OPTION ] [ AS { group | role} ]
```

▌实例 15：为用户授予更新和删除操作权限

对名称为 guest 的用户进行授权，允许其对 teacher 数据表执行更新和删除操作，输入语句如下：

```
USE mydb
GRANT UPDATE,DELETE ON teacher
TO guest WITH GRANT OPTION
```

代码执行结果如图 5-17 所示。代码中的 UPDATE 和 DELETE 为允许被授予的操作权限，teacher 为权限执行对象，guest 为被授予权限的用户名称，WITH GRANT OPTION 表示该用户还可以向其他用户授予其自身所拥有的权限。

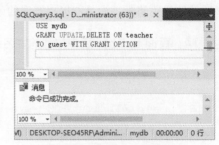

图 5-17　授予用户操作权限

5.3.2　收回权限语句 REVOKE

REVOKE 语句是与 GRANT 语句作用相反的语句，能够将以前在当前数据库内为用户或者角色授予的权限删除，但是该语句并不影响用户或者角色在其他角色中作为成员继承过来的权限。收回权限语句的语法形式如下：

```
REVOKE { ALL | statement [ ,...n ] } FROM security_account [ ,...n ]
```

收回对象权限的语法形式如下：

```
REVOKE { ALL [ PRIVILEGES ] | permission [ ,...n ] } { [( column [ ,...n ] ) ] ON {
table | view } | ON { table | view } [ (column [ ,...n ] ) ] | ON { stored_procedure
| extended_procedure } |ON { user_defined_function } } { TO | FROM } security_
account [ ,...n ][ CASCADE ] [ AS { group | role } ]
```

▌实例 16：收回用户对数据表的删除权限

收回 guest 用户对 teacher 表的删除权限，输入语句如下：

```
USE mydb
REVOKE DELETE ON teacher FROM guest
CASCADE;
```

代码执行结果如图 5-18 所示。

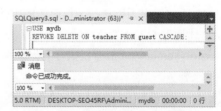

图 5-18　收回用户删除操作权限

5.3.3　禁止权限语句 DENY

出于某些安全性的考虑，若不希望让一些人查看特定的表，则可以使用 DENY 语句来禁止对指定表的查询操作，DENY 可以用来禁止某个用户对一个对象的所有访问权限。禁止语句权限的语法形式如下：

```
DENY { ALL | statement [ ,...n ] } FROM security_account [ ,...n ]
```

禁止对象权限的语法形式如下：

```
DENY { ALL [ PRIVILEGES ] | permission [ ,...n ] } { [( column [ ,...n ] ) ]
```

```
ON { table | view } | ON { table | view } [ (column [ ,...n ] ) ] | ON { stored_
procedure | extended_procedure } |ON { user_defined_function } } { TO | FROM }
security_account [ ,...n ][ CASCADE ] [ AS { group | role } ]
```

实例 17：禁止用户对数据表的更新权限

禁止 guest 用户对 teacher 表的操作更新权限，输入语句如下：

```
USE mydb
DENY UPDATE ON teacher TO guest
CASCADE;
```

代码执行结果如图 5-19 所示。

图 5-19　禁止用户更新操作权限

5.4　其他基本语句

T-SQL 中除了上面一些重要的数据定义、数据操作和数据控制语句之外，还提供了一些其他的基本语句，以此来丰富 T-SQL 语句的功能，例如数据声明语句、数据赋值语句和数据输出语句等。

5.4.1　数据声明语句 DECLARE

数据声明语句可以声明局部变量、游标变量、函数和存储过程等，除非在声明中提供值，否则声明之后所有变量将初始化为 NULL。可以使用 SET 或 SELECT 语句为声明的变量赋值。DECLARE 语句声明变量的基本语法格式如下：

```
DECLARE
{{ @local_variable [AS] data_type } | [ = value ] }[,...n]
```

（1）@ local_variable：变量的名称。变量名必须以符号"@"开头。

（2）data_type：系统提供的数据类型或是用户定义的表类型或别名数据类型。变量的数据类型不能是 text、ntext 或 image。AS 指定变量的数据类型，为可选关键字。

（3）= value：声明的同时为变量赋值。值可以是常量或表达式，但它必须与变量声明类型匹配，或者可隐式转换为该类型。

实例 18：声明两个局部变量，并为变量赋值

声明两个局部变量，名称为 username 和 pwd，并为这两个变量赋值，输入语句如下：

```
DECLARE @username VARCHAR(20)
DECLARE @pwd VARCHAR(20)
SET    @username = 'newadmin'
SELECT @pwd = 'newpwd'
SELECT '用户名：'+@username +' 密
码：'+@pwd
```

代码执行结果如图 5-20 所示。这里定义了两个变量，其中保存了用户名和验证密码。

代码中的第一个 SELECT 语句用来对定义的局部变量 @pwd 赋值，第二个 SELECT 语句显示局部变量的值。

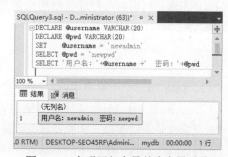

图 5-20　声明局部变量并为变量赋值

5.4.2　数据赋值语句 SET

SET 命令用于对局部变量进行赋值，也可以用于在用户执行 SQL 命令时设定 SQL Server 中的系统处理选项。SET 赋值语句的语法格式如下：

```
SET {@local_variable = value | expression}
SET 选项 {ON | OFF}
```

第一条 SET 语句表示对局部变量赋值，value 是一个具体的值，expression 是一个表达式；第二条语句表示在执行 SQL 命令时为选项赋值，ON 表示打开选项功能，OFF 表示关闭选项功能。

SET 语句可以同时为一个或多个局部变量赋值。SELECT 语句也可以为变量赋值，其语法格式与 SET 语句的格式相似。

```
SELECT {@local_variable = value | expression}
```

> **注意**：在 SELECT 赋值语句中，当 expression 为字段名时，SELECT 语句可以使用其查询功能返回多个值，但是变量保存的是最后一个值；如果 SELECT 语句没有返回值，则变量值不变。

▌ 实例 19：使用 SET 语句为变量赋值

查询 teacher 表中的老师的姓名，并将其保存到局部变量 T_Name 中，输入语句如下：

```
DECLARE @T_Name VARCHAR(20)
SELECT  name FROM teacher
SET     @T_Name=name FROM teacher
SELECT  @T_Name AS LastName
```

代码执行结果如图 5-21 所示。由运行结果可以看到，SELECT 语句查询的结果中最后一条记录的 name 字段值为"贾丽丽"，给 T_Name 赋值之后，其显示值为"贾丽丽"。

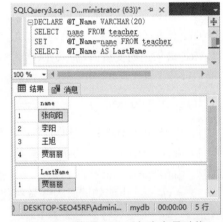

图 5-21　使用 SET 语句为变量赋值

5.4.3　数据输出语句 PRINT

PRINT 语句可以向客户端返回用户定义信息，可以显示局部或全局变量的字符串值。其语法格式如下：

```
PRINT msg_str | @local_variable | string_expr
```

（1）msg_str：一个字符串或 Unicode 字符串常量。

（2）@local_variable：任何有效的字符数据类型的变量。它的数据类型必须为 char 或 varchar，或者必须能够隐式转换为这些数据类型。

（3）string_expr：字符串的表达式，可包括串联的文字值、函数和变量。

实例 20：使用 PRINT 语句输出变量和字符串表达式值

定义字符串变量 name 和整数变量 age，使用 PRINT 输出变量和字符串表达式值，输入语句如下：

```
DECLARE @name VARCHAR(10)='小明'
DECLARE @age INT = 21
PRINT '姓名    年龄'
P R I N T   @ n a m e + '
'+CONVERT(VARCHAR(20), @age)
```

代码执行结果如图 5-22 所示。代码中第 3 行输出字符串常量值，第 4 行 PRINT 的输出参数为一个字符串联表达式。

图 5-22 代码执行结果

5.5 流程控制语句

流程控制语句是组织较复杂的 T-SQL 语句的语法元素，在批处理、存储过程、脚本和特定的检索中使用，包括条件控制语句、无条件转移语句和循环语句等。

5.5.1 BEGIN…END 语句

BEGIN…END 语句用于将多条 T-SQL 语句组合成一个语句块，并将它们视为一个单一语句。在条件语句和循环语句等控制流程语句中，当符合特定条件需要执行两个或者多个语句时，就可以使用 BEGIN…END 语句将这些语句组合在一起。

实例 21：使用 BEGIN…END 语句循环输出小于 10 的数

定义局部变量 @count，如果 @count 值小于 10，执行 WHILE 循环操作中的语句块，输出数值 1 ~ 10，输入语句如下：

```
DECLARE @count INT;
SELECT @count=0;
WHILE @count < 10
BEGIN
        PRINT 'count = ' +
CONVERT(VARCHAR(8), @count)
        SELECT @count= @count +1
END
PRINT 'loop over count = ' +
CONVERT(VARCHAR(8), @count);
```

代码执行结果如图 5-23 所示。

图 5-23 BEGIN…END 语句块

5.5.2 IF…ELSE 语句

IF…ELSE 语句用来实现选择结构，在执行一组代码之前进行条件判断，根据判断的结果执行不同的代码。IF…ELSE 语句对布尔表达式进行判断，如果布尔表达式返回 TRUE，则执行 IF 关键字后面的语句块；如果布尔表达式返回 FALSE，则执行 ELSE 关键字后面的语句块。语法格式如下：

```
IF Boolean_expression
{ sql_statement | statement_block }
[ ELSE
{ sql_statement | statement_block } ]
```

Boolean_expression 是一个表达式，表达式计算的结果为逻辑真值（TRUE）或假值（FALSE）。当条件成立时，执行某段程序；当条件不成立时，执行另一段程序。IF…ELSE 语句可以嵌套使用。

实例 22：使用 IF…ELSE 语句比较两个数的大小

输入语句如下：

```
DECLARE @VAR1 INT,@VAR2 INT;
SET @VAR1=50
SET @VAR1=80
IF @VAR1!=@VAR2
IF @VAR1>@VAR2
PRINT '第一个数比第二个数大。'
ELSE
PRINT '第一个数比第二个数小。'
ELSE
PRINT '两个数字相同。'
```

代码执行结果如图 5-24 所示。

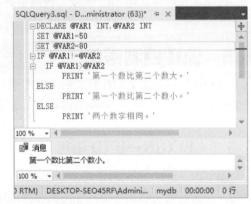

图 5-24　IF…ELSE 流程控制语句

5.5.3　CASE 语句

CASE 是多条件分支语句，与 IF…ELSE 语句比较，用 CASE 语句进行分支流程控制可以使代码更加清晰，易于理解。CASE 语句也根据表达式逻辑值的真假来决定执行的代码流程，CASE 语句有两种格式。

1. 简单表达式

语法格式如下：

```
CASE input_expression
     WHEN when_expression1 THEN result_expression1
     WHEN when_expression2 THEN result_expression2
     [ ...n ]
     [    ELSE else_result_expression    ]
END
```

第一种格式中，CASE 语句在执行时，将 CASE 后的表达式的值与各 WHEN 子句的表达式值比较，如果相等，则执行 THEN 后面的表达式或语句，然后跳出 CASE 语句，否则返回 ELSE 后面的表达式。

实例 23：根据教师名称判断教师职称

使用 CASE 语句根据教师姓名判断教师的职称，输入语句如下：

```
USE mydb
SELECT id,name,
CASE name
    WHEN '贾丽丽' THEN '讲师'
    WHEN '李阳' THEN '教授'
    WHEN '张向阳' THEN '院士'
    ELSE '无'
END
AS '职称'
FROM teacher
```

代码执行结果如图 5-25 所示。

2. 搜索表达式

语法格式如下：

```
CASE
    WHEN Boolean_expression1 THEN result_expression1
    WHEN Boolean_expression2 THEN result_expression2
    [ ...n ]
    [    ELSE else_result_expression      ]
END
```

第二种格式中，CASE 关键字后面没有表达式，多个 WHEN 子句中的表达式依次执行。如果表达式结果为真，则执行相应 THEN 关键字后面的表达式或语句，执行完毕后跳出 CASE 语句。如果所有 WHEN 语句都为 FALSE，则执行 ELSE 子句中的语句。

为了后面演示案例，需要在 test_db 数据库中创建 stu_info 数据表。具体语句如下：

```
USE test_db

CREATE TABLE stu_info (
s_id INT PRIMARY KEY,
s_name  VARCHAR(40),
s_score   INT,
s_sex    CHAR(2) ,
s_age    VARCHAR(90));
```

然后插入演示数据，语句如下：

```
USE test_db
INSERT INTO stu_info (s_id, s_name, s_score, s_sex, s_age)
VALUES (1,'张懿',88, '男', '18'),
       (3,'王宝',25, '男', '18'),
       (4,'马华',10, '男', '20'),
       (5,'李岩',65, '女', '18'),
       (8,'雷永',90, '男',null),
       (20,'白雪',87, '女',null),
       (21,'王凯',90, '男', '9');
```

实例 24：根据考试成绩进行成绩级别的评定

输入语句如下：

```
USE test_db
SELECT s_id,s_name,s_score,
CASE
```

```
        WHEN s_score > 90 THEN '优秀'
        WHEN s_score > 80 THEN '良好'
        WHEN s_score > 70 THEN '一般'
        WHEN s_score > 60 THEN '及格'
        ELSE '不及格'
    END
    AS '评价'
    FROM stu_info
```

代码执行结果如图 5-26 所示。

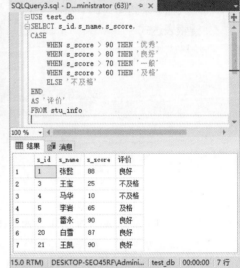

图 5-25　对教师职称进行判断　　　　　　　图 5-26　对考试成绩进行评定

5.5.4　WHILE 语句

利用 WHILE 语句可以有条件地重复执行一条或多条 T-SQL 代码，只要条件表达式为真，就循环执行语句。在 WHILE 语句中可以通过 CONTINUE 或者 BREAK 语句跳出循环。WHILE 语句的基本语法格式如下：

```
WHILE Boolean_expression
{ sql_statement | statement_block }
[ BREAK | CONTINUE ]
```

（1）Boolean_expression：返回 TRUE 或 FALSE 的表达式。如果布尔表达式中含有 SELECT 语句，则必须用括号将 SELECT 语句括起来。

（2）{sql_statement | statement_block}：T-SQL 语句或用语句块定义的语句分组。若要定义语句块，需要使用控制流关键字 BEGIN 和 END。

（3）BREAK：导致从最内层的 WHILE 循环中退出。将执行出现在 END 关键字（循环结束的标记）后面的任何语句。

（4）CONTINUE：使 WHILE 循环重新开始执行，忽略 CONTINUE 关键字后面的任何语句。

实例 25：使用 WHILE 语句计算 2 的 10次方

输入语句如下：

```
DECLARE @MY_VAR INT,@MY_RESULT INT
SET @MY_VAR=10
SET @MY_RESULT=1
WHILE 1=1
  BEGIN
      SET @MY_RESULT=@MY_RESULT*2
      SET @MY_VAR=@MY_VAR-1
      IF @MY_VAR<=0
         BREAK
      ELSE
         CONTINUE
  END
PRINT @MY_RESULT AS 2的10次方的值
```

代码执行结果如图 5-27 所示。

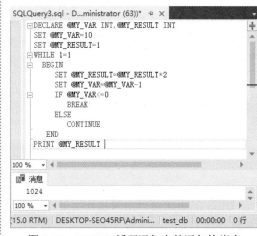

图 5-27　WHILE 循环语句中的语句块嵌套

> **注意**：如果 WHILE 语句嵌套使用，BREAK 语句将终止本层循环退出到上一层的循环，而不是退出整个循环。

5.5.5　GOTO 语句

GOTO 语句表示将执行流更改到标签处，跳过 GOTO 后面的 T-SQL 语句，并从标签位置继续处理。GOTO 语句和标签可在过程、批处理或语句块中的任何位置使用。

定义标签名称，使用 GOTO 语句跳转时，要指定跳转标签名称。

```
label:
```

使用 GOTO 语句跳转到标签处。

```
GOTO label
```

实例 26：使用 GOTO 语句跳转查询学生姓名

输入语句如下：

```
Use test_db;
BEGIN
SELECT s_name FROM stu_info;
GOTO jump
SELECT s_score FROM stu_info;
jump:
PRINT '第二条SELECT语句没有执行';
END
```

代码执行结果如图 5-28 所示。

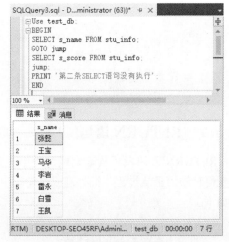

图 5-28　GOTO 语句

5.5.6 WAITFOR 语句

WAITFOR 语句用来暂时停止程序的执行，直到所设定的等待时间已过，才继续往下执行。延迟时间和时刻的格式为"HH:MM:SS"。在 WAITFOR 语句中不能指定日期，并且时间长度不能超过 24 小时。WAITFOR 语句的语法格式如下：

```
WAITFOR
{
    DELAY 'time_to_pass'
  | TIME 'time_to_execute'
  | [ ( receive_statement ) | ( get_conversation_group_statement ) ]
    [ , TIMEOUT timeout ]
}
```

DELAY 指定可以继续执行批处理、存储过程或事务之前必须经过的指定时段，最长可为 24 小时。

TIME 指定运行批处理、存储过程或事务的时间点。只能使用 24 小时制的时间值。最大延迟为一天。

▌实例 27：使用 WAITFOR 语句延迟 10 秒钟执行查询

输入语句如下：

```
WAITFOR DELAY '00:00:10'
SELECT * FROM teacher
```

代码执行结果如图 5-29 所示。该段代码并不能立刻显示查询结果，延迟 10 秒后，才能看到输出结果。

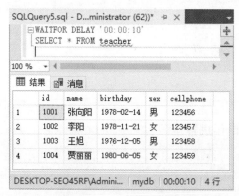

图 5-29　WAITFOR 语句

5.5.7 RETURN 语句

RETURN 语句表示从查询或过程中无条件退出。RETURN 的执行是即时且完全的，可在任何时候用于从过程、批处理或语句块中退出。RETURN 之后的语句是不执行的。语法格式如下：

```
RETURN [ integer_expression ]
```

integer_expression 为返回的整数值。存储过程可向执行调用的过程或应用程序返回一个整数值。

> **注意**：除非另有说明，所有系统存储过程均返回 0 值，此值表示成功，而非零值则表示失败。RETURN 语句不能返回空值。

5.6 疑难问题解析

▌疑问 1：为什么输入 T-SQL 语句却无法运行？

答：首先，需要在 SQL Server Management Studio 窗口中，选择【查询】→【分析】菜单命令，保证输入的 T-SQL 语句是正确的。确认正确后，再查看工具栏中的当前数据库下拉列表框中是否是我们需要的数据库，如果不是，请选择需要操作的数据库对象。或者在当前查询窗口中开头加入相应的语句，例如要操作 School 数据库，输入的语句为 USE School，这样也能完成数据库的切换。

▌疑问 2：在使用 WHILE 循环语句时，会不会出现"死循环"呢？

答：当然会了，在使用 WHILE 循环语句时，会出现不停地执行 WHILE 中的语句的现象，我们把这种一直重复执行的语句叫作死循环。如果想避免发生死循环，就要为 WHILE 语句设置合理的判断条件，并且可以使用 BREAK 和 CONTINUE 关键字来控制循环的执行。

5.7 综合实战训练营

▌实战 1：求 10 的阶乘，并由 PRINT 语句输出

使用 WHILE 循环控制语句编程可以求 10 的阶乘。

▌实战 2：使用 CASE 语句编写程序来修改表字段

使用 CASE 语句编写程序实现将货品信息表中的"供应商编码"转换为"供应商名称"。

第6章　规则、默认值和完整性约束

本章导读

SQL Server 为关系数据库的实现提供了具体的保证数据完整性的方法，以确保数据库中数据的安全性和有效性。本章就来介绍 SQL Server 数据库的完整性技术，主要内容包括规则、默认值和完整性约束。

知识导图

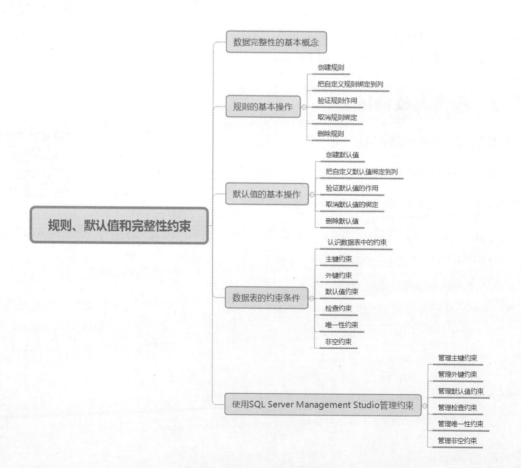

6.1 数据完整性的基本概念

数据完整性用于保证数据库中数据的正确性、一致性和可靠性，强制数据完整性可确保数据库中数据的质量。数据完整性包括实体完整性、域完整性、参照完整性和用户定义的完整性。

1. 实体完整性

实体完整性用于确保数据库中数据表的每一个特定实体都是唯一的。它可以通过主键约束、唯一性约束、索引和标识属性来实现。

2. 域完整性

域完整性可以保证数据库中数据取值的合理性，即保证指定列的数据具有正确的数据类型、格式和有效的数据范围。通过为表的列定义数据类型以及检查约束、默认定义、非空和规则实现限制数据范围，可以保证只有在有效范围内的值才能存储到列中。

3. 参照完整性

参照完整性定义了一个关系数据库中不同的表中列之间的关系。要求一个表（子表）中的一列或列组合的值必须与另一个表（父表）中相关的一列或列组合的值相匹配。被引用的列或列组合称为父键，父键必须是主键或唯一键，通常父键为主键，主键表则是主表。

引用父键的一列或列组合称为外键，外键表是子表。如果父键和外键属于同一个表，则称为自参照完整性。子表的外键必须与主表的主键相匹配，只要依赖某一主键的外键存在，主表中包含该主键的行就不能被删除。

当增加、修改或删除数据表中的记录时，可以借助参照完整性来保证相关联表之间数据的一致性。

4. 用户定义的完整性

用户定义的完整性是指用户可以根据自己的业务规则定义不属于任何完整性分类的完整性。由于每个用户的数据库都有自己独特的业务规则，所以系统必须有一种方式来实现定制的业务规则，即定制的数据完整性约束。

用户定义的完整性可以通过自定义数据类型、规则、存储过程和触发器来实现。

6.2 规则的基本操作

规则是对存储的数据表的列或用户定义数据类型中的值的约束，规则与其作用的表或用户定义数据类型是相互独立的，也就是说，对表或用户定义数据类型的任何操作都不影响对其设置的规则。规则的基本操作包括创建、绑定、取消、查看和删除。

6.2.1 创建规则

创建规则使用 CREATE RULE 语句，其基本语法格式如下：

```
CREATE RULE rule_name
AS condition_expression
```

（1）rule_name：表示新规则的名称。规则名称必须符合标识符规则。

（2）condition_expression：表示定义的规则的条件。规则可以是 WHERE 子句中任何有效的表达式，并且可以包括诸如算术运算符、关系运算符和谓词（如 IN、LIKE、BETWEEN）这样的元素。但是，规则不能引用列或其他数据库对象。

▌实例 1：为数据表的某一字段添加规则

为 stu_info 表定义一个规则，指定其成绩列的值必须大于 0，小于 100，输入语句如下：

```
USE test_db;
GO
CREATE RULE rule_score
AS
@score > 0 AND @score < 100
```

代码执行结果如图 6-1 所示。

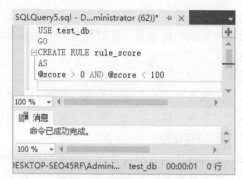

图 6-1　创建一个规则

6.2.2　把自定义规则绑定到列

规则是对列的约束或用户定义数据类型的约束，将规则绑定到列或用户定义数据类型的所有列中，在插入或更新数据时，新的数据必须符合规则的要求。绑定规则使用系统存储过程 sp_bindrule，其语法格式如下：

```
sp_bindrule 'rule' , 'object_name' [ , 'futureonly_flag' ]
```

主要参数介绍如下。

（1）'rule'：表示由 CREATE RULE 语句创建的规则名称。

（2）'object_name'：表示要绑定规则的表和列或别名数据类型。

（3）'futureonly_flag'：表示仅当将规则绑定到别名数据类型时才能使用。

▌实例 2：将创建的规则绑定到指定列上

将创建的 rule_score 规则绑定到 stu_info 表中的 s_score 列上，输入语句如下：

```
USE test_db;
GO
EXEC sp_bindrule 'rule_score',
'stu_info.s_score'
```

代码执行结果如图 6-2 所示。

图 6-2　绑定规则

6.2.3　验证规则的作用

规则绑定到指定的数据列上之后，用户的操作必须满足规则的要求，如果用户执行了违反规则的操作，将被禁止执行。

▌实例 3：验证规则的作用

向 stu_info 表中插入一条记录，该条学生记录的成绩值为 110，输入语句如下：

```
INSERT INTO stu_info VALUES(9,'王飞',110,'男',18);
SELECT * FROM stu_info;
```

代码执行结果如图 6-3 所示，返回插入成绩错误的提示信息。使用 SELECT 语句查看，可以进一步验证，由于插入的记录中 s_score 列值是一个大于 100 的值，违反了规则约定的大于 0 小于 100，所以该条记录将不能插入数据表中。

如果调整插入的成绩数值为"98"，再次运行上述代码，代码执行结果如图 6-4 所示，可以看到插入数据记录成功。

图 6-3　插入数据记录失败

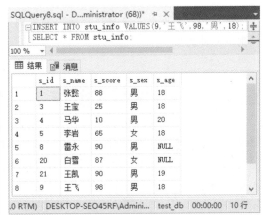

图 6-4　验证创建的规则

6.2.4　取消规则绑定

如果不再使用规则，可以将规则解除，使用系统存储过程 sp_unbindrule 可以实现规则的解除，其语法格式如下：

```
sp_unbindrule 'object_name' [ , 'futureonly_flag' ]
```

▎实例 4：取消绑定的规则

解除 stu_info 表中 s_score 列上绑定的规则，输入语句如下：

```
EXEC sp_unbindrule 'stu_info.s_score'
```

代码执行结果如图 6-5 所示。

图 6-5　取消规则绑定

6.2.5　删除规则

当规则不再需要使用时，可以用 DROP RULE 语句将其删除，DROP RULE 可以同时删除多个规则，具体语法格式如下：

```
DROP RULE rule_name
```

其中，rule_name 为要删除的规则的名称。

实例 5：删除创建的规则

删除前面创建的名称为 rule_score 的规则，输入语句如下：

```
DROP RULE rule_score;
```

代码执行结果如图 6-6 所示。

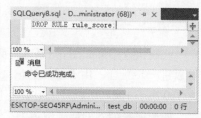

图 6-6　删除规则

> **注意**：删除规则时必须确保待删除的规则没有与任何数据表中的列绑定，正在使用的规则不允许删除。

6.3　默认值的基本操作

默认值是一个数据库对象，可以绑定到一个或多个列上，还可以绑定到用户自定义数据类型上。当某个默认值创建后，可以反复使用。当向表中插入数据时，如果绑定有默认值的列或者数据类型没有明确提供值，则以默认值指定的数据插入。定义的默认值必须与所绑定列的数据类型一致，不能违背列的相关规则。

6.3.1　创建默认值

创建默认值使用 CREATE DEFAULT 语句，其语法格式如下：

```
CREATE DEFAULT <default_name>
AS <constant_expression>
```

主要参数介绍如下。

（1）default_name：默认值的名称。

（2）constant_expression：包含常量值的表达式。

实例 6：为数据表创建默认值

在 stu_info 表中创建默认值，输入语句如下：

```
CREATE DEFAULT defaultSex AS '男'
```

代码执行结果如图 6-7 所示。上述语句创建了一个 defaultSex 默认值，其常量表达式是一个字符值，表示自动插入字符值'男'。

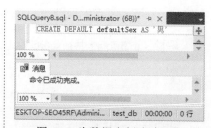

图 6-7　为数据表创建默认值

6.3.2　把自定义默认值绑定到列

默认值必须绑定到数据列或用户定义的数据类型中，这样创建的默认值才可以应用到数据列。绑定默认值使用系统存储过程 sp_bindefault，其语法格式如下：

```
sp_bindefault 'default', 'object_name', [,'futureonly_flag']
```

主要参数介绍如下。

（1）'default'：由 CREATE DEFAULT 创建的默认值的名称。

（2）'object_name'：将默认值绑定到的表名、列名或别名数据类型。

实例 7：将创建的默认值绑定到指定列上

将 defaultSex 默认值绑定到 stu_info 表中的 s_sex 列，输入语句如下：

```
USE test_db;
GO
EXEC sp_bindefault 'defaultSex',
'stu_info.s_sex'
```

代码执行结果如图 6-8 所示。

图 6-8　绑定默认值

6.3.3　验证默认值的作用

当用户插入数据时，如果没有为某列指定相应的数据值，SQL Server 会自动为该列填充默认值。

实例 8：验证默认值的作用

向 stu_info 表中插入一条记录，不指定性别字段，输入语句如下：

```
INSERT INTO stu_info (s_id,s_
name,s_score,s_age)   VALUES(10,'刘宇
',90,19);
SELECT * FROM stu_info;
```

代码执行结果如图 6-9 所示。

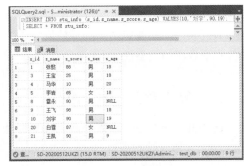

图 6-9　插入默认值

6.3.4　取消默认值的绑定

如果想取消默认值的绑定，可以使用系统存储过程 sp_unbindefault 语句，其语法格式如下：

```
sp_unbindefault 'object_name', [,'futureonly_flag']
```

实例 9：取消默认值的绑定

取消 stu_info 表中 s_sex 列的默认值绑定，输入语句如下：

```
USE test_db;
GO
EXEC sp_unbindefault 'stu_info.s_sex'
```

代码执行结果如图 6-10 所示。

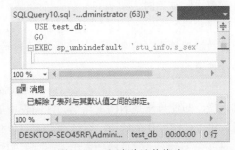

图 6-10　取消默认值绑定

6.3.5　删除默认值

当不再需要使用默认值时，可以使用 DROP DEFAULT 语句将其删除，DROP DEFAULT 可以同时删除多个默认值，具体语法格式如下：

```
DROP DEFAULT  default_name
```

default_name 为要删除的默认值的名称。

▌实例 10：删除创建的默认值

删除前面创建的名称为 defaultSex 的默认值，输入语句如下：

```
DROP DEFAULT  defaultSex;
```

代码执行结果如图 6-11 所示。

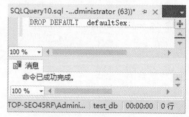

图 6-11　删除默认值

6.4　数据表的约束条件

约束是 SQL Server 中提供的自动保持数据完整性的一种方法，通过对数据库中的数据设置某种约束条件可以保证数据的完整性。简单地说，约束是用来保证数据库完整性的一种方法，设计表时，需要定义列的有效值并通过限制字段中的数据、记录中的数据和表之间的数据来保证数据的完整性。

6.4.1　认识数据表中的约束

在 SQL Server 2019 中，常用的约束有 6 种，分别是：主键约束（primary key constraint）、唯一性约束（unique constraint）、检查约束（check constraint）、默认值约束（default constraint）、外键约束（foreign key constraint）和非空约束。

在数据库中添加这 6 种约束的好处如下。

（1）主键约束：主键约束可以在表中定义一个主键值，以唯一确定表中的每一条记录，是最重要的一种约束。另外，设置主键约束的列不能为空。主键约束的列可以由 1 列或多列组成，由多列组成的主键被称为联合主键。有了主键约束，在数据表中就不用担心出现重复的行了。

（2）唯一性约束：唯一性约束可以确保在非主键列中不输入重复的值，通过指定一个或者多个列的组合值具有唯一性，以防止在列中输入重复的值。用户可以对一个表定义多个唯一性约束，但只能定义一个主键约束。唯一性约束允许空值，但是当和参与唯一性约束的任何值一起使用时，每列只允许一个空值。

（3）检查约束：检查约束为输入列或者整个表中的值设置检查条件，以限制输入值，保证数据库数据的完整性。检查约束通过数据的逻辑表达式确定有效值，一张表中可以设置多个检查约束。

（4）默认值约束：默认值约束指定在插入操作中如果没有提供输入值时，系统自动指定插入值，即使该值是 NULL。当必须向表中加载一行数据但不知道某一列的值或该值尚不存在时，可以使用默认值约束。默认值约束可以包括常量、函数、不带变元的内建函数或者空值。

（5）外键约束：外键约束用于强制参照完整性，提供单个字段或者多个字段的参照完整性。

定义时，该约束参考同一个表或者另外一个表中主键约束字段或者唯一性约束字段，而且外键表中的字段数目和每个字段指定的数据类型都必须和 REFERENCES 表中的字段相匹配。

（6）非空约束：一张表中可以设置多个非空约束，主要用来规定某一列必须要输入值。有了非空约束，就可以避免表中出现空值了。

6.4.2　主键约束

主键约束用于强制表的实体完整性，用户可以通过定义 PRIMARY KEY 约束来添加主键约束。一个表中只能有一个主键约束，并且主键约束的列不能接受空值。由于主键约束可保证数据的唯一性，因此经常对标识列定义主键约束。

1. 在创建表时添加主键约束

在创建表时，很容易为数据表添加主键约束，但是主键约束在每张数据表中只有一个。创建表时添加主键约束的语法格式有两种。

1）添加列级主键约束

列级主键约束就是在数据列的后面直接使用关键字 PRIMARY KEY 来添加主键约束，并不指明主键约束的名字，这时的主键约束名字由数据库系统自动生成，具体的语法格式如下：

```
CREATE TABLE table_name
(
COLUMN_NAME1. DATATYPE PRIMARY KEY,
COLUMN_NAME2. DATATYPE,
COLUMN_NAME3. DATATYPE
…
);
```

▎实例 11：创建表时添加列级主键约束

在 test 数据库中定义数据表 persons，为 id 添加主键约束。输入语句如下：

```
CREATE TABLE persons
(
id        INT             PRIMARY KEY,
name    VARCHAR(25)     NOT NULL,
deptId   CHAR(20)        NOT NULL,
salary   FLOAT           NOT NULL
);
```

代码执行结果如图 6-12 所示。执行完成之后，选择新创建的数据表，然后打开该数据表的设计视图，即可看到该数据表的结构，其中前面带钥匙标志的列被定义为主键约束，如图 6-13 所示。

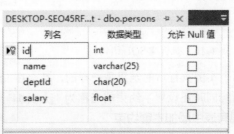

图 6-12　执行 T-SQL 语句　　　　图 6-13　表设计界面

2）添加表级主键约束

表级主键约束也是在创建表时添加的，但是需要指定主键约束的名字。另外，设置表级主键约束时可以设置联合主键，具体的语法格式如下：

```
CREATE TABLE table_name
(
COLUMN_NAME1. DATATYPE,
COLUMN_NAME2. DATATYPE,
COLUMN_NAME3. DATATYPE
...
[CONSTRAINT  constraint_name]  PRIMARY KEY(column_name1, column_name2,…)
);
```

主要参数介绍如下。

● constraint_name：为主键约束的名字，可以省略。省略后，由数据库系统自动生成。

● column_name1：数据表的列名。

▌实例 12：创建表时添加表级主键约束

在 test 数据库中定义数据表 persons1，为 id 添加主键约束。输入语句如下：

```
CREATE TABLE persons1
(
id       INT    NOT NULL,
name     VARCHAR(25) NOT NULL,
deptId   CHAR(20) NOT NULL,
salary   FLOAT NOT NULL
CONSTRAINT 人员编号
PRIMARY  KEY(id)
);
```

代码执行结果如图 6-14 所示。执行完成之后，选择新创建的数据表，然后打开该数据表的设计视图，即可看到该数据表的结构，其中前面带钥匙标志的列被定义为主键，如图 6-15 所示。

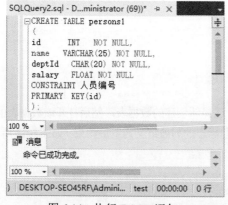

图 6-14   执行 T-SQL 语句

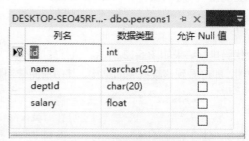

图 6-15   为 id 列添加主键约束

上述两个实例执行后的结果是一样的，都会在 id 字段上设置主键约束，第二个实例中的 CREATE 语句同时还设置了约束的名称为"人员编号"。

2. 在现有表中添加主键约束

数据表创建完成后，如果需要为数据表添加主键约束，此时不需要重新创建数据表，可以使用 ALTER 语句在现有数据表中添加主键约束，语法格式如下：

```
ALTER TABLE table_name
ADD CONSTRAINT pk_name PRIMARY KEY (column_name1, column_name2,…)
```

主要参数介绍如下。

● CONSTRAINT：添加约束的关键字。

● pk_name：设置主键约束的名称。

● PRIMARY KEY：表示所添加约束的类型为主键约束。

▌实例 13：在现有表中添加主键约束

在 test 数据库中定义数据表 tb_emp1，创建完成之后，在该表中的 id 字段上添加主键约束，输入语句如下：

```
CREATE TABLE tb_emp1
(
id      INT NOT NULL,
name    VARCHAR(25) NOT NULL,
deptId  CHAR(20) NOT NULL,
salary  FLOAT NOT NULL
);
```

代码执行结果如图 6-16 所示。执行完成之后，选择新创建的数据表，然后打开该数据表的设计视图，即可看到该数据表的结构，在其中未定义数据表的主键，如图 6-17 所示。

图 6-16　创建数据表 tb_emp1　　　　　　图 6-17　tb_emp1 表设计视图

下面定义数据表的主键，输入语句如下：

```
GO
ALTER TABLE tb_emp1
ADD
CONSTRAINT 员工编号
PRIMARY KEY(id)
```

代码执行结果如图 6-18 所示。执行完成之后，选择添加主键的数据表，然后打开该数据表的设计视图，即可看到该数据表的结构，其中前面带钥匙标志的列被定义为主键，如图 6-19 所示。

	列名	数据类型	允许 Null 值
▶🔑	id	int	☐
	name	varchar(25)	☐
	deptId	char(20)	☐
	salary	float	☐
			☐

图 6-18　执行 T-SQL 语句　　　　　　图 6-19　为 id 列添加主键约束

3. 定义多字段联合主键约束

在数据表中，可以定义多个字段为联合主键约束，如果对多字段定义了 PRIMARY KEY 约束，则一列中的值可能会重复，但来自 PRIMARY KEY 约束定义中所有列的任何值组合必须唯一。

▌实例 14：定义多字段联合主键约束

在 test 数据库中，定义数据表 tb_emp2，假设表中没有主键 id，为了唯一确定一个人员的信息，可以把 name、deptId 联合起来作为主键。输入语句如下：

```
CREATE TABLE tb_emp2
(
name    VARCHAR(25),
deptId   INT,
salary   FLOAT,
CONSTRAINT 姓名部门约束
PRIMARY KEY(name,deptId)
);
```

代码执行结果如图 6-20 所示。执行完成之后，选择新创建的数据表，然后打开该数据表的设计视图，即可看到该数据表的结构，其中，name 字段和 deptId 字段组合在一起成为 tb_emp2 的多字段联合主键，如图 6-21 所示。

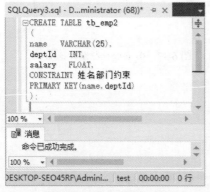

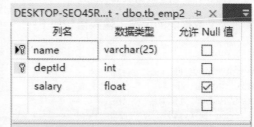

	列名	数据类型	允许 Null 值
▶🔑	name	varchar(25)	☐
🔑	deptId	int	☐
	salary	float	☑
			☐

图 6-20　执行 T-SQL 语句　　　　　　图 6-21　为表添加联合主键约束

4. 删除主键约束

当表中不需要指定 PRIMARY KEY 约束时，可以通过 DROP 语句将其删除，具体语法格式如下：

```
ALTER TABLE table_name
DROP CONSTRAINT pk_name
```

主要参数介绍如下。

（1）table_name：要去除主键约束的表名。

（2）pk_name：主键约束的名字。

▌实例15：删除多字段联合主键约束

在 test 数据库中，删除 tb_emp2 表中定义的联合主键。输入语句如下：

```
ALTER TABLE tb_emp2
DROP
CONSTRAINT 姓名部门约束
```

代码执行结果如图 6-22 所示。执行完成之后，选择删除主键操作的数据表，然后打开该数据表的设计视图，即可看到该数据表的结构，其中，name 字段和 deptId 字段组合在一起的多字段联合主键消失，如图 6-23 所示。

图 6-22　删除主键约束　　　　　　　　　　图 6-23　联合主键约束被删除

6.4.3　外键约束

外键约束用来在两个表的数据之间建立连接，可以是一列或者多列。一个表可以有一个或多个外键。外键对应的是参照完整性，一个表的外键可以为空值，若不为空值，则每一个外键值必须等于另一个表中主键的某个值。

1. 在创建表时添加外键约束

外键约束的主要作用是保证数据引用的完整性，定义外键后，不允许删除在另一个表中具有关联的行。添加外键约束的语法规则如下：

```
CREATE TABLE table_name
(
col_name1. datatype,
col_name2. datatype,
col_name3. datatype
…
CONSTRAINT fk_name FOREIGN KEY(col_name1, col_name2,…) REFERENCES
referenced_table_name(ref_col_name1, ref_col_name1,…)
);
```

主要参数介绍如下。

（1）fk_name：定义的外键约束的名称，一个表中不能有相同名称的外键。

（2）col_name1：表示从表需要添加外键约束的字段列，可以由多个列组成。

（3）referenced_table_name：被从表外键所依赖的表的名称。

（4）ref_col_name1：被应用的表中的列名，也可以由多个列组成。

实例 16：在创建表时添加外键约束

在 test 数据库中，定义数据表 tb_emp3，并在 tb_emp3 表上添加外键约束。

首先创建一个部门表 tb_dept1，输入语句如下：

```
CREATE TABLE tb_dept1
(
id        INT PRIMARY KEY,
name      VARCHAR(22)  NOT NULL,
location  VARCHAR(50)  NULL
);
```

代码执行结果如图 6-24 所示。执行完成之后，选择创建的数据表，然后打开该数据表的设计视图，即可看到该数据表的结构，如图 6-25 所示。

图 6-24　创建表 tb_dept1

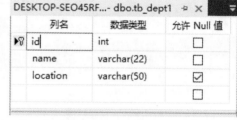

图 6-25　tb_dept1 表的设计视图

下面定义数据表 tb_emp3，让它的键 deptId 作为外键关联到 tb_dept1 表的主键 id。输入语句如下：

```
CREATE TABLE tb_emp3
(
id        INT  PRIMARY KEY,
name      VARCHAR(25),
deptId    INT,
salary    FLOAT,
CONSTRAINT fk_员工部门编号 FOREIGN KEY(deptId) REFERENCES tb_dept1(id)
);
```

代码执行结果如图 6-26 所示。执行完成之后，选择创建的数据表 tb_emp3；然后打开该数据表的设计视图，即可看到该数据表的结构，如图 6-27 所示。

图 6-26 创建表的外键约束

图 6-27 tb_emp3 表的设计视图

查看添加的外键约束的方法是：选择要查看的数据表节点，例如这里选择 tb_dept1 表，右击该节点，在弹出的快捷菜单中选择【查看依赖关系】命令，打开【对象依赖关系】对话框，将显示与外键约束相关的信息，如图 6-28 所示。

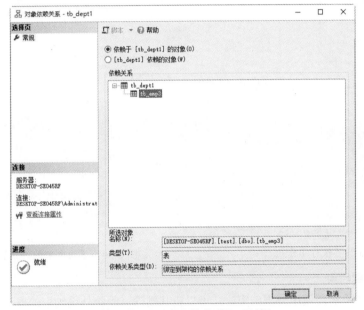

图 6-28 【对象依赖关系】对话框

> **提示：** 外键一般不需要与相应的主键名称相同，但是为了便于识别，当外键与相应主键在不同的数据表中时通常使用相同的名称。另外，外键不一定要与相应的主键在不同的数据表中，也可以在同一个数据表中。

2. 在现有表中添加外键约束

如果创建数据表时没有添加外键约束，可以使用 ALTER 语句将 FOREIGN KEY 约束添加到该表中。添加外键约束的语法格式如下：

```
ALTER TABLE table_name
ADD CONSTRAINT fk_name FOREIGN KEY(col_name1, col_name2,…) REFERENCES
referenced_table_name(ref_col_name1, ref_col_name1,…);
```

主要参数含义参照在创建表时添加外键约束的介绍。

实例 17：在现有表中添加外键约束

假设在 test 数据库中创建 tb_emp3 数据表时没有设置外键约束，如果想要添加外键约束，需输入以下语句：

```
GO
ALTER TABLE tb_emp3
ADD
CONSTRAINT fk_员工部门编号
FOREIGN KEY(deptId) REFERENCES tb_dept1(id)
```

代码执行结果如图 6-29 所示。添加完外键约束之后，选择 tb_dept1 表，右击该节点，在弹出的快捷菜单中选择【查看依赖关系】命令，打开【对象依赖关系】对话框，将显示与外键约束相关的信息，如图 6-30 所示。该语句执行之后的结果与创建数据表时添加外键约束的结果是一样的。

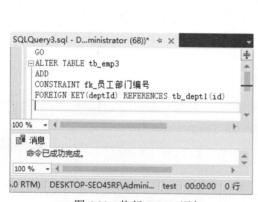

图 6-29　执行 T-SQL 语句

图 6-30　【对象依赖关系】对话框

3. 删除外键约束

当数据表中不需要使用外键约束时，可以将其删除。删除外键约束的方法和删除主键约束的方法相同，删除时要指定外键约束的名称，具体的语法格式如下：

```
ALTER TABLE table_name
DROP CONSTRAINT fk_name
```

主要参数介绍如下。

（1）table_name：要去除外键约束的表名。

（2）fk_name：外键约束的名字。

实例 18：删除表中的外键约束

在 test 数据库中，删除 tb_emp3 表中添加的"fk_员工部门编号"外键约束，输入语句如下：

```
ALTER TABLE tb_emp3
DROP CONSTRAINT fk_员工部门编号;
```

代码执行结果如图 6-31 所示。再次打开查看该表依赖关系的对话框，可以看到依赖关系消失，确认外键约束删除成功，如图 6-32 所示。

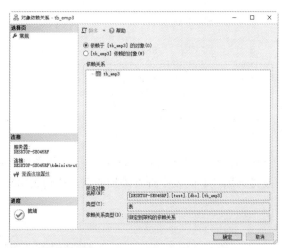

<table>
<tr><td>图 6-31　删除外键约束</td><td>图 6-32　【对象依赖关系】对话框</td></tr>
</table>

6.4.4　默认值约束

默认值约束 DEFAULT 是表定义的一个组成部分，通过默认值约束 DEFAULT，可以在创建或修改表时添加数据表某列的默认值。SQL Server 数据表的默认值可以是计算结果为常量的任何值，如常量、内置函数或数学表达式等。

1. 在创建表时添加默认值约束

数据表的默认值约束可以在创建表时添加，一般添加默认值约束的字段有两个特点：一个是该字段不能为空，另一个是该字段添加的值总是某一个固定值。例如，当用户注册信息时，数据库中会有一个字段来存放用户注册时间，其实这个注册时间就是当前时间，因此可以为该字段设置一个当前时间作为默认值。

定义默认值约束的语法格式如下：

```
CREATE TABLE table_name
(
COLUMN_NAME1. DATATYPE DEFAULT constant_expression,
COLUMN_NAME2. DATATYPE,
COLUMN_NAME3. DATATYPE
…
);
```

主要参数介绍如下。

DEFAULT：默认值约束的关键字，通常放在字段的数据类型之后。

constant_expression：常量表达式，既可以是一个具体的值，也可以是一个通过表达式得到的值，但是这个值必须与该字段的数据类型相匹配。

> 提示：除了可以为表中的一个字段设置默认值约束外，还可以为表中的多个字段同时设置默认值约束，不过每一个字段只能设置一个默认值约束。

实例 19：在创建表时添加默认值约束

在创建蔬菜信息表时，为蔬菜产地列添加一个默认值"上海"，输入语句如下：

```
CREATE TABLE vegetables
(
id        INT      PRIMARY KEY,
name      VARCHAR(20),
price     DECIMAL(6,2),
origin    VARCHAR(20)  DEFAULT  '上海',
tel       VARCHAR(20) ,
remark    VARCHAR(200),
);
```

代码执行结果如图 6-33 所示。打开蔬菜信息表的设计视图，选择添加默认值的列，即可在【列属性】列表中查看添加的默认值约束信息，如图 6-34 所示。

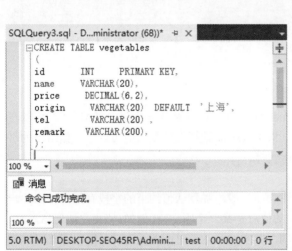

图 6-33　添加默认值约束

图 6-34　列属性

2. 在现有表中添加默认值约束

默认值约束可以在创建好数据表之后再来添加，但是不能给已经添加了默认值约束的列再添加默认值约束了。在现有表中添加默认值约束可以通过 ALTER TABLE 语句来完成，具体的语法格式如下：

```
ALTER TABLE table_name
ADD CONSTRAINT default_name DEFAULT constant_expression FOR col_name;
```

主要参数介绍如下。

（1）table_name：表名，要添加默认值约束列所在的表名。

（2）default_name：默认值约束的名字，可以省略，省略后系统将会为该默认值约束自动生成一个名字。系统自动生成的默认值约束名字通常是"df_表名_列名_随机数"这种格式的。

（3）DEFAULT：默认值约束的关键字，如果省略默认值约束的名字，那么 DEFAULT 关键字直接放到 ADD 的后面，同时去掉 CONSTRAINT。

（4）constant_expression：常量表达式，可以是一个具体的值，也可以是一个通过表达式得到的值，但是这个值必须与该字段的数据类型相匹配。

（5）col_name：设置默认值约束的列名。

实例 20：在现有表中添加默认值约束

蔬菜信息表创建完成后，下面给蔬菜的备注说明列添加默认值约束，将其默认值设置为"保质期为 2 天，请注意冷藏！"，输入语句如下：

```
ALTER TABLE vegetables
ADD CONSTRAINT df_vegetables_remark DEFAULT '保质期为2天，请注意冷藏！' FOR remark;
```

代码执行结果如图 6-35 所示。打开蔬菜信息表的设计视图，选择添加默认值的列，即可在【列属性】列表中查看添加的默认值约束信息，如图 6-36 所示。

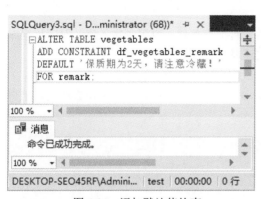

图 6-35　添加默认值约束　　　　图 6-36　查看添加的默认值约束

3. 删除默认值约束

当表中的某个字段不再需要默认值时，可以将默认值约束删除。删除默认值约束的语法格式如下：

```
ALTER TABLE table_name
DROP CONSTRAINT default_name;
```

参数介绍如下。

table_name：表名，要删除默认值约束列所在的表名。

default_name：默认值约束的名字。

实例 21：删除表中的默认值约束

将蔬菜信息表中添加的名称为 df_vegetables_remark 的默认值约束删除，输入以下语句：

```
ALTER TABLE vegetables
DROP CONSTRAINT df_vegetables_remark;
```

代码执行结果如图 6-37 所示。打开蔬菜信息表的设计视图，选择删除默认值的列，即可在【列属性】列表中看到该列的默认值约束信息已经被删除，如图 6-38 所示。

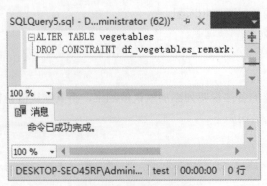

图 6-37　删除默认值约束　　　　　图 6-38　列属性界面

6.4.5　检查约束

检查约束是对输入列或者整个表中的值设置检查条件，以限制输入值，保证数据库数据的完整性。检查约束通过数据的逻辑表达式确定有效值。

1. 在创建表时添加检查约束

在一张数据表中，检查约束可以有多个，但是每一列只能设置一个检查约束。用户可以在创建表时添加检查约束。

1）添加列级检查约束

添加列级检查约束的语法格式如下：

```
CREATE TABLE table_name
(
COLUMN_NAME1. DATATYPE CHECK(expression),
COLUMN_NAME2. DATATYPE,
COLUMN_NAME3. DATATYPE
…
);
```

主要参数介绍如下。

（1）CHECK：检查约束的关键字。

（2）expression：约束的表达式，可以是 1 个条件，也可以同时有多个条件。例如，如果设置该列的值大于 10，那么表达式可以写成 COLUMN_NAME1>10；如果设置该列的值在 10~20 之间，就可以将表达式写成 COLUMN_NAME1>10 and COLUMN_NAME1<20。

▌实例 22：创建表时添加列级检查约束

在创建水果表时，给水果价格列添加检查约束，要求水果的价格大于 0 且小于 20。输入如下语句：

```
CREATE TABLE fruit
(
id        INT      PRIMARY KEY,
name      VARCHAR(20),
price     DECIMAL(6,2)  CHECK(price>0 and price<20),
origin    VARCHAR(20),
```

```
tel          VARCHAR(20) ,
remark       VARCHAR(200),
);
```

代码执行结果如图6-39所示。打开水果表的设计视图，选择添加检查约束的列，右击鼠标，在弹出的快捷菜单中选择【检查约束】命令，即可打开【检查约束】对话框，在其中查看添加的检查约束，如图 6-40 所示。

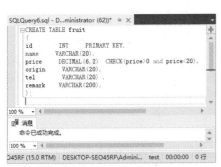

图 6-39　执行 T-SQL 语句　　　　　图 6-40　【检查约束】对话框

2）添加表级检查约束

添加表级检查约束的语法格式如下：

```
CREATE TABLE table_name
(
COLUMN_NAME1. DATATYPE,
COLUMN_NAME2. DATATYPE,
COLUMN_NAME3. DATATYPE,
…
CONSTRAINT ck_name CHECK(expression),
…
);
```

主要参数介绍如下。

ck_name：检查约束的名字，必须写在 CONSTRAINT 关键字的后面，并且检查约束的名字不能重复。检查约束的名字通常以 ck_ 开头，如果 CONSTRAINT ck_name 部分省略，系统会自动为检查约束设置一个名字，命名规则为"ck_ 表名 _ 列名 _ 随机数"。

CHECK（expression）：检查约束的条件。

实例 23：创建表时添加表级检查约束

在创建员工信息表时，给员工工资列添加检查约束，要求员工的工资大于 1800 且小于 3000。输入如下语句：

```
CREATE TABLE tb_emp
(
  id         INT  PRIMARY KEY,
  name       VARCHAR(25)    NOT NULL,
```

```
deptId      INT     NOT NULL,
salary      FLOAT   NOT NULL,
CHECK(salary > 1800 AND salary < 3000),
);
```

代码执行结果如图 6-41 所示。打开员工信息表的设计视图，选择添加检查约束的列，右击鼠标，在弹出的快捷菜单中选择【检查约束】命令，即可打开【检查约束】对话框，在其中查看添加的检查约束，如图 6-42 所示。

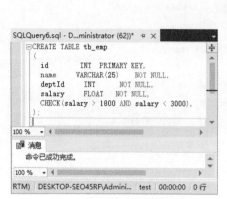

图 6-41　添加表级检查约束　　　　　图 6-42　查看添加的表级检查约束

> **注意**：检查约束可以帮助数据表检查数据，确保数据的正确性，但是也不能给数据表中的每一列都设置检查约束，否则会影响数据表中数据操作的效果。因此，在给表设置检查约束前，也要尽可能地确保检查约束是否真的有必要。

2. 在现有表中添加检查约束

在现有表中添加检查约束可以通过 ALTER TABLE 语句来完成，具体的语法格式如下：

```
ALTER TABLE table_name
ADD CONSTRAINT ck_name CHECK (expression);
```

主要参数介绍如下。

table_name：表名，要添加检查约束列所在的表名。

CONSTRAINT ck_name：添加名为 ck_name 的约束。该语句可以省略，省略后系统会为添加的约束自动生成一个名字。

CHECK（expression）：检查约束的定义，CHECK 是检查约束的关键字，expression 是检查约束的表达式。

┃ 实例 24：在现有表中添加检查约束

首先创建员工信息表，然后给员工工资列添加检查约束，要求员工的工资大于 1800 且小于 3000。输入如下语句：

```
ALTER TABLE tb_emp
ADD CHECK (salary > 1800 AND salary < 3000);
```

代码执行结果如图 6-43 所示。打开员工信息表的设计视图，选择添加检查约束的列，右击鼠标，在弹出的快捷菜单中选择【CHECK 约束】命令，即可打开【CHECK 约束】对话框，在其中查看添加的检查约束，如图 6-44 所示。

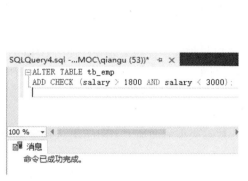

图 6-43　添加检查约束

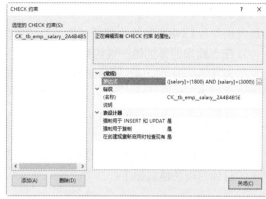

图 6-44　查看添加的检查约束

3. 删除检查约束

当不再需要检查约束时，可以将其删除。删除检查约束的语法格式如下：

```
ALTER TABLE table_name
DROP CONSTRAINT ck_name;
```

主要参数介绍如下。

（1）table_name：表名。

（2）ck_name：检查约束的名字。

▌ 实例 25：删除添加的检查约束

删除员工信息表中添加的检查约束，检查约束的条件为员工的工资大于 1800 且小于 3000，名字为 "CK__tb_emp__salary__2A4B4B5E"。输入如下语句：

```
ALTER TABLE tb_emp
DROP CONSTRAINT CK__tb_emp__salary__2A4B4B5E;
```

代码执行结果如图 6-45 所示。打开员工信息表的设计视图，选择删除检查约束的列，右击鼠标，在弹出的快捷菜单中选择【CHECK 约束】命令，即可打开【CHECK 约束】对话框，在其中可以看到添加的检查约束已经被删除，如图 6-46 所示。

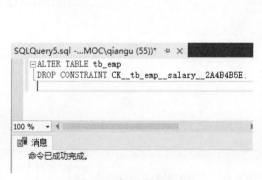

图 6-45　删除检查约束

图 6-46　【CHECK 约束】对话框

6.4.6 唯一性约束

唯一性约束（UNIQUE）用于指定一个或者多个列的组合值具有唯一性，以防止在列中输入重复的值。用户可以对一个表定义多个 UNIQUE 约束，UNIQUE 约束允许 NULL 值，但是当和参与 UNIQUE 约束的任何值一起使用时，每列只允许一个空值。

1. 在创建表时添加唯一性约束

在 SQL Server 中，除了使用 PRIMARY KEY 可以提供唯一性约束之外，使用 UNIQUE 约束也可以指定数据的唯一性。主键约束在一个表中只能有一个，如果想要给多个列设置唯一性，就需要使用唯一性约束了。

1）添加列级唯一性约束

添加列级唯一性约束比较简单，只需要在列的数据类型后面加上 UNIQUE 关键字就可以了，具体的语法格式如下：

```
CREATE TABLE table_name
(
COLUMN_NAME1. DATATYPE UNIQUE,
COLUMN_NAME2. DATATYPE,
COLUMN_NAME3. DATATYPE
...
);
```

主要参数介绍如下。

UNIQUE：唯一性约束的关键字。

▌ 实例 26：创建表时添加列级唯一性约束

定义数据表 tb_emp02，将员工名称列设置为唯一性约束。输入如下语句：

```
CREATE TABLE tb_emp02
(
id        INT      PRIMARY KEY,
name      VARCHAR(20)  UNIQUE,
tel        VARCHAR(20) ,
remark    VARCHAR(200),
);
```

代码执行结果如图 6-47 所示。打开数据表 tb_emp02 的设计视图，右击鼠标，在弹出的快捷菜单中选择【索引 / 键】命令，即可打开【索引 / 键】对话框，在其中可以查看添加的唯一性约束，如图 6-48 所示。

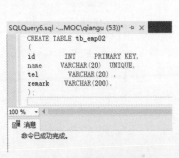

图 6-47　添加唯一性约束　　　　图 6-48　查看添加的唯一性约束

2）添加表级唯一性约束

表级唯一性约束的添加要比列级唯一性约束复杂，具体的语法格式如下：

```
CREATE TABLE table_name
(
COLUMN_NAME1. DATATYPE,
COLUMN_NAME2. DATATYPE,
COLUMN_NAME3. DATATYPE,
…
CONSTRAINT uq_name UNIQUE(col_name1),
CONSTRAINT uq_name UNIQUE(col_name2),
…
);
```

参数介绍如下。

（1）CONSTRAINT：在表中定义约束时的关键字。

（2）uq_name：唯一性约束的名字。唯一性约束的名字通常以 uq_ 开头，如果 CONSTRAINT uq_name 部分省略，系统会自动为唯一性约束设置一个名字，命名规则为"uq_ 表名 _ 随机数"。

（3）UNIQUE（col_name）：UNIQUE 是定义唯一性约束的关键字，不可省略；col_name 为定义唯一性约束的列名。

实例 27：创建表时添加表级唯一性约束

定义数据表 tb_emp03，将员工名称列设置为唯一性约束。输入如下语句：

```
CREATE TABLE tb_emp03
(
id        INT  PRIMARY KEY,
name      VARCHAR(20),
tel       VARCHAR(20) ,
remark    VARCHAR(200),
UNIQUE(name)
);
```

代码执行结果如图 6-49 所示。打开数据表 tb_emp03 的设计视图，右击鼠标，在弹出的快捷菜单中选择【索引 / 键】命令，即可打开【索引 / 键】对话框，在其中可以查看添加的唯一性约束，如图 6-50 所示。

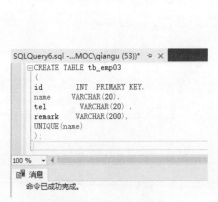

图 6-49　添加唯一性约束

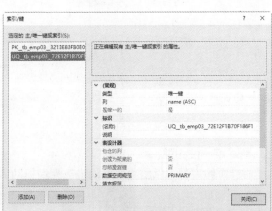

图 6-50　查看添加的唯一性约束

133

> **注意**：UNIQUE 和 PRIMARY KEY 的区别：一个表中可以有多个字段声明为 UNIQUE，但只能有一个 PRIMARY KEY 声明；声明为 PRIMAY KEY 的列不允许有空值，但是声明为 UNIQUE 的字段允许有空值（NULL）。

2. 在现有表中添加唯一性约束

在现有表中添加唯一性约束的方法只有一种，而且在添加唯一性约束时，需要保证添加唯一性约束的列中存放的值没有重复的。在现有表中添加唯一性约束的语法格式如下：

```
ALTER TABLE table_name
ADD CONSTRAINT uq_name UNIQUE(col_name);
```

主要参数介绍如下。

（1）table_name：表名，要添加唯一性约束列所在的表名。

（2）CONSTRAINT uq_name：添加名为 uq_name 的约束。该语句可以省略，省略后系统会为添加的约束自动生成一个名字。

（3）UNIQUE（col_name）：唯一性约束的定义，UNIQUE 是唯一性约束的关键字，col_name 是唯一性约束的列名。如果想要同时为多个列设置唯一性约束，就要省略唯一性约束的名字，名字由系统自动生成。

▌实例 28：在现有表中添加唯一性约束

首先创建水果表 fruit，然后给水果表中的联系方式添加唯一性约束，输入如下语句：

```
ALTER TABLE fruit
ADD CONSTRAINT uq_fruit_tel UNIQUE(tel);
```

代码执行结果如图 6-51 所示。打开水果表的设计视图，右击鼠标，在弹出的快捷菜单中选择【索引 / 键】命令，即可打开【索引 / 键】对话框，在其中可以查看添加的唯一性约束，如图 6-52 所示。

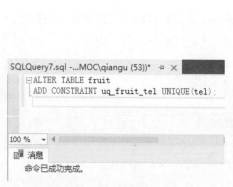

图 6-51　执行 T-SQL 语句

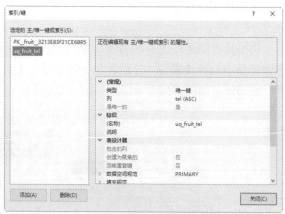

图 6-52　【索引 / 键】对话框

3. 删除唯一性约束

任何一个约束都可以删除。删除唯一性约束的方法很简单，具体的语法格式如下：

```
ALTER TABLE table_name
DROP CONSTRAINT uq_name;
```

主要参数介绍如下。

（1）table_name：表名。

（2）uq_name：唯一性约束的名字。

▌实例 29：删除添加的唯一性约束

删除水果表中联系方式的唯一性约束，输入如下语句：

```
ALTER TABLE fruit
DROP CONSTRAINT uq_fruit_tel;
```

代码执行结果如图 6-53 所示。打开水果表的设计视图，右击鼠标，在弹出的快捷菜单中选择【索引 / 键】命令，即可打开【索引 / 键】对话框，在其中可以看到联系方式 tel 列的唯一性约束被删除，如图 6-54 所示。

图 6-53　执行 T-SQL 语句

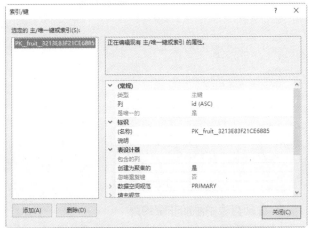

图 6-54　删除 tel 列的唯一性约束

6.4.7　非空约束

非空约束主要用于确保列中有输入值，表示指定的列中不允许使用空值，插入时必须为该列提供具体的数据值，否则系统将提示错误。定义为主键的列，系统强制为非空约束。

1. 在创建表时添加非空约束

非空约束通常都是在创建数据表时就添加了，操作很简单。添加非空约束的语法只有一种，并且在数据表中可以为同列设置唯一性约束。不过，对于设置了主键约束的列，就没有必要设置非空约束了。添加非空约束的语法格式如下：

```
CREATE TABLE table_name
(
COLUMN_NAME1. DATATYPE NOT NULL,
COLUMN_NAME2. DATATYPE NOT NULL,
COLUMN_NAME3. DATATYPE
…
);
```

简单来说，添加非空约束就是在列的数据类型后面加上 NOT NULL 关键字。

实例 30：创建表时添加非空约束

定义数据表 students，将学生名称和出生年月列设置为非空约束。输入如下语句：

```
CREATE TABLE students
(
id      INT  PRIMARY KEY,
name    VARCHAR(25)  NOT NULL,
birth    DATETIME     NOT NULL,
class   VARCHAR(50),
info    VARCHAR(200),
);
```

代码执行结果如图 6-55 所示。打开学生信息表的设计视图，在其中可以看到 id、name 和 birth 列不允许为 NULL 值，如图 6-56 所示。

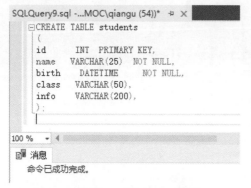

图 6-55　执行 T-SQL 语句　　　　　　　　图 6-56　查看添加的非空约束

2. 在现有表中添加非空约束

创建好数据表后，也可以为其添加非空约束，具体的语法格式如下：

```
ALTER TABLE table_name
ALTER COLUMN col_name datatype NOT NULL;
```

主要参数介绍如下。

（1）table_name：表名。

（2）col_name：列名，表示要添加非空约束的列。

（3）datatype：列的数据类型，如果不修改数据类型，还要使用原来的数据类型。

（4）NOT NULL：非空约束的关键字。

实例 31：在现有表中添加非空约束

在现有数据表 students 中，为学生的班级信息添加非空约束。输入如下语句：

```
ALTER TABLE students
ALTER COLUMN class VARCHAR(50) NOT NULL;
```

代码执行结果如图 6-57 所示。打开学生信息表的设计视图，在其中可以看到 class 列不允许为 NULL 值，如图 6-58 所示。

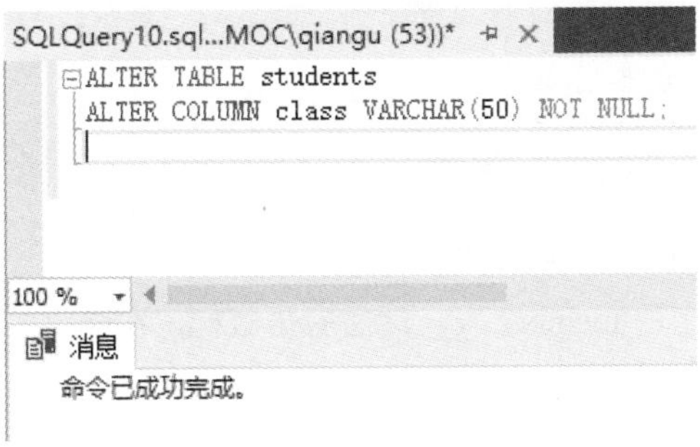

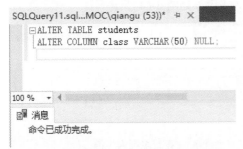

图 6-57　执行 T-SQL 语句

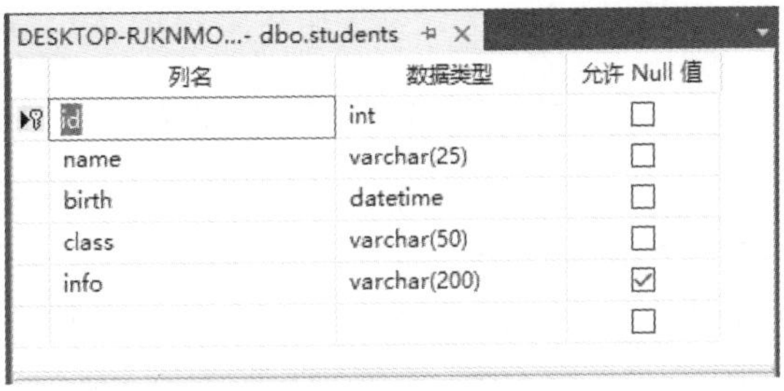

图 6-58　查看添加的非空约束

3. 删除非空约束

非空约束的删除操作很简单，只需要将数据类型后的 NOT NULL 修改为 NULL 即可，具体的语法格式如下：

```
ALTER TABLE table_name
ALTER COLUMN col_name datatype NULL;
```

▌实例 32：删除添加的非空约束

在现有数据表 students 中，删除学生班级信息的非空约束。输入如下语句：

```
ALTER TABLE students
ALTER COLUMN class VARCHAR(50) NULL;
```

代码执行结果如图 6-59 所示。打开学生信息表的设计视图，在其中可以看到 class 列允许为 NULL 值，如图 6-60 所示。

图 6-59　执行 T-SQL 语句

图 6-60　查看删除非空约束后的效果

6.5　使用 SQL Server Management Studio 管理约束

使用 SQL Server Management Studio 可以以界面方式管理数据表中的约束，如添加约束、删除约束等。

6.5.1　管理主键约束

使用对象资源管理器可以以界面方式管理主键约束，这里以 member 表为例，介绍添加与删除 PRIMARY KEY 约束的过程。

1. 添加 PRIMARY KEY 约束

使用对象资源管理器添加 PRIMARY KEY 约束的操作如下。

▎实例 33：添加 PRIMARY KEY 约束

为 test 数据库中的 member 表中的 id 字段添加 PRIMARY KEY 约束。

01 在【对象资源管理器】窗格中选择 test 数据库中的 member 表，然后右击鼠标，在弹出的快捷菜单中选择【设计】命令，如图 6-61 所示。

02 打开表设计视图，在其中选择 id 字段对应的行，右击鼠标，在弹出的快捷菜单中选择【设置主键】命令，如图 6-62 所示。

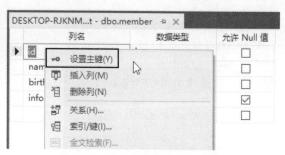

图 6-61　选择【设计】命令　　　　　　　　图 6-62　选择【设置主键】命令

03 设置完成之后，id 所在行会有一个钥匙图标，表示这是主键列，如图 6-63 所示。

04 如果主键由多列组成，可以在选中某一列的同时按住 Ctrl 键选择多个列，然后右击，在弹出的快捷菜单中选择【主键】命令，将多列设置为主键，如图 6-64 所示。

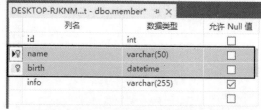

图 6-63　设置主键列　　　　　　　　　　图 6-64　设置多列为主键

2. 删除 PRIMARY KEY 约束

当不再需要使用约束的时候，可以将其删除，具体操作如下。

▎实例 34：删除 PRIMARY KEY 约束

01 打开数据表 member 的表结构设计窗口，单击工具栏中的【删除主键】按钮 ，如图 6-65 所示。

02 表中的主键被删除，如图 6-66 所示。

图 6-65　单击【删除主键】按钮　　　　　　　图 6-66　删除表中的多列主键

另外，通过【索引／键】对话框也可以删除主键约束，操作步骤如下。

01 打开数据表 member 的表结构设计窗口，单击工具栏中的【管理索引和键】按钮，或者右击鼠标，在弹出的快捷菜单中选择【索引／键】命令，打开【索引／键】对话框，如图 6-67 所示。

02 选择要删除的索引或键，单击【删除】按钮。用户在这里可以选择删除 member 表中的主键约束，如图 6-68 所示。

图 6-67　【索引／键】对话框　　　　　　　图 6-68　删除主键约束

03 删除完成之后，单击【关闭】按钮，删除主键约束操作成功。

6.5.2　管理外键约束

在 SQL Server Management Studio 工具操作界面中，设置数据表的外键约束要比设置主键约束复杂一些。这里以添加和删除外键约束为例介绍使用 SQL Server Management Studio 管理外键约束的方法。下面以水果表（见表 6-1）与水果供应商表（见表 6-2）为例，介绍添加与删除外键约束的过程。

表 6-1　水果表的结构

字段名称	数据类型	备　注
id	INT	编号
name	VARCHAR(20)	名称
price	DECIMAL(6, 2)	价格
origin	VARCHAR(50)	产地
supplierid	INT	供应商编号
remark	VARCHAR(200)	备注说明

表 6-2　水果供应商表的结构

字段名称	数据类型	备　注
id	INT	编号
name	VARCHAR(20)	名称
tel	VARCHAR(15)	电话
remark	VARCHAR(200)	备注说明

1. 添加 FOREIGN KEY 约束

实例 35：添加 FOREIGN KEY 约束

01 在资源管理器中，选择要添加水果表的数据库（这里选择 test 数据库）；然后展开表节点并右击鼠标，在弹出的快捷菜单中选择【新建】→【表】命令，即可进入表设计界面，按照表 6-3 所示的结构添加水果表，如图 6-69 所示。

02 参照步骤 1 的方法，添加水果供应商表，如图 6-70 所示。

图 6-69　水果表设计界面　　　　　　　　　图 6-70　水果供应商表设计界面

03 选择水果表 fruit，在表设计界面中右击鼠标，在弹出的快捷菜单中选择【关系】命令，如图 6-71 所示。

04 打开【外键关系】对话框，在其中单击【添加】按钮，即可添加选定的关系，然后选择【表和列规范】选项，如图 6-72 所示。

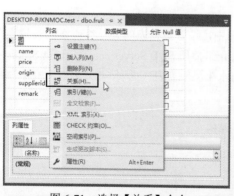

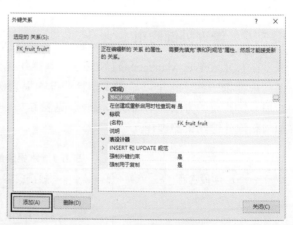

图 6-71　选择【关系】命令　　　　　　　　图 6-72　【外键关系】对话框

05 单击【表和列规范】右侧的 按钮，打开【表和列】对话框，从中可以看到左侧是主键表，右侧是外键表，如图 6-73 所示。

06 这里要求给水果表添加外键约束，因此外键表是水果表、主键表是水果供应商表，根据要求设置主键表与外键表，如图 6-74 所示。

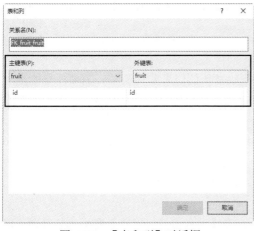

图 6-73 【表和列】对话框

图 6-74 设置外键约束条件

07 设置完毕后，单击【确定】按钮，即可完成外键约束的添加操作。

> **注意**：在为数据表添加外键约束时，主键表与外键表必须添加相应的主键约束，否则在添加外键约束的过程中会弹出警告信息框，如图 6-75 所示。
>
>
>
> 图 6-75 警告信息框

2. 删除 FOREIGN KEY 约束

在 SQL Server Management Studio 工作界面中，删除外键约束的操作很简单。

▌实例 36：删除 FOREIGN KEY 约束

01 打开添加有外键约束的数据表，这里打开水果表的设计界面，如图 6-76 所示。

02 在水果表中右击鼠标，在弹出的快捷菜单中选择【关系】命令，打开【外键关系】对话框，如图 6-77 所示。

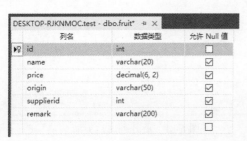

图 6-76 水果表的设计界面

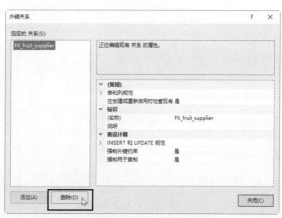

图 6-77 删除外键约束

03 在【选定的关系】列表框中选择要删除的外键约束，单击【删除】按钮，即可将外键约束删除。

6.5.3　管理默认值约束

在 SQL Server Management Studio 中添加和删除默认值约束非常简单。需要注意的是，给列添加默认值约束时要使默认值与列的数据类型相匹配，如果是字符类型，需要添加相应的单引号。

下面以创建水果信息表并添加默认值约束为例来介绍使用 SQL Server Management Studio 管理默认值约束的方法。

▍实例 37：创建表时添加 DEFAULT 约束

01 进入 SQL Server Management Studio 工作界面，在【对象资源管理器】窗格中展开要创建数据表的数据库节点，右击该数据库下的表节点，在弹出的快捷菜单中选择【新建】→【表】命令，进入新建表工作界面，如图 6-78 所示。

02 录入水果信息表的列信息，如图 6-79 所示。

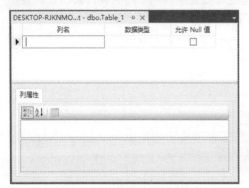

图 6-78　新建表设计界面　　　　　　　　　图 6-79　录入水果信息表字段内容

03 单击【保存】按钮，打开【选择名称】对话框，在其中输入表名"fruitinfo"，单击【确定】按钮，即可保存创建的数据表，如图 6-80 所示。

04 选择需要添加默认值约束的列，这里选择 origin 列，展开列属性界面，如图 6-81 所示。

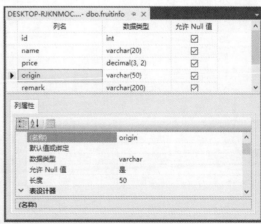

图 6-80　【选择名称】对话框　　　　　　　图 6-81　展开列属性界面

05 选择【默认值或绑定】选项，在右侧的文本框中输入默认值约束的值，这里输入"海南"，如图 6-82 所示。

06 单击【保存】按钮，即可完成创建数据表时添加默认值约束的操作，如图 6-83 所示。

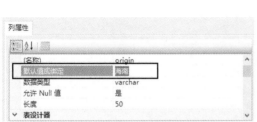

图 6-82　输入默认值约束的值

图 6-83　添加默认值约束

> **提示**：在对象资源管理器中，给表中的列设置默认值时，字符串类型的数据可以省略单引号，如果省略了单引号，系统会在保存表信息时自动为其加上单引号。

实例 38：在现有表中添加 DEFAULT 约束

创建好数据表后，也可以添加默认值约束。

01 选择需要添加默认值约束的表，这里选择水果信息表 fruitinfo，然后右击鼠标，在弹出的快捷菜单中选择【设计】命令，进入表的设计工作界面，如图 6-84 所示。

02 选择要添加默认值约束的列，这里选择 remark 列，打开列属性界面，在【默认值或绑定】选项的右侧，输入默认值约束的值，这里输入"保质期为 1 天，请注意冷藏！"，单击【保存】按钮，即可完成在现有表中添加默认值约束的操作，如图 6-85 所示。

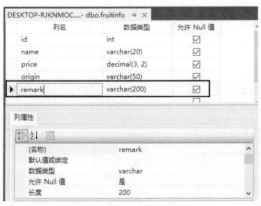

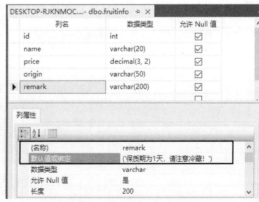

图 6-84　水果信息表设计界面

图 6-85　输入默认值约束的值

实例 39：删除 DEFAULT 约束

在 SQL Server Management Studio 工作界面中，删除默认值约束与添加默认值约束很像，只需要将【默认值或绑定】右侧的值清空即可。

01 选择需要删除默认值约束的工作表，这里选择水果信息表 fruitinfo，然后右击鼠标，在弹出的快捷菜单中选择【设计】命令，进入表的设计工作界面，选择需要删除默认值约束的列，这里选择 remark 列，打开列属性界面，如图 6-86 所示。

02 选择【默认值或绑定】属性，然后删除其右侧的值，最后单击【确定】按钮，即可保存删除默认值约束后的数据表，如图 6-87 所示。

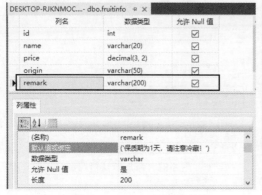

图 6-86　remark 列属性界面

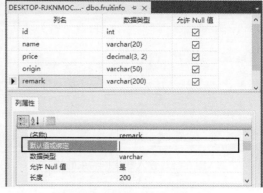

图 6-87　删除列的默认值约束

6.5.4　管理检查约束

在 SQL Server Management Studio 中添加和删除检查约束非常简单。下面以创建员工信息表并添加检查约束为例来介绍使用 SQL Server Management Studio 管理检查约束的方法。

▌ 实例 40：创建表时添加 CHECK 约束

01 进入 SQL Server Management Studio 工作界面，在【对象资源管理器】窗格中展开要创建数据表的数据库节点，右击该数据库下的表节点，在弹出的快捷菜单中选择【新建】→【表】命令，进入新建表设计界面，如图 6-88 所示。

02 录入员工信息表的列信息，如图 6-89 所示。

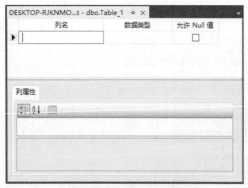

图 6-88　新建表设计界面

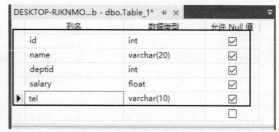

图 6-89　录入员工信息表

03 单击【保存】按钮，打开【选择名称】对话框，在其中输入表名"tb_emp01"，单击【确定】按钮，即可保存创建的数据表，如图 6-90 所示。

04 选择需要添加检查约束的列，这里选择 salary 列，右击鼠标，在弹出的快捷菜单中选择

【CHECK 约束】命令，如图 6-91 所示。

图 6-90 【选择名称】对话框

图 6-91 选择【CHECK 约束】命令

05▶打开【CHECK 约束】对话框，单击【添加】按钮，进入检查约束编辑状态，如图 6-92 所示。

06▶选择【表达式】，然后在右侧输入检查约束的条件，这里输入 "salary > 1800 AND salary < 3000"，如图 6-93 所示。

图 6-92 检查约束编辑状态

图 6-93 输入表达式

07▶单击【关闭】按钮，关闭【CHECK 约束】对话框，然后单击【保存】按钮，保存数据表，即可完成检查约束的添加。

实例 41：在现有表中添加 CHECK 约束

创建好数据表后，也可以添加检查约束，具体操作步骤如下。

01▶选择需要添加检查约束的表，这里选择水果表 fruit，然后右击鼠标，在弹出的快捷菜单中选择【设计】命令，进入表的设计工作界面，右击鼠标，在弹出的快捷菜单中选择【CHECK 约束】命令，如图 6-94 所示。

02▶打开【CHECK 约束】对话框，单击【添加】按钮，进入检查约束编辑状态，选择【表达式】，然后在右侧输入检查约束的条件，这里输入 "price > 0 AND price < 20"，如图 6-95 所示。

03▶单击【关闭】按钮，关闭【CHECK 约束】对话框，然后单击【保存】按钮，保存数据表，即可完成检查约束的添加。

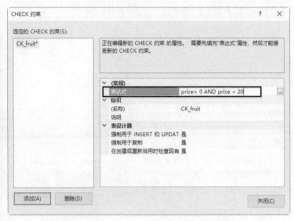

图 6-94　选择【CHECK 约束】命令　　　　图 6-95　【CHECK 约束】对话框

▎实例 42：删除 CHECK 约束

在 SQL Server Management Studio 工作界面中，删除检查约束与添加检查约束的操作类似，只需要在【CHECK 约束】对话框中选择要删除的检查约束，然后单击【删除】按钮，最后单击【保存】按钮，即可删除数据表中添加的检查约束，如图 6-96 所示。

图 6-96　删除选择的检查约束

6.5.5　管理唯一性约束

在 SQL Server Management Studio 中添加和删除唯一性约束非常简单。下面以创建客户信息表并为名称列添加唯一性约束为例来介绍使用 SQL Server Management Studio 管理唯一性约束的方法。

▎实例 43：创建表时添加 UNIQUE 约束

01 进入 SQL Server Management Studio 工作界面，在【对象资源管理器】窗格中展开要创建数据表的数据库节点，右击该数据库下的表节点，在弹出的快捷菜单中选择【新建】→【表】命令，进入新建表工作界面，如图 6-97 所示。

02 录入客户信息表的列信息，如图 6-98 所示。

图 6-97	新建表工作界面

图 6-98 录入客户信息表

03 单击【保存】按钮，打开【选择名称】对话框，在其中输入表名"customer"，单击【确定】按钮，即可保存创建的数据表，如图 6-99 所示。

04 进入 customer 表设计界面，右击鼠标，在弹出的快捷菜单中选择【索引/键】命令，如图 6-100 所示。

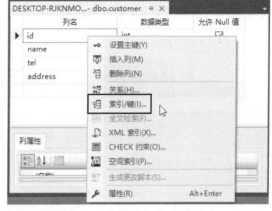

图 6-99 输入表的名称

图 6-100 选择【索引/键】命令

05 打开【索引/键】对话框，单击【添加】按钮，进入唯一性约束编辑状态，如图 6-101 所示。

06 这里为客户信息表的名称添加唯一性约束，设置【类型】为【唯一键】，如图 6-102 所示。

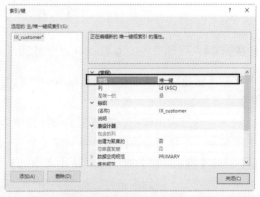

图 6-101 唯一性约束编辑状态

图 6-102 设置【类型】为【唯一键】

07 单击【列】右侧的 按钮，打开【索引列】对话框，在其中设置【列名】为 name、【排序顺序】为【升序】，如图 6-103 所示。

08▶单击【确定】按钮，返回【索引/键】对话框，在其中设置唯一性约束的名称为"uq_ customer_name"，如图 6-104 所示。

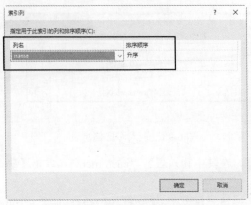

图 6-103　【索引列】对话框

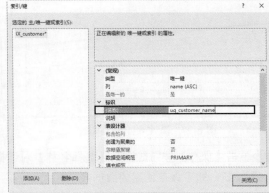

图 6-104　输入唯一性约束的名称

09▶单击【关闭】按钮，关闭【索引/键】对话框，然后单击【保存】按钮，即可完成唯一性约束的添加操作，再次打开【索引/键】对话框，即可看到添加的唯一性约束信息，如图 6-105 所示。

图 6-105　查看唯一性约束信息

▌实例 44：在现有表中添加 UNIQUE 约束

创建好数据表后，也可以添加唯一性约束。

01▶选择需要添加唯一性约束的表，这里选择客户信息表 customer，并为联系方式添加唯一性约束，然后右击鼠标，在弹出的快捷菜单中选择【设计】命令，进入表的设计工作界面，右击鼠标，在弹出的快捷菜单中选择【索引/键】命令，如图 6-106 所示。

02▶打开【索引/键】对话框，单击【添加】按钮，进入唯一性约束编辑状态，在其中设置联系方式的唯一性约束条件，如图 6-107 所示。

03▶单击【关闭】按钮，关闭【索引/键】对话框，然后单击【保存】按钮，即可完成唯一性约束的添加操作。

图 6-106　选择【索引 / 键】命令

图 6-107　设置 tel 列的唯一性约束条件

实例 45：删除 UNIQUE 约束

在 SQL Server Management Studio 工作界面中，删除唯一性约束与添加唯一性约束很像，只需要在【索引 / 键】对话框中选择要删除的唯一性约束，然后单击【删除】按钮，最后单击【保存】按钮，即可删除数据表中添加的唯一性约束，如图 6-108 所示。

图 6-108　删除唯一性约束

6.5.6　管理非空约束

在 SQL Server Management Studio 中管理非空约束非常容易，用户只需要在【允许 Null 值】列中选中相应的复选框即可添加与删除非空约束。下面以管理水果表中的非空约束为例来介绍使用 SQL Server Management Studio 管理非空约束的方法。

实例 46：管理 NOT NULL 约束

01 在【对象资源管理器】窗格中，选择需要添加或删除非空约束的数据表，这里选择水果表 fruit，右击鼠标，在弹出的快捷菜单中选择【设计】命令，进入水果表的设计界面，如图 6-109

所示。

02 在【允许 Null 值】列，取消 name 和 price 列的选中状态，即可为这两列添加非空约束；相反，如果想要取消某列的非空约束，只需要选中该列的【允许 Null 值】复选框即可，如图 6-110 所示。

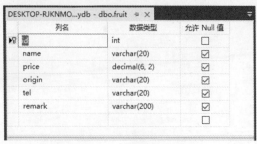

图 6-109　水果表设计界面

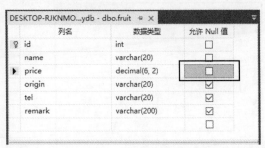

图 6-110　设置列的非空约束

6.6　疑难问题解析

▌疑问 1：每个表中都要有一个主键吗？

答：并不是每一个表中都需要主键，一般多个表之间进行连接操作时才需要用到主键。因此，并不需要为每个表都建立主键，而且有些情况下最好不使用主键。

▌疑问 2：想要把数据表中的默认值删除，可以通过直接将默认值修改为 NULL 来实现吗？

答：这样操作不能成功，因为在添加默认值约束时一个列只能有一个默认值，已经设置了默认值的列不能够再重新设置，如果想重新设置，也只能先将其默认值删除再添加。因此，当默认值不再需要时，只能将其删除。

6.7　综合实战训练营

▌实战 1：在 marketing 数据库中使用命令方式创建数据完整性约束。

（1）将"销售人员"表中的"电话"列定义为唯一键。

（2）为"销售人员"表中的"电话"列添加检查约束，要求每个新加入或修改的电话号码为 8 位数字，但对表中现有数据不进行检查。

（3）为"客户信息"表中的"地址"列添加一个 DEFAULT 约束，默认值为"深圳市"，然后添加一个新客户。

（4）"销售人员"和"部门信息"两表之间存在相互参照关系，在"部门信息"表中，经理字段存放的是经理在"销售人员"表中的"工号"，也就是说，部门经理同时也是销售人员，所以要在"部门信息"表中建立一个外键，其主键为"销售人员"表中的工号。

▌实战 2：在 marketing 数据库中使用命令创建和使用默认值及规则。

（1）创建一个地址的默认值对象，其值为"深圳市"，将其绑定到"客户信息"表和"销售人员"表的"地址"列。

（2）创建一个 E-mail 的规则对象，其值为包含 @ 的字符串，然后将其删除。

第7章 数据的插入、更新和删除

本章导读

存储在系统中的数据是数据库管理系统的核心，数据库用来管理数据的存储、访问和维护数据的完整性。SQL Server 提供了功能丰富的数据库管理语句，包括向数据库中插入数据的 INSERT 语句、更新数据的 UPDATE 语句以及当数据不再使用时删除数据的 DELETE 语句。本章将详细介绍在 SQL Server 中如何使用这些语句操作数据。

知识导图

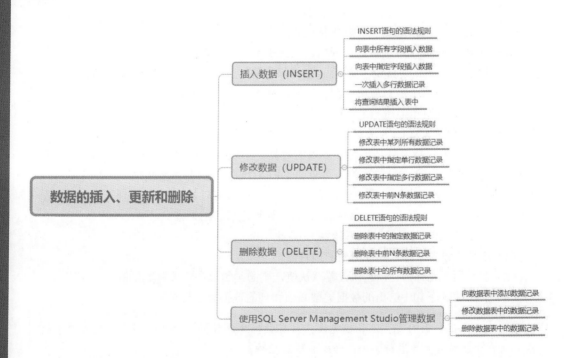

7.1 插入数据（INSERT）

在使用数据库之前，数据库中必须有数据。SQL Server 使用 INSERT 语句向数据表中插入数据记录。

7.1.1 INSERT 语句的语法规则

在向数据表中插入数据之前，要先清楚添加数据记录的语法规则。INSERT 语句的基本语法格式如下：

```
INSERT INTO table_name (column_name1, column_name2,…)
VALUES (value1, value2,…);
```

主要参数介绍如下。

（1）INSERT：插入数据记录时使用的关键字，告诉 SQL Server 该语句的用途。该关键字后面的内容是 INSERT 语句的详细执行过程。

（2）INTO：可选的关键字，用在 INSERT 和执行插入操作的表之间。该参数是一个可选参数。使用 INTO 关键字可以增强语句的可读性。

（3）table_name：指定要插入数据的表名。

（4）column_name：可选参数，列名。用来指定记录中显示插入的数据的字段，如果不指定字段列表，则 column_name 中的每一个值都必须与表中对应位置处的值相匹配，即第一个值对应第一列，第二个值对应第二列。注意，插入时必须为所有既不允许空值又没有默认值的列提供一个值，直至最后一个这样的列。

（5）VALUES：VALUES 关键字后面指定要插入的数据列表值。

（6）value：值，指定每个列对应插入的数据。字段列和数据值的数量必须相同，多个值之间用逗号隔开。value 中的这些值可以是 DEFAULT、NULL 或者表达式。DEFAULT 表示插入该列定义的默认值；NULL 表示插入空值；表达式可以是一个运算过程，也可以是一个 SELECT 查询语句，SQL Server 将插入表达式计算之后的结果。

使用 INSERT 语句时要注意以下几点。

（1）不要向设置了标识属性的列中插入值。

（2）若字段不允许为空，且未设置默认值，则必须给该字段设置数据值。

（3）VALUES 子句中给出的数据类型必须和列的数据类型相对应。

> **注意**：为了保证数据的安全性和稳定性，只有数据库和数据库对象的创建者及被授予权限的用户才能对数据库进行添加、修改和删除操作。

7.1.2 向表中所有字段插入数据

向表中所有的字段同时插入数据是一个比较常见的应用，也是 INSERT 语句形式中最简单的应用。在演示插入数据操作之前，需要准备一张数据表，这里创建一个数据表

students，输入如下语句：

```
USE mydb
CREATE TABLE students
(
id          INT    PRIMARY KEY,
name        VARCHAR(20),
age         INT,
birthplace  VARCHAR(20),
tel         VARCHAR(20) ,
remark      VARCHAR(200),
);
```

代码执行结果如图 7-1 所示。

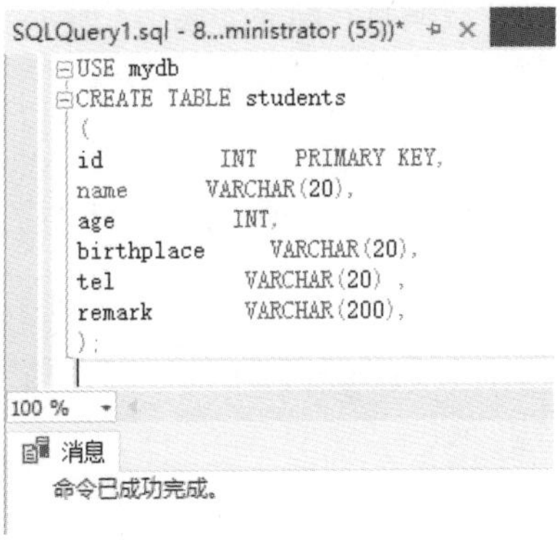

图 7-1　创建数据表 students

实例 1：向数据表 students 中添加数据

向数据表 students 中插入数据记录，输入如下语句：

```
USE mydb
INSERT INTO students (id, name,age, birthplace,tel,remark)
VALUES (101,'王向阳',18, '山东', '123456', '山东济南');
```

代码执行结果如图 7-2 所示，说明有一条数据插入数据表中了。如果想要查看插入的数据记录，需要使用如下语句格式：

```
Select *from table_name;
```

其中，table_name 为数据表的名称。

查询数据表 students 中添加的数据，输入如下语句：

```
USE mydb
Select *from students;
```

代码执行结果如图 7-3 所示。

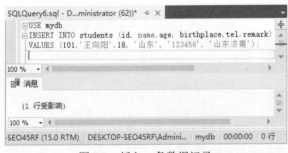

图 7-2　插入一条数据记录

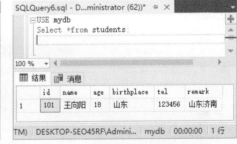

图 7-3　查询插入的数据记录

INSERT 语句后面的列名称的顺序可以与数据表定义时的顺序不同，而只需要保证值的顺序与列字段的顺序相同即可。例如，在 students 表中，插入一条新记录，还可以输入如下语句：

```
USE mydb
INSERT INTO students(name,age,id, birthplace,tel,remark)
VALUES ('李玉',19,102, '河南', '123457', '河南郑州');
```

代码执行结果如图 7-4 所示，说明有一条数据插入数据表中了。查询数据表 students 中添加的数据，输入如下语句：

```
USE mydb
Select *from students;
```

代码执行结果如图 7-5 所示。

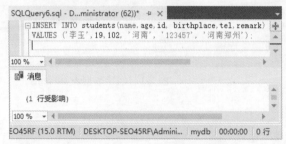

图 7-4　插入第 2 条数据记录

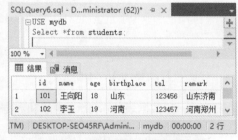

图 7-5　查询插入的数据记录

使用 INSERT 语句插入数据时，允许插入的字段列表为空。此时，值列表中需要为表中的每一个字段指定值，并且值的顺序必须和数据表中字段定义时的顺序相同。例如，向数据表 students 中添加数据，还可以输入如下语句：

```
USE mydb
INSERT INTO students
VALUES (103,'张棵',20, '河南', '123458', '河南洛阳');
```

代码执行结果如图 7-6 所示，并在【消息】窗格中显示"1 行受影响"的信息提示，说明有一条数据插入数据表中了。

查询数据表 students 中添加的数据，在查询编辑器窗口中输入如下 T-SQL 语句：

```
USE mydb
Select *from students;
```

代码执行结果如图 7-7 所示。

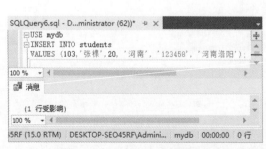

图 7-6　插入第 3 条数据记录

图 7-7　查询插入的数据记录

7.1.3　向表中指定字段插入数据

为表的指定字段插入数据，就是用 INSERT 语句向部分字段插入值，而其他字段的值为表定义时的默认值。

▌实例 2：向数据表 students 的指定字段插入数据

输入如下语句：

```
USE mydb
INSERT INTO students(id, name,age, birthplace)
VALUES (104,'王旭',18, '湖南');
```

代码执行结果如图 7-8 所示，说明有一条数据插入数据表中了。查询数据表 students 中添加的数据，输入如下语句：

```
USE mydb
Select *from students;
```

代码执行结果如图 7-9 所示。

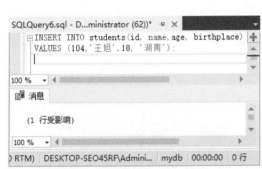

图 7-8　插入第 4 条数据记录

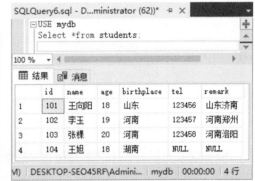

图 7-9　查询插入的数据记录

从执行结果可以看到，虽然没有指定个别字段和字段值，INSERT 语句仍可以正常执行，SQL Server 自动向相应字段插入了默认值。

7.1.4　一次插入多行数据记录

使用 INSERT 语句可以同时向数据表中插入多条记录，插入时指定多个值列表，每个值列表之间用逗号隔开。具体的语法格式如下：

```
INSERT INTO table_name (column_name1, column_name2,…)
VALUES (value1, value2,…),
(value1, value2,…),
…
```

▌实例 3：一次向数据表 students 中插入多行数据

输入如下语句：

```
USE mydb
INSERT INTO students
VALUES (105,'李夏',17, '河南', '123459', '河南开封'),
         (106,'刘建立',19, '福建', '123455', '福建福州'),
         (107,'张丽莉',18, '湖北', '123454', '湖北武汉');
```

代码执行结果如图 7-10 所示，说明有 3 条数据插入数据表中了。查询数据表 students 中添加的数据，输入如下语句：

```
USE mydb
Select *from students;
```

代码执行结果如图 7-11 所示，可以看到 INSERT 语句一次成功地插入 3 条记录。

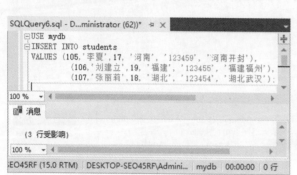

图 7-10　插入多条数据记录

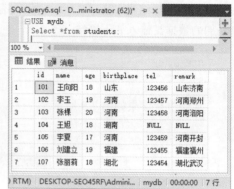

图 7-11　查询数据记录

7.1.5　将查询结果插入表中

INSERT 还可以将 SELECT 语句查询的结果插入表中，而不需要把多条记录的值一个一个地输入，只需要使用一条 INSERT 语句和一条 SELECT 语句组成的语句即可快速地将一个或多个表中的多条记录插入另一个表。

具体的语法格式如下：

```
INSERT INTO table_name1(column_name1, column_name2,…)
SELECT column_name_1, column_name_2,…
FROM table_name2
```

主要参数介绍如下。

（1）table_name1：插入数据的表。

（2）column_name1：表中要插入值的列名。

（3）column_name_1：table_name2 中的列名。

（4）table_name2：取数据的表。

▌实例 4：将旧数据表的查询结果插入新表中

从 students_old 表中查询所有的记录，并将其插入 students 表中。

首先，创建一个名为 students_old 的数据表，其结构与 students 的结构相同，输入语句如下：

```
USE mydb
CREATE TABLE students_old
(
id         INT   PRIMARY KEY,
name       VARCHAR(20),
age        INT,
```

```
birthplace        VARCHAR(20),
tel               VARCHAR(20) ,
remark            VARCHAR(200),
);
```

代码执行结果如图 7-12 所示。接着向 students_old 表中添加两条数据记录,输入语句如下:

```
USE mydb
INSERT INTO students_old
VALUES (108,'云超',20, '浙江', '123453', '浙江杭州'),
       (109,'李鸣',18, '河南', '123452', '河南郑州');
```

代码执行结果如图 7-13 所示,这就说明有 2 条数据插入数据表中了。

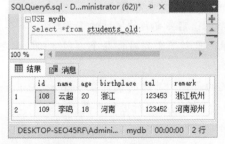

| 图 7-12 | 创建 students_old 数据表 | 图 7-13 | 插入 2 条数据记录 |

查询数据表 students_old 中添加的数据,输入如下语句:

```
USE mydb
Select *from students_old;
```

代码执行结果如图 7-14 所示,可以看到 INSERT 语句一次成功地插入了 2 条记录。

students_old 表中现在有两条记录。接下来将 students_old 表中所有的记录插入 students 表中,输入语句如下:

```
INSERT INTO students (id, name,age, birthplace,tel,remark)
SELECT id, name,age, birthplace,tel,remark FROM students_old;
```

代码执行结果如图 7-15 所示,说明有 2 条数据插入数据表中了。

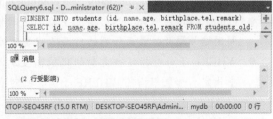

| 图 7-14 | 查询 students_old 数据表 | 图 7-15 | 插入 2 条数据记录到 students 中 |

查询数据表 students 中添加的数据,输入如下语句:

```
USE mydb
```

```
Select *from students;
```

代码执行结果如图 7-16 所示。由结果可以看到，INSERT 语句执行后，students 表中多了 2 条记录，这两条记录和 students_old 表中的记录完全相同，数据转移成功。

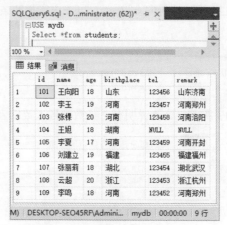

图 7-16　将查询结果插入表中

7.2　修改数据（UPDATE）

如果发现数据表中的数据不符合要求，用户是可以对其进行修改的。在 SQL Server 中，可以使用 UPDATE 语句修改数据。

7.2.1　UPDATE 语句的语法规则

修改数据表的方法有多种，比较常用的是使用 UPDATA 语句进行修改。该语句可以修改特定的数据，也可以同时修改所有的数据行。UPDATE 语句的基本语法格式如下：

```
UPDATE table_name
SET column_name1 = value1,column_name2=value2,…,column_nameN=valueN
WHERE search_condition
```

主要参数介绍如下。

● table_name：要修改的数据表名称。
● SET 子句：指定要修改的字段名和字段值，可以是常量或者表达式。
● column_name1,column_name2,…,column_nameN：需要更新的字段的名称。
● value1,value2,…,valueN：指定字段的更新值，更新多个列时，每个"列＝值"对之间用逗号隔开，最后一列的后面不需要逗号。
● WHERE 子句：指定待更新的记录需要满足的条件，具体的条件在 search_condition 中指定。如果不指定 WHERE 子句，则对表中所有的数据行进行更新。

7.2.2　修改表中某列的所有数据记录

修改表中某列的所有数据记录的操作比较简单，只要在 SET 关键字后设置一个修改条件即可，下面给出一个示例。

实例5：修改 students 表中"籍贯"列的所有数据记录

在 students 表中，将学生的籍贯全部修改为"河南"，输入如下语句：

```
USE mydb
UPDATE students
SET birthplace= '河南';
```

代码执行结果如图 7-17 所示。查询数据表 students 中修改的数据，输入如下语句：

```
USE mydb
Select *from students;
```

代码执行结果如图 7-18 所示。由结果可以看到，UPDATE 语句执行后，students 表中 birthplace 列的数据全部修改为"河南"。

图 7-17　修改表中某列的所有数据记录

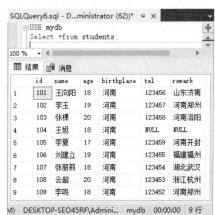

图 7-18　查询修改后的数据表

7.2.3　修改表中指定的单行数据记录

通过设置条件，可以修改表中指定的单行数据记录，下面给出一个实例。

实例6：修改 students 表中 id 值为 104 行的数据记录

在 students 表中，更新 id 值为 104 的记录，将 tel 字段值改为 123451，将 remark 字段值改为"河南开封"，输入如下语句：

```
USE mydb
UPDATE students
SET tel =123451, remark='河南开封'
WHERE id = 104;
```

代码执行结果如图 7-19 所示。查询数据表 students 中修改的数据，输入如下语句：

```
USE mydb
SELECT * FROM students WHERE id =104;
```

代码执行结果如图 7-20 所示。由结果可以看到，UPDATE 语句执行后，students 表中 id 为 104 的数据记录已经被修改。

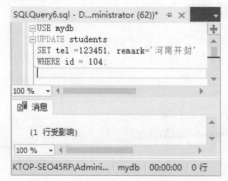

图 7-19　修改表中指定的数据记录

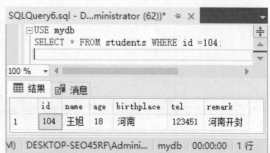

图 7-20　查询修改后的数据记录

7.2.4　修改表中指定的多行数据记录

通过指定条件，可以同时修改表中指定的多行数据记录。

▌实例 7：修改 students 表中的多行数据记录

在 students 表中，更新年龄 age 字段值为 17 ～ 18 的记录，将 remark 字段值都改为"河南籍考生"，输入如下语句：

```
USE mydb
UPDATE students
SET remark='河南籍考生'
WHERE age BETWEEN 17 AND 18;
```

代码执行结果如图 7-21 所示。查询数据表 students 中修改的数据，输入如下语句：

```
USE mydb
SELECT * FROM students WHERE age BETWEEN 17 AND 18;
```

代码执行结果如图 7-22 所示。由结果可以看到，UPDATE 语句执行后，students 表中符合条件的数据记录已全部被修改。

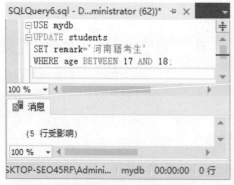

图 7-21　修改表中的多行数据记录

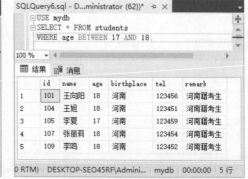

图 7-22　查询修改后的多行数据记录

7.2.5　修改表中的前 N 条数据记录

如果用户想要修改满足条件的前 N 条数据记录，仅使用 UPDATE 语句是无法完成的，这时就需要添加 TOP 关键字了。具体的语法格式如下：

```
UPDATE TOP(n) table_name
SET column_name1 = value1,column_name2=value2,…,column_nameN=valueN
WHERE search_condition
```

其中，n 是指前几条记录，是一个整数。

┃ 实例 8：修改 students 表中的前 N 条数据记录

在 students 表中，更新 remark 字段值为"河南籍考生"的前 3 条记录，将籍贯 birthplace 修改为"洛阳"，输入如下语句：

```
USE mydb
UPDATE TOP(3) students
SET birthplace='洛阳'
WHERE remark='河南籍考生';
```

代码执行结果如图 7-23 所示。查询数据表 students 中修改的数据，输入如下语句：

```
USE mydb
SELECT * FROM students WHERE remark='河南籍考生';
```

代码执行结果如图 7-24 所示。由结果可以看到，UPDATE 语句执行后，remark 字段值为"河南籍考生"的前 3 条记录的籍贯 birthplace 被修改为"洛阳"。

图 7-23　修改表中的前 3 条数据记录

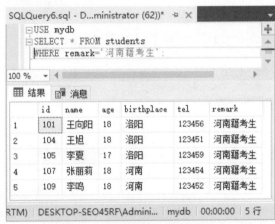

图 7-24　查询修改后的数据记录

7.3　删除数据（DELETE）

数据表中的数据无用了，用户还可以将其删除。需要注意的是，删除数据操作不容易恢复，因此需要谨慎操作。

7.3.1　DELETE 语句的语法规则

在删除数据表中的数据之前，如果不能确定这些数据以后是否还会有用，最好对其进行备份。删除数据表中的数据使用 DELETE 语句。DELETE 语句允许用 WHERE 子句指定删除条件。具体的语法格式如下：

```
DELETE FROM table_name
WHERE <condition>;
```

主要参数介绍如下。

（1）table_name：指定要执行删除操作的表。

（2）WHERE <condition>：为可选参数，指定删除条件。如果没有 WHERE 子句，DELETE 语句将删除表中的所有记录。

7.3.2 删除表中的指定数据记录

当要删除数据表中的部分数据时，需要指定删除记录的满足条件，即在 WHERE 子句后设置删除条件。

▍实例 9：删除 students 表中指定条件的数据记录

在 students 表中，删除年龄 age 等于 20 的记录。删除之前首先查询一下年龄 age 等于 20 的记录，输入如下语句：

```
USE mydb
SELECT * FROM students
WHERE age=20;
```

代码执行结果如图 7-25 所示。

下面执行删除操作，输入如下语句：

```
USE mydb
DELETE FROM students
WHERE age=20;
```

代码执行结果如图 7-26 所示。

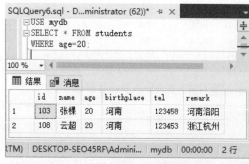

图 7-25   查询删除前的数据记录

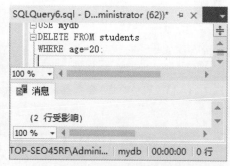

图 7-26   删除符合条件的数据记录

再次查询年龄 age 等于 20 的记录，输入如下语句：

```
USE mydb
SELECT * FROM students
WHERE age=20;
```

代码执行结果如图 7-27 所示，结果为 0 行记录，说明数据已经被删除。

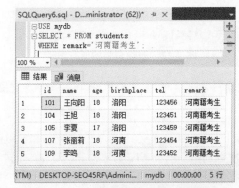

图 7-27 查询删除后的数据记录

7.3.3 删除表中的前 N 条数据记录

使用 top 关键字可以删除符合条件的前 N 条数据记录，具体的语法格式如下：

```
DELETE TOP(n) FROM table_name
WHERE <condition>;
```

其中，n 是指前几条记录，是一个整数。下面给出一个实例。

▌实例 10：删除 students 表中的前 N 条数据记录

在 students 表中，删除字段 remark 为 "河南籍考生" 的前 3 条记录。

删除之前，首先查询一下符合条件的记录，输入如下语句：

```
USE mydb
SELECT * FROM students
WHERE remark='河南籍考生';
```

代码执行结果如图 7-28 所示。

下面执行删除操作，输入如下语句：

```
USE mydb
DELETE TOP(3) FROM students
WHERE remark='河南籍考生';
```

代码执行结果如图 7-29 所示。

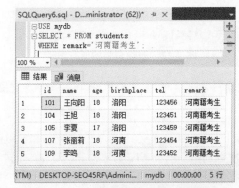

图 7-28 查询删除前的数据记录

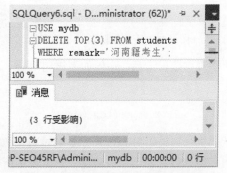

图 7-29 删除符合条件的数据记录

再次查询字段 remark 为"河南籍考生"的记录，输入如下语句：

```
USE mydb
SELECT * FROM students
WHERE remark='河南籍考生';
```

代码执行结果如图 7-30 所示。通过对比两次查询结果，符合条件的前 3 条记录已经被删除，只剩下 2 条数据记录。

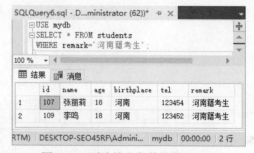

图 7-30　删除符合条件的数据记录

7.3.4　删除表中的所有数据记录

删除表中的所有数据记录也就是清空表中的所有数据，该操作非常简单，只需要去掉 WHERE 子句就可以了。

▌实例 11：修改 students 表中的所有数据记录

删除之前，首先查询一下数据记录，输入如下语句：

```
USE mydb
SELECT * FROM students;
```

代码执行结果如图 7-31 所示。

下面执行删除操作，输入如下语句：

```
USE mydb
DELETE FROM students;
```

代码执行结果如图 7-32 所示。

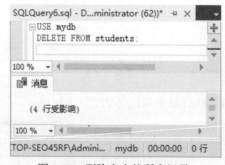

图 7-31　查询删除前的数据表　　　　图 7-32　删除表中的所有记录

再次查询数据记录，输入如下语句：

```
USE mydb
SELECT * FROM students;
```

代码执行结果如图 7-33 所示。通过对比两次查询结果，可以得知数据表已经被清空，删除表中所有记录的操作成功，现在 students 表中已经没有任何数据记录了。

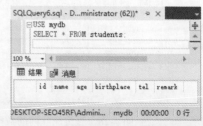

图 7-33　清空数据表后的查询结果

7.4 使用 SQL Server Management Studio 管理数据

SQL Server Management Studio 是 SQL Server 数据库的图形化操作工具，使用该工具可以以界面方式管理数据表中的数据，包括添加、修改与删除等。

7.4.1 向数据表中添加数据记录

数据表创建成功后，就可以在 SQL Server Management Studio 中添加数据记录了。下面以 mydb 数据库中的 students 数据表为例来介绍在 SQL Server Management Studio 中添加数据记录的方法。

▎实例 12：向数据表中添加数据记录

01 在对象资源管理器中展开 mydb 数据库，并选择表节点下的 students 数据表，然后右击鼠标，在弹出的快捷菜单中选择【编辑前 200 行】命令，如图 7-34 所示。

02 进入数据表 students 的编辑工作界面，可以看到该数据表中无任何数据记录，如图 7-35 所示。

图 7-34 选择【编辑前 200 行】命令

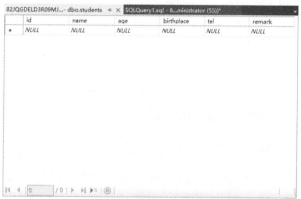

图 7-35 表编辑工作界面

03 添加数据记录，添加的方法就像在 Excel 表中输入信息一样。录入一行数据信息后的显示效果如图 7-36 所示。

04 添加好一行数据记录后，无须进行保存，只需将光标移动到下一行，上一行数据就会自动保存。这里再添加一些数据记录，如图 7-37 所示。

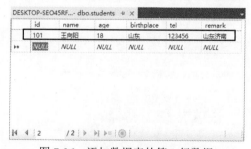

图 7-36 添加数据表的第 1 行数据

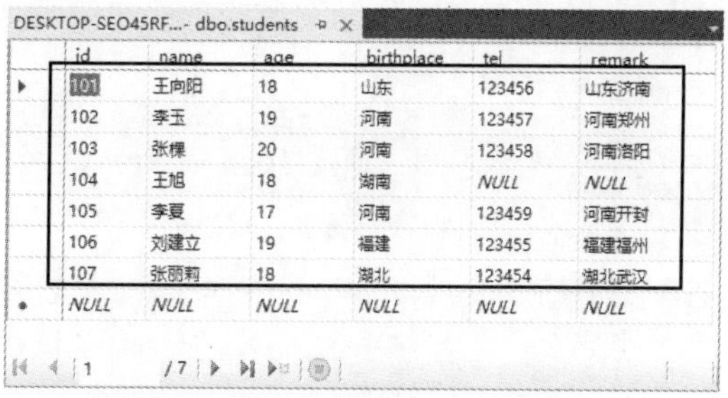

图 7-37 添加数据表的其他数据记录

7.4.2 修改数据表中的数据记录

数据添加完成后，还可以对这些数据进行修改。

实例 13：修改数据表中的数据记录

修改数据表中的数据记录很简单，只需要打开数据表的编辑工作界面，然后直接在相应的单元格中对数据进行修改即可。例如，修改 students 表中 id 号为 104 数据记录的 remark 字段值为"湖南长沙"，这时数据表的信息状态为"单元格已修改"，修改完成后，直接将光标移动到其他单元格中，就可以保存修改后的数据了，如图 7-38 所示。

id	name	age	birthplace	tel	remark
101	王向阳	18	山东	123456	山东济南
102	李玉	19	河南	123457	河南郑州
103	张棵	20	河南	123458	河南洛阳
104	王旭	18	湖南	*NULL*	湖南长沙
105	李夏	17	河南	123459	河南开封
106	刘建立	19	福建	123455	福建福州
107	张丽莉	18	湖北	123454	湖北武汉
NULL	*NULL*	*NULL*	*NULL*	*NULL*	*NULL*

图 7-38　修改数据表中的数据记录

7.4.3　删除数据表中的数据记录

在 SQL Server Management Studio 中可以删除数据表中的数据记录。

实例 14：删除数据表中的数据记录

01 进入数据表的编辑工作界面，这里进入 students 表的编辑工作界面，选中需要删除的数据记录，这里选择第 1 行数据记录，然后右击鼠标，在弹出的快捷菜单中选择【删除】命令，如图 7-39 所示。

02 随即弹出一个警告信息提示框，提示用户是否删除这一行记录，如图 7-40 所示。

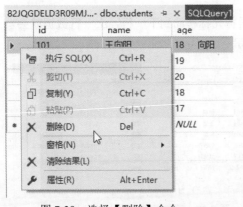

图 7-39　选择【删除】命令

图 7-40　警告信息框

03 单击【是】按钮，即可将选中的数据记录永久删除，如图 7-41 所示。

04 如果想要一次删除多行记录，可以在按住 Shift 或 Ctrl 键的同时选中多行记录，然后右击鼠标，在弹出的快捷菜单中选择【删除】命令，如图 7-42 所示。

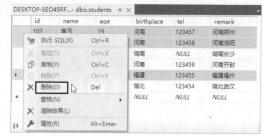

图 7-41 删除数据表中的第 1 条数据记录　　　图 7-42 同时删除多条数据记录

7.5 疑难问题解析

▌疑问 1：插入记录时可以不指定字段名称吗？

答：可以，但是不管使用哪种 INSERT 语法，都必须给出 VALUES 的正确数目。如果不提供字段名，则必须给每个字段提供一个值，否则将产生一条错误消息。如果要在 INSERT 操作中省略某些字段，这些字段需要满足一定条件：该列定义为允许空值；或者定义表时给出默认值，如果不给出值，将使用默认值。

▌疑问 2：更新或者删除表时必须指定 WHERE 子句吗？

答：不必须。一般情况下，所有的 UPDATE 和 DELETE 语句全都在 WHERE 子句中指定了条件。如果省略 WHERE 子句，则 UPDATE 或 DELETE 将被应用到表中所有的行。因此，除非确实打算更新或者删除所有记录，否则绝对要注意使用不带 WHERE 子句的 UPDATE 或 DELETE 语句。建议在对表进行更新和删除操作之前，使用 SELECT 语句确认需要删除的记录，以免造成无法挽回的结果。

7.6 综合实战训练营

▌实战 1：在 marketing 数据库中创建"销售人员"表，然后添加 3 条记录。

（1）"销售人员"表中的字段要求包括工号（int，主键），部门号（int，非空约束），名称（char（20），非空约束），地址（varchar（50），允许为空），电话（varchar（13），允许为空）。

（2）添加的 3 条记录如下：

```
1,1,'明楼','男','广州市','12345678'
2,2,'吴丽','深圳市','123456780','女'
3,2,'张敏','郑州市','123456788','男'
```

▌实战 2：在 marketing 数据库中修改"销售人员"表中的数据记录。

具体修改要求为将"销售人员"表中工号为 2 的销售人员的"姓名"修改为"崔莹莹"，"地址"修改为"郑州市金水区"。

第8章 Transact-SQL查询数据

本章导读

　　数据库管理系统的一个重要功能就是提供数据查询。数据查询不是简单返回数据库中存储的数据，而是应该根据需要对数据进行筛选，并以不同的方式显示数据。本章就来介绍数据表中数据的简单查询，主要内容包括查询工具的使用方法、简单查询数据、使用 WHERE 子句进行条件查询、使用聚合函数进行统计查询、嵌套查询、多表连接查询等。

知识导图

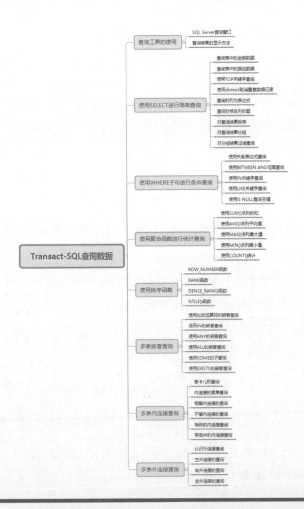

8.1 查询工具的使用

SQL Server 2019 的查询编辑窗口取代了以前版本的查询分析器，查询窗口用来执行 T-SQL 语句。T-SQL 是结构化查询语言，在很大程度上遵循现代的 ANSI/ISO SQL 标准。本节就来介绍如何在查询窗口中编辑查询以及如何更改查询结果的显示方法。

8.1.1 SQL Server 查询窗口

为了下面演示的需要，这里需要恢复 mydb 数据库中 students 数据表的记录。首先删除 students 数据表的记录，语句如下：

```
USE mydb
DELECT FROM students;
```
然后插入演示数据，语句如下：

```
USE mydb
INSERT INTO students (id, name,age, birthplace,tel,remark)
VALUES (101,'王向阳',18, '山东', '123456', '山东济南'),
       (102,'李玉',19, '河南', '123457', '河南郑州'),
       (103,'张棵',20, '河南', '123458', '河南洛阳'),
       (104,'王旭',18, '湖南'),
       (105,'李夏',17, '河南', '123459', '河南开封'),
       (106,'刘建立',19, '福建', '123455', '福建福州'),
       (107,'张丽莉',18, '湖北', '123454', '湖北武汉'),
       (108,'云超',20, '浙江', '123453', '浙江杭州'),
       (109,'李鸣',18, '河南', '123452', '河南郑州');
```
编程查询语句之前，需要打开查询窗口，具体的操作步骤如下。

01 打开 SQL Server Management Studio 并连接到 SQL Server 服务器。单击 SQL Server Management Studio 窗口左上角的【新建查询】按钮，或者选择【文件】→【新建】→【使用当前连接的查询】菜单命令，如图 8-1 所示。

02 打开查询窗口，在窗口上边显示与查询相关的菜单按钮，如图 8-2 所示。

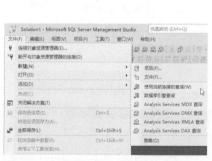

图 8-1 选择【使用当前连接的查询】菜单命令

图 8-2 查询窗口

03 如果想要使用查询窗口来查询需要的数据，首先可以在 SQL 编辑窗口工具栏的数据库下拉列表框中选择需要的数据库，如这里选择 mydb 数据库，然后在编辑窗口中输入以下代码：

```
SELECT * FROM mydb.dbo.students;
```

编辑器会根据输入的内容改变字体颜色，同时 SQL Server 中的 IntelliSense 功能将提示接下来可能要输入的内容供用户选择，用户可以从列表中直接选择，也可以自己手动输入，如图 8-3 所示。

SQL 编辑器工具栏上有一个"√"图标，用来在实际执行查询语句之前对语法进行分析，如果有任何语法上的错误，在执行之前即可找到这些错误。

04 单击工具栏上的【执行】按钮 ! 执行(X) ，SQL Server Management Studio 窗口的显示效果如图 8-4 所示。可以看到，查询窗口自动划分为两个窗格，上面的窗格中为执行的查询语句，下面的【结果】窗格中显示了查询语句的执行结果。

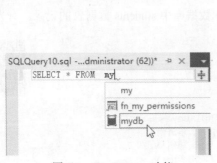

图 8-3　IntelliSense 功能

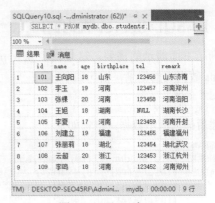

图 8-4　SSMS 窗口

提示：在编辑窗口的代码中，SELECT 和 FROM 为关键字，显示为蓝色；星号（*）显示为黑色，对于无法确定的项，SQL Server 中都显示为黑色；对于语句中用到的参数和连接器则显示为红色。这些颜色的区分有助于提高编辑代码的效率和及时发现错误。

8.1.2　查询结果的显示方法

默认情况下，查询的结果是以网格形式显示的。在查询窗口的工具栏中，提供了 3 种不同的显示查询结果的格式，如图 8-5 所示。

图 8-5　设置查询结果显示格式图标

图 8-5 所示的 3 个图标按钮依次为【以文本格式显示结果】、【以网格格式显示结果】和【将结果保存到文件】，也可以选择 SQL Server Management Studio 中的【查询】菜单中的【将结果保存到】子菜单下的命令来设置查询结果的显示方式。

1. 以文本格式显示结果

选择该选项之后，再次单击【执行】按钮，查询结果显示格式如图 8-6 所示。

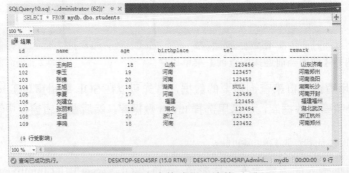

图 8-6　以文本格式显示查询结果

可以看到，这里返回的结果与图 8-4 是完全相同的，只是显示格式上有些差异。当返回结果只有一个结果集且该结果集只有很窄的几列或者想要以文本文件来保存返回的结果时，可以使用该显示格式。

2. 以网格格式显示结果

该显示方式有以下特点。

（1）可以更改列的宽度，将鼠标指针悬停到某列标题的边界处，单击拖动该列右边界，即可自定义列宽度，双击右边界可自动调整大小。

（2）可以任意选择几个单元格，然后将其复制到其他网格，例如 Microsoft Excel。

（3）可以选择一列或者多列。

默认情况下，SQL Server 使用该显示方式，如图 8-7 所示。

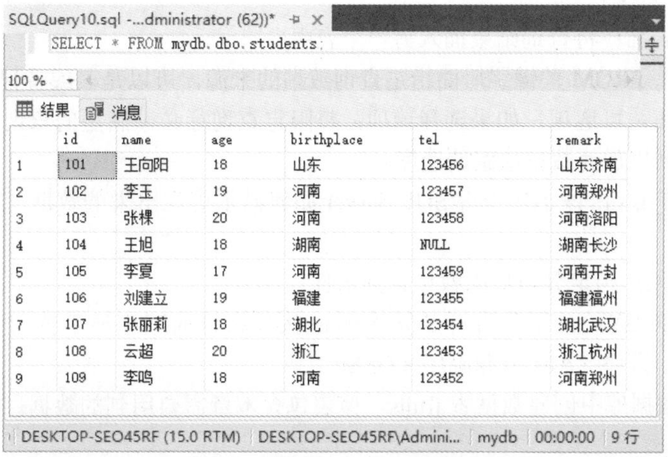

图 8-7　以网格格式显示查询结果

3. 将结果保存到文件

该选项与【以文本格式显示结果】相似，不过它是将结果输出到文件而不是屏幕。使用这种方式可以直接将查询结果导出到外部文件，如图 8-8 所示。

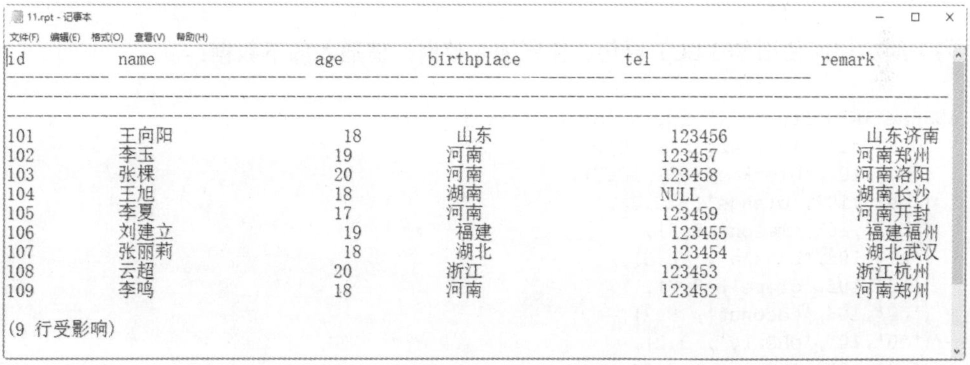

图 8-8　以记事本的方式显示查询结果

8.2　使用 SELECT 进行简单查询

一般来讲，简单查询是指对一张表的查询操作，使用的关键字是 SELECT。SELECT 语句的基本格式如下：

```
SELECT {ALL | DISTINCT}  *|列1 别名1 , 列2 别名2…
```

```
[TOP n [PERCENT]]
[INTO 表名]
FROM 表1 别名1 , 表2 别名2,
{WHERE 条件}
{GROUP BY 分组条件  {HAVING 分组条件}  }
{ORDER BY 排序字段 ASC|DESC }
```

主要参数介绍如下。

（1）DISTINCT：去掉记录中的重复值，在有多列的查询语句中，可使多列组合后的结果唯一。

（2）TOP n [PERCENT]：表示只取前面的 n 条记录，如果指定 percent，则表示取表中前面的 n% 行。

（3）INTO 表名：将查询结果插入另一个表中。

（4）FROM：FROM 关键字后面指定查询数据的来源，可以是表或者视图。

（5）WHERE：可选项，如果选择该项，将限定查询行必须满足的查询条件；查询中尽量使用有索引的列以加速数据检索的速度。

（6）GROUP BY：该子句告诉 SQL Server 如何显示查询出来的数据，并按照指定的字段分组。

（7）HAVING：指定分组后的数据查询条件。

（8）ORDER BY：该子句告诉 SQL Server 按什么样的顺序显示查询出来的数据，可以进行的排序有：升序（ASC）和降序（DESC）。

下面在 test 数据库中创建数据表 fruits，该表包含本章需要用到的数据。

```
CREATE TABLE fruits
(
f_id    char(10)   PRIMARY KEY,   --水果id
s_id    INT             NOT NULL,   --供应商id
f_name  VARCHAR(255)      NOT NULL, --水果名称
f_price decimal(8,2)  NOT NULL,     --水果价格
);
```

为了演示如何使用 SELECT 语句，需要插入数据，请插入如下数据：

```
INSERT INTO fruits (f_id, s_id, f_name, f_price)
VALUES('a1', 101,'apple',5.2),
  ('b1',101,'blackberry', 10.2),
  ('bs1',102,'orange', 11.2),
  ('bs2',105,'melon',8.2),
  ('t1',102,'banana', 10.3),
  ('t2',102,'grape', 5.3),
  ('o2',103,'coconut', 9.2),
  ('c0',101,'cherry', 3.2),
  ('a2',103, 'apricot',2.2),
  ('l2',104,'lemon', 6.4),
  ('b2',104,'berry', 7.6),
  ('m1',106,'mango', 15.6);
```

8.2.1　查询表中的全部数据

SELECT 查询记录最简单的形式是从一个表中检索所有记录，实现的方法是使用星号（*）通配符指定查找所有的列。语法格式如下：

```
SELECT * FROM 表名;
```

实例 1：查询数据表 students 中的全部数据

从 students 表中查询所有字段数据记录，输入语句如下：

```
USE mydb
SELECT * FROM students;
```

代码执行结果如图 8-9 所示。从结果中可以看到，使用星号（*）通配符时，将返回所有数据记录，数据记录按照定义表时的顺序显示。

图 8-9　查询表中的所有数据记录

8.2.2　查询表中的指定数据

使用 SELECT 语句可以获取多个字段下的数据，只需要在关键字 SELECT 后面指定要查找的字段的名称，不同字段名称之间用逗号（，）隔开，最后一个字段后面不需要加逗号，使用这种查询方式可以获得有针对性的查询结果，语法格式如下：

```
SELECT 字段名1,字段名2,…,字段名n  FROM 表名;
```

实例 2：查询数据表 students 中的学生的学号、姓名与年龄

从 students 表中获取 id、name 和 age 三列数据信息，输入语句如下：

```
USE mydb
SELECT id,name, age FROM students;
```

代码执行结果如图 8-10 所示。

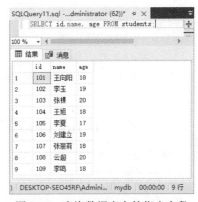

图 8-10　查询数据表中的指定字段

> **提示**：SQL Server 中的 SQL 语句是不区分大小写的，因此 SELECT 和 select 的作用相同。许多开发人员习惯将关键字大写、数据列和表名小写。读者也应该养成一个良好的编程习惯，这样写出来的代码更容易阅读和维护。

8.2.3　使用 TOP 关键字查询

当数据表中包含大量的数据时，可以通过指定显示记录数限制返回的结果集中的行数，方法是在 SELECT 语句中使用 TOP 关键字，其语法格式如下：

```
SELECT TOP [n | PERCENT] FROM table_name;
```

TOP 后面有两个可选参数，n 表示从查询结果集返回指定的 n 行，PERCENT 表示从结果集中返回指定的百分比数目的行。

▌实例 3：查询数据表 students 中的前三条数据记录

查询 students 表中所有的记录，但只显示前 3 条，输入语句如下：

```
USE mydb
SELECT TOP 3 * FROM students;
```

代码执行结果如图 8-11 所示。

另外，我们还可以使用百分比的方式从数据表中选取需要的数据记录，例如选择 students 表中前 30% 的数据记录。输入语句如下：

```
USE mydb
SELECT TOP 30 PERCENT * FROM students;
```

代码执行结果如图 8-12 所示，学生表 students 中共有 9 条记录，返回总数的 30% 的记录，即表中的前 3 条记录。

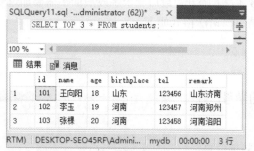

图 8-11　返回学生表中的前 3 条记录

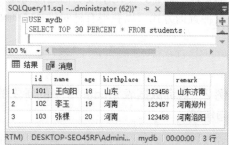

图 8-12　返回查询结果中前 30% 的记录

8.2.4　使用 distinct 取消重复数据记录

使用 SELECT 语句查询可以返回所有匹配的行，如果加上 DISTINCT 关键字，则可以取消重复的数据记录。

▌实例 4：取消数据表 fruits 中重复的数据记录

查询 fruits 表中 s_id 字段中的所有数据，输入语句如下：

```
SELECT s_id FROM fruits;
```

代码执行结果如图 8-13 所示，可以看到查询结果返回了 12 条记录，其中有一些重复的 s_id 值。有时，出于对数据分析的要求，需要消除重复的记录值，如何使查询结果没有重复的记录值呢？

在 SELECT 语句中可以使用 DISTINCT 关键字指示 SQL Server 消除重复的记录值。语法格式如下：

```
SELECT DISTINCT 字段名 FROM 表名;
```

查询 fruits 表中 s_id 字段的值，并使返回的 s_id 字段值不重复，输入语句如下：

```sql
SELECT DISTINCT s_id FROM fruits;
```

代码执行结果如图 8-14 所示。可以看到这次查询结果只返回了 6 条记录的 s_id 值，而不再有重复的值，SELECT DISTINCE s_id 告诉 SQL Server 只返回不同的 s_id 值。

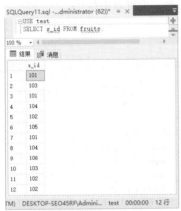

图 8-13　查询 s_id 字段

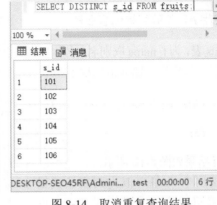

图 8-14　取消重复查询结果

8.2.5　查询的列为表达式

在 SELECT 查询结果中，可以根据需要使用算术运算符或者逻辑运算符对查询的结果进行处理。

实例 5：设置查询列的表达式，从而返回查询结果

查询 students 表中所有学生的名称和年龄，并对年龄加 1 之后输出查询结果。

```sql
USE mydb
SELECT name, age 原来的年龄,age+1 加1
后的年龄值
FROM students;
```

代码执行结果如图 8-15 所示。

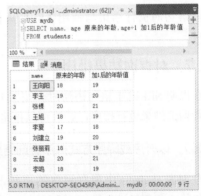

图 8-15　查询列表达式

8.2.6　查询时修改列标题

查询数据时，有时会遇到以下一些问题。

（1）查询的数据表中有些字段名称为英文，不易理解。

（2）对多个表同时进行查询时，多个表中可能会出现名称相同的字段，会引起混淆或者不能引用这些字段。

（3）SELECT 查询语句的选择列为表达式时，在查询结果中没有列名。

当出现上述问题时，为了突出数据处理后所代表的意义，可以为字段取一个别名。在列名表达式后使用 AS 关键字接一个字符串为表达式指定别名。AS 关键字也可以省略。为字段取别名的基本语法格式如下：

```
列名 [AS] 列别名
```

（1）列名：表中字段定义的名称。

（2）列别名：字段别名，列别名可以使用单引号，也可以不使用。

▌实例 6：使用 AS 关键字给列取别名

查询 fruits 表，为 f_name 取别名"名称"，f_price 取别名"价格"，输入语句如下：

```
SELECT f_name AS '名称', f_price AS
'价格'
FROM fruits;
```

代码执行结果如图 8-16 所示。

另外，使用 "=" 也可以为列表达式指定别名，别名可以用单引号括起来，也可以不使用单引号。例如，将 fruits 表中的 f_name 和 f_price 列分别指定别名为"名称"和"价格"，输入代码如下：

```
SELECT '名称'=f_name,'价格'=f_price
FROM fruits;
```

该语句的执行结果与使用 AS 关键字的效果相同。

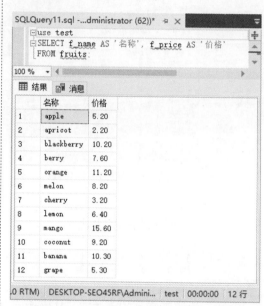

图 8-16　为 f_name 和 f_price 字段取别名

8.2.7　对查询结果排序

在说明 SELECT 语句语法时介绍了 ORDER BY 子句，使用该子句可以根据指定的字段值对查询的结果进行排序，并且可以指定排序方式（降序或者升序）。

▌实例 7：以升序或降序方式排序查询结果

查询表 students 中所有学生的年龄，并按照年龄由高到低进行排序，输入语句如下：

```
USE mydb
SELECT * FROM students ORDER BY age
DESC;
```

代码执行结果如图 8-17 所示。查询结果中返回了学生表的所有记录，这些记录根据 age 字段的值进行了降序排列。

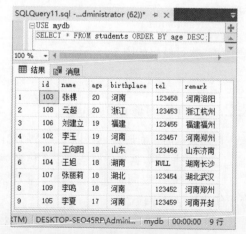

图 8-17　对查询结果降序排序

提示：ORDER BY 子句也可以对查询结果进行升序排列，升序排列是默认的排序方式，在使用 ORDER BY 子句升序排列时，可以使用 ASC 关键字，也可以省略该关键字，如图 8-18 所示。

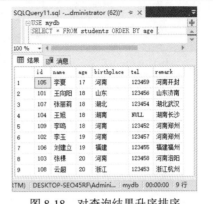

图 8-18　对查询结果升序排序

8.2.8　对查询结果分组

分组查询是指对数据按照某个或多个字段进行分组，SQL Server 中使用 GROUP BY 子句对数据进行分组，基本语法形式如下：

```
[GROUP BY  字段] [HAVING <条件表达式>]
```

主要参数介绍如下。

● 字段：表示进行分组时所依据的列名称。

● HAVING < 条件表达式 >：指定 GROUP BY 分组显示时需要满足的限定条件。

GROUP BY 子句通常和集合函数一起使用，如 MAX()、MIN()、COUNT()、SUM()、AVG()。

▍实例 8：对查询结果进行分组显示

根据学生籍贯对 students 表中的数据进行分组，输入语句如下：

```
USE mydb
SELECT birthplace, COUNT(*) AS Total FROM students
GROUP BY birthplace;
```

代码执行结果如图 8-19 所示。从查询结果可以看出，birthplace 表示学生籍贯，Total 字段使用 COUNT() 函数计算得出，GROUP BY 子句按照籍贯 birthplace 字段分组数据。

另外使用 GROUP BY 可以对多个字段进行分组，GROUP BY 子句后面跟需要分组的字段，SQL Server 根据多字段的值来进行层次分组，分组层次从左到右，即先按第 1 个字段分组，然后在第 1 个字段值相同的记录中再根据第 2 个字段的值进行分组，以此类推。

例如：根据学生籍贯 birthplace 和学生名称 name 字段对 students 表中的数据进行分组，输入语句如下：

```
USE mydb
SELECT birthplace,name FROM students
GROUP BY birthplace,name;
```

代码执行结果如图 8-20 所示。由结果可以看到，查询记录先按照籍贯 birthplace 进行分组，再按学生名称 name 字段进行分组。

图 8-19　对查询结果分组　　　　　图 8-20　根据多列对查询结果排序

8.2.9　对分组结果过滤查询

GROUP BY 可以和 HAVING 一起限定显示记录所需满足的条件，只有满足条件的分组才会被显示。

▌实例 9：对查询结果进行分组并过滤显示

根据学生籍贯 birthplace 字段对 students 表中的数据进行分组，并显示学生数量大于 1 的分组信息，输入语句如下：

```
USE mydb
SELECT birthplace, COUNT(*) AS
Total FROM students
GROUP BY birthplace HAVING COUNT(*)
> 1;
```

代码执行结果如图 8-21 所示。由结果可以看到，birthplace 为河南的学生数量大于 1，

满足 HAVING 子句条件，因此出现在返回结果中；而其他籍贯的学生数量等于 1，不满足这里的限定条件，因此不在返回结果中。

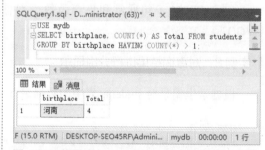

图 8-21　使用 HAVING 子句对分组查询结果过滤

8.3　使用 WHERE 子句进行条件查询

数据库中包含大量的数据，根据特殊要求，可能只需查询表中的指定数据，即对数据进行过滤。在 SELECT 语句中通过 WHERE 子句对数据进行过滤，语法格式如下：

```
SELECT 字段名1,字段名2,…,字段名n
FROM 表名
WHERE 查询条件
```

在 WHERE 子句中，SQL Server 提供了一系列的条件判断符，如表 8-1 所示。

表 8-1 WHERE 子句操作符

操 作 符	说 明
=	相等
<>	不相等
<	小于
<=	小于或者等于
>	大于
>=	大于或者等于
BETWEEN AND	位于两值之间

8.3.1 使用关系表达式查询

在 WHERE 子句中,关系表达式由关系运算符和列组成,可用于列值的大小相等判断,主要的运算符有"="" <>"" <"" <="" >"" >="。

▍实例 10:使用关系表达式查询数据记录

在 students 数据表中查询年龄为 20 的学生信息,使用"="操作符,输入语句如下:

```
USE mydb
SELECT id,name, age,birthplace
FROM students
WHERE age =20;
```

代码执行结果如图 8-22 所示。该实例采用了简单的相等过滤,查询一个指定列 age 的值为 20 的记录。另外,相等判断还可以用来比较字符串。

例如:查找名称为"云超"的学生信息,输入语句如下:

```
USE mydb
SELECT id,name, age,birthplace
FROM students
WHERE name = '云超';
```

代码执行结果如图 8-23 所示。

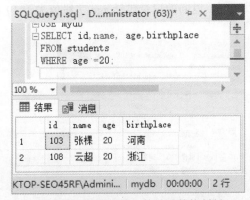

图 8-22 使用相等运算符对数值判断

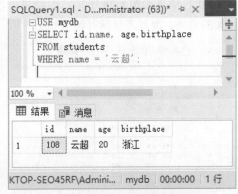

图 8-23 使用相等运算符判断字符串值

查询年龄小于 19 的学生信息，使用"<"操作符，输入语句如下：

```
USE mydb
SELECT id,name, age,birthplace
FROM students
WHERE age < 19;
```

代码执行结果如图 8-24 所示，可以看到在查询结果中，所有记录的 age 字段的值均小于 19，而大于或等于 19 的记录没有被返回。

图 8-24　使用小于运算符进行查询

8.3.2　使用 BETWEEN AND 进行范围查询

BETWEEN AND 用来查询某个范围内的值，该运算符需要两个参数，即范围的开始值和结束值，如果记录的字段值满足指定的范围查询条件，则这些记录被返回。

▌实例 11：使用 BETWEEN AND 查询数据记录

查询学生年龄在 17 ～ 19 之间的学生信息，输入语句如下：

```
USE mydb
SELECT id,name, age,birthplace
FROM students
WHERE age BETWEEN 17 AND 19;
```

代码执行结果如图 8-25 所示，可以看到，返回结果包含年龄 17 ～ 19 之间的字段值，并且端点值 19 也包括在返回结果中，即 BETWEEN 匹配范围中的所有值，包括开始值和结束值。

如果在 BETWEEN AND 运算符前加关键字 NOT，表示指定范围之外的值，即返回字段值不满足指定范围的记录。

例如：查询年龄不在 18 ～ 19 之间的学生信息，输入语句如下：

```
USE mydb
SELECT id,name, age,birthplace
FROM students
WHERE age NOT BETWEEN 18 AND 19;
```

代码执行结果如图 8-26 所示，由结果可以看到，返回的记录包括 age 字段值大于 19 和小于 18 的记录，而且不包括开始值和结束值。

图 8-25　使用 BETWEEN AND 运算符查询　图 8-26　使用 NOT BETWEEN AND 运算符查询

8.3.3　使用 IN 关键字查询

　　IN 关键字用来查询满足指定条件范围的记录。使用 IN 关键字时，将所有检索条件用括号括起来，检索条件用逗号分隔开，只要满足条件范围内的一个值即为匹配项。

▌实例 12：使用 IN 关键字查询数据记录

　　查询 id 为 101 和 102 的数据记录，输入语句如下：

```
USE mydb
SELECT id,name, age,birthplace
FROM students
WHERE id IN (101,102);
```

　　代码执行结果如图 8-27 所示。

　　相反地，可以使用关键字 NOT 来检索不在条件范围内的记录。

　　查询所有 id 不等于 101 也不等于 102 的数据记录，输入语句如下：

```
USE mydb
SELECT id,name, age,birthplace
FROM students
WHERE id NOT IN (101,102);
```

　　代码执行结果如图 8-28 所示。前面检索了 id 等于 101 和 102 的记录，而这里要求查询记录中的 id 字段值不等于这两个值中的任一个的记录。

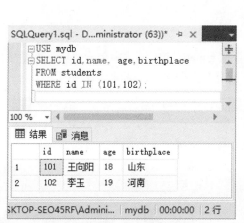

图 8-27　使用 IN 关键字查询

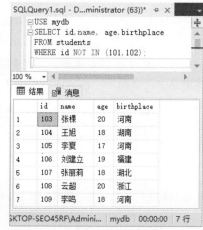

图 8-28　使用 NOT IN 关键字查询

8.3.4　使用 LIKE 关键字查询

　　在前面的检索操作中，讲述了如何查询多个字段的记录、如何进行比较查询或者查询一个条件范围内的记录。如果要查找所有的包含字符"ge"的学生名称，该如何查找呢？简单的比较操作已经行不通了，在这里需要使用通配符进行匹配查找，通过创建查找匹配模式对表中的数据进行比较。执行这个任务的关键字是 LIKE。

　　通配符是一种在 SQL 的 WHERE 条件子句中拥有特殊意义的字符。SQL 语句支持多种通配符，可以和 LIKE 一起使用的通配符如表 8-2 所示。

表 8-2　LIKE 关键字中使用的通配符

通　配　符	说　　明
%	包含零个或多个字符的任意字符串
_	任何单个字符
[ ]	指定范围（[a-f]）或集合（[abcdef]）中的任何单个字符
[^]	不属于指定范围（[a-f]）或集合（[abcdef]）的任何单个字符

▌实例 13：使用 LIKE 关键字查询数据记录

1. 百分号通配符"%"，匹配任意长度的字符，甚至包括零字符

查找所有籍贯以"河"开头的学生信息，输入语句如下：

```
USE mydb
SELECT id,name, age,birthplace
FROM students
WHERE birthplace LIKE '河%';
```

代码执行结果如图 8-29 所示。"%"告诉 SQL Server，返回所有 birthplace 字段中以"河"开头的记录，不管"河"后面有多少个字符。

另外，在搜索匹配时，通配符"%"可以放在不同位置。

在 students 表中，查询学生描述信息中包含字符"南"的记录，输入语句如下：

```
USE mydb
SELECT name, age,remark
FROM students
WHERE remark LIKE '%南%';
```

代码执行结果如图 8-30 所示。该语句查询 remark 字段描述中包含"南"的学生信息，只要描述中有字符"南"，而前面或后面不管有多少个字符，都满足查询的条件。

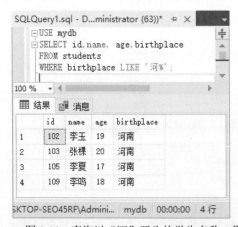

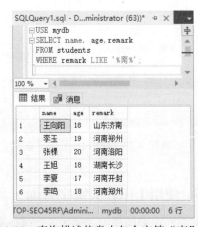

图 8-29　查询以"河"开头的学生名称　　图 8-30　查询描述信息中包含字符"南"的学生

2. 下划线通配符"_"，一次只能匹配任意一个字符

下划线通配符"_"的用法和"%"相同，区别是"%"匹配多个字符，而"_"只匹配任意单个字符，如果要匹配多个字符，则需要使用相同个数的"_"。

例如：在 students 表中，查询学生籍贯以字符"南"结尾，且"南"的前面只有 1 个字

符的记录，输入语句如下：

```
USE mydb
SELECT name, age,birthplace
FROM students
WHERE birthplace LIKE '_南';
```

代码执行结果如图8-31所示。从结果可以看到，以"南"结尾且前面只有 1 个字符的记录有 6 条。

3. 匹配指定范围中的任意单个字符

方括号（[]）用于指定一个字符集合，只要匹配其中任何一个字符，即为所查找的文本。

例如：在 students 表中，查找 remark 字段值中以"河""南"2 个字符之一开头的记录，输入语句如下：

```
USE mydb
SELECT * FROM students
WHERE remark LIKE '[河南]%';
```

代码执行结果如图8-32 所示。由查询结果可以看到，所有返回记录的 remark 字段的值中都以字符"河""南"两个中的某一个开头。

4. 匹配不属于指定范围的任意单个字符

"[^ 字符集合]"匹配不在指定集合中的任意字符。

例如：在 students 表中，查找 remark 字段值中不是以字符"河""南"两个之一开头的记录，输入语句如下：

```
USE mydb
SELECT * FROM students
WHERE remark LIKE '[^河南]%';
```

代码执行结果如图 8-33 所示。由查询结果可以看到，所有返回记录的 remark 字段的值都不是以字符"河""南"两个中的某一个开头的。

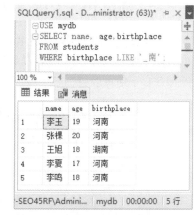

图 8-31 查询以字符"南"结尾且前面只有 1 个字符的学生信息

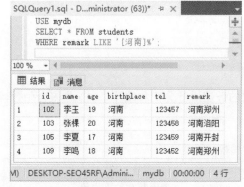

图 8-32 查询结果

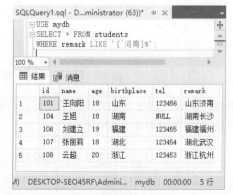

图 8-33 查询不以字符"河""南"其中一个开头的学生信息

8.3.5 使用 IS NULL 查询空值

创建数据表的时候，设计者可以指定某列是否可以包含空值（NULL）。空值不同于 0，也不同于空字符串，一般表示数据未知、不适用或将在以后添加。在 SELECT 语句中使用 IS NULL 子句可以查询某字段内容为空的记录。

实例 14：使用 LIKE 关键字查询数据记录

查询学生表中 tel 字段为空的数据记录，输入语句如下：

```
USE mydb
SELECT * FROM students
WHERE tel IS NULL;
```

代码执行结果如图 8-34 所示。

与 IS NULL 相反的是 IS NOT NULL，该子句查找字段不为空的记录。

查询学生表中 tel 字段不为空的数据记录，输入语句如下：

```
USE mydb
SELECT * FROM students
WHERE tel IS NOT NULL;
```

代码执行结果如图 8-35 所示。可以看到，查询出来的记录的 tel 字段都不为空值。

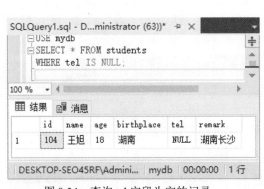

图 8-34　查询 tel 字段为空的记录

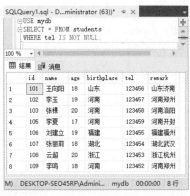

图 8-35　查询 tel 字段不为空的记录

8.4 使用聚合函数进行统计查询

SQL Server 提供了一些查询功能，可以对获取的数据进行分析和统计，这就是聚合函数，具体的名称和作用如表 8-3 所示。

表 8-3　聚合函数

函　　数	作　　用
AVG()	返回某列的平均值
COUNT()	返回某列的行数
MAX()	返回某列的最大值
MIN()	返回某列的最小值
SUM()	返回某列值的和

8.4.1 使用 SUM() 求列的和

SUM() 是一个求总和的函数，返回指定列值的总和。

▌实例 15：使用 SUM() 函数统计列的和

在 students 表中查询籍贯为"河南"的学生的总年龄，输入语句如下：

```
USE mydb
SELECT SUM(age) AS sum_age
FROM students
WHERE birthplace ='河南';
```

代码执行结果如图 8-36 所示。由查询结果可以看到，SUM（age）函数返回所有学生的年龄之和，WHERE 子句指定查询籍贯值为"河南"。

另外，SUM() 可以与 GROUP BY 一起使用来计算每个分组的总和。

在 students 表中，使用 SUM() 函数统计不同籍贯学生的年龄总和，输入语句如下：

```
USE mydb
SELECT birthplace,SUM(age) AS sum_age
FROM students
GROUP BY birthplace;
```

代码执行结果如图 8-37 所示。由查询结果可以看到，GROUP BY 按照籍贯 birthplace 进行分组，SUM() 函数计算每个组中学生的年龄总和。

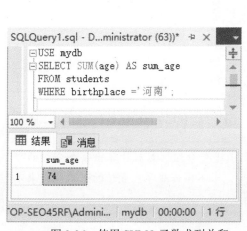

图 8-36　使用 SUM() 函数求列总和　　　图 8-37　使用 SUM() 函数对分组结果求和

注意：SUM() 函数在计算时，忽略列值为 NULL 的行。

8.4.2 使用 AVG() 求列的平均值

AVG() 函数通过计算求得指定列数据的平均值。

185

▌实例 16：使用 AVG() 函数统计列的平均值

在 students 表中，查询籍贯为"河南"的学生年龄的平均值，输入语句如下：

```
USE mydb
SELECT AVG(age) AS avg_age
FROM students
WHERE birthplace='河南';
```

代码执行结果如图 8-38 所示。该例中通过添加查询过滤条件，计算出指定籍贯学生的年龄平均值，而不是所有学生的年龄平均值。

另外，AVG() 可以与 GROUP BY 一起使用，来计算每个分组的平均值。

在 students 表中，查询每一个籍贯的学生年龄的平均值，输入语句如下：

```
USE mydb
SELECT birthplace,AVG(age) AS avg_age
FROM students
GROUP BY birthplace;
```

代码执行结果如图 8-39 所示。

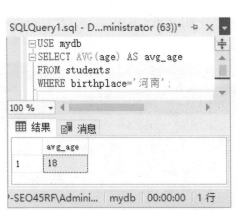

图 8-38　使用 AVG() 函数对列求平均值　　　图 8-39　使用 AVG() 函数对分组求平均值

提示：GROUP BY 子句根据 birthplace 字段对记录进行分组，然后计算出每个分组的平均值，这种分组求平均值的方法非常有用。例如，求不同班级学生成绩的平均值，求不同部门工人的平均工资，求各地的年平均气温等。

8.4.3　使用 MAX() 求列的最大值

MAX() 返回指定列中的最大值。

▌实例 17：使用 MAX() 函数查找列的最大值

在 students 表中查找年龄最大值，输入语句如下：

```
USE mydb
```

```
SELECT MAX(age) AS max_age
FROM students;
```

代码执行结果如图 8-40 所示，由结果可以看到，MAX() 函数查询出了 age 字段中的最大值 20。

MAX() 也可以和 GROUP BY 子句一起使用，求每个分组中的最大值。

例如：在 students 表中查找不同籍贯提供的年龄最大的学生，输入语句如下：

```
USE mydb
SELECT birthplace, MAX(age) AS max_age
FROM students
GROUP BY birthplace;
```

代码执行结果如图 8-41 所示。由结果可以看到，GROUP BY 子句根据 birthplace 字段对记录进行分组，然后计算出每个分组中的最大值。

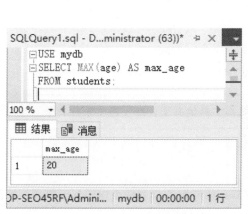

图 8-40　使用 MAX() 函数求最大值

图 8-41　使用 MAX() 函数求每个分组中的最大值

8.4.4　使用 MIN() 求列的最小值

MIN() 返回查询列中的最小值。

实例 18：使用 MAX() 函数查找列中的最小值

在 students 表中查找学生的最小年龄值，输入语句如下：

```
USE mydb
SELECT MIN(age) AS min_age
FROM students;
```

代码执行结果如图 8-42 所示。由结果可以看到，MIN() 函数查询出了 age 字段中的最小值 17。

另外，MIN() 也可以和 GROUP BY 子句一起使用，求每个分组中的最小值。

在 students 表中查找不同籍贯的年龄最小值，输入语句如下：

```
USE mydb
```

```
SELECT birthplace, MIN(age) AS min_age
FROM students
GROUP BY birthplace;
```

代码执行结果如图 8-43 所示。由结果可以看到，GROUP BY 子句根据 birthplace 字段对记录进行分组，然后计算出每个分组中的最小值。

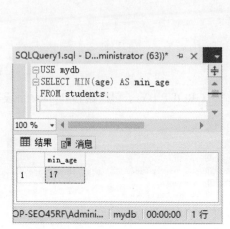

图 8-42　使用 MIN() 函数求最小值

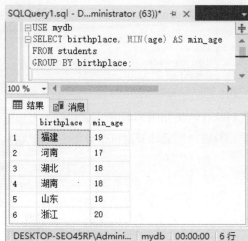

图 8-43　使用 MIN() 函数求分组中的最小值

> **提示**：MIN() 函数与 MAX() 函数类似，不仅适用于数值类型，也可用于字符类型。

8.4.5　使用 COUNT() 统计

COUNT() 函数统计数据表中包含的记录行数，或者根据查询结果返回列中包含的数据行数。其使用方法有两种。

● COUNT(*)：计算表中的总行数，不管某列是否有数值。
● COUNT(字段名)：计算指定列下的总行数，计算时将忽略字段值为空值的行。

▌**实例 19**：使用 COUNT() 统计数据表的行数

查询学生表 students 表中的总行数，输入语句如下：

```
USE mydb
SELECT COUNT(*) AS 学生总数
FROM students;
```

代码执行查询结果如图 8-44 所示，由查询结果可以看到，COUNT（*）返回 students 表中记录的总行数，不管其值是什么，返回的总数的名称为"学生总数"。

当要查询的信息为空值 NULL 时，COUNT(字段名) 函数不计算该行记录。

查询学生表 students 中有联系电话信息的学生记录总数，输入语句如下：

```
USE mydb
SELECT COUNT(tel) AS tel_num
FROM students;
```

代码执行查询结果如图 8-45 所示。由查询结果可以看到，表中 9 个学生记录只有 1 个没有描述信息，因此返回数值为 8。

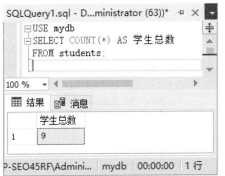
图 8-44　使用 COUNT() 函数计算总记录数

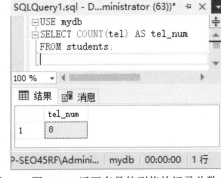
图 8-45　返回有具体列值的记录总数

> **提示**：两个例子中不同的数值，说明了两种方式在计算总数的时候对待 NULL 值的方式不同：指定列的值为空的行被 COUNT() 函数忽略；如果不指定列，而是在 COUNT() 函数中使用星号 "*"，则所有记录都不会被忽略。

另外，COUNT() 函数与 GROUP BY 子句可以一起使用，用来计算不同分组中的记录总数。

在 students 表中，使用 COUNT() 函数统计不同籍贯的学生数量，输入语句如下：

```
USE mydb
SELECT birthplace  '籍贯', COUNT(name)
 '学生数量'
FROM students
GROUP BY birthplace;
```

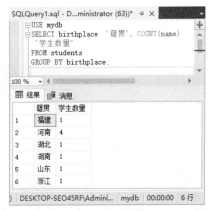
图 8-46　使用 COUNT() 函数求分组记录和

代码执行结果如图 8-46 所示。由查询结果可以看到，GROUP BY 子句先按照籍贯进行分组，然后计算每个分组中的总记录数。

8.5　使用排序函数

在 SQL Server 2019 中，可以对返回的查询结果排序，排序函数提供按升序的方式组织输出结果集。用户可以为每一行或每一个分组指定一个唯一的序号。SQL Server 2019 中有四个可以使用的排序函数，分别是 ROW_NUMBER()、RANK()、DENSE_RANK() 和 NTILE() 函数。

8.5.1　ROW_NUMBER() 函数

ROW_NUMBER() 函数为每条记录添加递增的顺序数值序号，即使存在相同的值时也递增序号。

实例 20：使用 ROW_NUMBER() 函数对查询结果进行分组排序

按照编号对水果信息表中的水果进行分组排序，输入代码如下：

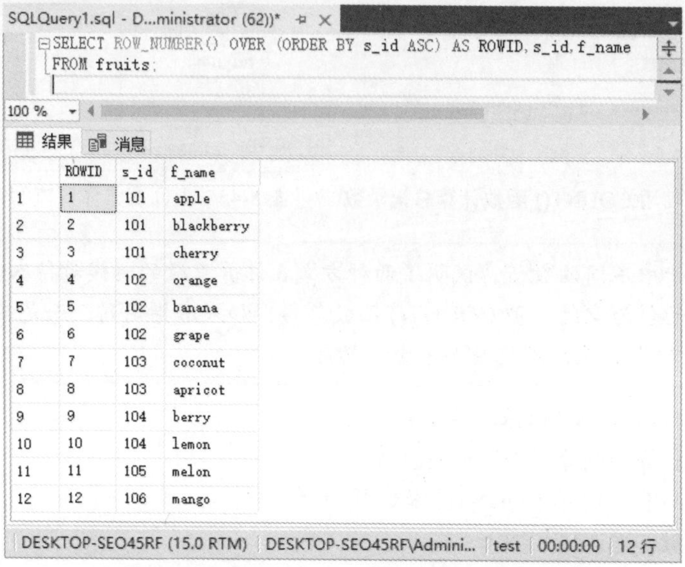

```
SELECT ROW_NUMBER() OVER (ORDER BY s_id ASC) AS ROWID,s_id,f_name
FROM fruits;
```

代码执行结果如图 8-47 所示，从返回结果可以看到每条记录都有一个不同的数字序号。

```
SELECT ROW_NUMBER() OVER (ORDER BY s_id ASC) AS ROWID, s_id, f_name
FROM fruits;
```

	ROWID	s_id	f_name
1	1	101	apple
2	2	101	blackberry
3	3	101	cherry
4	4	102	orange
5	5	102	banana
6	6	102	grape
7	7	103	coconut
8	8	103	apricot
9	9	104	berry
10	10	104	lemon
11	11	105	melon
12	12	106	mango

图 8-47　使用 ROW_NUMBER() 函数为查询结果排序

8.5.2 RANK() 函数

如果两个或多个行与一个排名关联，则每个关联行将得到相同的排名。例如，如果两位学生具有相同的 s_score 值，则他们将并列第一。由于已有两行排名在前，所以具有下一个最高 s_score 值的学生将排名第三，使用 RANK() 函数并不总返回连续整数。

实例 21：使用 RANK() 函数对查询结果进行分组排序

在水果信息表中，使用 RANK() 函数可以根据 s_id 字段查询的结果进行分组排序，输入代码如下：

```
SELECT RANK() OVER (ORDER BY s_id
ASC) AS RankID,s_id,f_name
FROM fruits;
```

代码执行结果如图 8-48 所示。返回的结果中有相同 s_id 值的记录的序号相同，第 4 条记录的序号为一个跳号，与前面三条记录的序号不连续。

```
SELECT RANK() OVER (ORDER BY s_id ASC) AS RankID, s_id, f_name
FROM fruits;
```

	RankID	s_id	f_name
1	1	101	apple
2	1	101	blackberry
3	1	101	cherry
4	4	102	orange
5	4	102	banana
6	4	102	grape
7	7	103	coconut
8	7	103	apricot
9	9	104	berry
10	9	104	lemon
11	11	105	melon
12	12	106	mango

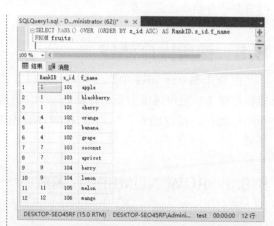

图 8-48　使用 RANK() 函数对查询结果排序

> **注意**：排序函数只与 SELECT 和 ORDER BY 语句一起使用，不能直接在 WHERE 或者 GROUP BY 子句中使用。

8.5.3 DENSE_RANK() 函数

DENSE_RANK() 函数返回结果集分区中行的排名，排名中没有任何间断。行的排名等于所讨论行之前的所有排名数加 1。即相同的数据序号相同，接下来顺序递增。

实例 22：使用 DENSE_RANK() 函数对查询结果进行分组排序

在水果信息表中，可以用 DENSE_RANK 函数根据 s_id 字段查询的结果进行分组排序。

```
SELECT DENSE_RANK() OVER (ORDER BY
s_id ASC) AS DENSEID,s_id,f_name
   FROM fruits;
```

代码执行结果如图 8-49 所示。从返回的结果中可以看到具有相同 s_id 值的记录组有相同的排列序号值，序号值依次递增。

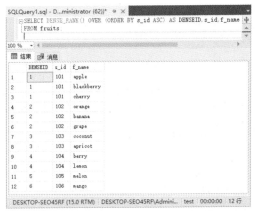

图 8-49　使用 DENSE_RANK() 函数对查询结果进行分组排序

8.5.4 NTILE() 函数

NTILE（N）函数用来将查询结果中的记录分为 N 组。各组都有编号，编号从“1”开始。对于每一行，NTILE 将返回此行所属的组的编号。

实例 23：使用 NTILE(N) 函数对查询结果进行分组排序

在水果信息表中，使用 NTILE() 函数可以根据 s_id 字段查询的结果进行分组排序。

```
SELECT NTILE(5) OVER (ORDER BY s_id
ASC) AS NTILEID,s_id,f_name
   FROM fruits;
```

代码执行结果如图 8-50 所示。由结果可以看到，NTILE（5）将返回记录分为 5 组，每组一个序号，序号依次递增。

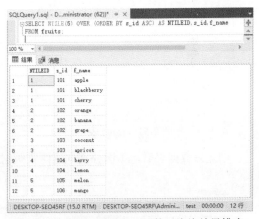

图 8-50　使用 NTILE(N) 函数对查询结果排序

8.6 多表嵌套查询

多表嵌套查询又被称为子查询，在 SELECT 子句中先计算子查询，子查询的结果作为外层另一个查询的过滤条件，查询可以基于一个表或者多个表。子查询中可以使用比较运算符，如"<""<="">"">="和"!="等，子查询中常用的操作符有 ANY、SOME、ALL、IN、EXISTS 等。

8.6.1 使用比较运算符的嵌套查询

嵌套查询中可以使用的比较运算符有"<""<="">"">="和"!="等。为演示多表之间的嵌套查询操作，在数据库 mydb 中，创建水果表（fruits）和水果供应商表（suppliers），输入代码如下：

```
USE mydb
CREATE TABLE fruits
(
f_id        char(10)          PRIMARY KEY,    --水果id
s_id        INT                 NOT NULL,     --供应商id
f_name      VARCHAR(255)     NOT NULL,        --水果名称
f_price     decimal(8,2)     NOT NULL,        --水果价格
);
CREATE TABLE suppliers
(
s_id        char(10)          PRIMARY KEY,
s_name      varchar(50)      NOT NULL,
s_city      varchar(50)      NOT NULL,
);
```

在查询编辑器窗口中输入创建数据表的 T-SQL 语句，然后执行语句，即可完成数据表的创建，如图 8-51 和图 8-52 所示。

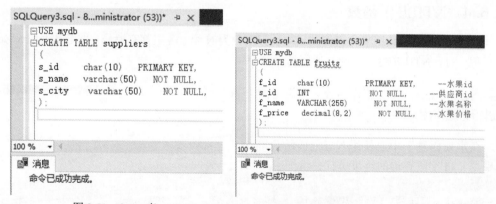

图 8-51　fruits 表　　　　　　　　　　图 8-52　suppliers 表

创建好数据表后，下面分别向这两张数据表中添加数据记录，输入语句如下：

```
USE mydb
INSERT INTO fruits (f_id, s_id, f_name, f_price)
VALUES('a1', 101,'苹果',5.2),
  ('b1',101,'黑莓', 10.2),
  ('bs1',102,'橘子', 11.2),
  ('bs2',105,'甜瓜',8.2),
  ('t1',102,'香蕉', 10.3),
  ('t2',102,'葡萄', 5.3),
  ('o2',103,'椰子', 10.2),
  ('c0',101,'樱桃', 3.2),
  ('a2',103, '杏子',2.2),
```

```
    ('l2',104,'柠檬', 6.4),
    ('b2',104,'浆果', 7.6),
    ('m1',106,'芒果', 15.6);

INSERT INTO suppliers (s_id, s_name, s_city)
VALUES('101','润绿果蔬', '天津'),
    ('102','绿色果蔬', '上海'),
    ('103','阳光果蔬', '北京'),
    ('104','生鲜果蔬', '郑州'),
    ('105','天天果蔬', '上海'),
    ('106','新鲜果蔬', '云南'),
    ('107','老高果蔬', '广东');
```

在查询编辑器窗口中输入添加数据记录的语句，然后执行语句，即可完成数据的添加，如图 8-53 和图 8-54 所示。

图 8-53　fruits 表数据记录

图 8-54　suppliers 表数据记录

实例 24：使用比较运算符进行嵌套查询

在 suppliers 表中查询供应商所在城市等于"北京"的供应商编号 s_id，然后在水果表 fruits 中查询所有该供应商的水果信息，输入语句如下：

```
USE mydb
SELECT f_id, f_name FROM fruits
WHERE s_id=
(SELECT s_id FROM suppliers WHERE s_city = '北京');
```

代码执行结果如图 8-55 所示。该子查询首先在 suppliers 表中查找 s_city 等于北京的供应商编号 s_id，然后在外层查询时，在 fruits 表中查找 s_id 等于内层查询返回值的记录。

结果表明，在"北京"的水果供应商共供应 2 种水果类型，分别为"杏子""椰子"。

在 suppliers 表中查询 s_city 等于"北京"的供应商编号 s_id，然后在 fruits 表中查询所有非该供应商的水果信息，输入语句如下：

```
USE mydb
SELECT f_id, f_name FROM fruits
WHERE s_id<>
(SELECT s_id FROM suppliers WHERE s_city = '北京');
```

代码执行结果如图 8-56 所示。该子查询的执行过程与前面相同,在这里使用了不等于"<>"运算符,因此返回的结果和图 8-55 正好相反。

图 8-55 使用等号运算符进行比较子查询　　图 8-56 使用不等号运算符进行比较子查询

8.6.2 使用 IN 的嵌套查询

使用 IN 关键字进行嵌套查询时，内层查询语句只返回一个数据列，这个数据列里的值将提供给外层查询语句进行比较操作。

▌实例 25：使用 IN 关键字进行嵌套查询

在 fruits 表中查询水果编号为 "a1" 的水果供应商编号，然后根据供应商编号 s_id 查询该供应商名称 s_name，输入语句如下：

```
USE mydb
SELECT s_name FROM suppliers
WHERE s_id IN
(SELECT s_id FROM fruits WHERE f_id = 'a1');
```

代码执行结果如图 8-57 所示。这个查询过程可以分步执行，首先内层子查询查出 fruits 表中符合条件的供应商的 s_id，查询结果为 101。然后执行外层查询，在 suppliers 表中查询 s_id 值等于 101 的供应商名称。

另外，上述查询过程可以分开执行这两条 SELECT 语句，对比其返回值。子查询语句可以写为如下形式，以实现相同的效果：

```
SELECT s_name FROM suppliers WHERE s_id IN(101);
```

这个例子说明在处理 SELECT 语句的时候，SQL Server 实际上执行了两个操作过程，即先执行内层子查询，再执行外层查询，内层子查询的结果作为外部查询的比较条件。

SELECT 语句中可以使用 NOT IN 运算符，其作用与 IN 正好相反。

与前一个例子语句类似，但是在 SELECT 语句中使用 NOT IN 运算符，输入语句如下：

```
USE mydb
SELECT s_name FROM suppliers
WHERE s_id NOT IN
(SELECT s_id FROM fruits WHERE f_id = 'a1');
```

代码执行结果如图 8-58 所示。

图 8-57 使用 IN 关键字进行子查询　　图 8-58 使用 NOT IN 运算符进行子查询

8.6.3 使用 ANY 的嵌套查询

ANY 关键字也是在嵌套查询中经常使用的。通常都会使用比较运算符来连接 ANY 得到的结果，用于比较某一列的值是否全部都大于 ANY 后面子查询中查询的最小值或者小于 ANY 后面嵌套查询中的最大值。

▌实例 26：使用 ANY 关键字进行嵌套查询

使用嵌套查询来查询供应商"润绿果蔬"的水果价格大于供应商"阳光果蔬"提供的水果价格信息，输入语句如下：

```
USE mydb
SELECT * FROM fruits
WHERE f_price>ANY
(SELECT f_price FROM fruits
WHERE s_id=(SELECT s_id FROM
suppliers WHERE s_name='阳光果蔬'))
AND s_id=101;
```

代码执行结果如图 8-59 所示。

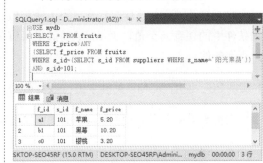

图 8-59 使用 ANY 关键字查询

从查询结果中可以看出，ANY 前面的运算符">"代表对 ANY 后面嵌套查询的结果中任意值进行是否大于的判断，如果要判断小于可以使用"<"，判断不等于可以使用"！="运算符。

8.6.4 使用 ALL 的嵌套查询

ALL 关键字与 ANY 不同，使用 ALL 时需要同时满足所有内层查询的条件。

▌实例 27：使用 ALL 关键字进行嵌套查询

使用嵌套查询来查询供应商"润绿果蔬"的水果价格大于供应商"天天果蔬"提供的水果价格信息，输入语句如下：

```
USE mydb
```

```
SELECT * FROM fruits
WHERE f_price>ALL
(SELECT f_price FROM fruits
WHERE s_id=(SELECT s_id FROM suppliers WHERE s_name='天天果蔬'))
AND s_id=101;
```

代码执行结果如图 8-60 所示。从结果中可以看出，只返回"润绿果蔬"提供的水果价格大于"天天果蔬"提供的水果价格最大值的水果信息。

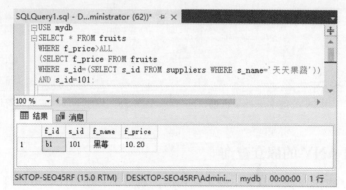

图 8-60　使用 ALL 关键字嵌套查询

8.6.5　使用 SOME 的子查询

SOME 关键字与 ANY 关键字的用法相似，但是意义不同。SOME 通常用于比较满足查询条件中的任意一个值，而 ANY 要满足所有值才可以。因此，在实际应用中，需要特别注意查询条件。

实例 28：使用 SOME 关键字进行嵌套查询

查询水果信息表，并使用 SOME 关键字选出所有"天天果蔬"与"生鲜果蔬"的水果信息。

```
USE mydb
SELECT * FROM fruits
WHERE s_id=SOME(SELECT s_id FROM suppliers WHERE s_name='天天果蔬' OR s_name='生鲜果蔬');
```

代码执行结果如图 8-61 所示。

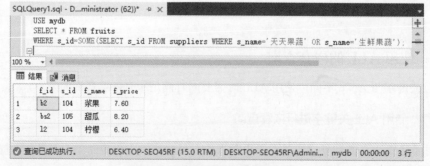

图 8-61　使用 SOME 关键字查询

从结果中可以看出，所有"天天果蔬"与"生鲜果蔬"的水果信息都查询出来了，这个关键字与 IN 关键字可以完成相同的功能。也就是说，当在 SOME 运算符前面使用 "=" 时，就等同于 IN 关键字的用途。

8.6.6 使用 EXISTS 的嵌套查询

EXISTS 关键字代表 "存在" 的意思，应用于嵌套查询中，只要嵌套查询返回的结果为空值，返回结果就是 TRUE，此时外层查询语句将进行查询；否则就是 FALSE，外层语句将不进行查询。通常情况下，EXISTS 关键字用在 WHERE 子句中。

▌ 实例 29：使用 EXISTS 关键字进行嵌套查询

查询表 suppliers 中是否存在 s_id=106 的供应商，如果存在就查询 fruits 表中的水果信息，输入语句如下：

```
USE mydb
SELECT * FROM fruits
WHERE EXISTS
(SELECT s_name FROM suppliers WHERE s_id =106);
```

代码执行结果如图 8-62 所示。

由结果可以看到，内层查询结果表明 suppliers 表中存在 s_id=106 的记录，因此 EXISTS 表达式返回 TRUE；外层查询语句接收 TRUE 之后对表 fruits 进行查询，返回所有的记录。

EXISTS 关键字可以和条件表达式一起使用。

查询表 suppliers 中是否存在 s_id=106 的供应商，如果存在就查询 fruits 表中 f_price 大于 5 的记录，输入语句如下：

```
USE mydb
SELECT * FROM fruits
WHERE f_price >5 AND EXISTS
(SELECT s_name FROM suppliers WHERE s_id = 106);
```

代码执行结果如图 8-63 所示。

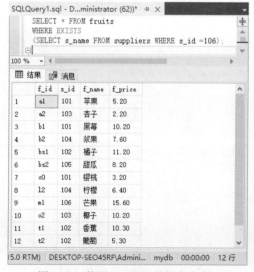

图 8-62　使用 EXISTS 关键字查询

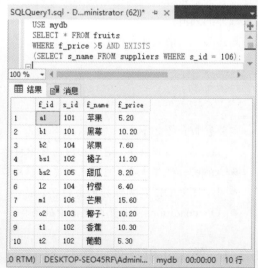

图 8-63　使用 EXISTS 关键字的复合条件查询

由结果可以看到，内层查询结果表明 suppliers 表中存在 s_id=106 的记录，因此 EXISTS 表达式返回 TRUE；外层查询语句接收 TRUE 之后根据查询条件 f_price>5 对 fruits 表进行查询，返回结果为 f_price 大于 5 的记录。

NOT EXISTS 与 EXISTS 的使用方法相同，返回的结果相反。子查询如果至少返回一行，那么 NOT EXISTS 的结果为 FALSE，此时外层查询语句将不进行查询；如果子查询没有返回任何行，那么 NOT EXISTS 返回的结果是 TRUE，此时外层语句将进行查询。

查询表 suppliers 中是否存在 s_id=106 的供应商，如果不存在就查询 fruits 表中的记录，输入语句如下：

```
USE mydb
SELECT * FROM fruits
WHERE NOT EXISTS
(SELECT s_name FROM suppliers WHERE
s_id = 106);
```

代码执行结果如图 8-64 所示。

该条语句的查询结果为空值。因为查询语句 SELECT s_name FROM suppliers WHERE s_id=106 对 suppliers 表查询返回了一条记录，NOT EXISTS 表达式返回 FALSE，外层表达式接收 FALSE，将不再查询 fruits 表中的记录。

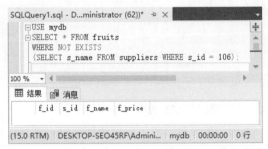

图 8-64　使用 NOT EXISTS 关键字的复合条件查询

> **提示：** EXISTS 和 NOT EXISTS 的结果只取决于是否会返回行，而不取决于这些行的内容，所以这个子查询输入列表通常是无关紧要的。

8.7　多表内连接查询

连接是关系数据库模型的主要特点，连接查询是关系数据库中最主要的查询，主要包括内连接、外连接等。内连接查询操作将列出与连接条件匹配的数据行，使用比较运算符比较被连接列的列值。

具体的语法格式如下：

```
SELECT column_name1, column_name2,…
FROM table1 INNER JOIN table2
ON conditions;
```

主要参数介绍如下。

● table1：数据表 1，通常在内连接中被称为左表。
● table2：数据表 2，通常在内连接中被称为右表。
● INNER JOIN：内连接的关键字。
● ON conditions：设置内连接中的条件。

8.7.1　笛卡儿积查询

笛卡儿积是针对多种查询的特殊结果来说的，它的特殊之处在于多表查询时没有指定查询条件，查询的是多个表中的全部记录，返回的具体结果是每张表中列的和、行的积。

实例 30：模拟笛卡儿积查询

不使用任何条件查询水果信息表 fruits 与供应商信息表 suppliers 中的全部数据，输入语句如下：

```
USE mydb
SELECT *FROM fruits,suppliers;
```

代码执行结果如图 8-65 所示。

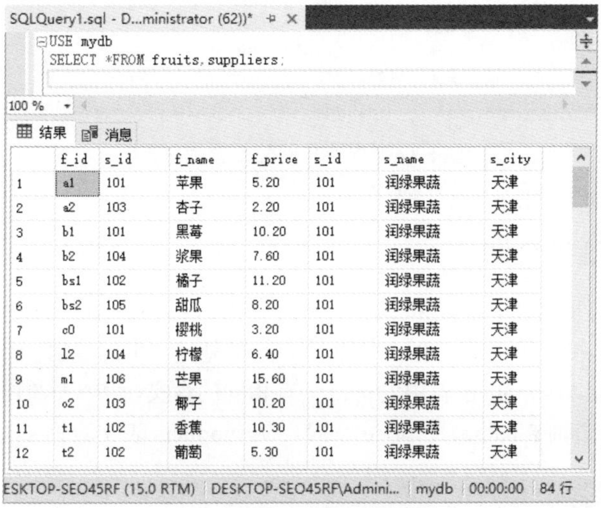

	f_id	s_id	f_name	f_price	s_id	s_name	s_city
1	a1	101	苹果	5.20	101	润绿果蔬	天津
2	a2	103	杏子	2.20	101	润绿果蔬	天津
3	b1	101	黑莓	10.20	101	润绿果蔬	天津
4	b2	104	浆果	7.60	101	润绿果蔬	天津
5	bs1	102	橘子	11.20	101	润绿果蔬	天津
6	bs2	105	甜瓜	8.20	101	润绿果蔬	天津
7	c0	101	樱桃	3.20	101	润绿果蔬	天津
8	l2	104	柠檬	6.40	101	润绿果蔬	天津
9	m1	106	芒果	15.60	101	润绿果蔬	天津
10	o2	103	椰子	10.20	101	润绿果蔬	天津
11	t1	102	香蕉	10.30	101	润绿果蔬	天津
12	t2	102	葡萄	5.30	101	润绿果蔬	天津

图 8-65　笛卡儿积查询结果

从结果可以看出，共有 7 列，这是两个表的列数和，共有 84 行，这是两个表行数的乘积，即 12×7=84。

> **提示：** 通过笛卡儿积查询可以得出，在使用多表连接查询时，一定要设置查询条件，否则就会出现笛卡儿积查询情况，这样会降低数据库的访问效率，因此每一个数据库的使用者都要避免笛卡儿积查询的产生。

8.7.2　内连接的简单查询

内连接可以理解为等值连接，它的查询结果全部都是符合条件的数据。

实例 31：使用内连接方式查询

使用内连接查询水果信息表 fruits 和供应商信息表 suppliers，输入语句如下：

```
USE mydb
SELECT * FROM fruits INNER JOIN suppliers
ON fruits.s_id = suppliers.s_id;
```

代码执行结果如图 8-66 所示。从结果可以看出，内连接查询的结果就是符合条件的全部数据。

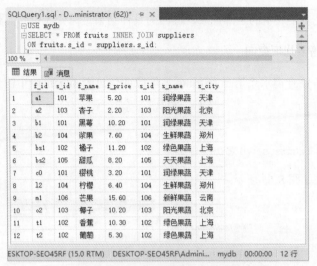

图 8-66 内连接的简单查询结果

8.7.3 相等内连接查询

相等连接又叫等值连接，在连接条件中使用等号（=）运算符比较被连接列的列值，其查询结果中列出被连接表中的所有行，包括其中的重复行。下面给出一个实例。

fruits 表中的 s_id 与 suppliers 表中的 s_id 具有相同的含义，两个表通过这个字段建立联系。接下来从 fruits 表中查询 f_name、f_price 字段，从 suppliers 表中查询 s_id、s_name 字段。

▌ 实例 32：使用相等内连接方式查询

在 fruits 表和 suppliers 表之间使用 INNER JOIN 语法进行内连接查询，输入语句如下：

```
USE mydb
SELECT suppliers.s_id,s_name,f_name,
f_price
FROM fruits INNER JOIN suppliers
ON fruits.s_id = suppliers.s_id;
```

代码执行结果如图 8-67 所示。

在这里的查询语句中，两个表之间的关系通过 INNER JOIN 指定，在使用这种语法的时候，连接的条件使用 ON 子句给出而不是 WHERE，ON 和 WHERE 后面指定的条件相同。

图 8-67 使用 INNER JOIN 进行相等内连接查询

8.7.4 不等内连接查询

不等内连接查询是指在连接条件中使用等于运算符以外的其他比较运算符，比较被连接列的值。这些运算符包括 ">" ">=" "<=" "<" "!>" "!<" 和 "<>"。

实例 33：使用不相等内连接方式查询

在 fruits 表和 suppliers 表之间使用 INNER JOIN 语法进行不相等内连接查询，输入语句如下：

```
USE mydb
SELECT suppliers.s_id, s_name, f_name,f_price
FROM fruits INNER JOIN suppliers
ON fruits.s_id<>suppliers.s_id;
```

代码执行结果如图 8-68 所示。

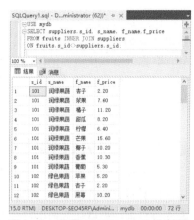

图 8-68　使用 INNER JOIN 进行不等内连接查询

8.7.5　特殊的内连接查询

如果在一个连接查询中，涉及的两个表都是同一个表，那么这种查询称为自连接查询，也被称为特殊的内连接（相互连接的表在物理上为同一张表，但可以在逻辑上分为两张表）。

实例 34：使用特殊内连接方式查询

查询供应商编号 s_id='101' 的水果信息，输入语句如下：

```
USE mydb
SELECT DISTINCT f1.f_id, f1.f_name, f1.f_price
FROM fruits AS f1, fruits AS f2
WHERE f1. s_id = f2. s_id AND f2. s_id=101;
```

代码执行结果如图 8-69 所示。

此处查询的两个表是同一个表，为了防止产生二义性，对表使用了别名。fruits 表第一次出现的别名为 f1，第二次出现的别名为 f2，使用 SELECT 语句返回列时明确指出返回以 f1 为前缀的列的全名，WHERE 连接两个表，并按照第二个表的 s_id 对数据进行过滤，返回所需数据。

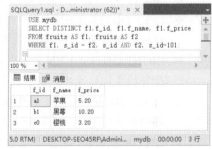

图 8-69　自连接查询

8.7.6　带条件的内连接查询

带选择条件的连接查询是在连接查询的过程中，通过添加过滤条件限制查询的结果，使查询的结果更加准确。

实例 35：使用带条件的内连接方式查询

在 fruits 表和 suppliers 表中，使用 INNER JOIN 语法查询 fruits 表中供应商编号为 101 的水果编号、名称与供应商所在城市，输入语句如下：

```
USE mydb
SELECT fruits.f_id, fruits.f_name,suppliers.s_city
FROM fruits INNER JOIN suppliers
```

```
ON fruits.s_id= suppliers.s_id AND fruits.
s_id=101;
```

代码执行结果如图 8-70 所示。结果显示，在连接查询时指定查询供应商编号为 101 的水果编号、名称以及该供应商的所在地信息，添加过滤条件之后返回的结果将会变少，因此返回结果只有 3 条记录。

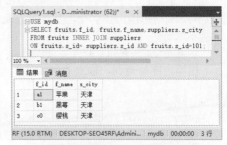

图 8-70　带选择条件的连接查询

8.8　多表外连接查询

对于几乎所有的查询语句，查询结果全部都需要符合条件。换句话说，如果执行查询语句后没有符合条件的记录，那么在结果中就不会有任何记录。外连接查询则与之相反，通过外连接查询，可以在查询出符合条件的结果后显示某张表中不符合条件的数据。

8.8.1　认识外连接查询

外连接查询包括左外连接、右外连接以及全外连接。具体的语法格式如下：

```
SELECT column_name1, column_name2,…
FROM table1 LEFT|RIGHT|FULL OUTER JOIN table2
ON conditions;
```

主要参数介绍如下。

● table1：数据表 1，通常在外连接中被称为左表。
● table2：数据表 2，通常在外连接中被称为右表。
● LEFT OUTER JOIN（左外连接）：使用左外连接时得到的查询结果中，除了符合条件的查询结果外，还要加上左表中余下的数据。
● RIGHT OUTER JOIN（右外连接）：使用右外连接时得到的查询结果中，除了符合条件的查询结果外，还要加上右表中余下的数据。
● FULL OUTER JOIN（全外连接）：使用全外连接时得到的查询结果中，除了符合条件的查询结果外，还要加上左表和右表中余下的数据。
● ON conditions：设置外连接中的条件，与 WHERE 子句后面的写法一样。

为了显示 3 种外连接的演示效果，首先将两张数据表中编号相等的记录查询出来，这是因为水果信息表与供应商信息表是根据供应商编号字段关联的。

以供应商编号相等作为条件来查询两张表的数据记录，输入语句如下：

```
USE mydb
SELECT * FROM fruits,suppliers
WHERE fruits.s_id=suppliers.s_id;
```

代码执行结果如图 8-71 所示。

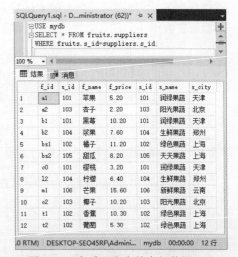

图 8-71　查看两张表的全部数据记录

从查询结果中可以看出，查询结果左侧是水果信息表中符合条件的全部数据，右侧是供应商信息表中符合条件的全部数据。

下面就分别使用 3 种外连接来根据 fruits.s_id=suppliers.s_id 这个条件查询数据，请注意观察查询结果的区别。

8.8.2 左外连接的查询

左外连接的结果包括 LEFT OUTER JOIN 关键字左边连接表的所有行，而不仅仅是连接列所匹配的行。如果左表的某行在右表中没有匹配行，则在相关联的结果集行中右表的所有字段均为空值。

▌实例 36：使用左外连接方式查询

使用左外连接查询，将水果信息表作为左表，供应商信息表作为右表，输入语句如下：

```
USE mydb
SELECT * FROM fruits LEFT OUTER JOIN suppliers
ON fruits.s_id=suppliers.s_id;
```

代码执行结果如图 8-72 所示。结果中最后 1 条记录，s_id 等于 108 的供应商编号在供应商信息表中没有记录，所以该条记录只取出了 fruits 表中相应的值，而从 suppliers 表中取出的值为空值。

SQLQuery1.sql - D...ministrator (62))*
USE mydb
SELECT * FROM fruits RIGHT OUTER JOIN suppliers
ON fruits. s_id=suppliers.s_id;
100 %
结果 消息

	f_id	s_id	f_name	f_price	s_id	s_name	s_city
1	a1	101	苹果	5.20	101	润绿果蔬	天津
2	a2	103	杏子	2.20	103	阳光果蔬	北京
3	b1	101	黑莓	10.20	101	润绿果蔬	天津
4	b2	104	浆果	7.60	104	生鲜果蔬	郑州
5	bs1	102	橘子	11.20	102	绿色果蔬	上海
6	bs2	105	甜瓜	8.20	105	天天果蔬	上海
7	c0	101	樱桃	3.20	101	润绿果蔬	天津
8	l2	104	柠檬	6.40	104	生鲜果蔬	郑州
9	m1	106	芒果	15.60	106	新鲜果蔬	云南
10	o2	103	椰子	10.20	103	阳光果蔬	北京
11	t1	102	香蕉	10.30	102	绿色果蔬	上海
12	t2	102	葡萄	5.30	102	绿色果蔬	上海
13	m12	108	香瓜	10.60	NULL	NULL	NULL

15.0 RTM) DESKTOP-SEO45RF\Admini... mydb 00:00:00 13 行

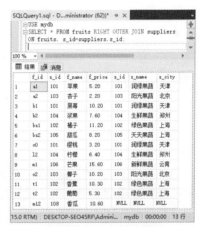

图 8-72 左外连接查询

8.8.3 右外连接的查询

右外连接是左外连接的反向连接，将返回 RIGHT OUTER JOIN 关键字右边表中的所有行。如果右表的某行在左表中没有匹配行，则左表将返回空值。

▌实例 37：使用右外连接方式查询

使用右外连接查询，将水果信息表作为左表、供应商信息表作为右表，输入语句如下：

```
USE mydb
SELECT * FROM fruits RIGHT OUTER JOIN suppliers
ON fruits. s_id=suppliers.s_id;
```

代码执行结果如图 8-73 所示。结果中最后 1 条记录，s_id 等于 107 的供应商编号在水果信息表中没有记录，所以该条记录只取出了 suppliers 表中相应的值，而从 fruits 表中取出的值为空值。

SQLQuery1.sql - D...ministrator (62))*
USE mydb
SELECT * FROM fruits RIGHT OUTER JOIN suppliers
ON fruits. s_id=suppliers.s_id;
100 %
结果 消息

	f_id	s_id	f_name	f_price	s_id	s_name	s_city
1	a1	101	苹果	5.20	101	润绿果蔬	天津
2	b1	101	黑莓	10.20	101	润绿果蔬	天津
3	c0	101	樱桃	3.20	101	润绿果蔬	天津
4	bs1	102	橘子	11.20	102	绿色果蔬	上海
5	t1	102	香蕉	10.30	102	绿色果蔬	上海
6	t2	102	葡萄	5.30	102	绿色果蔬	上海
7	a2	103	杏子	2.20	103	阳光果蔬	北京
8	o2	103	椰子	10.20	103	阳光果蔬	北京
9	b2	104	浆果	7.60	104	生鲜果蔬	郑州
10	l2	104	柠檬	6.40	104	生鲜果蔬	郑州
11	bs2	105	甜瓜	8.20	105	天天果蔬	上海
12	m1	106	芒果	15.60	106	新鲜果蔬	云南
13	NULL	NULL	NULL	NULL	107	老高果蔬	广东

15.0 RTM) DESKTOP-SEO45RF\Admini... mydb 00:00:00 13 行

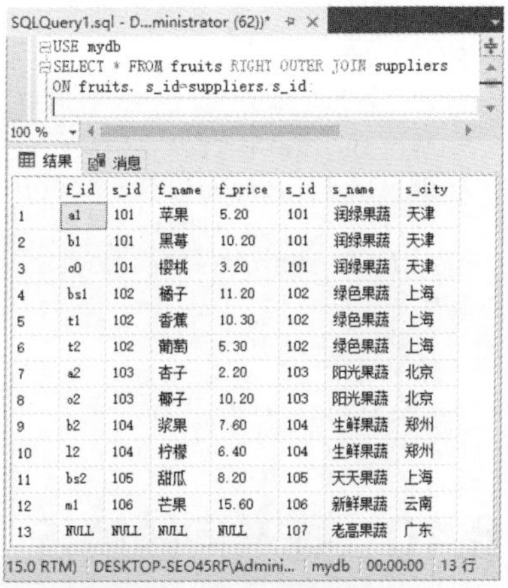

图 8-73 右外连接查询

8.8.4 全外连接的查询

全外连接又称为完全外连接，该连接查询方式返回两个连接表中所有的记录。如果满足匹配条件时，就返回数据；如果不满足匹配条件时，同样返回数据，只不过在相应的列中填入空值。全外连接返回的结果集中包含两个表中所有的数据。全外连接使用关键字 FULL OUTER JOIN。

实例 38：使用全外连接方式查询

使用全外连接查询，将水果信息表作为左表、供应商信息表作为右表，输入语句如下：

```
USE mydb
SELECT * FROM fruits FULL OUTER
JOIN suppliers
    ON fruits.s_id=suppliers.s_id;
```

代码执行结果如图 8-74 所示，结果最后显示的两条记录是左表和右表中全部的数据记录。

图 8-74　全外连接查询

8.9　动态查询

前面学习的查询，由于使用的 T-SQL 语句都是固定的，也被称为静态查询。但是，静态查询在许多情况下不能满足用户需求，因为静态 T-SQL 语句不能编写更为通用的程序。

例如，有一个员工信息表，对于员工来说，只想查询自己的工资；而对于企业老板来说，可能想要知道所有员工的工资情况。这样一来，不同的用户查询的字段是不相同的，因此必须在查询之前动态指定查询语句的内容，这种根据实际需要临时组装成的语句被称为动态 T-SQL 语句。动态 T-SQL 语句是在运行时由程序创建的字符串，它们必须是有效的 T-SQL 语句。

实例 39：使用动态查询方式查询水果信息表

使用动态生成的 T-SQL 语句完成对 fruits 表的查询，从而得出水果名称、水果价格信息，输入语句如下：

```
DECLARE @s_id INT;
declare @sql varchar(8000)
SELECT @s_id =101;
SELECT @sql ='SELECT f_name, f_
price
    FROM fruits
    WHERE s_id = ';
exec(@sql + @s_id);
```

代码执行结果如图 8-75 所示。

图 8-75　执行动态查询语句

8.10　疑难问题解析

疑问 1：DISTINCT 可以应用于所有的列吗？

答：可以。DISTINCT 关键字应用于所有列而不仅是它后面的第一个指定列。例如，查询 3 个字段 s_id、f_name、f_price，如果这 3 个字段的数据记录各不相同，则所有记录都会被查询出来。

┃ 疑问 2：在多表连接查询时，为什么一定要设定查询条件？

在使用多表连接查询时，一定要设定查询条件，否则就会产生笛卡儿积情况，笛卡儿积会降低数据库的访问效率。因此，每一个数据库的使用者都要避免查询结果中笛卡儿积的产生。

┃ 疑问 3：排序时 NULL 值如何处理？

在处理查询结果中没有重复值时，如果指定的列中有多个 NULL 值，则作为相同的值对待，显示结果中只有一个空值。对于使用 ORDER BY 子句排序的结果集中，若存在 NULL 值，升序排列时有 NULL 值的记录将在最前面显示，而降序排列时 NULL 值将在最后面显示。

┃ 疑问 4：HAVING 与 WHERE 子句都用来过滤数据，两者有什么区别呢？

HAVING 在数据分组之后进行过滤，即用来选择分组；而 WHERE 在分组之前用来选择记录。另外，WHERE 排除的记录不再包括在分组中。

8.11 综合实战训练营

┃ 实战 1：在 marketing 数据库中为各个数据表添加基本数据。

(1) 在"供应商信息"表中插入数据为查询做准备。
(2) 在"货品信息"表中插入数据为查询做准备。
(3) 在"部门信息"表中插入数据为查询做准备。
(4) 在"销售人员"表中插入数据为查询做准备。
(5) 在"客户信息"表中插入数据为查询做准备。
(6) 在"订单信息"表中插入数据为查询做准备。

┃ 实战 2：使用 SELECT 语句查询 marketing 数据库中的数据。

(1) 查询 marketing 数据库的"货品信息"表，列出表中的所有记录，每个记录包含货品的编码、货品名称和库存量，显示的字段名分别为货品编码、货品名称和货品库存量。
(2) 将"客户信息"表中深圳地区的客户信息插入"深圳客户"表中。
(3) 在"销售人员"表中找出下列人员的信息：李明泽，王巧玲，钱三一。
(4) 在"客户信息"表中找出所有深圳区域的客户信息。
(5) 在"订单信息"表中找出订货量在 10 ～ 20 之间的订单信息。
(6) 求出 2020 年以来，每种货品的销售数量，统计的结果按照货品编码进行排序。
(7) 在"订单信息"表中求出 2020 年以来，每种货品的销售数量，统计的结果按照货品编码进行排序，并显示统计的明细。
(8) 给出"货品信息"表中货品的销售情况，所谓销售情况就是给出每个货品的销售数量、订货日期等相关信息。
(9) 找出订货数量大于 10 的货品信息。
(10) 找出有销售业绩的销售人员。
(11) 查询每种货品订货量最大的订单信息。

第9章　系统函数与自定义函数

本章导读

SQL Server 提供了众多功能强大、方便易用的函数。使用这些函数，可以极大地提高用户对数据库的管理。SQL Server 中的函数包括字符串函数、数学函数、数据类型转换函数、日期和时间函数、系统函数等，本章将介绍这些函数的功能和用法。

知识导图

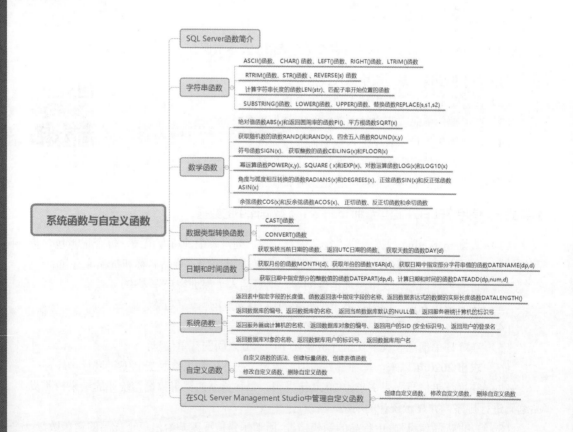

9.1　SQL Server 函数简介

函数表示对输入参数值返回一个具有特定关系的值，SQL Server 提供了大量丰富的函数，在进行数据库管理以及数据的查询操作时将会经常用到各种函数。通过对数据的处理，数据库的功能更加强大，可以更加灵活地满足不同用户的需求。各类函数从功能方面主要分为以下几类：字符串函数、数学函数、数据类型转换函数、聚合函数、文本和图像函数、日期和时间函数、系统函数等。

9.2　字符串函数

字符串函数用于对字符和二进制字符串进行各种操作，返回对字符数据进行操作时通常所需要的值。大多数字符串函数只能用于 char、nchar、varchar 和 nvarchar 数据类型，或隐式转换为上述数据类型的数据类型。某些字符串函数还可用于 binary 和 varbinary 数据类型。字符串函数可以用在 SELECT 或者 WHERE 语句中。

9.2.1　ASCII () 函数

ASCII（character_expression）函数用于返回字符串表达式中最左侧字符的 ASCII 代码值。参数 character_expression 必须是一个 CHAR 或 VARCHAR 类型的字符串表达式。新建查询，运行下面的例子。

▌实例 1：查看指定字符的 ASCII 值

输入语句如下：

```
SELECT ASCII('s'),ASCII('sql'), ASCII(1);
```

执行结果如图 9-1 所示。字符 's' 的 ASCII 值为 115，所以 ASC Ⅱ ('s') 和 ASC Ⅱ ('sql') 返回结果相同，对于 ASC Ⅱ (1) 中的纯数字字符串，可以不用单引号括起来。

图 9-1　ASCII() 函数应用

9.2.2　CHAR () 函数

CHAR（integer_expression）函数将整数类型的 ASCII 值转换为对应的字符，integer_expression 是一个介于 0 ～ 255 之间的整数。如果该整数表达式不在此范围，将返回 NULL 值。

▌实例 2：查看 ASCII 值 115 和 49 对应的字符

输入语句如下：

```
SELECT CHAR(115), CHAR(49);
```

执行结果如图 9-2 所示。可以看到，这里的返回值与 ASCII 函数的返回值正好相反。

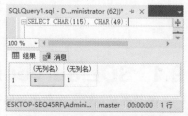

图 9-2　CHAR() 函数应用

9.2.3　LEFT() 函数

LEFT(character_expression,integer_expression) 函数返回从字符串左边开始指定个数的字符串、字符或二进制数据表达式。character_expression 字符串表达式可以是常量、变量或字段。integer_expression 为正整数，指定 character_expression 将返回的字符数。

实例 3：使用 LEFT() 函数返回字符串中左边的字符

输入语句如下：

```
SELECT  LEFT('football', 4);
```

执行结果如图 9-3 所示。函数返回字符串 "football" 左边开始的长度为 4 的子字符串，结果为 "foot"。

图 9-3　LEFT() 函数应用

9.2.4　RIGHT() 函数

与 LEFT() 函数相反，RIGHT(character_expression, integer_expression) 返回字符串 character_expression 最右边 integer_expression 个字符。

实例 4：使用 RIGHT() 函数返回字符串中右边的字符

输入语句如下：

```
SELECT  RIGHT('football', 4);
```

执行结果如图 9-4 所示。函数返回字符串 "football" 右边开始的长度为 4 的子字符串，结果为 "ball"。

图 9-4　RIGHT() 函数应用

9.2.5　LTRIM() 函数

LTRIM (character_expression) 用于去除字符串左边多余的空格。字符数据表达式 character_expression 是一个字符串表达式，可以是常量、变量，也可以是字符字段或二进制数据列。

实例 5：使用 LTRIM() 函数删除字符串左边的空格

输入语句如下：

```
SELECT  '(' + ' book ' + ')', '(' + LTRIM (' book ') + ')';
```

执行结果如图 9-5 所示。对比两个值，LTRIM 只删除字符串左边的空格，右边的空格不会被删除，" book " 删除左边空格之后的结果为 " book "。

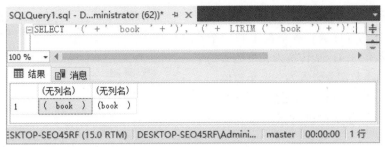

图 9-5　LTRIM() 函数应用

9.2.6　RTRIM() 函数

RTRIM(character_expression) 用于去除字符串右边多余的空格。character_expression 是一个字符串表达式，可以是常量、变量，也可以是字符字段或二进制数据列。

▌ 实例 6：使用 RTRIM() 函数删除字符串右边的空格

输入语句如下：

```
SELECT '(' + ' book ' + ')', '(' + RTRIM (' book ') + ')';
```

执行结果如图 9-6 所示。对比两个值，RTRIM 只删除字符串右边的空格，左边的空格不会被删除，" book "删除右边空格之后的结果为" book"。

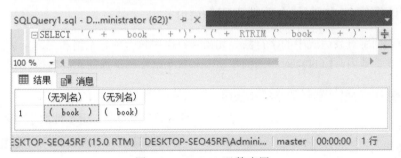

图 9-6　RTRIM() 函数应用

9.2.7　STR() 函数

STR(float_expression [, length [, decimal]]) 函数用于将数值数据转换为字符数据。float_expression 是一个带小数点的数值数据。length 表示总长度。它包括小数点、符号、数字以及空格。默认值为 10。decimal 指定小数点后的位数。decimal 必须小于或等于 16。如果 decimal 大于 16，则会截断结果，使其保持为小数点后十六位。

▌ 实例 7：使用 STR() 函数将数值数据转换为字符数据

输入语句如下：

```
SELECT STR(3141.59,6,1), STR(123.45, 2, 2);
```

执行结果如图 9-7 所示。

STR(3141.59,6,1) 语句 6 个数字和一个小数点组成的数值 3141.59 转换为长度为 6 的字符串，数字的小数部分舍入为一个小数位。

STR(123.45,2,2) 语句中表达式超出指定的总长度时，返回的字符串为指定长度的两个星号 **。

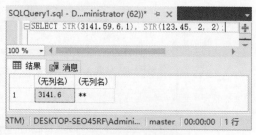

图 9-7　STR() 函数应用

9.2.8　字符串逆序的函数 REVERSE (s)

REVERSE（s）将字符串 s 反转，返回的字符串的顺序和 s 字符串顺序相反。

▎实例 8：使用 REVERSE() 函数反转字符串

输入语句如下：

```
SELECT REVERSE('abc');
```

执行结果如图 9-8 所示。可以看到，字符串"abc"经过 REVERSE() 函数处理之后顺序被反转，结果为"cba"。

图 9-8　REVERSE() 函数应用

9.2.9　计算字符串长度的函数 LEN (str)

该函数返回字符表达式中的字符数。如果字符串中包含前导空格和尾随空格，则函数会将它们包含在计数内。LEN () 对相同的单字节和双字节字符串返回相同的值。

▎实例 9：使用 LEN() 函数计算字符串长度

输入语句如下：

```
SELECT LEN ('no'), LEN('日期
'),LEN(12345);
```

执行结果如图 9-9 所示。可以看到，LEN() 函数在对待英文字符和汉字字符时，返回的字符串长度是相同的。一个汉字也算

作一个字符。LEN() 函数在处理纯数字时也将其当作字符串，但是纯数字可以不加引号。

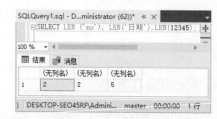

图 9-9　LEN() 函数应用

9.2.10　匹配子字符串开始位置的函数

CHARINDEX(str1,str,[start]) 函数返回子字符串 str1 在字符串 str 中的开始位置，start 为搜索的开始位置，如果指定 start 参数，则从指定位置开始搜索；如果不指定 start 参数或者指定为 0 或者负值，则从字符串开始位置搜索。

▎实例 10：使用 CHARINDEX() 函数查找字符串中指定子字符串的开始位置

输入语句如下：

```
SELECT CHARINDEX('a','banana'), CHARINDEX('a','ba
nana',4),CHARINDEX('na', 'banana',4);
```

执行结果如图 9-10 所示。

CHARINDEX('a','bananan') 返回字符串 'banana' 中子字符串 'a' 第一次出现的位置，结果为 2；CHARINDEX('a','banana',4) 返回字符串 'banana' 中从第 4 个位置开始子字符串 'a' 的位置，结果为 4；CHARINDEX('na','banana',4) 返回从第 4 个位置开始子字符串 'na' 第一次出现的位置，结果为 5。

图 9-10　CHARINDEX() 函数应用

9.2.11　SUBSTRING() 函数

SUBSTRING（value_expression, start_expression, length_expression）函数返回字符表达式、二进制表达式、文本表达式或图像表达式的一部分。主要参数介绍如下。

（1）value_expression 是 character、binary、text、ntext 或 image 表达式。

（2）start_expression 指定返回字符的起始位置的整数或表达式。如果 start_expression 小于 0，会生成错误并终止语句。

（3）length_expression 是正整数或指定要返回的 value_expression 的字符数的表达式。如果 length_expression 是负数，会生成错误并终止语句。

▌实例 11：使用 SUBSTRING() 函数获取指定位置处的子字符串

输入语句如下：

```
SELECT SUBSTRING('breakfast',1,5) ,
SUBSTRING('breakfast',LEN('breakfast')/2,LEN('breakfast'));
```

执行结果如图 9-11 所示。

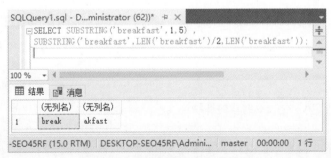

图 9-11　SUBSTRING() 函数应用

第一条语句返回字符串从第一个位置开始长度为 5 的子字符串，结果为"break"第二条语句返回整个字符串的后半段子字符串，结果为"akfast"。

9.2.12　LOWER() 函数

LOWER(character_expression) 将大写字符数据转换为小写字符数据后返回字符表达式。character_expression 是指定要进行转换的字符串。

实例 12：使用 LOWER() 函数将字符串中的所有字母字符转换为小写

输入语句如下：

```
SELECT LOWER('BEAUTIFUL'),
LOWER('Well');
```

执行结果如图 9-12 所示。由结果可以看到，经过 LOWER() 函数转换之后，大写字母都变成了小写，小写字母保持不变。

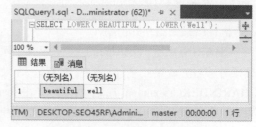

图 9-12　LOWER() 函数应用

9.2.13　UPPER() 函数

UPPER(character_expression) 将小写字符数据转换为大写字符数据后返回字符表达式。character_expression 是指定要进行转换的字符串。

实例 13：使用 UPPER() 函数将字符串中所有字母字符转换为大写

输入语句如下：

```
SELECT UPPER('black'), UPPER
('BLacK');
```

执行结果如图 9-13 所示。由结果可以看到，经过 UPPER() 函数转换之后，小写字母都变成了大写，大写字母保持不变。

图 9-13　UPPER() 函数应用

9.2.14　替换函数 REPLACE(s, s1, s2)

REPLACE(s,s1,s2) 使用字符串 s2 替代字符串 s 中所有的字符串 s1。

实例 14：使用 REPLACE() 函数进行字符串替代操作

输入语句如下：

```
SELECT REPLACE('xxx.sqlserver2019.
com', 'x', 'w');
```

执行结果如图 9-14 所示。REPLACE('xxx.sqlserver2019.com','x','w') 将 "xxx.sqlserver2019.com" 字符串中的 'x' 字符替换为 'w' 字符，结果为 "www.sqlserver2019.com"。

图 9-14　REPLACE() 函数应用

9.3　数学函数

数学函数主要用来处理数值数据，主要的数学函数有：绝对值函数、三角函数（包括正弦函数、余弦函数、正切函数、余切函数等）、对数函数、随机数函数等。在有错误产生时，数学函数将会返回空值 NULL。本节将介绍各种数学函数的功能和用法。

9.3.1 绝对值函数 ABS(x) 和返回圆周率的函数 PI()

ABS（X）返回 X 的绝对值。

实例 15：求 2、−3.3 和 −33 的绝对值

输入语句如下：

```
SELECT ABS(2), ABS(-3.3), ABS(-33);
```

执行结果如图 9-15 所示。正数的绝对值为其本身，2 的绝对值为 2；负数的绝对值为其相反数，−3.3 的绝对值为 3.3；−33 的绝对值为 33。

PI() 返回圆周率 π 的值。

实例 16：返回圆周率值

输入语句如下：

```
SELECT  pi();
```

执行结果如图 9-16 所示。

图 9-15　ABS() 函数应用

图 9-16　PI() 函数的应用

9.3.2 平方根函数 SQRT(x)

SQRT（x）返回非负数 x 的二次方根。

实例 17：求 9、40 的二次平方根

输入语句如下：

```
SELECT SQRT(9), SQRT(40);
```

执行结果如图 9-17 所示。

图 9-17　SQRT() 函数应用

9.3.3 获取随机数的函数 RAND() 和 RAND(x)

RAND（x）返回一个随机浮点值 v，范围在 0 ～ 1 之间（即 0 ≤ v ≤ 1.0）。若指定一个整数参数 x，则它被用作种子值，使用相同的种子数将产生重复序列。如果用同一种子值多次调用 RAND() 函数，将返回同一生成值。

实例 18：使用 RAND() 函数产生随机数

输入语句如下：

```
SELECT RAND(),RAND(),RAND();
```

执行结果如图 9-18 所示。可以看到，不带参数的 RAND() 每次产生的随机数值是不同的。

实例 19：使用 RAND(x) 函数产生随机数

输入语句如下：

```
SELECT RAND(10),RAND(10),RAND(11);
```

执行结果如图 9-19 所示。可以看到，当 RAND（x）的参数相同时，将产生相同的随机数，不同的 x 产生的随机数值不同。

图 9-18　不带参数的 RAND() 函数应用　　　　图 9-19　带参数的 RAND() 函数应用

9.3.4　四舍五入函数 ROUND (x, y)

ROUND(x, y) 返回最接近于参数 x 的数，其值保留到小数点后面 y 位，若 y 为负值，则将保留 x 值到小数点左边 y 位。

实例 20：使用 ROUND(x,y) 函数对操作数进行四舍五入，结果保留小数点后面指定 y 位

输入语句如下：

```
SELECT ROUND(1.38, 1), ROUND(1.38, 0),
ROUND(232.38, -1), ROUND(232.38,-2);
```

执行结果如图 9-20 所示。

ROUND(1.38, 1) 保留小数点后面 1 位，四舍五入的结果为 1.40；ROUND(1.38, 0) 保留小数点后面 0 位，即返回四舍五入后的整数值；ROUND(232.38, -1) 和 ROUND (232.38, -2) 分别保留小数点左边 1 位和 2 位。

图 9-20　ROUND() 函数应用

9.3.5　符号函数 SIGN (x)

SIGN(x) 返回参数的符号，x 的值为负、零或正时返回结果依次为 -1、0 或 1。

实例 21：使用 SIGN() 函数返回参数的符号

输入语句如下：

```
SELECT SIGN(-21),SIGN(0), SIGN(21);
```

执行结果如图 9-21 所示。SIGN(-21) 返回 -1；SIGN(0) 返回 0；SIGN(21) 返回 1。

图 9-21　SIGN() 函数应用

9.3.6　获取整数的函数 CEILING(x) 和 FLOOR(x)

CEILING(x) 返回不小于 x 的最小整数值。

实例 22：使用 CEILING() 函数返回最小整数

输入语句如下：

```
SELECT  CEILING (-3.35),CEILING(3.35);
```

执行结果如图 9-22 所示。-3.35 为负数，不小于 -3.35 的最小整数为 -3，因此返回值为 -3；不小于 3.35 的最小整数为 4，因此返回值为 4。

FLOOR(x) 返回不大于 x 的最大整数值。

实例 23：使用 FLOOR() 函数返回最大整数

输入语句如下：

```
SELECT FLOOR(-3.35), FLOOR(3.35);
```

执行结果如图 9-23 所示。-3.35 为负数，不大于 -3.35 的最大整数为 -4，因此返回值为 -4；不大于 3.35 的最大整数为 3，因此返回值为 3。

图 9-22　CEILING() 函数应用

图 9-23　FLOOR() 函数应用

9.3.7　幂运算函数 POWER(x, y)、SQUARE(x) 和 EXP(x)

POWER(x, y) 函数返回 x 的 y 次乘方的结果值。

▌实例 24：使用 POWER() 函数进行乘方运算

输入语句如下：

```sql
SELECT POWER(2,2), POWER(2.00,-2);
```

执行结果如图 9-24 所示。从返回结果可以看到，POWER(2, 2) 返回 2 的 2 次方，结果为 4；POWER(2, -2) 返回 2 的 -2 次方，结果为 4 的倒数，即 0.25。

SQUARE(x) 返回指定浮点值 x 的平方。

▌实例 25：使用 SQUARE() 函数进行平方运算

输入语句如下：

```sql
SELECT SQUARE (3), SQUARE (-3), SQUARE (0);
```

执行结果如图 9-25 所示。

EXP(x) 返回 e 的 x 乘方后的值。

▌实例 26：使用 EXP 函数计算 e 的乘方

输入语句如下：

```sql
SELECT EXP(3),EXP(-3),EXP(0);
```

执行结果如图 9-26 所示。

图 9-24　POWER() 函数应用　　图 9-25　SQUARE() 函数应用　　图 9-26　EXP() 函数应用

EXP(3) 返回以 e 为底的 3 次方，结果为 20.0855369231877；EXP(-3) 返回以 e 为底的 -3 次方，结果为 0.0497870683678639；EXP(0) 返回以 e 为底的 0 次方，结果为 1。

9.3.8　对数运算函数 LOG(x) 和 LOG10(x)

LOG(x) 返回 x 的自然对数，x 相对于基数 e 的对数。

▌实例 27：使用 LOG(x) 函数计算自然对数

输入语句如下：

```sql
SELECT LOG(3), LOG(6);
```

执行结果如图 9-27 所示。注意：对数的定义域不能为负数。

LOG10(x) 返回 x 的基数为 10 的对数。

实例 28：使用 LOG10() 计算以 10 为基数的对数

输入语句如下：

```sql
SELECT LOG10(1), LOG10(100), LOG10(1000);
```

执行结果如图 9-28 所示。

图 9-27　LOG() 函数应用　　　　图 9-28　LOG10() 函数应用

10 的 0 次乘方等于 1，因此 LOG10(1) 的返回结果为 0；10 的 2 次乘方等于 100，因此 LOG10(100) 的返回结果为 2；10 的 3 次乘方等于 1000，因此 LOG10(1000) 的返回结果为 3。

9.3.9　角度与弧度相互转换的函数 RADIANS(x) 和 DEGREES(x)

RADIANS(x) 将参数 x 由角度转换为弧度。

实例 29：使用 RADIANS() 将角度转换为弧度

输入语句如下：

```sql
SELECT RADIANS(90.0),RADIANS(180.0);
```

执行结果如图 9-29 所示。

DEGREES(x) 将参数 x 由弧度转化为角度。

实例 30：使用 DEGREES() 将弧度转换为角度

输入语句如下：

```sql
SELECT DEGREES(PI()), DEGREES(PI() / 2);
```

执行结果如图 9-30 所示。

图 9-29　RADIANS() 函数应用　　　　图 9-30　DEGREES() 函数应用

9.3.10　正弦函数 SIN(x) 和反正弦函数 ASIN(x)

SIN(x) 返回 x 的正弦值，其中 x 为弧度值。

▌实例 31：使用 SIN() 函数计算正弦值

输入语句如下：

```
SELECT SIN(PI()/2), ROUND(SIN(PI()),0);
```

执行结果如图 9-31 所示。

ASIN(x) 返回 x 的反正弦值，即正弦为 x 的值。若 x 不在 -1 ～ 1 的范围之内，则返回 NULL。

▌实例 32：使用 ASIN() 函数计算反正弦值

输入语句如下：

```
SELECT ASIN(1), ASIN(0);
```

执行结果如图 9-32 所示。可以看到 ASIN() 函数的值域正好是 SIN() 函数的定义域。

图 9-31　SIN() 函数应用

图 9-32　ASIN() 函数应用

9.3.11　余弦函数 COS(x) 和反余弦函数 ACOS(x)

COS(x) 返回 x 的余弦值，其中 x 为弧度值。

▌实例 33：使用 COS() 函数计算余弦值

输入语句如下：

```
SELECT COS(0),COS(PI()),COS(1);
```

执行结果如图 9-33 所示。由结果可以看到，COS(0) 的值为 1；COS(PI()) 的值为 -1；COS(1) 的值为 0.54030230586814。

ACOS(x) 返回 x 的反余弦值，即余弦是 x 的值。若 x 不在 -1 ～ 1 的范围之内，则返回 NULL。

▌实例 34：使用 ACOS() 函数计算反余弦值

输入语句如下：

```
SELECT ACOS(1),ACOS(0), ROUND(ACOS(0.5403023058681398),0);
```

执行结果如图 9-34 所示。由结果可以看到，函数 ACOS() 和 COS() 互为反函数。

图 9-33　COS() 函数应用

图 9-34　ACOS() 函数应用

9.3.12　正切函数、反正切函数和余切函数

TAN(x) 返回 x 的正切值，其中 x 为给定的弧度值。

实例 35：使用 TAN() 函数计算正切值

输入语句如下：

```
SELECT TAN(0.3), ROUND(TAN(PI()/4),0);
```

执行结果如图 9-35 所示。

ATAN(x) 返回 x 的反正切值，即正切为 x 的值。

图 9-35　TAN() 函数应用

实例 36：使用 ATAN() 函数计算反正切值

输入语句如下：

```
SELECT ATAN(0.30933624960962325), ATAN(1);
```

执行结果如图 9-36 所示。由结果可以看到，函数 ATAN() 和 TAN() 互为反函数。

COT(x) 返回 x 的余切值。

实例 37：使用 COT() 函数计算余切值

输入语句如下：

```
SELECT COT(0.3), 1/TAN(0.3),COT(PI() / 4);
```

执行结果如图 9-37 所示。由结果可以看到，函数 COT() 和 TAN() 互为倒函数。

图 9-36　ATAN() 函数应用

图 9-37　COT() 函数应用

9.4 数据类型转换函数

在同时处理不同数据类型的值时，SQL Server 一般会自动进行隐式类型转换，这对于数据类型相近的数值是有效的，比如int和float，但是对于其他数据类型，例如整型和字符型数据，隐式转换就无法实现了，此时必须使用显式转换。为了实现这种转换，T-SQL 提供了两个显式转换的函数，分别是 CAST() 函数和 CONVERT() 函数。

9.4.1 CAST() 函数

CAST() 函数主要用于不同数据类型之间数据的转换，比如数值类型转换成字符串类型、字符串类型转换成日期类型、日期类型转换成字符串类型等。CAST() 函数的语法格式如下：

```
CAST(expression AS date_type [(length)])
```

主要参数介绍如下。

● expression：表示被转换的数据，可以是任意数据类型的数据。

● date_type：要转换成的数据类型，如 varchar、float 和 datetime。

● length：指定数据类型的长度，如果不指定数据类型的长度，则默认的长度是 30。

实例 38：使用 CAST() 函数将字符串型数据转换成数值型

输入语句如下：

```
SELECT CAST('3.1415' AS decimal
(3,2));
```

代码执行结果如图 9-38 所示。

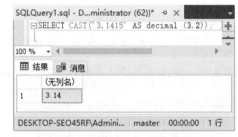

图 9-38　CAST() 函数应用

9.4.2 CONVERT() 函数

CONVERT() 函数与 CAST() 函数的作用是一样的，只不过 CONVERT() 函数的语法格式稍微复杂一些，具体的语法格式如下：

```
CONVERT(data_type [(length)],expression [,style])
```

主要参数介绍如下。

● date_type：要转换的数据类型，如 varchar、float 和 datetime。

● length：指定数据类型的长度，如果不指定数据类型的长度，则默认的长度是 30。

● expression：表示被转换的数据，可以是任意数据类型的数据。

● style：数据转换后的格式。

实例 39：使用 CONVERT() 函数将当前日期转换成字符串类型

输入语句如下：

```
SELECT CONVERT(varchar(20), GetDate(),111);
```

代码执行结果如图 9-39 所示。从结果可以看出，使用了 111 的日期格式，转换的字符串就成为"2020/05/18"了。

为了说明 CONVERT() 函数与 CAST() 函数之间的区别，下面使用 CAST() 函数将当前日期转换成字符串类型。

▌ 实例 40：使用 CAST() 函数将当前日期转换成字符串类型

输入语句如下：

```sql
SELECT CAST(GetDate() AS varchar(20));
```

代码执行结果如图 9-40 所示。从结果可以看出，使用 CAST() 函数将日期类型转换成字符串类型，这个格式是不能被指定的。

图 9-39　CONVERT() 函数应用

图 9-40　CAST() 函数应用

9.5　日期和时间函数

日期和时间函数主要用来处理日期和时间值，本小节将介绍各种日期和时间函数的功能和用法。一般的日期函数除了使用 DATE 类型的参数外，也可以使用 DATETIME 类型的参数，但会忽略这些值的时间部分；相同地，以 TIME 类型值为参数的函数，可以接受 DATETIME 类型的参数，但会忽略日期部分。

9.5.1　获取系统当前日期的函数

GETDATE() 函数用于返回数据库系统当前的日期和时间，返回值的类型为 datetime。

▌ 实例 41：使用日期函数获取系统的当期日期

输入语句如下：

```sql
SELECT GETDATE();
```

执行结果如图 9-41 所示。

这里返回的值为笔者电脑上的当前系统时间。

图 9-41　GETDATE() 函数应用

9.5.2　返回 UTC 日期的函数

GETUTCDATE () 函数返回当前 UTC（世界标准时间）日期值。

221

实例 42：使用 GETUTCDATE() 函数返回当前 UTC 日期值

输入语句如下：

```
SELECT GETUTCDATE();
```

执行结果如图 9-42 所示。

对比 GETDATE() 函数的返回值，可以看到，因为读者位于东 8 时区，所以当前系统时间比 UTC 提前 8 个小时。

图 9-42　GETUTCDATE() 函数应用

9.5.3　获取天数的函数 DAY (d)

DAY(d) 函数用于返回指定日期 d 是一个月中的第几天，范围是 1 ～ 31，该函数在功能上等价于 DATEPART(dd,d)。

实例 43：使用 DAY() 函数返回指定日期中对应的日期值

输入语句如下：

```
SELECT DAY('2020-11-12 01:01:01');
```

执行结果如图 9-43 所示。返回结果为 12，即 11 月中的第 12 天。

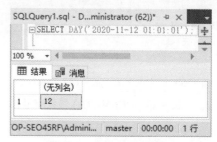

图 9-43　DAY() 函数应用

9.5.4　获取月份的函数 MONTH (d)

MONTH (d) 函数返回指定日期 d 中的月份。

实例 44：使用 MONTH() 函数返回指定日期中对应的月份值

输入语句如下：

```
SELECT MONTH('2020-04-12
01:01:01');
```

执行结果如图 9-44 所示。

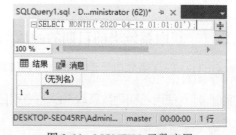

图 9-44　MONTH() 函数应用

9.5.5　获取年份的函数 YEAR (d)

YEAR(d) 函数返回指定日期中对应的年份值。

实例 45：使用 YEAR() 函数返回指定日期对应的年份

输入语句如下：

```
SELECT YEAR('2020-02-03'),YEAR('2021-02-03');
```

执行结果如图 9-45 所示。

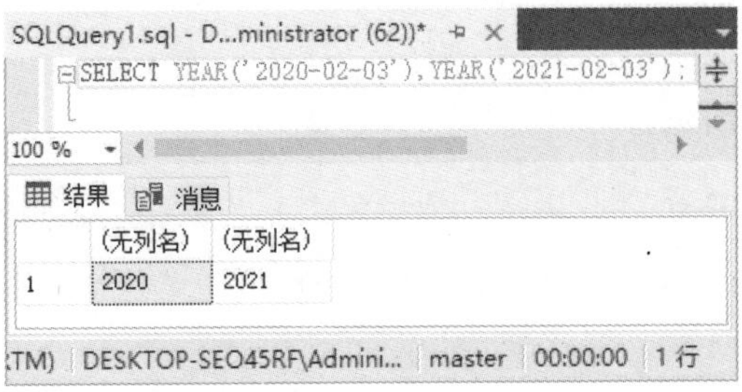

图 9-45　YEAR() 函数应用

9.5.6　获取日期中指定部分字符串值的函数 DATENAME(dp, d)

DATENAME(dp, d) 根据 dp 指定返回日期中相应部分的值，例如 YEAR 返回日期中的年份值，MONTH 返回日期中的月份值，dp 可以取的值有 quarter、dayofyear、day、week、weekday、hour、minute、second 等。

▌实例 46：使用 DATENAME() 函数返回日期中指定部分的日期字符串值

输入语句如下：

```
SELECT DATENAME(year,'2020-11-12 01:01:01'),
DATENAME(weekday, '2020-11-12 01:01:01'),
DATENAME(dayofyear, '2020-11-12 01:01:01');
```

执行结果如图 9-46 所示。这里 3 个 DATENAME() 函数分别返回指定日期值中的年份值、星期值和该日是一年中的第几天。

图 9-46　DATENAME() 函数应用

9.5.7　获取日期中指定部分的整数值的函数 DATEPART(dp, d)

DATEPART(dp,d) 函数返回指定日期中相应部分的整数值。dp 的取值与 DATENAME 函数中的相同。

▌实例 47：使用 DATEPART() 函数返回日期中指定部分的日期整数值

输入语句如下：

```
SELECT DATEPART (year,'2020-11-12 01:01:01'),
DATEPART (month, '2020-11-12 01:01:01'),
DATEPART (dayofyear, '2020-11-12 01:01:01');
```

执行结果如图 9-47 所示。

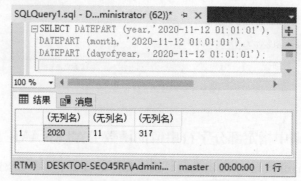

图 9-47 DATEPART() 函数应用

9.5.8 计算日期和时间的函数 DATEADD (dp, num, d)

DATEADD(dp, num, d) 函数用于执行日期的加运算，返回指定日期值加上一个时间段后的新日期。dp 指定日期中进行加法运算的部分值，例如 year、month、day、hour、minute、second、millsecond 等；num 指定与 dp 相加的值，如果该值为非整数值，将舍弃该值的小数部分；d 为执行加法运算的日期。

▌ 实例 48：使用 DATEADD () 函数执行日期加操作

输入语句如下：

```
SELECT DATEADD(year,1,'2020-11-12 01:01:01'),
DATEADD(month,2,'2020-11-12 01:01:01'),
DATEADD(hour,1,'2020-11-12 01:01:01')
```

执行结果如图 9-48 所示。

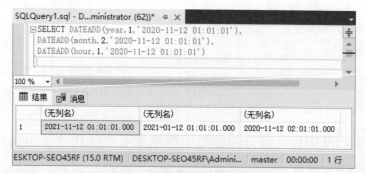

图 9-48 DATEADD () 函数应用

DATEADD(year,1,'2020-11-12 01:01:01') 表示年值增加 1，2020 加 1 之后为 2021；DATEADD(month,2,'2020-11-12 01:01:01') 表示月份值增加 2，11 月增加 2 个月之后为 1 月，同时，年值增加 1，结果为 2021-01-12；DATEADD(hour,1,'2020-11-12 01:01:01') 表示时间

部分的小时数增加 1。

9.6 系统函数

系统信息包括当前使用的数据库名称、主机名、系统错误信息以及用户名称等内容。使用 SQL Server 中的系统函数可以在需要的时候获取这些信息。本小节将介绍常用的系统函数的作用和使用方法。

9.6.1 返回表中指定字段的长度值函数 COL_LENGTH()

COL_LENGTH('table','column') 函数返回表中指定字段的长度值,其返回值为 INT 类型。'table' 为要确定其列长度信息的表的名称, table 是 nvarchar 类型的表达式。'column' 为要确定其长度的列的名称, column 是 nvarchar 类型的表达式。

▌实例 49:查找数据表中指定字段的长度值

在 test_db 数据库中, 显示 stu_info 表中的 s_name 字段的长度,输入语句如下:

```
USE test_db
SELECT COL_LENGTH('stu_info','s_
name');
```

执行结果如图 9-49 所示。

图 9-49 COL_LENGTH() 函数应用

9.6.2 返回表中指定字段的名称函数 COL_NAME()

COL_NAME ('table_id,'column_id') 函数返回表中指定字段的名称。table_id 是包含列的表的标识号, column_id 是列的标识号,类型为 int。

▌实例 50:查找数据表中指定字段的名称

在 test_db 数据库中, 显示 stu_info 表中的第一个字段的名称,输入语句如下:

```
SELECT COL_NAME(OBJECT_ID('test_db.dbo.stu_info'),1);
```

执行结果如图 9-50 所示。

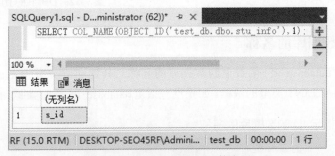

图 9-50 COL_NAME() 函数应用

9.6.3 返回数据表达式的字节数函数 DATALENGTH ()

DATALENGTH (expression) 函数返回数据表达式的字节数，其返回值类型为 INT。NULL 的长度为 NULL。expression 可以是任何数据类型的表达式。

▌实例 51：返回数据表中指定字段的字节数

查找 stu_info 表中 s_name 字段的字节数，输入语句如下：

```
USE test_db;
SELECT DATALENGTH(s_name) FROM stu_info WHERE s_id=1;
```

执行结果如图 9-51 所示。

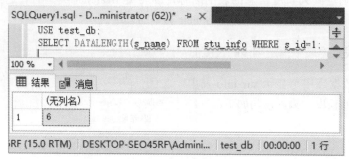

图 9-51　DATALENGTH() 函数应用

9.6.4 返回数据库的编号

DB_ID('database_name') 函数返回数据库的编号，其返回值为 SMALLINT 类型。如果没有指定 database_name，则返回当前数据库的编号。

▌实例 52：返回某个数据库的编号

查看 master 和 test_db 数据库的编号，输入语句如下：

```
SELECT DB_ID('master'),DB_ID('test_db')
```

执行结果如图 9-52 所示。

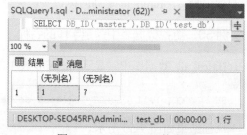

图 9-52　DB_ID() 函数应用

9.6.5 返回数据库的名称

DB_NAME ('database_id') 函数返回数据库的名称。其返回值类型为 nvarchar （128），database_id 是 SMALLINT 类型的数据。如果没有指定 database_id，则返回当前数据库的名称。

▌实例 53：返回指定 ID 的数据库的名称

输入语句如下：

```
USE master
```

```
SELECT DB_NAME(),DB_NAME(DB_ID('test_
db'));
```

执行结果如图 9-53 所示。

USE 语句将 master 选择为当前数据库，因此 DB_NAME() 函数的返回值为当前数据库 master；DB_NAME(DB_ID('test_db')) 函数的返回值为 test_db 本身。

图 9-53　DB_NAME() 函数应用

9.6.6　返回当前数据库默认的 NULL 值

GETANSINULL() ('database_name') 函数返回当前数据库默认的 NULL 值，其返回值类型为 INT。GETANSINULL() 函数对 ANSI 空值 NULL 返回 1；如果没有定义 ANSI 空值，则返回 0。

▌实例 54：返回当前数据库默认是否允许空值

输入语句如下：

```
SELECT GETANSINULL('test_db')
```

执行结果如图 9-54 所示。如果指定数据库的为空性允许为空值，并且没有显式定义列或数据类型的为空性，则 GETANSINULL 返回 1。

图 9-54　GETANSINULL() 函数应用

9.6.7　返回服务器端计算机的标识号

HOST_ID() 函数返回服务器端计算机的标识号。其返回值的类型为 char(10)。

▌实例 55：查看当前服务器端计算机的标识号

查看当前服务器端计算机的标识号，输入语句如下：

```
SELECT HOST_ID();
```

执行结果如图 9-55 所示。使用 HOST_ID() 函数可以记录那些向数据表中插入数据的计算机终端 ID。

9.6.8　返回服务器端计算机的名称

HOST_NAME() 函数返回服务器端计算机的名称。其返回值的类型为 nvarchar（128）。

▌实例 56：查看当前服务器端计算机的名称

输入语句如下：

```
SELECT HOST_NAME();
```

代码执行结果如图 9-56 所示。

图 9-55 HOST_ID() 函数应用

图 9-56 HOST_NAME() 函数应用

笔者登录时使用的是 Windows 身份验证，这里显示的值为笔者所用计算机的名称。

9.6.9 返回数据库对象的编号

OBJECT_ID('database_name.schema_name.object_name','object_type') 函数返回数据库对象的编号。其返回值的类型为 INT。' object_name ' 为要使用的对象。object_name 的数据类型为 varchar 或 nvarchar。如果 object_name 的数据类型为 varchar，则它将隐式转换为 nvarchar。可以选择是否指定数据库和架构名称。'object_type' 指定架构范围的对象类型。

实例 57：返回数据库中指定数据表对象的 ID

返回 test_db 数据库中 stu_info 表对象的 ID，输入语句如下：

```
SELECT OBJECT_ID('test_db.dbo.stu_
info');
```

执行结果如图 9-57 所示。

图 9-57 OBJECT_ID() 函数应用

> **注意：** 当指定一个临时表的表名时，其表名的前面必须加上临时数据库名 "tempdb"，如 select object_id("tempdb..#mytemptable")。

9.6.10 返回用户的 SID 函数 SUSER_SID ()

SUSER_SID ('login_name') 函数根据用户登录名返回用户的 SID (Security Identification Number, 安全标识号)。其返回值的类型为 INT。如果不指定 login_name，则返回当前用户的 SID 号。

实例 58：查看当前登录用户的安全标识号

输入语句如下：

```
SELECT SUSER_SID('DESKTOP-SEO45RF\Administrator');
```

执行结果如图 9-58 所示。

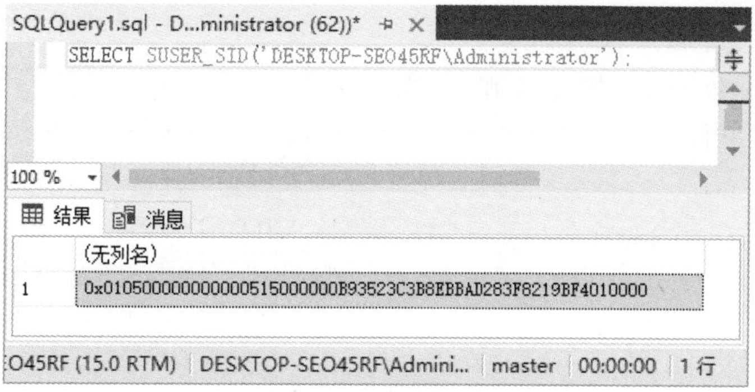

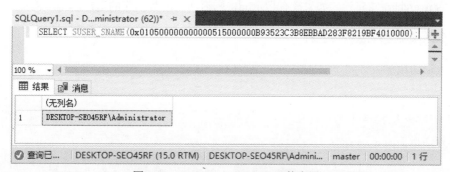

图 9-58　SUSER_SID() 函数应用

因为笔者使用的是 Windows 用户，所以该语句查看了 Windows 用户 DESKTOP-SEO45RF\Administrator 的安全标识号。如果使用 SQL Server 用户 sa 登录，则输入如下语句：

```
SELECT SUSER_SID('sa');
```

9.6.11　返回用户的登录名函数 SUSER_SNAME()

SUSER_SNAME ([server_user_sid]) 函数返回与安全标识号 (SID) 关联的登录名。如果没有指定 server_user_sid，则返回当前用户的登录名。其返回值的类型为 nvarchar(128)。

实例 59：返回与 Windows 安全标识号关联的登录名

输入语句如下：

```
SELECT SUSER_SNAME(0x0105000000000000515000000B93523C3B8EBBAD283F8219BF4010000);
```

执行结果如图 9-59 所示。

图 9-59　SUSER_SNAME() 函数应用

9.6.12　返回数据库对象的名称函数 OBJECT_NAME()

OBJECT_NAME (object_id [, database_id]) 函数返回数据库对象的名称。database_id 是要在其中查找对象的数据库的 ID，数据类型为 int。object_id 为要使用的对象的 ID，数据类型为 int，假定为指定数据库的对象；如果不指定 database_id，则假定为当前数据库上下文中的架构范围内的对象。其返回值类型为 sysname。

实例 60：返回某个数据库对象的名称

查看 test_db 数据库中对象 ID 值为 1669580986 的对象名称，输入语句如下：

```
USE test_db
SELECT OBJECT_NAME(1669580986,DB_
ID('test_db')), OBJECT_ID('test_db.dbo.
stu_info');
```

执行结果如图 9-60 所示。

图 9-60　OBJECT_NAME() 函数应用

9.6.13　返回数据库用户的标识号函数 USER_ID ()

USER_ID('user') 函数根据用户名返回数据库用户的 ID 号。其返回值的类型为 INT。如果没有指定 user，则返回当前用户的数据库 ID 号。

实例 61：显示当前用户的数据库标识号

输入语句如下：

```
USE test_db;
SELECT USER_ID();
```

执行结果如图 9-61 所示。

9.6.14　返回数据库用户名函数 USER_NAME ()

USER_NAME（id）函数根据与数据库用户关联的 ID 号返回数据库用户名。其返回值的类型为 nvarchar（256）。如果没有指定 id，则返回当前数据库的用户名。

实例 62：查找当前数据库名称

输入语句如下：

```
USE test_db;
SELECT USER_NAME();
```

执行结果如图 9-62 所示。

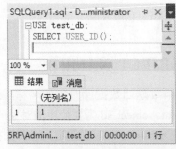 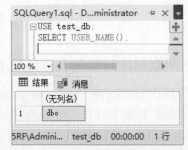

图 9-61　USER_ID() 函数应用　　图 9-62　USER_NAME() 函数应用

9.7 自定义函数

用户自定义函数可以像系统函数一样在查询或存储过程中调用，也可以像存储过程一样
使用 EXECUTE 命令来执行。与编程语言中的函数类似，SQL Server 中的用户自定义函数可
以接受参数、执行操作并将结果以值的形式返回。

9.7.1 自定义函数的语法

根据自定义函数的功能，一般可以将其分为两种：一种是标量函数，另一种是表值函数。
常用的自定义函数是标量函数。

标量函数是通过函数计算得到一个具体的数值，具体的语法格式如下：

```
CREATE FUNCTION function_name (@parameter_name parameter_data_type…)
RETURNS return_data_type
    [ AS ]
    BEGIN
            function_body
        RETURN scalar_expression
    END
```

主要参数介绍如下。

● function_name：用户定义函数的名称。

● @ parameter_name：用户定义函数中的参数，函数最多可以有 1024 个参数。

● parameter_data_type：参数的数据类型。

● return_data_type：标量用户定义函数的返回值。

● function_body：指定一系列定义函数值的 T-SQL 语句。function_body 仅用于标量函
数和多语句表值函数。

● scalar_expression：指定标量函数返回的标量值。

表值函数是通过函数返回数据表中的查询结果，具体的语法格式如下：

```
CREATE FUNCTION function_name (@parameter_name parameter_data_type…)
RETURNS TABLE
    [ AS ]
    RETURN [ ( ] select_stmt [ ) ]
```

主要参数介绍如下。

● function_name：用户定义函数的名称。

● @ parameter_name：用户定义函数中的参数，函数最多可以有 1024 个参数。

● parameter_data_type：参数的数据类型。

● TABLE：指定表值函数的返回值为表。

● select_stmt：定义内联表值函数的返回值的单个 SELECT 语句。

9.7.2 创建标量函数

在创建标量函数的过程中，根据有无参数，可以分为无参数标量函数和有参数标量函数，
下面分别进行介绍。

1. 创建不带参数的标量函数

无参数的函数也是用户经常用到的，如获取系统当前时间的函数。下面在 mydb 数据库中创建一个没有参数的标量函数。

▌实例 63：创建标量函数，计算当前系统年份被 2 整除后的余数

创建函数的 T-SQL 语句如下：

```
CREATE function fun1()
RETURNS INT
    AS
    BEGIN
      RETURN CAST(Year(GetDate()) AS INT)%2
    END
```

代码执行结果如图 9-63 所示。

下面调用自定义函数并返回计算结果。调用自定义函数与系统函数类似，但是也略有不同。在调用自定义函数时，需要在该函数前面加上 **dbo**。下面就来调用新创建的函数 fun1，T-SQL 语句如下：

```
SELECT dbo.fun1( );
```

代码执行结果如图 9-64 所示。

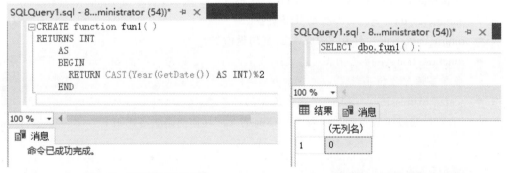

图 9-63　创建自定义函数　　　　　　图 9-64　调用自定义函数

从结果中可以看出，返回值是 0，这是因为当前系统年份为 2020，2020%2 等于 0。

2. 创建带有参数的标量函数

带参数的标量函数在创建和调用时，都与无参数标量函数有一些区别，下面通过在 mydb 数据库中创建一个带有参数的标量函数为例进行介绍。

▌实例 64：创建标量函数，传入商品价格作为参数，并将传入的价格打 8 折

创建自定义函数的语句如下：

```
CREATE function fun2(@price decimal(4,2))
RETURNS decimal(4,2)
    BEGIN
      RETURN @price*0.8
    END
```

代码执行结果如图 9-65 所示。

下面就来调用新创建的函数 fun2，假设需要打折的商品价格为 80 元，那么调用函数计算数值的 T-SQL 语句如下：

```
SELECT dbo.fun2(80);
```

代码执行结果如图 9-66 所示。

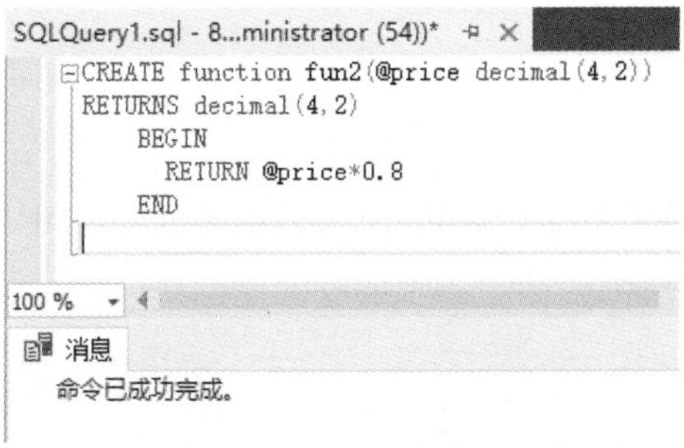

图 9-65　创建自定义函数 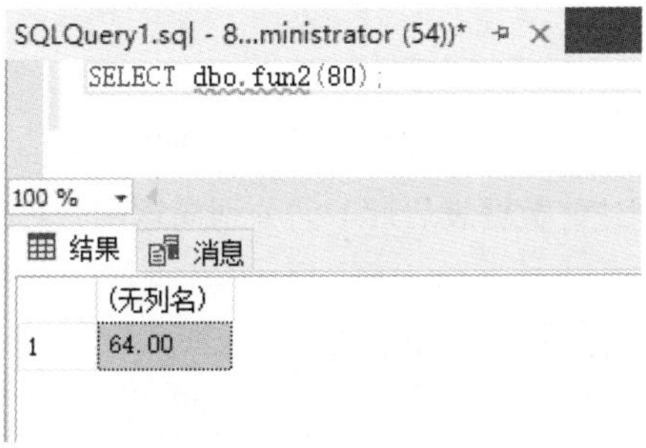　　　　　　　图 9-66　调用自定义函数

从结果可以看出，在调用带有参数的函数时，必须为其传递参数，并且参数的个数以及数据类型要与函数定义时的一致。

9.7.3　创建表值函数

使用表值函数，一般是为了根据某一个条件查询出相应的结果。下面给出一个实例，在 test 数据库中，通过创建表值函数来返回员工信息表 employee 中的男员工信息。

在数据库 test 中，创建员工信息表和部门信息表，具体输入代码如下：

```
USE test
CREATE TABLE employee
(
e_no            INT    PRIMARY KEY,
e_name          VARCHAR(50),
e_gender        CHAR(2),
dept_no         INT,
e_job           VARCHAR(50),
e_salary        INT,
hireDate        DATE,
 );
CREATE TABLE dept
(
d_no            INT   PRIMARY KEY,
d_name          VARCHAR(50),
d_location      VARCHAR(100),
);
```

在查询编辑器窗口中输入创建数据表的 T-SQL 语句，然后执行语句，即可完成数据表的创建，如图 9-67 和图 9-68 所示。

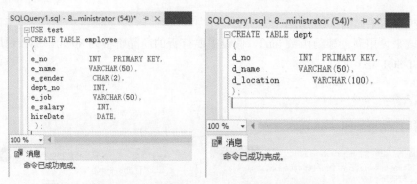

图 9-67　创建 employee 表　　　　图 9-68　创建 dept 表

创建好数据表后，下面分别向这两张数据表中添加数据记录，具体的 T-SQL 语句如下：

```
USE test
INSERT INTO employee
VALUES (101,'王丽华', 'm',20, 'CLERK',800, '2010-11-12'),
       (102,'李木子', 'f',30, 'SALESMAN',1600, '2013-05-12'),
       (103,'严继红', 'f',30, 'SALESMAN',1250, '2013-05-12'),
       (104,'李少红', 'f',20, 'MANAGER',2975, '2018-05-18'),
       (105,'袁天明', 'm',30, 'SALESMAN',1250, '2011-06-12'),
       (106,'张俊豪', 'm',30, 'MANAGER',2850, '2012-02-15'),
       (107,'李华玉', 'f',10, 'MANAGER',2450, '2012-09-12'),
       (108,'王一诺', 'm',20, 'ANALYST',3000, '2013-05-12'),
       (109,'宋子明', 'm',10, 'PRESIDENT',5000, '2010-01-01'),
       (110,'田佳琪', 'f',30, 'SALESMAN',1500, '2010-10-12'),
       (111,'赵龙轩', 'm',20, 'CLERK',1100, '2010-10-05'),
       (112,'马艳利', 'm',30, 'CLERK',950, '2018-06-15');
INSERT INTO dept
VALUES (10,'ACCOUNTING', '上海'),
       (20,'RESEARCH','北京 '),
       (30,'SALES','深圳'),
       (40,' OPERATIONS ', '福建 ');
```

在查询编辑器窗口中输入添加数据记录的 T-SQL 语句，然后执行语句，即可完成数据的添加，如图 9-69 和图 9-70 所示。

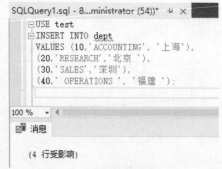

图 9-69　employee 表数据记录　　　　图 9-70　dept 表数据记录

▌实例 65：创建表值函数，返回数据表中的员工信息

创建表值函数的 T-SQL 语句如下：

```
CREATE FUNCTION getempSex(@empSex CHAR(2) )
RETURNS TABLE
AS
RETURN
(
  SELECT e_no, e_name,e_gender,e_salary
  FROM employee
  WHERE e_gender=@empSex
)
```

代码执行结果如图 9-71 所示。

上述代码创建了一个表值函数，该函数根据用户输入的参数值分别返回所有男员工或女员工的记录。SELECT 语句查询结果集组成了返回表值的内容。输入用于返回男员工数据记录的 T-SQL 语句：

```
SELECT * FROM getempSex('m');
```

代码执行结果如图 9-72 所示。

图 9-71　创建表值函数　　　图 9-72　调用表值函数返回男员工信息

由返回结果可以看到，这里返回了所有男员工的信息，如果想要返回女员工的信息，将 T-SQL 语句修改如下：

```
SELECT * FROM getempSex('f');
```

代码执行结果如图 9-73 所示，即可完成自定义函数的调用，并在【结果】窗格中显示计算结果。

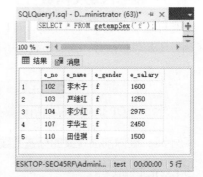

图 9-73　调用表值函数返回女员工信息

9.7.4　修改自定义函数

自定义函数的修改与创建语句很相似，将创建自定义函数语法中的 CREATE 语句换成 ALTER 语句就可以了。

实例 66：修改表值函数，返回数据表中员工的部门信息

修改函数的 T-SQL 语句如下：

```
ALTER FUNCTION getempSex(@empdept CHAR(2) )
RETURNS TABLE
AS
RETURN
(
  SELECT e_no, e_name,dept_no,e_salary
  FROM employee
  WHERE dept_no=@empdept
)
```

代码执行结果如图 9-74 所示，这样就完成了函数的修改，并在【消息】窗格中显示"命令已成功完成"。

下面调用修改后的函数，T-SQL 语句如下：

```
SELECT * FROM getempSex('20');
```

代码执行结果如图 9-75 所示，这样即可完成自定义函数的调用。

图 9-74　修改自定义函数　　　　图 9-75　调用修改后的自定义函数

9.7.5　删除自定义函数

当自定义函数不再需要时，可以使用 T-SQL 语言中的 DROP 语句将其删除。无论是标量函数还是表值函数，删除函数的语句都是一样的，具体的语法格式如下：

```
DROP FUNCTION dbo.fun_name;
```

另外，DROP 语句可以从当前数据库中删除一个或多个用户自定义函数。

实例 67：删除前面定义的标量函数 fun1

T-SQL 语句如下：

```
DROP FUNCTION dbo.fun1;
```

代码执行结果如图 9-76 所示，即可完成自定义
函数的删除，并在【消息】窗格中显示"命令已成

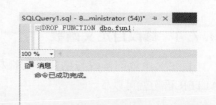

图 9-76　使用 DROP 语句删除自定义函数

功完成"。

> **注意**：删除函数之前，需要先打开函数所在的数据库。

9.8 在 SQL Server Management Studio 中管理自定义函数

使用 SQL 语句可以创建和管理自定义函数。实际上，在 SQL Server Management Studio 中也可以实现同样的功能，如果一时忘记创建自定义函数的语法格式，就可以在 SQL Server Management Studio 中借助提示来创建与管理自定义函数。

9.8.1 创建自定义函数

在 SQL Server Management Studio 中创建自定义函数的操作步骤如下。

01 在对象资源管理器中选择需要创建自定义函数的数据库，这里选择 test 数据库，如图 9-77 所示。

02 展开 test 数据库，然后展开其下的【可编程性】→【函数】节点，这里以创建表值函数为例，所以选择【表值函数】节点，如图 9-78 所示。

图 9-77　选择数据库　　　　图 9-78　选择"表值函数"节点

03 右击【表值函数】节点，在弹出的快捷菜单中选择【新建内联表值函数】命令，如图 9-79 所示。

图 9-79　选择【新建内联表值函数】命令

04 进入新建表值函数界面，在其中可以看到创建表值函数的语法框架已经显示出来，如图 9-80 所示。

237

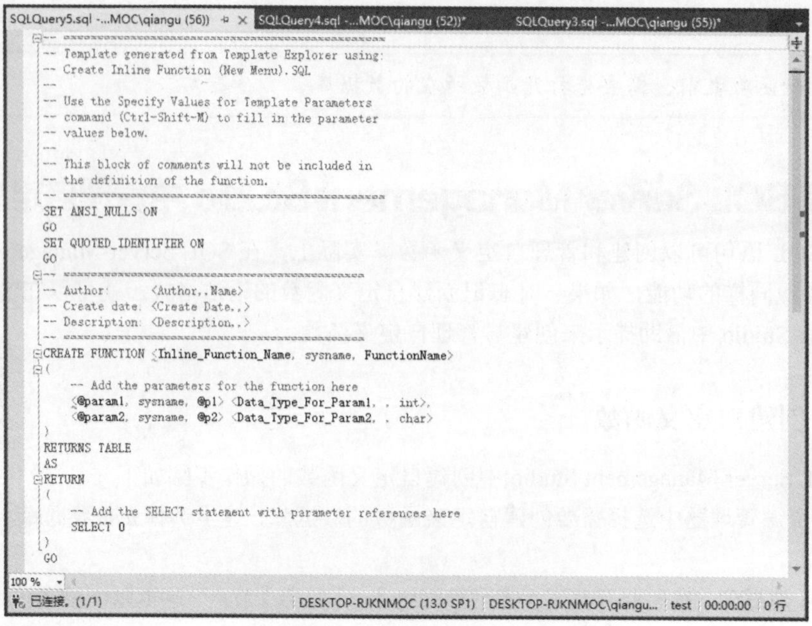

图 9-80　表值函数的语法框架

05 根据需要添加创建自定义函数的内容（见图 9-81），这里输入如下 T-SQL 语句：

```sql
CREATE FUNCTION getempSex(@empSex CHAR(2) )
RETURNS TABLE
AS
RETURN
(
  SELECT e_no, e_name,e_gender,e_salary
  FROM employee
  WHERE e_gender=@empSex
)
```

图 9-81　输入自定义函数代码

06▶输入完毕后，单击【保存】按钮，打开【另存文件为】对话框，即可保存函数信息，这样自定义表值函数 getempSex 就创建成功了，如图 9-82 所示。

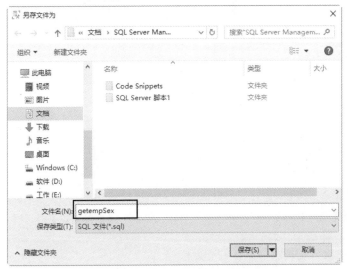

图 9-82 【另存文件为】对话框

9.8.2 修改自定义函数

相对于创建自定义函数来说，在 SSMS 中修改自定义函数更简单。在 test 数据库中选择【可编程性】→【函数】→【表值函数】节点，然后在表值函数列表中右击需要修改的自定义函数，这里选择 getempSex，在弹出的快捷菜单中选择【修改】命令，如图 9-83 所示。

进入自定义函数的修改界面，然后对自定义函数进行修改，最后保存即可完成函数的修改操作，如图 9-84 所示。

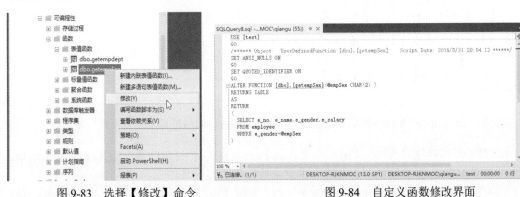

图 9-83 选择【修改】命令　　　　　图 9-84 自定义函数修改界面

9.8.3 删除自定义函数

删除自定义函数可以在 SSMS 中轻松完成，具体操作步骤如下。

01▶选择需要删除的自定义函数并右击，在弹出的快捷菜单中选择【删除】命令，如图 9-85 所示。

02▶打开【删除对象】对话框，单击【确定】按钮，完成自定义函数的删除，如图 9-86 所示。

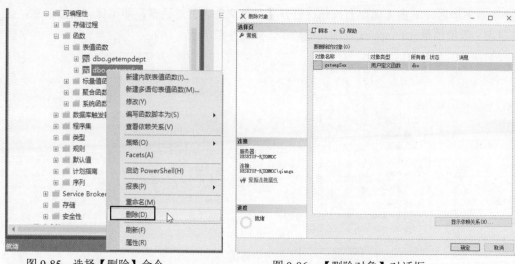

图 9-85　选择【删除】命令　　　　　　　图 9-86　【删除对象】对话框

> **注意**：该方法一次只能删除一个自定义函数。

9.9　疑难问题解析

▎疑问 1：函数创建完成后，为什么没有马上起作用？

　　答：函数创建完成后，应在查询编辑器中调用该函数，将函数的运行结果显示出来，这样才能看到函数的作用。

▎疑问 2：自定义函数支持输出参数吗？

　　答：自定义函数可以接受零个或多个输入参数，其返回值可以是一个数值，也可以是一个表，但是自定义函数不支持输出参数。

9.10　综合实战训练营

▎实战 1：在 marketing 数据库中，创建一个计算货品订单数的函数。

　　计算货品订单数的函数接收输入的货品编码，并通过查询"订单信息"表返回该货品的数量。
　　（1）如果 marketing 数据库中存在同名函数，则执行删除操作。
　　（2）在 marketing 数据库中建立新的函数，函数名为 dbo.sl。
　　（3）调用 dbo.sl 函数显示货品的数量。

▎实战 2：在 marketing 数据库中，创建一个内嵌表值函数。

　　内嵌表值函数可以给出指定客户的订单信息，即客户的编号作为输入参数。
　　（1）如果 marketing 数据库中存在同名函数，则执行删除操作。
　　（2）在 marketing 数据库中建立新的内嵌表值函数，函数名为 dbo.dd。
　　（3）调用内嵌表值函数 dbo.dd 显示客户订的货品数量。

第10章 创建和使用视图

本章导读

数据库中的视图是一个虚拟表。同真实的表一样,视图包含一系列带有名称的列和行数据。行和列数据来自由定义视图的查询所引用的表,并且在引用视图时动态生成。本章将通过一些实例来介绍视图的概念、视图的作用、创建视图、查看视图、修改视图、更新视图和删除视图等知识。

知识导图

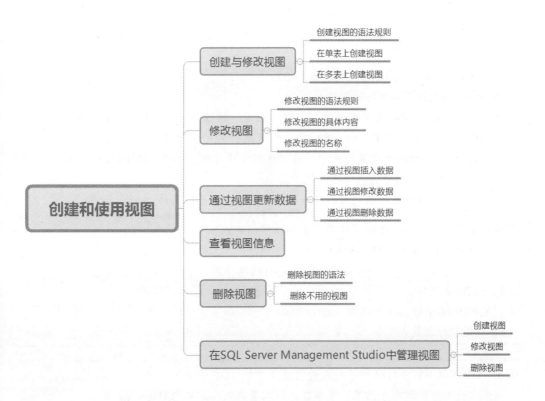

10.1　创建视图

创建视图是使用视图的第一步。视图中包含 SELECT 查询的结果，因此视图的创建基于 SELECT 语句和已存在的数据表。视图既可以由一张表组成，也可以由多张表组成。

10.1.1　创建视图的语法规则

创建视图的语法与创建表的语法一样，都是使用 CREATE 语句来创建的。在创建视图时，只能用到 SELECT 语句。具体的语法格式如下：

```
CREATE VIEW [schema_name. ] view_name [column_list]
AS select_statement
[ WITH CHECK OPTION ]
[ENCRYPTION];
```

主要参数介绍如下。

- schema_name：视图所属架构的名称。
- view_name：视图的名称。视图名称必须符合有关标识符的规则。可以选择是否指定视图所有者名称。
- column_list：视图中各个列使用的名称。
- AS：指定视图要执行的操作。
- select_statement：定义视图的 SELECT 语句。该语句可以使用多个表和其他视图。
- WITH CHECK OPTION：强制针对视图执行的所有数据修改语句，都必须符合在 select_statement 中设置的条件。通过视图修改行时，WITH CHECK OPTION 可确保提交修改后，仍可通过视图看到数据。
- ENCRYPTION：对创建视图的语句加密。该选项是可选的。

> **注意**：视图定义中的 SELECT 子句不能包括下列内容。
> （1）COMPUTE 或 COMPUTE BY 子句。
> （2）ORDER BY 子句，除非在 SELECT 语句的选择列表中也有一个 TOP 子句。
> （3）INTO 关键字。
> （4）OPTION 子句。
> （5）引用临时表或表变量。

> **提示**：ORDER BY 子句仅用于确定视图定义中的 TOP 子句返回的行，ORDER BY 不保证在查询视图时得到有序结果，除非在查询本身中也指定了 ORDER BY。

10.1.2　在单表上创建视图

在单表上创建视图通常都是选择一张表中的几个经常需要查询的字段。为演示视图创建与应用的需要，下面在数据库 mydb 中创建学生成绩表（studentinfo 表）和课程信息表

（subjectinfo 表），输入语句如下：

```
USE mydb
CREATE TABLE studentinfo
(
  id              INT   PRIMARY KEY,
  studentid        INT,
  name            VARCHAR(20),
  major           VARCHAR(20),
  subjectid        INT,
  score           DECIMAL(5,2),
);
CREATE TABLE subjectinfo
(
  id             INT  PRIMARY KEY,
  subject        VARCHAR(50),
);
```

在查询编辑器窗口中输入创建数据表的 T-SQL 语句，然后执行语句，即可完成数据表的
创建，如图 10-1 和图 10-2 所示。

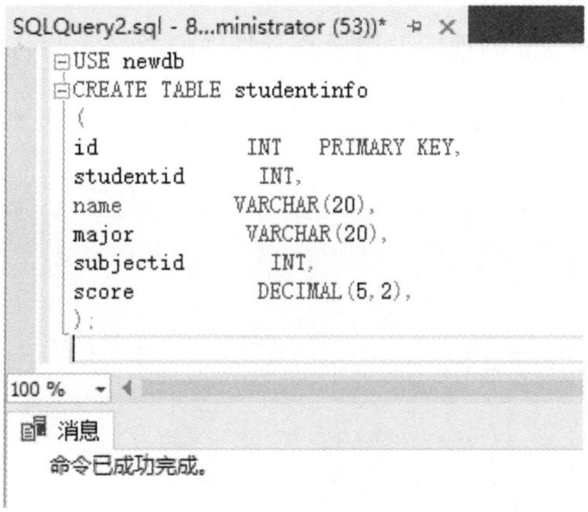

图 10-1　创建 studentinfo 表 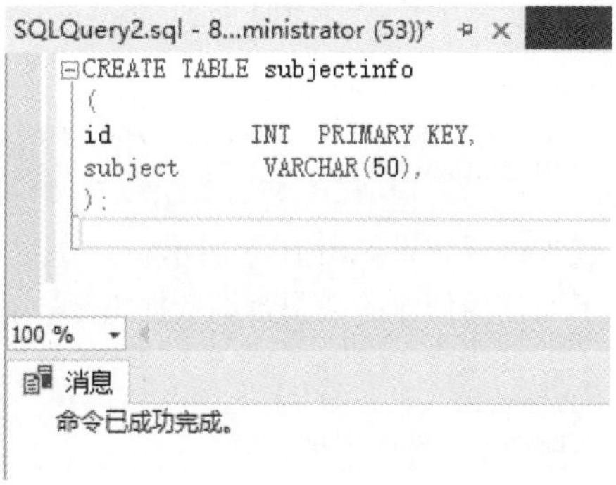　　　　　　图 10-2　创建 subjectinfo 表

创建好数据表后，下面分别向这两张数据表中添加数据记录，具体的 T-SQL 语句如下：

```
USE mydb
INSERT INTO studentinfo
VALUES (1,101,'赵子涵', '计算机科学',5,80),
        (2, 102,'侯明远', '会计学',1, 85),
        (3, 103,'冯梓恒', '金融学',2, 95),
        (4, 104,'张俊豪', '建筑学',5 ,97),
        (5, 105,'吕凯', '美术学',4, 68),
        (6, 106,'侯新阳', '金融学',3, 85),
        (7, 107,'朱瑾萱', '计算机科学',1,78),
        (8, 108,'陈婷婷', '动物医学',4, 91),
        (9, 109,'宋志磊', '生物科学',2, 88),
        (10, 110,'高伟光', '工商管理学',4 ,53);
INSERT INTO subjectinfo
  VALUES (1,'大学英语'),
          (2,'高等数学'),
          (3,'线性代数'),
          (4,'计算机基础'),
          (5,'大学体育');
```

在查询编辑器窗口中输入添加数据记录的 T-SQL 语句，然后执行语句，即可完成数据的添加，如图 10-3 和图 10-4 所示。

	id	studentid	name	major	subjectid	score
▶	1	101	赵子涵	计算机科学	5	80.00
	2	102	侯明远	会计学	1	85.00
	3	103	冯梓恒	金融学	2	95.00
	4	104	张俊豪	建筑学	5	97.00
	5	105	吕凯	美术学	4	68.00
	6	106	侯新阳	金融学	3	85.00
	7	107	朱瑾萱	计算机科学	1	78.00
	8	108	陈婷婷	动物医学	4	91.00
	9	109	宋志磊	生物科学	2	88.00
	10	110	高伟光	工商管理学	4	53.00
*	NULL	NULL	NULL	NULL	NULL	NULL

图 10-3　studentinfo 表数据记录

	id	subject
▶	1	大学英语
	2	高等数学
	3	线性代数
	4	计算机基础
	5	大学体育
*	NULL	NULL

图 10-4　subjectinfo 表数据记录

实例 1：在单个数据表 studentinfo 上创建视图

在数据表 studentinfo 上创建一个名为 view_stu 的视图，用于查看学生的学号、姓名、所在专业，其 T-SQL 语句如下：

```
CREATE VIEW view_stu
AS SELECT studentid AS 学号,name AS 姓名, major AS 所在专业
FROM studentinfo;
```

代码执行结果如图 10-5 所示。

下面使用创建的视图查询数据信息，输入语句如下：

```
USE mydb;
SELECT * FROM view_stu;
```

代码执行结果如图 10-6 所示，这样就完成了通过视图查询数据信息的操作。由结果可以看到，从视图 view_stu 中查询的内容和基本表中的内容是一样的，这里的 view_stu 中包含 3 列。

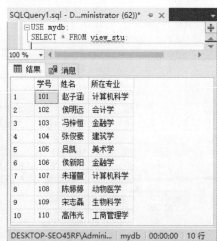

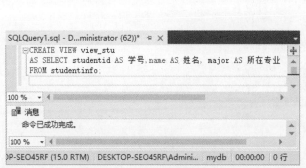

图 10-5　在单个表上创建视图

图 10-6　通过视图查询数据

> **注意**：如果用户创建完视图后立刻查询该视图，有时候会提示错误信息"该对象不存在"，此时刷新一下视图列表即可解决问题。

10.1.3 在多表上创建视图

在多表上创建视图，也就是说视图中的数据是从多张数据表中查询出来的，创建的方法就是更改 SQL 语句。

▌ **实例 2：在数据表 studentinfo 与 subjectinfo 上创建视图**

创建一个名为 view_info 的视图，用于查看学生的姓名、所在专业、课程名称以及成绩，输入语句如下：

```
CREATE VIEW view_info
AS SELECT studentinfo.name AS 姓名, studentinfo.major AS 所在专业,
subjectinfo.subject AS 课程名称, studentinfo.score AS 成绩
FROM studentinfo, subjectinfo
WHERE studentinfo.subjectid=subjectinfo.id;
```

代码执行结果如图 10-7 所示。

下面使用创建的视图来查询数据信息，输入语句如下：

```
USE mydb;
SELECT * FROM view_info;
```

代码执行结果如图 10-8 所示，这样就完成了通过视图查询数据信息的操作。从查询结果可以看出，通过创建视图来查询数据，可以很好地保护基本表中的数据。视图中的信息很简单，只包含姓名、所在专业、课程名称与成绩。

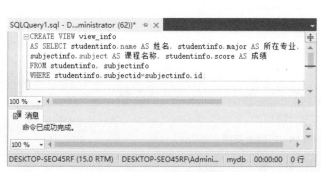

图 10-7　在多表上创建视图

图 10-8　通过视图查询数据

10.2　修改视图

当视图创建完成后，如果觉得有些地方不能满足需要，这时就可以修改视图，而不必重新创建视图。

10.2.1 修改视图的语法规则

在 SQL Server 中，修改视图的语法规则与创建视图的语法规则非常相似，具体的语法格式如下：

```
ALTER VIEW [schema_name. ] view_name [column_list]
AS select_statement
[ WITH CHECK OPTION ]
[ENCRYPTION];
```

从语法中可以看出，修改视图只是把创建视图的 CREATE 关键字换成了 ALTER，其他内容不变。

10.2.2 修改视图的具体内容

了解了修改视图的语法格式后，下面就来介绍修改视图具体内容的方法。

▍实例 3：修改视图 view_info 的具体内容

修改名为 view_info 的视图，用于查看学生的学号、姓名、所在专业、课程名称以及成绩，输入语句如下：

```
ALTER VIEW view_info
AS SELECT studentinfo.studentid AS 学号,studentinfo.name AS 姓名, studentinfo.
major AS 所在专业,subjectinfo.subject AS 课程名称, studentinfo.score AS 成绩
FROM studentinfo, subjectinfo
WHERE studentinfo.subjectid=subjectinfo.id;
```

代码执行结果如图 10-9 所示。

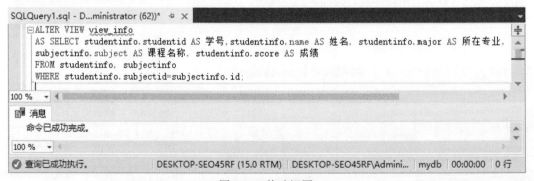

图 10-9　修改视图

下面使用修改后的视图来查询数据信息，输入语句如下：

```
USE mydb;
SELECT * FROM view_info;
```

代码执行结果如图 10-10 所示。这样就完成了通过修改视图查询数据信息的操作。从查询结果可以看出，返回的结果中除姓名、所在专业、课程名称与成绩外，又添加了学号。

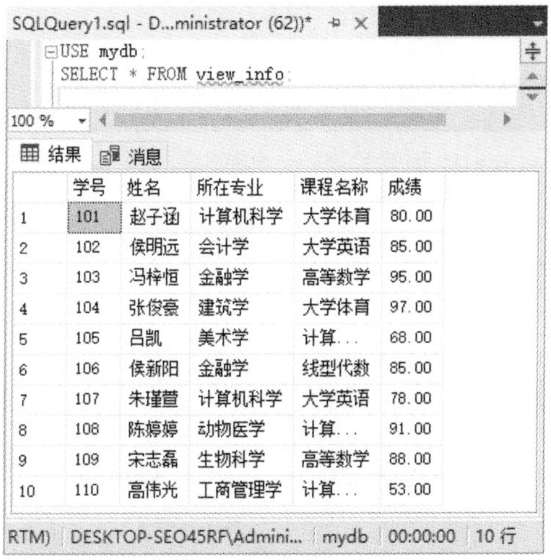

图 10-10　通过修改视图查询数据

10.2.3　修改视图的名称

使用系统存储过程 sp_rename 可以修改视图的名称。

▎实例 4：修改视图 view_info 的名称

重命名视图 view_info，将 view_info 修改为 view_info_01。

```
sp_rename 'view_info', 'view_info_01';
```

代码执行结果如图 10-11 所示。这样就完成了修改视图名称的操作。

图 10-11　重命名视图

> **注意**：从结果中可以看出，在对视图进行重命名后会给使用该视图的程序造成一定的影响。因此，在给视图重命名前，要先知道是否有一些其他数据库对象使用该视图名称，在确保不会对其他对象造成影响后，再对其进行重命名操作。

10.3　通过视图更新数据

通过视图更新数据是指通过视图来插入、更新、删除表中的数据，通过视图更新数据的方法有 3 种，分别是 INSERT、UPDATE 和 DELETE。由于视图是一个虚拟表，其中没有数据，因此，通过视图更新数据的时候都是对基本表进行更新。

10.3.1　通过视图插入数据

使用 INSERT 语句可以向单个基表组成的视图中添加数据，而不能向两个或多张表组成的视图中添加数据。

实例5：通过视图向基本表 studentinfo 中插入数据

首先创建一个视图，输入语句如下：

```
CREATE VIEW view_stuinfo(编号,学号,姓名,所在专业,课程编号,成绩)
AS
SELECT id,studentid,name,major,subjectid,score
FROM studentinfo
WHERE  studentid='101';
```

代码执行结果如图 10-12 所示。

查询插入数据之前的数据表，输入语句如下：

```
SELECT * FROM studentinfo;   --查看插入记录之前基本表中的内容
```

代码执行结果如图 10-13 所示，这样就完成了数据的查询操作，并在【结果】窗格中显示查询的数据记录。

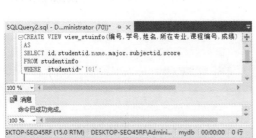

图 10-12　创建视图 view_stuinfo

图 10-13　通过视图查询数据

使用创建的视图向数据表中插入一行数据，T-SQL 语句如下：

```
INSERT INTO view_stuinfo --向基本表studentinfo中插入一条新记录
VALUES(11,111,'李雅','医药学',3,89);
```

代码执行结果如图 10-14 所示，即可完成数据的插入操作，并在【消息】窗格中显示"1行受影响"。

查询插入数据后的基本表 studentinfo，T-SQL 语句如下：

```
SELECT * FROM studentinfo;     --查看插入记录之后基本表中的内容
```

代码执行结果如图 10-15 所示，可以看到最后一行是新插入的数据，这就说明在视图 view_stuinfo 中执行一条 INSERT 语句，实际上是向基本表中插入了一条记录。

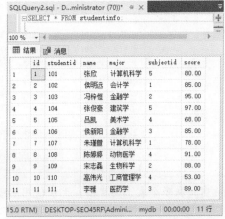

图 10-14 插入数据记录   图 10-15 通过视图向基本表插入记录

10.3.2 通过视图修改数据

除了可以插入一条完整的记录外，通过视图也可以更新基本表中记录的某些列值。

实例 6：通过视图修改数据表中指定的数据记录

通过视图 view_stuinfo 将学号为 101 的学生姓名修改为"张欣"，输入语句如下：

```
USE mydb;
UPDATE view_stuinfo
SET 姓名='张欣'
WHERE 学号=101;
```

代码执行结果如图 10-16 所示。

查询修改数据后的基本表 studentinfo，输入语句如下：

```
SELECT * FROM studentinfo;    --查看修改记录之后基本表中的内容
```

代码执行结果如图 10-17 所示。从结果可以看到学号为 101 的学生姓名被修改为"张欣"，UPDATE 语句修改 view_stuinfo 视图中的姓名字段后，基本表中的 name 字段同时被修改为新的数值。

图 10-16 通过视图修改数据   图 10-17 查看修改后基本表中的数据

10.3.3　通过视图删除数据

当数据不再使用时，可以通过 DELETE 语句在视图中删除。

实例 7：通过视图删除数据表中指定的数据记录

通过视图 view_stuinfo 删除基本表 studentinfo 中的记录，输入语句如下：

```
DELETE FROM view_stuinfo WHERE 姓名='张欣';
```

代码执行结果如图 10-18 所示。
查询删除数据后视图中的数据，输入语句如下：

```
SELECT * FROM view_stuinfo;
```

代码执行结果如图 10-19 所示，即可完成视图的查询操作，可以看到视图中的记录为空。

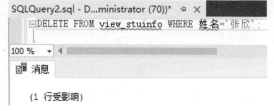

图 10-18　删除指定数据

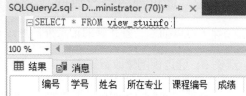

图 10-19　查看删除数据后的视图

查询删除数据后基本表 studentinfo 中的数据，输入语句如下：

```
SELECT * FROM studentinfo;
```

代码执行结果如图 10-20 所示，可以看到基本表中姓名为"张欣"的数据记录已经被删除。

	id	studentid	name	major	subjectid	score
1	2	102	侯明远	会计学	1	85.00
2	3	103	冯梓恒	金融学	2	95.00
3	4	104	张俊豪	建筑学	5	97.00
4	5	105	吕凯	美术学	4	68.00
5	6	106	侯新阳	金融学	3	85.00
6	7	107	朱瑾萱	计算机科学	1	78.00
7	8	108	陈嫱嫱	动物医学	4	91.00
8	9	109	宋志磊	生物科学	2	88.00
9	10	110	高伟光	工商管理学	4	53.00
10	11	111	李雅	医药学	3	89.00

图 10-20　通过视图删除基本表中的一条记录

> **注意**：建立在多个表上的视图，无法使用 DELETE 语句进行删除操作。

10.4 查看视图信息

视图定义好之后，用户可以随时查看视图的信息，可以直接在 SQL Server 查询编辑窗口中进行查看，也可以使用系统的存储过程查看。

10.4.1 用图形化工具查看视图

使用 SQL Server Management Studio 可以以图形化界面方式查看视图定义信息。

▎实例 8：查看 view_stu 视图的定义信息

`01` 启动 SQL Server Management Studio 之后，选择视图所在的数据库，选择要查看的视图，如图 10-21 所示。

`02` 右击并在弹出的快捷菜单中选择【属性】命令，打开【视图属性】对话框，即可查看视图的定义信息，如图 10-22 所示。

图 10-21　选择要查看的视图　　　　图 10-22　【视图属性】对话框

10.4.2 用系统存储过程查看视图

使用系统存储过程 sp_help 可以查看视图的定义信息，该系统存储过程可以报告有关数据库对象、用户定义数据类型或 SQL Server 所提供的数据类型的信息。语法格式如下：

```
sp_help view_name
```

view_name 表示要查看的视图名，如果不加参数名称将列出 master 数据库中有关每个对象的信息。

▎实例 9：使用 sp_help 查看 view_stu 视图的定义信息

输入语句如下：

```
USE mydb;
GO
EXEC sp_help 'mydb.dbo.view_stu';
```

代码执行结果如图 10-23 所示。这样就完成了视图的查看操作，并在【结果】窗格中显示查看到的信息。

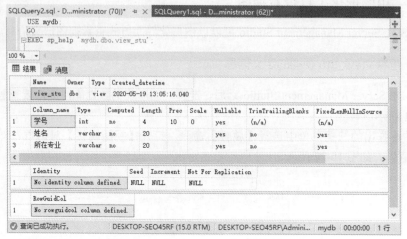

图 10-23　使用 sp_help 查看视图信息

使用系统存储过程 sp_helptext 可以查看视图的定义信息。语法格式如下：

```
sp_helptext view_name
```

view_name 表示要查看的视图名。

实例 10：使用 sp_helptext 查看 view_stu 视图的定义信息

使用 sp_helptext 存储过程查看 view_stu 视图的定义信息，输入语句如下：

```
USE mydb;
GO
EXEC sp_helptext 'mydb.dbo.view_stu';
```

代码执行结果如图 10-24 所示，即可完成视图的查看操作，并在【结果】窗格中显示查看到的信息。

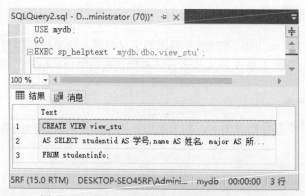

图 10-24　使用 sp_helptext 查看视图定义语句

10.5　删除视图

数据库中的任何对象都会占用数据库的存储空间，视图也不例外。当视图不再使用时，要及时删除。

10.5.1　删除视图的语法

删除视图的语法很简单，但是在删除视图之前，一定要确认该视图是否不再使用，因为一旦删除，就不能恢复了。使用 DROP 语句可以删除视图，具体的语法规则如下：

```
DROP VIEW [schema_name.] view_name1, view_name2, ..., view_nameN;
```

主要参数介绍如下。

● schema_name：视图所属架构的名称。
● view_name：要删除的视图名称。

> **注意**：schema_name 可以省略。

10.5.2　删除不用的视图

使用 DROP 语句可以同时删除多个视图，只需要在各视图名称之间用逗号分隔即可。

┃ 实例 11：删除 view_stuinfo 视图

输入语句如下：

```
USE mydb
DROP VIEW dbo.view_stuinfo;
```

代码执行结果如图 10-25 所示。
删除完毕后，再查询该视图的信息，输入语句如下：

```
USE mydb;
GO
EXEC sp_help 'newdb.dbo.view_stuinfo';
```

代码执行结果如图 10-26 所示，在【消息】窗格中显示错误提示，说明该视图已经被成功删除。

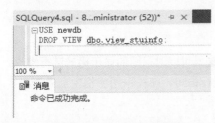

图 10-25　删除不用的视图

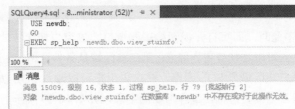

图 10-26　查询删除后的视图

10.6 在 SQL Server Management Studio 中管理视图

使用 SQL 语句可以创建并管理视图，实际上，在 SQL Server Management Studio 中也可以完成对视图的操作，包括创建视图、修改视图以及删除视图等。

10.6.1 创建视图

在 SQL Server Management Studio 中创建视图的最大好处就是无须记住 T-SQL 语句。

▍实例 12：创建视图 view_stuinfo_01

创建视图 view_stuinfo_01，查询学生成绩表中学生的学号、姓名、所在专业信息，具体操作步骤如下。

01 启动 SQL Server Management Studio，展开数据库 mydb 节点，右击【视图】节点，在弹出的快捷菜单中选择【新建视图】命令，如图 10-27 所示。

02 弹出【添加表】对话框。在【表】选项卡中列出了用来创建视图的基本表，选择 studentinfo 表，单击【添加】按钮，然后单击【关闭】按钮，如图 10-28 所示。

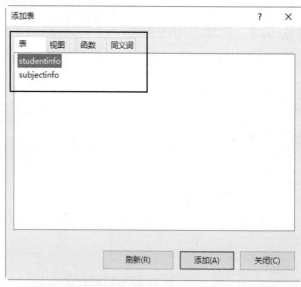

图 10-27 选择【新建视图】命令　　　　　　图 10-28 【添加表】对话框

> **提示**：视图的创建也可以基于多个表，如果要选择多个数据表，按住 Ctrl 键，然后分别选择列表中的数据表。

03 此时，即可打开视图编辑器窗口，该窗口包含 3 块区域：第一块区域是关系图窗格，在这里可以添加或者删除表；第二块区域是条件窗格，在这里可以对视图的显示格式进行修改；第三块区域是 SQL 窗格，在这里用户可以输入 SQL 执行语句。在关系图窗格中选中表中字段左边的复选框，选择需要的字段，如图 10-29 所示。

> **提示**：在 SQL 窗格中，可以进行以下具体操作。
>
> （1）通过输入 SQL 语句创建新查询。
>
> （2）根据在关系图窗格和条件窗格中进行的设置，对查询和视图设计器创建的 SQL 语句进行修改。
>
> （3）输入语句可以利用所使用数据库的特有功能。

04▸单击工具栏中的【保存】按钮，打开【选择名称】对话框，输入视图的名称后，单击【确定】按钮即可完成视图的创建，如图 10-30 所示。

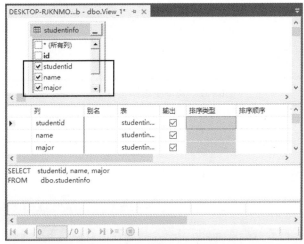

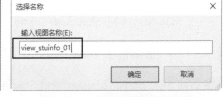

　　　图 10-29　视图编辑器窗口　　　　　　　　图 10-30　【选择名称】对话框

> **提示**：用户也可以单击工具栏上的对应按钮，选择打开或关闭这些窗格按钮 ，在使用时将鼠标放在某个图标上，将会提示该图标的作用。

10.6.2　修改视图

　　修改视图的界面与创建视图的界面非常类似。

▌**实例 13**：修改视图 view_stuinfo_01

　　修改视图 view_stuinfo_01，只查询学生成绩表中学生的姓名、所在专业信息，具体的操作步骤如下。

01▸启动 SQL Server Management Studio，打开数据库 mydb 节点，再展开该数据库下的【视图】节点，选择需要修改的视图，右击鼠标，在弹出的快捷菜单中选择【设计】命令，如图 10-31 所示。

02▸修改视图中的语句，在视图编辑器窗口中，从数据表中取消 studentid 的选中状态，如图 10-32 所示。

03▸单击【保存】按钮，即可完成视图的修改操作。

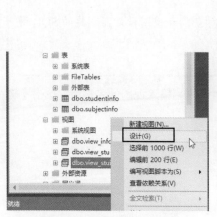

图 10-31　选择【设计】命令

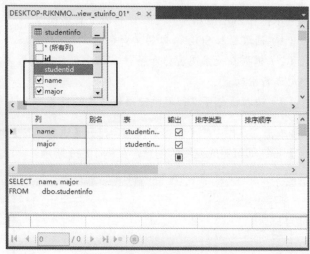

图 10-32　视图编辑器窗口

10.6.3　删除视图

在 SQL Server Management Studio 中删除视图的操作非常简单。

▌实例 14：删除视图 view_stuinfo_01

01 启动 SQL Server Management Studio，打开数据库 mydb 节点，再展开该数据库下的【视图】节点，选择需要删除的视图，右击鼠标，在弹出的快捷菜单中选择【删除】命令，如图 10-33 所示。

02 弹出【删除对象】对话框，单击【确定】按钮，即可完成视图的删除，如图 10-34 所示。

图 10-33　选择【删除】命令

图 10-34　【删除对象】对话框

10.7　疑难问题解析

▌疑问 1：视图和表没有任何关系，是这样吗？

答：视图和表没有关系这句话是不正确的，因为视图 (view) 是基于基本表建立的表，它的结构 (即所定义的列) 和内容 (即所有记录) 都来自基本表，它依据基本表的存在而存在。一个视图可以对应一个基本表，也可以对应多个基本表。因此，视图是基本表的抽象和在逻辑意义上建立的新关系。

▌疑问 2：通过视图可以更新数据表中的任何数据，是这样吗？

答：通过视图可以更新数据表中的任何数据，这句话是不对的，因为当遇到如下情况时，不能更新数据表的数据。

（1）修改视图中的数据时，不能同时修改两个或多个基本表。

（2）不能修改视图中通过计算得到的字段，例如包含算术表达式或者聚合函数的字段。

（3）当在视图中执行 UPDATE 或 DELETE 命令时，无法用 DELETE 命令删除数据，若使用 UPDATE 命令，则应当与 INSERT 命令一样，被更新的列必须属于同一个表。

10.8　综合实战训练营

▌实战 1：在 marketing 数据库中使用命令创建并查看视图。

（1）在命令方式下创建"客户订购视图"，该视图中包含所有订购货品的客户及他们订购的货品名称和供应商。

（2）查看"客户订购视图"的定义信息。

（3）查看"客户订购视图"与其他数据对象之间的依赖关系。

▌实战 2：在 marketing 数据库中使用视图进行数据管理。

（1）利用 T-SQL 语句建立一个"客户订购视图 2"。

（2）通过 ALTER VIEW 语句修改"客户订购视图 2"，要求该视图修改后包括订货量，并且对视图进行加密。

（3）使用"客户订购视图 2"，查看数据信息。

（4）查看"客户订购视图 2"，由于已经加密，因此不能看到定义信息。

（5）利用 T-SQL 语句对"客户订购视图 2"进行修改操作，修改编号 5 的客户姓名为"刘东"。

（6）利用 T-SQL 语句删除"客户订购视图 2"。

第11章 索引的创建和使用

本章导读

索引用于快速找出在某个列中有某一特定值的行。数据表越大，查询数据所花费的时间越多。如果表中查询的列有一个索引，数据库能快速到达一个位置去搜寻数据，而不必查看所有数据，本章就来介绍创建和使用索引的相关内容。

知识导图

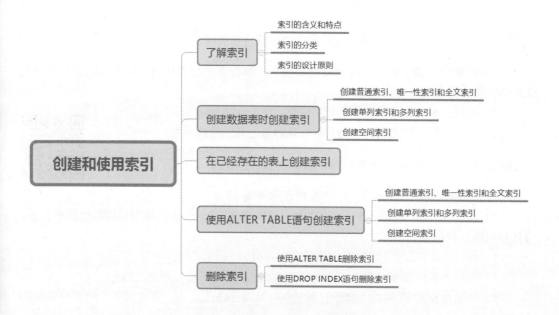

11.1 创建索引

索引是一个独立的、存储在磁盘上的数据库结构，它们包含对数据表中所有记录的引用指针，创建索引是使用索引的第一步。

11.1.1 索引的分类

不同的数据库提供了不同的索引类型。在 SQL Server 2019 中，根据物理数据存储方式的不同，可以将索引分为两种：聚集索引和非聚集索引。

1. 聚集索引

聚集索引基于数据行的键值，在表内排序和存储这些数据行。每个表只能有一个聚集索引，因为数据行本身只能按一个顺序存储。创建聚集索引时应考虑以下几个因素。

（1）每个表只能有一个聚集索引。

（2）表中行的物理顺序和索引中行的物理顺序是相同的，创建任何非聚集索引之前都要先创建聚集索引，这是因为非聚集索引改变了表中行的物理顺序。

（3）关键值的唯一性用 UNIQUE 关键字或者内部的唯一标识符明确维护。

（4）在索引的创建过程中，SQL Server 将临时使用当前数据库的磁盘空间，所以要保证有足够的空间创建聚集索引。

2. 非聚集索引

非聚集索引具有完全独立于数据行的结构，使用非聚集索引不用将物理数据页中的数据按列排序，非聚集索引包含索引键值和指向表数据存储位置的行定位器。

用户可以对表或索引视图创建多个非聚集索引。通常，设计非聚集索引是为了改善经常使用的、没有建立聚集索引的查询性能。

查询优化器在搜索数据值时，首先搜索非聚集索引以找到数据值在表中的位置，然后直接从该位置检索数据。这使得非聚集索引成为完全匹配查询的最佳选择，因为索引中包含所搜索的数据值在表中的精确位置的项。

具有以下特点的查询可以考虑使用非聚集索引。

（1）使用 JOIN 或 GROUP BY 子句。应为连接和分组操作中涉及的列创建多个非聚集索引，为任何外键列创建一个聚集索引。

（2）包含大量唯一值的字段。

（3）不返回大型结果集的查询。创建筛选索引，以覆盖从大型表中返回定义完善的行子集的查询。

（4）经常包含在查询的搜索条件（如返回完全匹配的 WHERE 子句）中的列。

3. 其他索引

除了聚集索引和非聚集索引之外，SQL Server 2019 还提供了其他的索引类型。

● 唯一索引：确保索引键不包含重复的值，因此，表或视图中的每一行在某种程度上是唯一的。聚集索引和非聚集索引都可以是唯一索引。这种唯一性与前面讲过的主键约束是相关联的，在某种程度上，主键约束等于唯一性的聚集索引。

● 包含列索引：一种非聚集索引，它扩展后不仅包含键列，还包含非键列。

- 索引视图：在视图上添加索引后能提高视图的查询效率。视图的索引将具体化视图，并将结果集永久存储在唯一的聚集索引中，而且其存储方法与带聚集索引的表的存储方法相同。创建聚集索引后，可以为视图添加非聚集索引。

- 全文索引：一种特殊类型的基于标记的功能性索引，由 Microsoft SQL Server 全文引擎生成和维护，用于帮助在字符串数据中搜索复杂的词。这种索引的结构与数据库引擎使用的聚集索引或非聚集索引的 B 树结构是不同的。

- 空间索引：一种针对 geometry 数据类型的列建立的索引，这样可以更高效地对列中的空间对象执行某些操作。

- 筛选索引：一种经过优化的非聚集索引。筛选索引使用筛选谓词对表中的部分行进行索引。与全表索引相比，设计良好的筛选索引可以提高查询性能、减少索引维护开销并降低索引存储开销。

- XML 索引：与 XML 数据关联的索引形式，XML 索引又可以分为主索引和辅助索引。

11.1.2　创建索引的语法

使用 CREATE INDEX 命令既可以创建一个可以改变表的物理顺序的聚集索引，也可以创建提高查询性能的非聚集索引，语法结构如下：

```
CREATE [UNIQUE] [CLUSTERED | NONCLUSTERED]
INDEX index_name ON {table | view}(column[ASC | DESC][,...n])
[ INCLUDE ( column_name [ ,...n ] ) ]
[with
(
  PAD_INDEX = { ON | OFF }
  | FILLFACTOR = fillfactor
  | SORT_IN_TEMPDB = { ON | OFF }
  | IGNORE_DUP_KEY = { ON | OFF }
  | STATISTICS_NORECOMPUTE = { ON | OFF }
  | DROP_EXISTING = { ON | OFF }
  | ONLINE = { ON | OFF }
  | ALLOW_ROW_LOCKS = { ON | OFF }
  | ALLOW_PAGE_LOCKS = { ON | OFF }
  | MAXDOP = max_degree_of_parallelism
) [...n]
```

主要参数介绍如下。

- UNIQUE：表示在表或视图上创建唯一索引。唯一索引不允许两行具有相同的索引键值。视图的聚集索引必须唯一。

- CLUSTERED：表示创建聚集索引。在创建任何非聚集索引之前创建聚集索引。创建聚集索引时会重新生成表中现有的非聚集索引。如果没有指定 CLUSTERED，则创建非聚集索引。

- NONCLUSTERED：表示创建一个非聚集索引，非聚集索引数据行的物理排序独立于索引排序。每个表都最多可包含 999 个非聚集索引。NONCLUSTERED 是 CREATE INDEX 语句的默认值。

- index_name：指定索引的名称。索引名称在表或视图中必须唯一，但在数据库中不必唯一。

- ON {table| view}：指定索引所属的表或视图。

- column：指定索引基于的一列或多列。指定两个或多个列名，可为指定列的组合值创建组合索引。在 {table| view} 后的括号中，按排序优先级列出组合索引中要包括的列。一个组合索引键中最多可组合 16 列。组合索引键中的所有列必须在同一个表或视图中。
- [ASC | DESC]：指定特定索引列的升序或降序排序方向，默认值为 ASC。
- INCLUDE (column [,...n])：指定要添加到非聚集索引的叶级别的非键列。
- PAD_INDEX：表示指定索引填充，默认值为 OFF。ON 值表示 fillfactor 指定的可用空间百分比应用于索引的中间级页。
- FILLFACTOR = fillfactor：指定一个百分比，表示在索引创建或重新生成过程中数据库引擎应使每个索引页的叶级别达到的填充程度。fillfactor 必须是 1 ~ 100 之间的整数值，默认值为 0。
- SORT_IN_TEMPDB：指定是否在 tempdb 中存储临时排序结果，默认值为 OFF。ON 值表示在 "tempdb：" 中存储用于生成索引的中间排序结果。OFF 值表示中间排序结果与索引存储在同一数据库中。
- IGNORE_DUP_KEY：指定对唯一聚集索引或唯一非聚集索引执行多行插入操作时出现重复键值的错误响应，默认值为 OFF。ON 表示发出一条警告信息，但只有违反了唯一索引的行才会失败。OFF 表示发出错误消息，并回滚整个 INSERT 事务。
- STATISTICS_NORECOMPUTE：指定是否重新计算分发统计信息，默认值为 OFF。ON 表示不会自动重新计算过时的统计信息。OFF 表示启用统计信息自动更新功能。
- DROP_EXISTING：指定应删除并重新生成已命名的先前存在的聚集或非聚集索引，默认值为 OFF。ON 表示删除并重新生成现有索引。指定的索引名称必须与当前的现有索引相同，但可以修改索引定义。例如，可以指定不同的列、排序顺序、分区方案或索引选项。OFF 表示如果指定的索引名已存在，则会显示一条错误信息。
- ONLINE = { ON | OFF }：指定在索引操作期间，基础表和关联的索引是否可用于查询和数据修改操作，默认值为 OFF。
- ALLOW_ROW_LOCKS：指定是否允许行锁，默认值为 ON。ON 表示在访问索引时允许行锁。数据库引擎确定何时使用行锁。OFF 表示未使用行锁。
- ALLOW_PAGE_LOCKS：指定是否允许页锁，默认值为 ON。ON 表示在访问索引时允许页锁。数据库引擎确定何时使用页锁。OFF 表示未使用页锁。
- MAXDOP：指定在索引操作期间，覆盖【最大并行度】配置选项。使用 MAXDOP 可以限制在执行并行计划的过程中使用的处理器数量，最大数量为 64 个。

11.1.3 创建聚集索引

聚集索引几乎在每张数据表中都存在，如果一张数据表中添加了主键，那么系统会认为主键列就是聚集索引列。为了更好地理解索引的使用，下面在 newdb 数据库中创建数据表 authors，输入语句如下：

```
CREATE TABLE authors(
   auth_id      int IDENTITY(1,1) NOT NULL,
   auth_name    varchar(20) NOT NULL,
   auth_gender  tinyint NOT NULL,
   auth_phone   varchar(15) NULL,
```

```
    auth_note    varchar(100) NULL
);
```

在查询编辑器窗口中输入创建数据表的 T-SQL 语句，然后执行语句，即可完成数据表的创建，如图 11-1 所示。

┃ 实例 1：在 authors 表中创建唯一聚集索引

在 authors 表中的 auth_phone 列上创建一个名称为 Idx_phone 的唯一聚集索引，降序排列，设置填充因子为 50%，输入语句如下：

```
CREATE UNIQUE CLUSTERED INDEX Idx_phone
ON authors(auth_phone DESC)
WITH
FILLFACTOR=50;
```

代码执行结果如图 11-2 所示，即可完成聚集索引的创建，并在【消息】窗格中显示"命令已成功完成"。

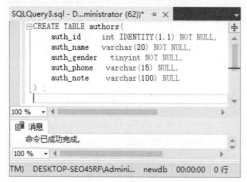

图 11-1　创建 authors 表

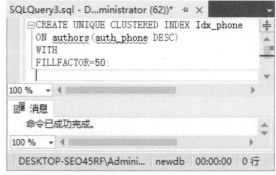

图 11-2　创建 Idx_phone 索引

11.1.4　创建非聚集索引

非聚集索引在一张数据表中可以存在多个。在创建非聚集索引时，既可以不将其列设置成唯一索引，也可以将其列设置为唯一索引。

┃ 实例 2：在 authors 表中创建非聚集索引

在 authors 表中的 auth_name 和 auth_gender 列上创建一个名称为 Idx_nameAndgender 的唯一非聚集组合索引，升序排列，设置填充因子为 10%，输入语句如下：

```
CREATE UNIQUE NONCLUSTERED INDEX
Idx_nameAndgender
ON authors(auth_name, auth_gender)
WITH
FILLFACTOR=10;
```

代码执行后，即可完成非聚集索引的创建，并在【消息】窗格中显示"命令已成功完成"，如图 11-3 所示。

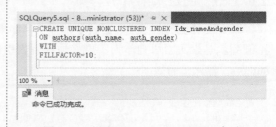

图 11-3　创建 Idx_nameAndgender 索引

11.1.5　创建复合索引

复合索引是指在一张表中创建索引时，索引列可以由多列组成，有时也被称为组合索引。创建复合索引的方法就是在索引列的括号中放置多个列名，并且每个列名之间用逗号隔开。另外，复合索引既可以是聚集索引也可以是非聚集索引。

▌实例 3：在 authors 表中创建复合索引

在 authors 表中的 auth_name 和 auth_phone 列上创建一个名称为 Idx_nameAndphone 的复合索引，输入语句如下：

```
CREATE NONCLUSTERED INDEX Idx_
nameAndphone
ON authors(auth_name, auth_phone);
```

代码执行结果如图 11-4 所示，这样就完成了复合索引的创建，并在【消息】窗格中显示"命令已成功完成"。

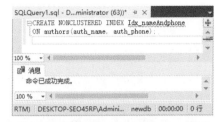

图 11-4　创建 Idx_nameAndphone 索引

11.2　修改索引

索引创建之后可以根据需要对数据库中的索引进行修改，如禁用索引、重新生成索引、修改索引名称等。

11.2.1　修改索引的语法

修改索引的语法格式与创建索引的语法格式不同，修改索引的语法格式如下：

```
ALTER  INDEX  index_name
ON
{
[database_name].table_or_view_name
}
{ [REBUILD]
[WITH (<rebuild_index_option>[,…n])]
[DISABLE]
[REORGANIZE]
    [PARTITION=PARTITION_number]
}
```

主要参数介绍如下。

- index_name：索引的名称。
- database_name：数据库的名称。
- table_or_view_name：表或视图的名称。
- REBUILD：使用相同的规则生成索引。
- DISABLE：将索引禁用。
- REORGANIZE：指定将重新组织的索引。

11.2.2 禁用启用索引

在一张数据表中，如果创建多个索引就会造成空间的浪费。因此，有时需要将一些没有必要的索引禁用，当需要时可以再次启用。

▌实例 4：禁用 authors 表中的索引

在 authors 表中禁用名称为 Idx_nameAndphone 的索引，输入语句如下：

```
USE newdb
ALTER  INDEX  Idx_nameAndphone
ON authors
DISABLE;
```

代码执行结果如图 11-5 所示，即可完成索引的禁用，并在【消息】窗格中显示"命令已成功完成"。

当用户需要使用禁用的索引时，可以使用启用语句启用该索引。启用索引时，只需要将禁用索引语句中的 DISABLE 修改为 ENABLE。

索引禁用完成后，用户可以通过视图 sys.indexes 来查询数据表中索引的禁用情况，由于 sys.indexes 视图中的列数众多，为了让读者可以一目了然地看到结果，可以只查询其中的索引名称列（name）和索引是否禁用列（is_disabled）。输入语句如下：

```
SELECT name, is_disabled FROM sys.indexes;
```

代码执行结果如图 11-6 所示，这样就可以查询到索引是否被禁用了，并在【结果】窗格中显示禁用情况。

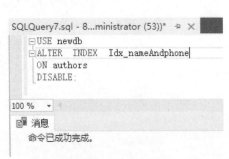

图 11-5　禁用索引

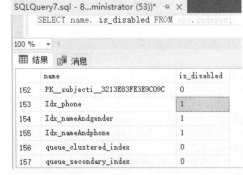

图 11-6　查询禁用索引的情况

从返回的结果中可以看出，如果索引的 is_disabled 列的值为 1，则表示该索引被禁用；如果 is_disabled 列的值为 0，就代表该索引是启用的。

11.2.3 重新生成索引

重新生成索引是指将原来的索引删除再创建一个新的索引。重新生成索引的好处是可以减少获取所请求数据所需读取的页数，以便提高磁盘性能。重新生成索引是使用修改索引语法中的 REBUILD 关键字来实现的。

实例 5：在 authors 表中重新生成索引

在 authors 表中，重新生成名称为 Idx_nameAndphone 的索引，输入语句如下：

```
USE newdb
ALTER  INDEX  Idx_nameAndphone
ON authors
REBUILD;
```

代码执行结果如图 11-7 所示，即可完成索引的重新生成，并在【消息】窗格中显示"命令已成功完成"。

图 11-7　重新生成索引

11.2.4　修改索引的名称

系统存储过程 sp_rename 可以用于修改索引的名称，其语法格式如下：

```
sp_rename 'object_name','new_name', 'object_type'
```

主要参数介绍如下。

● object_name：用户对象或数据类型的当前限定或非限定名称。此对象可以是表、索引、列、别名数据类型或用户定义类型。

● new_name：指定对象的新名称。

● object_type：指定修改的对象类型，如表 11-1 所示。

表 11-1　sp_rename 过程可重命名的对象

值	说　　明
COLUMN	要重命名的列
DATABASE	用户定义数据库。重命名数据库时需要此对象类型
INDEX	用户定义索引
OBJECT	可用于重命名约束（CHECK、FOREIGN KEY、PRIMARY/UNIQUE KEY）、用户表和规则等对象
USERDATATYPE	通过执行 CREATE TYPE 或 sp_addtype，添加别名数据类型或 CLR 用户定义类型

实例 6：修改 authors 表中索引的名称

将 authors 表中的索引名称 idx_nameAndgender 更改为 multi_index，输入语句如下：

```
sp_rename 'authors.idx_nameAndgender', 'multi_index','index' ;
```

代码执行结果如图 11-8 所示，这样就完成了索引的重命名操作。刷新索引节点下的索引列表，即可看到修改名称后的效果，如图 11-9 所示。

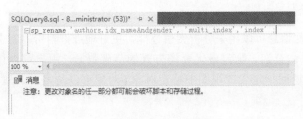

图 11-8　修改索引的名称

图 11-9　查看索引的新名称

11.3 查看索引

为了提高系统的性能，必须对索引进行维护管理，这些管理包括显示索引信息、索引的性能分析和维护等。

11.3.1 查看数据表中的索引

索引创建完毕后，如何使用语句查看该表创建的索引呢？很简单，使用系统存储过程 SP_HELPINDEX 就可以查看了，语法格式如下：

```
SP_HELPINDEX [ @objname = ] 'name'
```

参数 [@objname =]'name' 为用户定义的表或视图的限定或非限定名称。仅当指定限定的表或视图名称时，才需要使用引号。如果提供了完全限定的名称，包括数据库名称，则该数据库名称必须是当前数据库的名称。

实例 7：查看 authors 表中创建的索引

输入语句如下：

```
SP_HELPINDEX  'authors';
```

代码执行结果如图 11-10 所示，这样就完成了索引的查看，并在【结果】窗格中显示创建的索引内容。

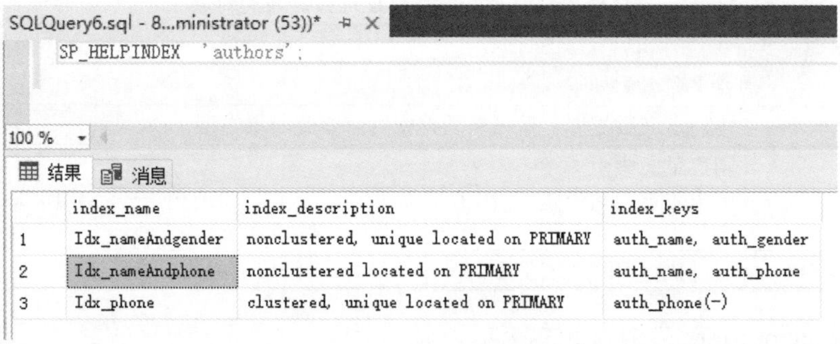

	index_name	index_description	index_keys
1	Idx_nameAndgender	nonclustered, unique located on PRIMARY	auth_name, auth_gender
2	Idx_nameAndphone	nonclustered located on PRIMARY	auth_name, auth_phone
3	Idx_phone	clustered, unique located on PRIMARY	auth_phone(-)

图 11-10　查看数据表中的索引

由执行结果可以看到，这里显示了 authors 表中的索引信息。

- index_name：指定索引名称，这里创建了 3 个不同名称的索引。
- index_description：索引的描述信息，例如唯一性索引、聚集索引等。
- index_keys：索引所在表中的列。

11.3.2 查看索引的统计信息

索引信息还包括统计信息，这些信息可以用来分析索引性能，更好地维护索引。索引统计信息是查询优化器用来分析和评估查询、制定最优查询方式的基础数据。用户可以使用 DBCC SHOW_STATISTICS 命令来返回指定表或视图中特定对象 (对象可以是索引、列等) 的统计信息。

实例 8：查看 authors 表中索引的统计信息

使用 DBCC SHOW_STATISTICS 命令来查看 authors 表中 Idx_phone 索引的统计信息，输入语句如下：

```
DBCC SHOW_STATISTICS ('newdb.dbo.authors', Idx_phone);
```

代码执行结果如图 11-11 所示。这样就完成了索引的查看，并在【结果】窗格中显示创建的索引内容。

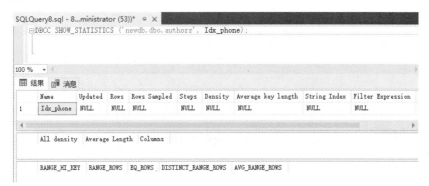

图 11-11　查看索引统计信息

11.4　删除索引

在数据表中创建索引既可以给数据库带来好处，也会造成数据库存储空间的浪费，因此当表中的索引不再需要时，就要将其及时删除。

11.4.1　删除索引的语法

使用 DROP 语句可以删除索引，具体的语法格式如下：

```
DROP INDEX ' [table | view ].index' [,..n]
```

或者

```
DROP INDEX 'index' ON '[ table | view ]'
```

主要参数介绍如下。

● [table | view]：用于指定索引列所在的表或视图。
● index：用于指定要删除的索引名称。

> **注意**：DROP INDEX 命令不能删除由 CREATE TABLE 或者 ALTER TABLE 命令创建的主键（PRIMARY KEY）或者唯一性（UNIQUE）约束索引，也不能删除系统表中的索引。

11.4.2　删除一个索引

一次删除一个索引的操作非常简单。下面通过一个实例来介绍一次删除一个索引的方法。

▌实例 9：一次删除 authors 表中的一个索引

删除表 authors 中的索引 multi_index。

在删除前，先来查询数据表中存在哪些索引，输入语句如下：

```
sp_helpindex 'authors'
```

代码执行结果如图 11-12 所示。这样就完成了索引的查看，并在【结果】窗格中显示数据表中存在 3 个索引。

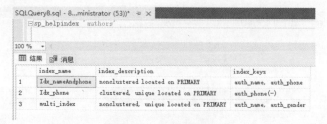

图 11-12　查看索引内容

删除表 authors 中的索引 multi_index，输入语句如下：

```
DROP INDEX authors. multi_index
```

代码执行结果如图 11-13 所示。这样就完成了索引的删除，并在【消息】窗格中显示"命令已成功完成"。

再来查询数据表中存在的索引内容，输入语句如下：

```
sp_helpindex 'authors'
```

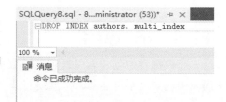

图 11-13　删除 authors 表中的索引

代码执行结果如图 11-14 所示，在【结果】窗格中显示数据表中存在 2 个索引。

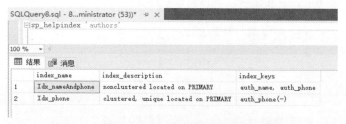

图 11-14　删除 multi_index 索引后查看索引内容

对比删除前后 authors 表中的索引信息，可以看到删除 multi_index 之后只剩下 2 个索引。名称为 multi_index 的索引被成功删除。

11.4.3　同时删除多个索引

如果需要同时删除多个索引，用户只需要将多个索引名依次放在 DROP INDEX 的后面即可。

▌实例 10：一次删除 authors 表中的多个索引

删除 authors 表中的索引 Idx_nameAndphone 和 Idx_phone，输入语句如下：

```
DROP INDEX
Idx_nameAndphone ON dbo.authors, Idx_phone ON dbo.authors;
```

代码执行结果如图 11-15 所示。这样就完成了同时删除多个索引的操作，并在【消息】窗格中显示"命令已成功完成"。

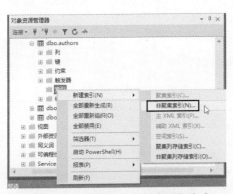

图 11-15　同时删除多个索引

11.5　在 SQL Server Management Studio 中管理索引

在 SQL Server Management Studio 中可以以界面方式管理索引，如创建索引、修改索引、删除索引以及查询索引信息等。

11.5.1　创建索引

创建索引的语法中有些关键字比较难记，如果用户对创建索引的语法不熟悉，就可以在 SQL Server Management Studio 中以界面方式来创建索引。

▍实例 11：在 SQL Server Management Studio 中创建索引

`01` 连接到数据库实例 newdb 之后，在【对象资源管理器】窗格中打开【数据库】节点下面要创建索引的数据表节点，例如这里选择 authors 表，然后打开该节点下面的子节点【索引】，右击，在弹出的快捷菜单中选择【新建索引】→【非聚集索引】命令，如图 11-16 所示。

`02` 打开【新建索引】对话框，在【常规】选项设置界面中可以设置索引的名称和是否是唯一索引等，如图 11-17 所示。

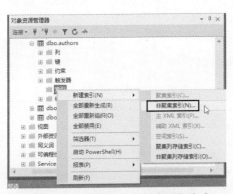

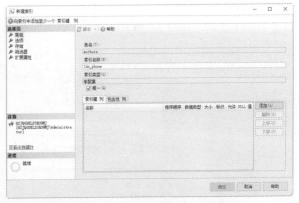

图 11-16　选择【非聚集索引】命令　　　　　图 11-17　【新建索引】对话框

`03` 单击【添加】按钮，打开选择添加索引的对话框，从中选择要添加索引的表中的列，这里选择在数据类型为 varchar 的 auth_phone 列上添加索引，如图 11-18 所示。

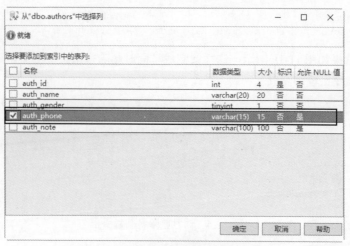

图 11-18　选择索引列

04 选择完之后，单击【确定】按钮，返回【新建索引】对话框，如图 11-19 所示，单击该对话框中的【确定】按钮，返回对象资源管理器。

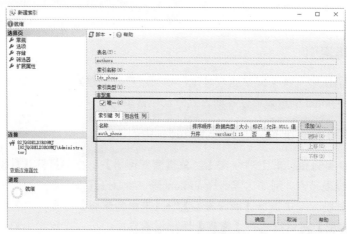

图 11-19　【新建索引】对话框

05 在对象资源管理器中，可以在【索引】节点下面看到名称为 Idx_phone 的新索引，说明该索引创建成功，如图 11-20 所示。

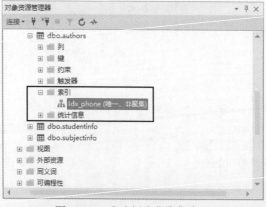

图 11-20　成功创建非聚集索引

11.5.2 查看索引

索引创建成功之后，可以在数据表节点下的【索引】节点中双击某个索引，打开属性对话框进行查询。

实例 12：在 SQL Server Management Studio 中查看索引

`01` 选择数据库 newdb 下的 authors 数据表，展开该数据表节点下的【索引】节点，双击名称为 Idx_phone 的索引，打开【索引属性】对话框，在其中可以查看索引的属性信息，如图 11-21 所示。

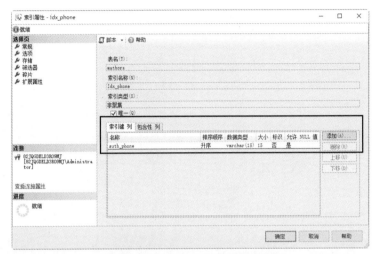

图 11-21　Idx_phone 索引的属性信息

`02` 查看索引的统计信息，在对象资源管理器中展开 authors 表中的【统计信息】节点，右击要查看统计信息的索引（如 Idx_phone），在弹出的快捷菜单中选择【属性】命令，如图 11-22 所示。

`03` 打开【统计信息属性】对话框，选择【详细信息】选项，可以在对话框右侧看到当前索引的统计信息，如图 11-23 所示。

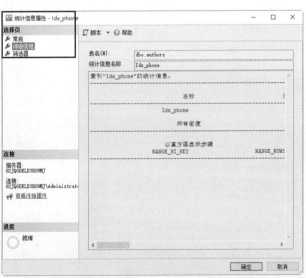

图 11-22　选择【属性】命令　　　　图 11-23　Idx_phone 的索引统计信息

11.5.3 修改索引

在 SSMS 中可以以界面方式修改索引，如禁用索引、重新生成索引、重命名索引等。

▌**实例 13：在 SQL Server Management Studio 中修改索引**

`01` 连接到数据库实例 newdb 之后，在【对象资源管理器】窗格中，打开【数据库】节点下面要修改索引的数据表节点，例如这里选择 authors 表，展开【索引】节点，选择需要禁用的索引并右击，在弹出的快捷菜单中选择【禁用】命令，如图 11-24 所示。

`02` 弹出【禁用索引】对话框，在其中选择需要禁用的索引，单击【确定】按钮，即可完成禁用索引的设置操作，如图 11-25 所示。

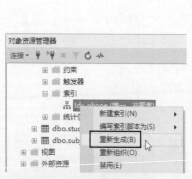

图 11-24　选择【禁用】命令

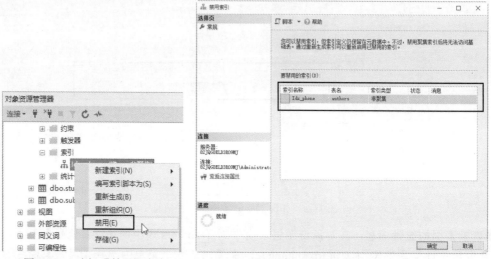

图 11-25　【禁用索引】对话框

`03` 如果需要重新生成索引，可以在选中索引后右击，在弹出的快捷菜单中选择【重新生成】命令，如图 11-26 所示。

`04` 在弹出的【重新生成索引】对话框中单击【确定】按钮，即可完成索引的重新生成操作，如图 11-27 所示。

图 11-26　选择【重新生成】命令

图 11-27　【重新生成索引】对话框

05 如果需要修改索引的名称，可以选中索引后右击，在弹出的快捷菜单中选择【重命名】命令，如图 11-28 所示。

06 将出现一个文本框，在其中输入新的索引名称，输入完成之后按 Enter 键确认或者在对象资源管理器的空白处单击一下，即可完成索引的重命名操作，如图 11-29 所示。

图 11-28　选择【重命名】命令　　　图 11-29　重命名索引

11.5.4　删除索引

删除索引是比较简单的一种操作，不过无论删除什么，要恢复就比较困难了，因此删除索引操作一定要谨慎。

▌实例14：在 SQL Server Management Studio 中删除索引

01 连接到数据库实例 newdb 之后，在【对象资源管理器】窗格中展开【数据库】节点下面要修改索引的数据表节点，例如这里选择 authors 表，展开该节点下面的【索引】节点，选择需要删除的索引并右击，在弹出的快捷菜单中选择【删除】命令，如图 11-30 所示。

02 弹出【删除对象】对话框，在其中选择需要删除的索引，单击【确定】按钮，即可完成删除索引的操作，如图 11-31 所示。

图 11-30　选择【删除】命令　　　　图 11-31　【删除对象】对话框

11.6　疑难问题解析

▌疑问 1：如果在数据表中没有创建索引，那么该数据表中也存在聚集索引吗？

答：是这样的。聚集索引几乎在每张数据表中都存在，如果一张表中有了主键，那么系统就会认为主键列就是聚集索引列。

▌疑问 2：在给索引进行重命名时，为什么提示找不到呢？

答：在为索引重命名时，一定要在原来的索引名前面加上该索引所在的表名，否则在数据库中是找不到的。

11.7　综合实战训练营

▌实战 1：在 marketing 数据库中创建订单信息表和客户信息表。

（1）在 marketing 数据库上使用命令创建订单信息表。字段如表 11-2 所示。

表 11-2　订单信息表的字段

订单号	int
销售工号	int
货品编码	int
客户编号	int
数量	int
总金额	money
订货日期	datetime
交货日期	datetime

（2）在 marketing 数据库上使用命令创建客户信息表。字段信息如表 11-3 所示。

表 11-3　客户信息表的字段

编号	int
姓名	varchar(10)
地址	varchar(50)
电话	varchar(13)

（3）在"客户信息"表中查找"姓名为小丽，电话为 123456"的记录。

（4）使用 DROP INDEX 命令删除"客户信息"表中的 IX_xmdh 索引。

▌实战 2：使用 SQL Server Management Studio 管理索引

（1）为"客户信息"表的"地址"列创建非唯一的非聚集索引，索引名为 IX_dz。

（2）在"客户信息"表中查找地址为"北京"的记录。

（3）在 SQL Server Management Studio 的对象资源管理器中，删除"客户信息"表中的 IX_dz 索引。

第12章 存储过程的创建与应用

本章导读

存储过程可以重复调用。当存储过程执行一次后，可以将语句缓存，下次执行的时候直接使用缓存中的语句，以提高存储过程的性能。本章将介绍数据库的存储过程，主要内容包括创建、调用、查看、修改、删除存储过程等。

知识导图

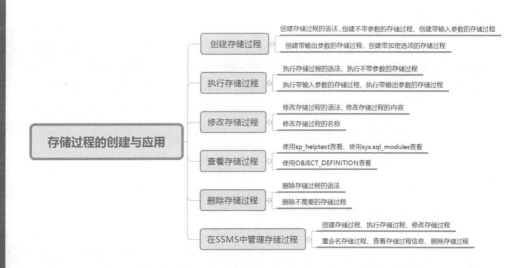

12.1 创建存储过程

存储过程是在数据库服务器端执行的一组 SQL 语句集合，经编译后存放在数据库服务器中。本节就来介绍如何创建存储过程。

12.1.1 创建存储过程的语法

使用 CREATE PROCEDURE 语句可以创建存储过程，语法格式如下：

```
CREATE PROCEDURE [schema_name.] procedure_name [ ; number ]
{ @parameter data_type }
[ VARYING ] [ = default ] [ OUT | OUTPUT ] [READONLY]
[ WITH  <ENCRYPTION ]|[ RECOMPILE ]|[ EXECUTE AS Clause ]> ]
[ FOR REPLICATION ]
AS  <sql_statement>
```

主要参数介绍如下。

- procedure_name：新存储过程的名称，并且在架构中必须唯一。可在 procedure_name 前面使用一个符号"#"（#procedure_name）来创建局部临时过程、使用两个符号"##"（##procedure_name）来创建全局临时过程。对于 CLR 存储过程，不能指定临时名称。
- number：是可选整数，用于对同名的过程分组。使用一个 DROP PROCEDURE 语句可将这些分组过程一起删除。例如，称为 orders 的应用程序可能使用名为"orderproc;1""orderproc;2"等的过程，DROP PROCEDURE orderproc 语句将删除整个组。如果名称中包含分隔标识符，则数字不应包含在标识符中，只应在 procedure_name 前后使用适当的分隔符。
- @ parameter：存储过程中的参数。在 CREATE PROCEDURE 语句中可以声明一个或多个参数。除非定义了参数的默认值或者将参数设置为等于另一个参数，否则用户必须在调用过程时为每个声明的参数提供值。存储过程最多可以有 2100 个参数。如果过程包含表值参数，并且该参数在调用中缺失，则传入空表默认值。通过将 at 符号（@）用作第一个字符来指定参数名称。每个过程的参数仅用于该过程本身；不同的过程中可以使用相同的参数名称。默认情况下，参数只能代替常量表达式，而不能用于代替表名、列名或其他数据库对象的名称。如果指定了 FOR REPLICATION，则无法声明参数。
- date_type：指定参数的数据类型，所有数据类型都可以用作 T-SQL 存储过程的参数。可以使用用户定义表类型来声明表值参数作为 T-SQL 存储过程的参数。只能将表值参数指定为输入参数，这些参数必须带有 READONLY 关键字。cursor 数据类型只能用于 OUTPUT 参数。如果指定了 cursor 数据类型，就必须指定 VARYING 和 OUTPUT 关键字。可以为 cursor 数据类型指定多个输出参数。对于 CLR 存储过程，不能指定 char、varchar、text、ntext、image、cursor、用户定义表类型和 table 作为参数。
- default：存储过程中参数的默认值。若定义了 default 值，则无须指定此参数的值也可执行过程。默认值必须是常量或 NULL。如果过程使用带 LIKE 关键字的参数，则

可包含 %、_、[] 和 [^] 通配符。

- OUTPUT：指示参数是输出参数。此参数的值可以返回给调用 EXECUTE 的语句。使用 OUTPUT 参数将值返回给过程的调用方。除非是 CLR 过程，否则 text、ntext 和 image 参数不能用作 OUTPUT 参数。使用 OUTPUT 关键字的输出参数可以为游标占位符，CLR 过程除外。不能将用户定义表类型指定为存储过程的 OUTPUT 参数。

- READONLY：指示不能在过程的主体中更新或修改参数。如果参数类型为用户定义的表类型，则必须指定 READONLY。

- RECOMPILE：表明 SQL Server 2017 不会保存该存储过程的执行计划，该存储过程每执行一次都要重新编译。在使用非典型值或临时值而不希望覆盖保存在内存中的执行计划时，就可以使用 RECOMPILE 选项。

- ENCRYPTION：表示 SQL Server 2017 加密后的 syscomments 表，该表的 text 字段包含 CREATE PROCEDURE 语句的存储过程文本。使用 ENCRYPTION 关键字无法通过查看 syscomments 表来查看存储过程的内容。

- FOR REPLICATION：用于指定不能在订阅服务器上执行为复制创建的存储过程。使用此选项创建的存储过程可用作存储过程筛选，且只能在复制过程中执行。本选项不能和 WITH RECOMPILE 选项一起使用。

- AS：用于指定该存储过程要执行的操作。

- sql_statement：存储过程中要包含的任意数目和类型的 T-SQL 语句，但有一些限制。

12.1.2 创建不带参数的存储过程

最简单的一种自定义存储过程就是不带参数的存储过程。下面介绍如何创建一个不带参数的存储过程。

▎实例 1：在 test 数据库中创建不带参数的存储过程

输入语句如下：

```
USE test;
GO
CREATE PROCEDURE Proc_emp_01
AS
SELECT * FROM employee;
GO
```

代码执行结果如图 12-1 所示，即可完成存储过程的创建操作。

另外，存储过程可以是很多语句的复杂组合，其本身也可以调用其他函数来组成更加复杂的操作。

▎实例 2：创建获取数据表记录条数的存储过程

创建一个获取 employee 表记录条数的存储过程，名称为 Count_Proc，输入语句如下：

```
USE test;
GO
CREATE PROCEDURE Count_Proc
AS
```

```
SELECT COUNT(*) AS 总数 FROM employee;
GO
```

代码执行结果如图 12-2 所示，即可完成存储过程的创建操作。

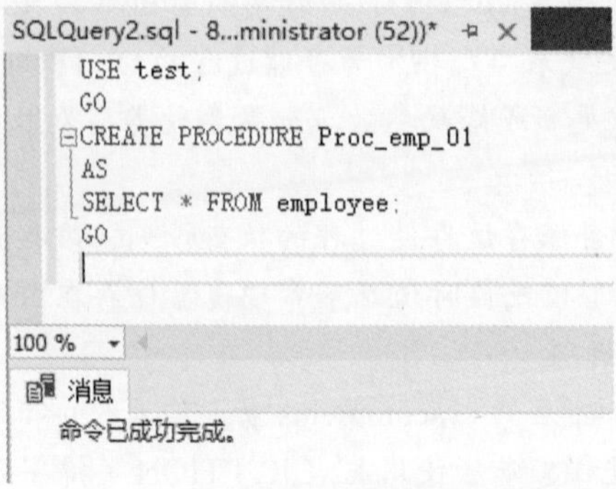

图 12-1　创建不带参数的存储过程

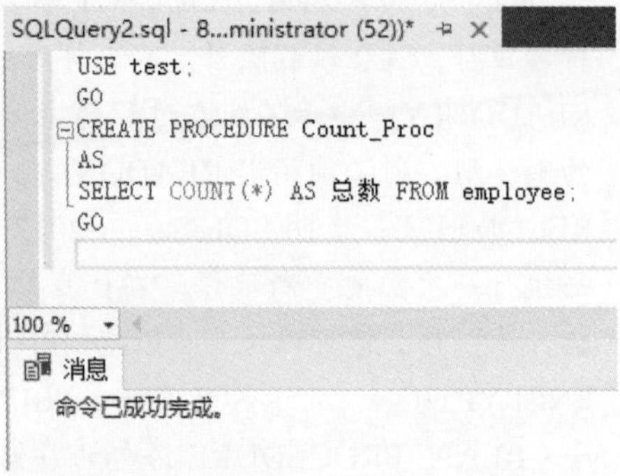

图 12-2　创建存储过程 Count_Proc

12.1.3　创建带输入参数的存储过程

在设计数据库应用系统时，可能会需要根据用户的输入信息产生对应的查询结果，这时就需要把用户的输入信息作为参数传递给存储过程，即开发者需要创建带输入参数的存储过程。

▎实例 3：在 test 数据库中创建带输入参数的存储过程

创建存储过程 Proc_emp_02，根据输入的员工编号，查询员工的相关信息，如姓名、所在职位与基本工资，输入语句如下：

```
USE test;
GO
CREATE PROCEDURE Proc_emp_02 @sID INT
AS
SELECT * FROM employee WHERE e_no=@sID;
GO
```

代码执行结果如图 12-3 所示，这样就完成了存储过程的创建操作。该段代码创建一个名为 Proc_emp_02 的存储过程，使用一个整数类型的参数 @sID 来执行存储过程。

▎实例 4：在 test 数据库中创建带默认参数的存储过程

创建带默认参数的存储过程 Proc_emp_03，输入语句如下：

```
USE test;
GO
CREATE PROCEDURE Proc_emp_03 @sID INT=101
AS
SELECT * FROM employee WHERE e_no=@sID;
GO
```

代码执行结果如图 12-4 所示，即可完成带默认输入参数存储过程的创建操作。该段代码创建的存储过程在调用时即使不指定参数值也可以返回一个默认的结果集。

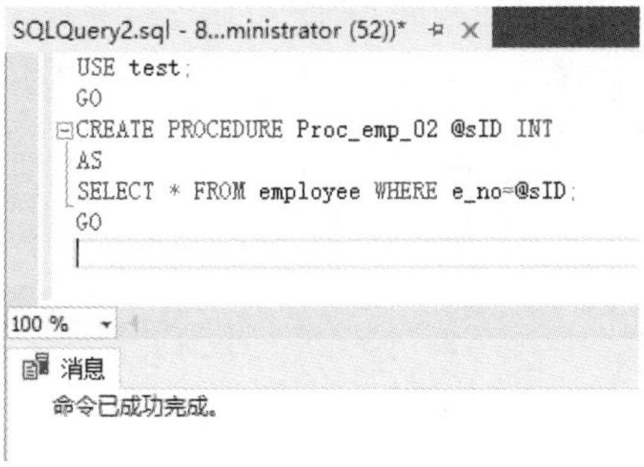

图 12-3　创建存储过程 Proc_emp_02 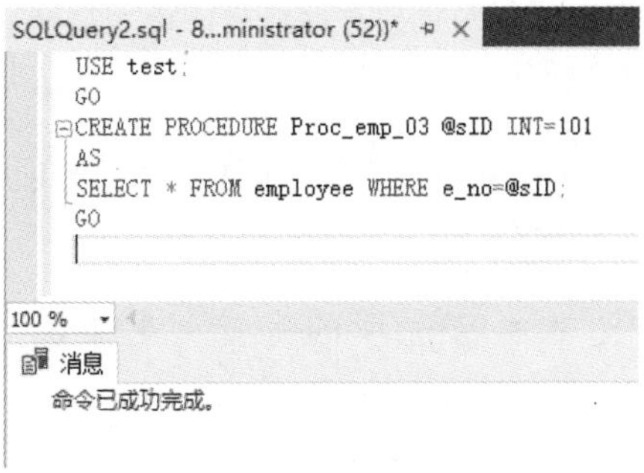　　　图 12-4　创建存储过程 Proc_emp_03

12.1.4　创建带输出参数的存储过程

存储过程中的默认参数类型是输入参数，如果要为存储过程指定输出参数，就要在参数类型后面加上 OUTPUT 关键字。

▌实例 5：在 test 数据库中创建带输出参数的存储过程

定义存储过程 Proc_emp_04，根据用户输入的部门编号返回该部门中员工的人数，输入语句如下：

```
USE test;
GO
CREATE PROCEDURE Proc_emp_04
@sID INT=1,
@employeecount INT OUTPUT
AS
SELECT @employeecount=COUNT(employee.dept_no)  FROM employee WHERE dept_no=@sID;
GO
```

代码执行结果如图 12-5 所示，即可完成带输出参数存储过程的创建操作。该段代码将创建一个名称为 Proc_emp_04 的存储过程。该存储过程中有两个参数：@sID 为输出参数，指定要查询的员工部门编号的 id，默认值为 1；@employeecount 为输出参数，用来返回该部门中员工的人数。

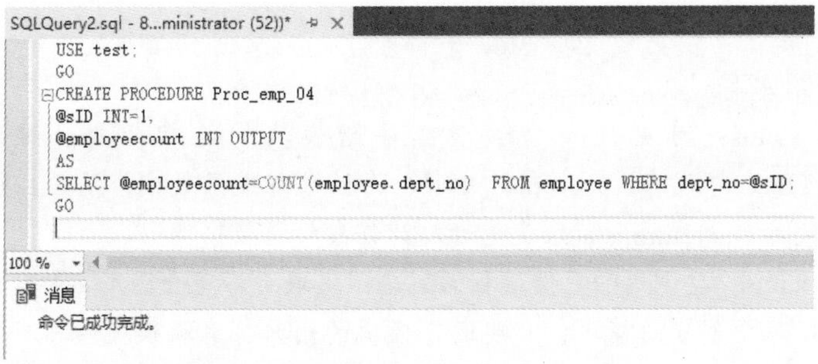

图 12-5　定义存储过程 Proc_emp_04

12.1.5　创建带加密选项的存储过程

所谓加密选项，并不是对存储过程中查询出来的内容加密，而是将创建存储过程本身的语句加密。通过对创建存储过程的语句加密，可以在一定程度上保护存储过程中用到的表信息，同时也能提高数据的安全性。带加密选项的存储过程使用的是 WITH ENCRYPTION。

实例 6：在 test 数据库中创建带加密选项的存储过程

定义带加密选项的存储过程 Proc_emp_05，查询员工的姓名、当前职位与基本工资信息，输入语句如下：

```
CREATE PROCEDURE Proc_emp_05
WITH ENCRYPTION
AS
BEGIN
SELECT e_name,e_job,e_salary   FROM
employee;
    END
```

代码执行结果如图 12-6 所示，即可完成带加密选项存储过程的创建操作。

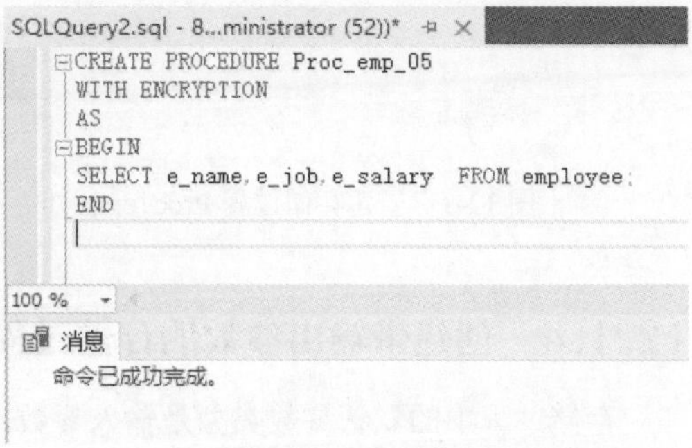

图 12-6　创建带加密选项的存储过程

12.2　执行存储过程

当存储过程创建完毕后，就可以执行存储过程了。本节将介绍执行存储过程的方法。

12.2.1　执行存储过程的语法

在 SQL Server 2019 中执行存储过程时需要使用 EXECUTE 语句，如果存储过程是批处理中的第一条语句，那么不使用 EXECUTE 关键字也可以执行存储过程。EXECUTE 的语法格式如下：

```
[ { EXEC | EXECUTE } ]
    {
      [ @return_status = ]
      { module_name [ ;number ] | @module_name_var }
      [ [ @parameter = ] { value | @variable [ OUTPUT ]  | [ DEFAULT ]   }  ]
      [ ,...n ]
      [ WITH RECOMPILE ]
    }
```

主要参数介绍如下。

- @return_status：可选的整型变量，存储模块的返回状态。这个变量在用于 EXECUTE 语句之前，必须在批处理、存储过程或函数中声明。在调用标量值用户定义函数时，@return_status 变量可以为任意标量数据类型。
- module_name：要调用的存储过程的完全限定或者不完全限定名称。用户可以执行在另一数据库中创建的模块，只要运行模块的用户拥有此模块或具有在该数据库中执行该模块的适当权限即可。
- number：可选整数，用于对同名的过程分组。该参数不能用于扩展存储过程。
- @module_name_var：局部定义的变量名，代表模块名称。
- @parameter：存储过程中使用的参数，与在模块中定义的相同。参数名称前必须加上符号 @。在与 @parameter_name=value 格式一起使用时，参数名和常量不必按它们在模块中定义的顺序提供。但是，如果对任何参数使用了 @parameter_name=value 格式，那么对所有后续参数都必须使用此格式。默认情况下，参数可为空值。

- value：传递给模块或传递命令的参数值。如果参数名称没有指定，参数值必须以在模块中定义的顺序提供。
- @variable：用来存储参数或返回参数的变量。
- OUTPUT：指定模块或命令字符串返回一个参数，该模块或命令字符串中的匹配参数必须使用关键字 OUTPUT 创建。使用游标变量作为参数时使用该关键字。
- DEFAULT：根据模块的定义，提供参数的默认值。当模块需要的参数值没有定义默认值并且缺少参数或指定了 DEFAULT 关键字时，会出现错误。
- WITH RECOMPILE：执行模块后，强制编译、使用和放弃新计划。如果该模块存在现有查询计划，则该计划将保留在缓存中。如果所提供的参数为非典型参数或者数据有很大的改变，就使用该选项。该选项不能用于扩展存储过程。建议尽量不使用该选项，因为它会消耗较多的系统资源。

12.2.2 执行不带参数的存储过程

存储过程创建完成后，可以通过 EXECUTE 语句来执行创建的存储过程，该命令可以简写为 EXEC。

实例 7：执行不带参数的存储过程 Proc_emp_01

执行不带参数的存储过程 Proc_emp_01 来查看员工信息，输入语句如下：

```
USE test;
GO
EXEC Proc_emp_01;
```

代码执行结果如图 12-7 所示，即可完成执行不带参数存储过程的操作，这里是查询员工信息。

图 12-7 执行不带参数的存储过程

12.2.3 执行带输入参数的存储过程

执行带输入参数的存储过程时，SQL Server 提供了如下两种传递参数的方式。

● 直接给出参数的值。当有多个参数时，给出的参数顺序与创建存储过程语句中的参数顺序一致，即参数传递的顺序就是定义的顺序。

● 使用"参数名=参数值"的形式给出参数值。这种参数传递方式的好处是，参数可以按任意的顺序给出。

▍实例 8：执行带输入参数的存储过程以查询数据记录

执行带输入参数的存储过程 Proc_emp_02，根据输入的员工编号查询员工信息。这里直接输入员工编号 102，输入语句如下：

```
USE test;
GO
EXECUTE Proc_emp_02 102;
```

代码执行结果如图 12-8 所示，即可完成执行带输入参数存储过程的操作。

执行带输入参数的存储过程 Proc_emp_03，根据自定义的员工编号来查询员工信息。这里定义员工编号为 103，输入语句如下：

```
USE test;
GO
EXECUTE Proc_emp_02 @sID=103;
```

代码执行结果如图 12-9 所示，即可完成执行带输入参数存储过程的操作。

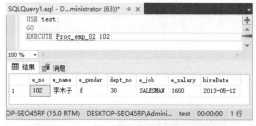

图 12-8 执行带输入参数的存储过程

图 12-9 执行带输入参数的存储过程

> **提示**：执行带有输入参数的存储过程时需要指定参数，如果没有指定参数，系统会提示错误。如果希望不给出参数时存储过程也能正常运行，或者希望为用户提供一个默认的返回结果，可以通过设置参数的默认值来实现。

12.2.4 执行带输出参数的存储过程

执行带输出参数的存储过程时有一个返回值，为了接收这一返回值，需要用一个变量来存放返回参数的值。同时，在执行这个存储过程时，该变量必须用 OUTPUT 关键字来声明。

▍实例 9：执行带输出参数的存储过程 Proc_emp_04

执行带输出参数的存储过程 Proc_emp_04，并将返回结果保存到 @employeecount 变量中。

```
USE test;
GO
DECLARE @employeecount INT;
DECLARE @sID INT =20;
EXEC Proc_emp_04 @sID, @employeecount OUTPUT
SELECT '该部门一共有' +LTRIM(STR(@employeecount)) + '名员工'
GO
```

代码执行结果如图 12-10 所示，即可完成执行带输出参数存储过程的操作。

图 12-10 执行带输出参数的存储过程

12.3 修改存储过程

修改存储过程可以改变存储过程中的参数或者语句，既可以通过 T-SQL 语句中的 ALTER PROCEDURE 语句来实现，也可以在 SSMS 中以界面方式修改存储过程。

12.3.1 修改存储过程的语法

使用 ALTER PROCEDURE 语句可以修改存储过程。在修改存储过程时，SQL Server 会覆盖以前定义的存储过程，语法格式如下：

```
ALTER PROCEDURE [schema_name.] procedure_name [ ; number ]
{ @parameter data_type }
[ VARYING ] [ = default ] [ OUT | OUTPUT ] [READONLY]
[ WITH  <ENCRYPTION >|[ RECOMPILE ]|[ EXECUTE AS Clause ]> ]
[ FOR REPLICATION ]
AS  <sql_statement>
```

> 提示：除了 ALTER 关键字之外，这里其他的参数与 CREATE PROCEDURE 中的参数作用相同。

12.3.2 修改存储过程的内容

使用 SQL 语句可以修改存储过程。下面通过一个实例来介绍使用 SQL 语句修改存储过程的方法。

实例 10：修改存储过程 Count_Proc 的内容

通过 ALTER PROCEDURE 语句可以修改名为 Count_Proc 的存储过程。

01 打开 SSMS，并连接到 SQL Server 中的数据库，然后选择存储过程所在的数据库，如 test，如图 12-11 所示。

02 单击工具栏中的【新建查询】按钮 ，新建查询编辑器，并输入以下语句，将 SELECT 语句查询的结果按部门编号 dept_no 进行分组。

图 12-11 选择 test

```
USE test
GO
SET ANSI_NULLS ON
GO
SET QUOTED_IDENTIFIER ON
GO
ALTER PROCEDURE [dbo].[Count_Proc]
AS
SELECT dept_no,COUNT(*) AS 总数 FROM employee GROUP BY dept_no;
```

03 单击【执行】按钮，即可完成修改存储过程的操作，如图 12-12 所示。

04 执行修改后的 Count_Proc 存储过程，SQL 语句如下：

```
USE test;
GO
EXEC Count_Proc;
```

代码执行结果如图 12-13 所示，即可完成存储过程的执行操作。

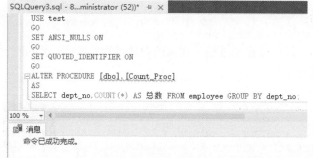

图 12-12 修改存储过程

图 12-13 执行修改后的存储过程

12.3.3 修改存储过程的名称

使用系统存储过程 sp_rename 也可以重命名存储过程，语法格式如下：

```
sp_rename oldObjectName,newObjectName
```

主要参数介绍如下。

● oldObjectName：存储过程的旧名称。

● newObjectName：存储过程的新名称。

实例 11：修改存储过程 Count_Proc 的名称

重命名存储过程 Count_Proc 为 CountProc，输入语句如下：

```
sp_rename Count_Proc,CountProc
```

代码执行结果如图 12-14 所示，即可完成存储过程的重命名操作。

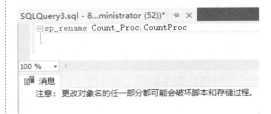

图 12-14　重命名存储过程

12.4　查看存储过程

许多系统存储过程、系统函数和目录视图都提供了有关存储过程的信息，可以使用这些系统存储过程来查看存储过程的定义。可以通过下面 3 种系统存储过程和目录视图查看存储过程。

12.4.1　使用 sp_helptext 查看

使用 sp_helptext 可以查看存储过程的定义，主要内容包括显示用户定义规则的定义、默认值、未加密的 T-SQL 存储过程、用户定义 T-SQL 函数、触发器、计算列、CHECK 约束、视图或系统对象等，语法格式如下：

```
sp_helptext[@objname=]'name'[,[@columnname=]computed_column_name]
```

主要参数介绍如下。

- [@objname=]'name'：架构范围内的用户定义对象的限定名称和非限定名称。
- [@columnname=]computed_column_name]：要显示其定义信息的计算列的名称，必须将包含列的表指定为 name。column_name 的数据类型为 sysname，无默认值。

实例 12：查看存储过程 CountProc 的相关定义信息

通过 sp_helptext 系统存储过程查看 CountProc 存储过程的相关定义信息，输入语句如下：

```
USE test;
GO
EXEC sp_helptext CountProc
```

代码执行结果如图 12-15 所示，即可完成通过 sp_helptext 查看存储过程的相关定义信息的操作。

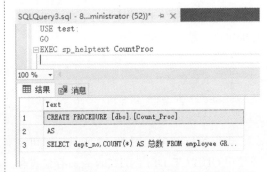

图 12-15　使用 sp_helptext 查看存储过程的定义

12.4.2　使用 sys.sql_modules 查看

sys.sql_modules 为系统视图，通过该视图可以查看数据库中的存储过程。

实例 13：通过视图查看数据库中的存储过程

输入语句如下：

```
select * from sys.sql_modules
```

代码执行结果如图 12-16 所示，即可完成使用 sys.sql_modules 查看存储过程的操作。

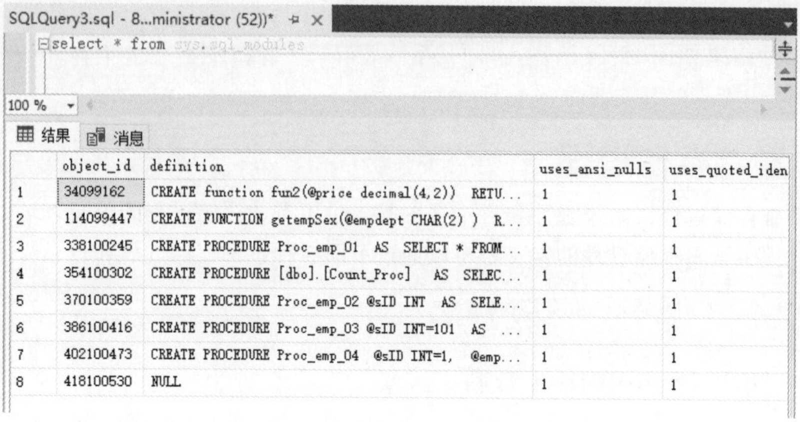

图 12-16　查看存储过程的信息

12.4.3　使用 OBJECT_DEFINITION 查看

使用 OBJECT_DEFINITION 可以返回指定对象定义的 T-SQL 源文本，语法格式如下：

```
SELECT OBJECT_DEFINITION(OBJECT_ID);
```

主要参数 OBJECT_ID 为要使用的对象的 ID，OBJECT_ID 的数据类型为 int，并假定表示当前数据库上下文中的对象。

实例 14：查看存储过程的 T-SQL 源文本

使用 OBJECT_DEFINITION 查看存储过程的定义，输入语句如下：

```
USE test;
GO
SELECT OBJECT_DEFINITION(OBJECT_
ID('CountProc'));
```

代码执行结果如图 12-17 所示，即可完成使用 OBJECT_DEFINITION 查看存储过程

定义的操作。

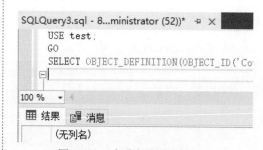

图 12-17　查看存储过程的定义

12.5　删除存储过程

使用 T-SQL 语句可以轻松删除不需要的存储过程。

12.5.1 删除存储过程的语法

使用 DROP PROCEDURE 语句可以从当前数据库中删除一个或多个存储过程，语法格式如下：

```
DROP { PROC | PROCEDURE } { [ schema_name ] procedure } [ ,...n ]
```

主要参数介绍如下。

● schema_name：存储过程所属架构的名称，不能指定服务器名称或数据库名称。

● procedure：要删除的存储过程或存储过程组的名称。

12.5.2 删除不需要的存储过程

使用 T-SQL 语句可以一次删除一个或多个存储过程。

▌实例 15：一次删除一个存储过程

删除名称为 CountProc 的存储过程，输入语句如下：

```
USE test;
GO
DROP PROCEDURE dbo.CountProc
```

代码执行结果如图 12-18 所示，这样就完成了删除名称为 CountProc 的存储过程操作。删除之后，刷新【存储过程】节点，查看删除结果，可以看到名称为 CountProc 的存储过程不存在了，如图 12-19 所示。

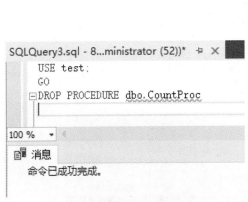

图 12-18　删除存储过程 CountProc

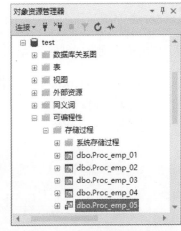

图 12-19　【对象资源管理器】窗格

▌实例 16：同时删除多个存储过程

这里同时删除两个存储过程，名称分别为 Proc_emp_01 和 Proc_emp_02，输入语句如下：

```
USE test;
GO
DROP PROCEDURE dbo.Proc_emp_01, dbo.Proc_emp_02;
```

代码执行结果如图 12-20 所示，即可删除名称为 Proc_emp_01 和 Proc_emp_02 的存储过程。删除之后，刷新【存储过程】节点，查看删除结果，可以看到名称为 Proc_emp_01 和 Proc_emp_02 的存储过程不存在了，如图 12-21 所示。

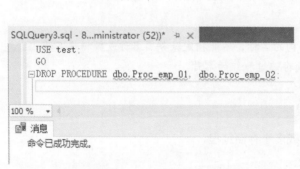

图 12-20　删除多个存储过程　　　　　　　　图 12-21　【对象资源管理器】窗格

12.6　在 SQL Server Management Studio 中管理存储过程

在 SQL Server Management Studio 中可以直接创建和管理存储过程，如创建存储过程、执行存储过程、删除存储过程、修改存储过程等。

12.6.1　创建存储过程

在 SQL Server Management Studio 中可以使用向导创建存储过程。

▌实例 17：以图形界面方式创建存储过程

01 启动 SQL Server Management Studio 并连接 SQL Server 数据库，展开【数据库】→ test →【可编程性】节点，在【可编程性】节点下右击【存储过程】节点，在弹出的快捷菜单中选择【新建】→【存储过程】命令，如图 12-22 所示。

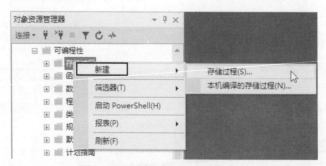

图 12-22　选择【存储过程】命令

02 打开创建存储过程的代码模板，这里显示了 CREATE PROCEDURE 语句模板，可以修改要创建的存储过程的名称，然后在存储过程中的 BEGIN…END 代码块中添加需要的 SQL 语句，如图 12-23 所示，最后单击【执行】按钮即可创建一个存储过程。

```
SQLQuery4.sql - 8...ministrator (54))    ⊣  ×
-- =============================================
-- Author:      <Author,,Name>
-- Create date: <Create Date,,>
-- Description: <Description,,>
-- =============================================
CREATE PROCEDURE <Procedure_Name, sysname, ProcedureName>
    -- Add the parameters for the stored procedure here
    <@Param1, sysname, @p1> <Datatype_For_Param1, , int> = <Default_Value_For
    <@Param2, sysname, @p2> <Datatype_For_Param2, , int> = <Default_Value_For
AS
BEGIN
    -- SET NOCOUNT ON added to prevent extra result sets from
    -- interfering with SELECT statements.
    SET NOCOUNT ON;

    -- Insert statements for procedure here
    SELECT <@Param1, sysname, @p1>, <@Param2, sysname, @p2>
END
GO
100 %  ▾  ◀
✓ 已连...  82JQGDELD3R09MJ (14.0 RTM)  82JQGDELD3R09MJ\Admini...  test  00:00:00  0 行
```

图 12-23　使用模板创建存储过程

下面再创建一个名称为 Proc_emp 的存储过程，要求该存储过程实现的功能为：在 employee 表中查询男员工的姓名、当前职位与基本工资。

01 在创建存储过程的窗口中选择【查询】→【指定模板参数的值】命令，如图 12-24 所示。

02 弹出【指定模板参数的值】对话框，将 Procedure_Name 参数对应的名称修改为"Proc_emp"，单击【确定】按钮，即可关闭此对话框，如图 12-25 所示。

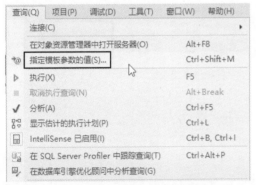

图 12-24　选择【指定模板参数的值】命令

图 12-25　【指定模板参数的值】对话框

03 在创建存储过程的窗口中，将对应的 SELECT 语句修改为以下语句，如图 12-26 所示。

```
SELECT e_name,e_job,e_salary
FROM employee
WHERE e_gender='男';
END
GO
```

04 单击【执行】按钮，即可完成存储过程的创建操作，执行结果如图 12-27 所示。

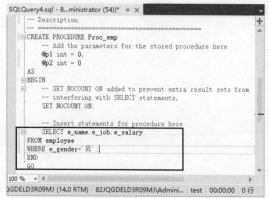

图 12-26　修改 SELECT 语句

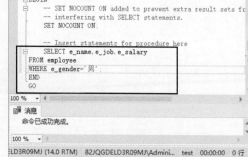

图 12-27　创建存储过程

12.6.2　执行存储过程

在 SQL Server Management Studio 中可以以界面方式执行存储过程。

▌实例 18：执行存储过程 Proc_emp_04

`01` 右击要执行的存储过程，这里选择名称为 Proc_emp_04 的存储过程，在弹出的快捷菜单中选择【执行存储过程】命令，如图 12-28 所示。

`02` 打开【执行过程】对话框，在【值】文本框中输入 @sID 参数值 "20"，如图 12-29 所示。

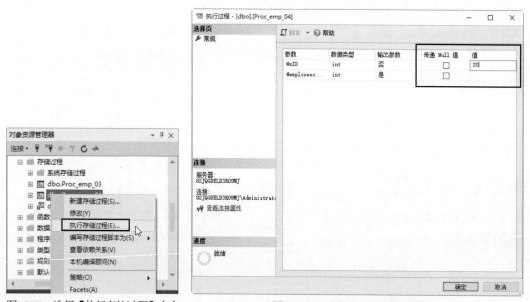

图 12-28　选择【执行存储过程】命令　　　　图 12-29　【执行过程】对话框

`03` 单击【确定】按钮执行带输入参数的存储过程，执行结果如图 12-30 所示。

图 12-30　存储过程执行结果

12.6.3　修改存储过程

在 SQL Server Management Studio 中可以以界面方式修改存储过程。

▌实例 19：修改存储过程 Proc_emp_04

01 登录 SQL Server 服务器之后，在【对象资源管理器】窗格中选择要修改存储过程的数据库，展开【可编程性】→【存储过程】节点，右击要修改的存储过程，在弹出的快捷菜单中选择【修改】命令，如图 12-31 所示。

图 12-31　选择【修改】命令

02 打开存储过程的修改窗口，即可修改存储过程，然后单击【保存】按钮，如图 12-32 所示。

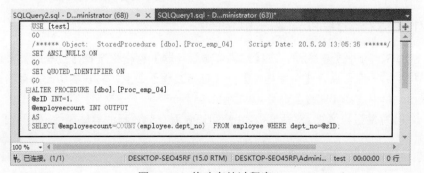

图 12-32　修改存储过程窗口

注意：ALTER PROCEDURE 语句只能修改一个单一的存储过程。如果过程调用了其他存储过程，嵌套的存储过程不受影响。

12.6.4 重命名存储过程

重命名存储过程可以在 SQL Server Management Studio 中以界面方式来轻松地完成。

▍实例 20：修改存储过程 Proc_emp 的名称

`01`选择需要重命名的存储过程，右击鼠标，在弹出的快捷菜单中选择【重命名】命令，如图 12-33 所示。

`02`在显示的文本框中输入新的存储过程名称，这里输入"dbo.Count_Proc_01"，按 Enter 键确认即可，如图 12-34 所示。

图 12-33 选择【重命名】命令 　　　　图 12-34 输入新的名称

注意：输入新名称之后，在对象资源管理器中的空白地方单击鼠标，或者直接按 Enter 键确认，即可完成修改操作。选择一个存储过程之后，间隔一小段时间，再次单击该存储过程；或者选择存储过程之后，直接按 F2 快捷键，都可以进行存储过程名称的修改。

12.6.5 查看存储过程信息

在 SQL Server Management Studio 中可以以界面方式查看存储过程信息。

▍实例 21：查看存储过程 Proc_emp_01 的信息

`01`登录 SQL Server 服务器之后，在【对象资源管理器】窗格中选择【数据库】节点下要查看存储过程的数据库，展开【可编程性】→【存储过程】节点，右击要修改的存储过程，在弹出的快捷菜单中选择【属性】命令，如图 12-35 所示。

`02`在弹出的【存储过程属性】对话框中，用户可以查看存储过程的具体属性，如图 12-36 所示。

图 12-35　选择【属性】命令　　　　　　图 12-36　【存储过程属性】对话框

12.6.6　删除存储过程

删除存储过程可以在对象资源管理器中轻松地完成。

▎实例 22：删除不要的存储过程

`01` 选择需要删除的存储过程，右击鼠标，在弹出的快捷菜单中选择【删除】命令，如图 12-37 所示。

`02` 打开【删除对象】对话框，单击【确定】按钮，即可删除存储过程，如图 12-38 所示。

图 12-37　选择【删除】命令　　　　　　图 12-38　【删除对象】对话框

> 提示：该方法一次只能删除一个存储过程。

12.7 疑难问题解析

▌疑问 1：如何更改存储过程？

答：更改存储过程有两种方法：一种是删除并重新创建该过程，另一种是使用 ALTER PROCEDURE 语句修改。当删除并重新创建存储过程时，原存储过程的所有关联权限将丢失；更改存储过程时，只是更改存储过程的内部定义，并不影响与该存储过程相关联的存储权限，并且不会影响相关的存储过程。

在执行带输出参数的存储过程时，一定要定义输出变量。输出变量的名称可以设定为符合标识符命名规范的任意字符，也可以和存储过程中定义的输出变量名称保持一致。变量的类型要和存储过程中变量的类型完全一致。

▌疑问 2：在存储过程中可以调用其他存储过程吗？

答：存储过程包含用户定义的 T-SQL 语句集合，可以使用 CALL 语句调用存储过程。当然，在存储过程中也可以使用 CALL 语句调用其他存储过程，但是不能使用 DROP 语句删除其他存储过程。

12.8 综合实战训练营

▌实战 1：在 marketing 数据库上创建一个带输入参数的存储过程。

（1）在 marketing 数据库上创建带输入参数的存储过程。
（2）调用创建的存储过程，该存储过程能根据指定的表名关键字显示相应表的信息。

▌实战 2：在 marketing 数据库上创建一个存储过程。

（1）在 marketing 数据库上创建能统计某销售人员的销售总和的存储过程。
（2）调用创建的存储过程来统计某销售人员的销售总和。

第13章 创建和使用触发器

📖 本章导读

触发器是 SQL Server 中一种特殊的存储过程，可以执行复杂的数据库操作和完整性约束过程，最大的特点是其被调用执行 T-SQL 语句时是自动的。本章就来介绍触发器的应用，主要内容包括触发器的分类、创建触发器、修改触发器、删除触发器等。

📖 知识导图

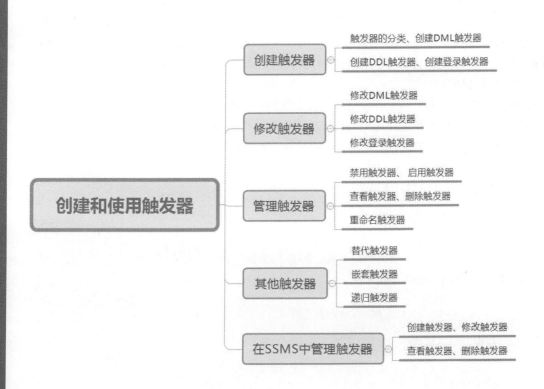

13.1　创建触发器

创建触发器是开始使用触发器的第一步，只有创建了触发器，才能完成后续的操作。用户可以使用 T-SQL 语句来创建触发器，也可以在 SQL Server Management Studio 中用图形界面来创建触发器。

13.1.1　触发器的分类

在 SQL Server 数据库中，触发器主要分为 3 类，即登录触发器、DML 触发器和 DDL 触发器。下面介绍这 3 类触发器的主要作用。

1. 登录触发器

登录触发器是作用在 LOGIN 事件上的触发器，是一种 AFTER 类型触发器，表示在登录后触发。使用登录触发器可以控制用户会话的创建过程以及限制用户名和会话的次数。

2. DML 触发器

DML 触发器包括对表或视图进行 DML 操作激发的触发器。DML 操作包括 INSERT、UPDATE、DELETE 语句。DML 触发器包括两种类型的触发器，一种是 AFTER 类型，另一种是 INSTEAD OF 类型。AFTER 类型表示对表或视图操作完成后激发触发器，INSTEAD OF 类型表示当表或视图执行 DML 操作时替代这些操作执行其他一些操作。

3. DDL 触发器

DDL 触发器在服务器或者数据库中发生数据定义语言事件时被激活调用。使用 DDL 触发器可以防止对数据库架构进行的某些更改或记录数据库架构中的更改或事件。DDL 操作包括 CREATE、ALTER 或 DROP 等，该触发器一般用于管理和记录数据库对象的结构变化。

13.1.2　创建 DML 触发器

下面介绍如何创建各种类型的 DML 触发器。

1. INSERT 触发器

触发器是一种特殊类型的存储过程，因此创建触发器的语法格式与创建存储过程的语法格式相似，基本的语法格式如下：

```
CREATE TRIGGER schema_name.trigger_name
ON { table | view }
[ WITH <dml_trigger_option> [ ,...n ] ]
{ FOR | AFTER | INSTEAD OF }
{ [ INSERT ] [ , ] [ UPDATE ] [ , ] [ DELETE ] }
[ WITH APPEND ]
[ NOT FOR REPLICATION ]
AS { sql_statement  [ ; ] [ ,...n ] | EXTERNAL NAME <method specifier [ ; ] > }
<dml_trigger_option> ::=
    [ ENCRYPTION ]
    [ EXECUTE AS Clause ]
<method_specifier> ::=
    assembly_name.class_name.method_name
```

主要参数介绍如下。

- trigger_name：用于指定触发器的名称，此名称在当前数据库中必须是唯一的。
- table | view：用于指定执行触发器的表或视图，有时称为触发器表或触发器视图。
- AFTER：用于指定 DML 触发器仅在触发 T-SQL 语句中指定的所有操作都已成功执行时才被触发。如果仅指定 FOR 关键字，则 AFTER 是默认设置。
- INSTEAD OF：用于指定执行 DML 触发器而不是触发 T-SQL 语句，因此，其优先级高于触发语句的操作。在表或视图上，每个 INSERT、UPDATE 或 DELETE 语句最多可以定义一个 INSTEAD OF 触发器。
- {[DELETE][,][INSERT][,][UPDATE]}：用于指定在表或视图上执行哪些数据修改语句时，将激活触发器的关键字。必须至少指定一个选项。在触发器定义中允许使用任何顺序组合这些关键字。如果指定的选项多于一个，需要用逗号分隔。
- [WITH APPEND]：指定应该再添加一个现有类型的触发器。
- AS：触发器要执行的操作。
- sql_statement：触发器的条件和操作。触发器条件指定其他标准，用于确定尝试的 DML、DDL 或 LOGON 事件是否导致执行触发器操作。

当用户向表中插入新的记录行时，被标记为 FOR INSERT 的触发器的代码就会执行，如前所述，同时 SQL Server 会创建一个新行的副本，将副本插入一个特殊表中。该表只在触发器的作用域内存在。下面来创建当用户执行 INSERT 操作时触发的触发器。

实例 1：在数据表中创建一个 INSERT 触发器

在 students 表上创建一个名称为 Insert_Student 的触发器，在用户向 students 表中插入数据时触发，输入语句如下：

```
CREATE TRIGGER Insert_Student
ON students
AFTER INSERT
AS
BEGIN
  IF OBJECT_ID(N'stu_Sum',N'U') IS NULL          --判断stu_Sum表是否存在
    CREATE TABLE stu_Sum(number INT DEFAULT 0);  --创建存储学生人数的stu_Sum表
  DECLARE @stuNumber INT;
  SELECT @stuNumber = COUNT(*) FROM students;
  IF NOT EXISTS (SELECT * FROM stu_Sum)          --判断表中是否有记录
    INSERT INTO stu_Sum VALUES(0);
  UPDATE stu_Sum SET number = @stuNumber;   --把更新后总的学生人数插入stu_Sum表中
END
GO
```

代码执行结果如图 13-1 所示，即可完成触发器的创建。

触发器创建完成之后，接着向 students 表中插入记录，触发触发器的执行，输入语句如下：

```
SELECT COUNT(*) students表中总人数 FROM  students;
INSERT INTO students (id,name,age,birthplace,tel,remark) VALUES
(110,'白雪',20,'湖南',123451,'湖南长沙');
SELECT COUNT(*) students表中总人数 FROM  students;
SELECT number AS stu_Sum表中总人数 FROM stu_Sum;
```

代码执行结果如图 13-2 所示，即可完成激活触发器的执行操作。

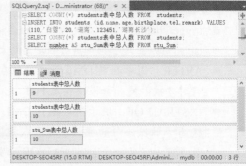

图 13-1　创建 Insert_Student 触发器　　　　图 13-2　激活 Insert_Student 触发器

> **提示**：由触发器的触发过程可以看到，查询语句中的第 2 行执行了一条 INSERT 语句，向 students 表中插入一条记录，结果显示插入前后 students 表中总的记录数；第 4 行语句查看触发器执行之后 stu_Sum 表中的结果，可以看到，这里成功地将 students 表中总的学生人数计算之后插入 stu_Sum 表，实现了表的级联操作。

　　在某些情况下，根据数据库设计的需要，可能会禁止用户对某些表的操作，可以在表上指定拒绝执行插入操作。例如，前面创建的 stu_Sum 表，其中插入的数据是根据 students 表计算得到的，用户不能随便插入数据。

▍**实例 2：在数据表 stu_Sum 中创建触发器，禁止插入数据记录**

　　输入语句如下：

```
CREATE TRIGGER Insert_forbidden
ON stu_Sum
AFTER INSERT
AS
BEGIN
    RAISERROR('不允许直接向该表插入记录，操作被禁止',1,1)
ROLLBACK TRANSACTION
END
```

　　代码执行结果如图 13-3 所示，即可完成触发器的创建。

　　验证触发器的作用，输入向 stu_Sum 表中插入数据的语句，从而激活创建的触发器，输入语句如下：

```
INSERT INTO stu_Sum VALUES(11);
```

　　代码执行结果如图 13-4 所示，即可完成激活创建的触发器的操作。

图 13-3　创建 Insert_forbidden 触发器　　　　图 13-4　激活 Insert_forbidden 触发器

2. DELETE 触发器

用户执行 DELETE 操作时，就会激活 DELETE 触发器，从而控制用户能够从数据库中删除的数据记录。触发 DELETE 触发器之后，用户删除的记录行会被添加到 DELETED 表中，原来表中的相应记录被删除，所以可以在 DELETED 表中查看删除的记录。

▌实例 3：在数据表中创建一个 DELETE 触发器

在数据表 students 中创建 DELETE 触发器，当用户对 students 表执行删除操作时触发，并返回删除的记录信息，输入语句如下：

```
CREATE TRIGGER Delete_Student
ON students
AFTER DELETE
AS
BEGIN
    SELECT id AS 已删除学生编号,name,age
FROM DELETED
END
GO
```

代码执行结果如图 13-5 所示，即可完成触发器的创建。与创建 INSERT 触发器过程相同，在 AFTER 后面指定 DELETE 关键字，表明这是一个用户执行 DELETE 删除操作触发的触发器。

创建完成，执行一条 DELETE 语句触发该触发器，输入语句如下：

```
DELETE FROM students WHERE id=110;
```

代码执行结果如图 13-6 所示，即可执行 DELETE 语句并触发该触发器。

> **提示**：这里返回的结果记录是从 DELETED 表中查询得到的。

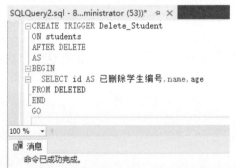

图 13-5　创建 Delete_Student 触发器

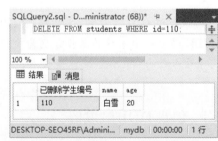

图 13-6　调用 Delete_Student 触发器

3. UPDATE 触发器

UPDATE 触发器是当用户在指定表上执行 UPDATE 语句时被调用的。这种类型的触发器用来约束用户对现有数据的修改。UPDATE 触发器可以执行两种操作：更新前的记录存储到 DELETED 表；更新后的记录存储到 INSERTED 表。

▌实例 4：在数据表中创建一个 UPDATE 触发器

在数据表 students 中创建 UPDATE 触发器，用户对 students 表执行更新操作时触发，并返回更新的记录信息，输入语句如下：

```
CREATE TRIGGER Update_Student
ON students
AFTER UPDATE
AS
BEGIN
DECLARE @stuCount INT;
SELECT @stuCount = COUNT(*) FROM students;
UPDATE  stu_Sum SET number = @stuCount;
SELECT id AS 更新前学生编号 ,name AS 更新前学生姓名 FROM DELETED
SELECT id AS 更新后学生编号 ,name AS 更新后学生姓名  FROM INSERTED
END
GO
```

代码执行结果如图 13-7 所示，即可完成触发器的创建操作。

创建完成，执行一条 UPDATE 语句触发该触发器，输入语句如下：

```
UPDATE students SET name='张华' WHERE id=101;
```

代码执行结果如图 13-8 所示，即可完成修改数据记录的操作，并激活创建的触发器。

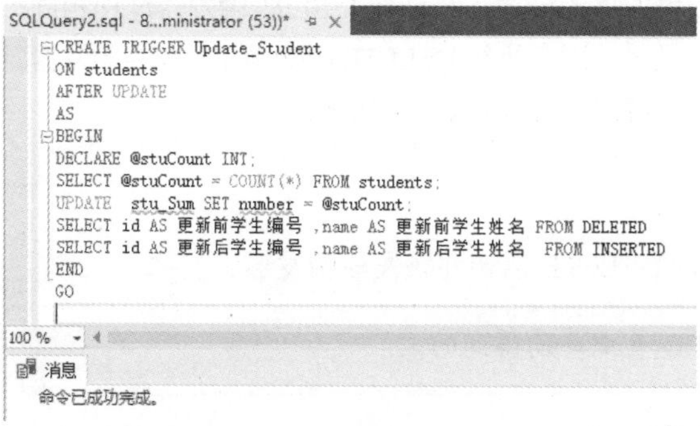

图 13-7　创建 Update_Student 触发器 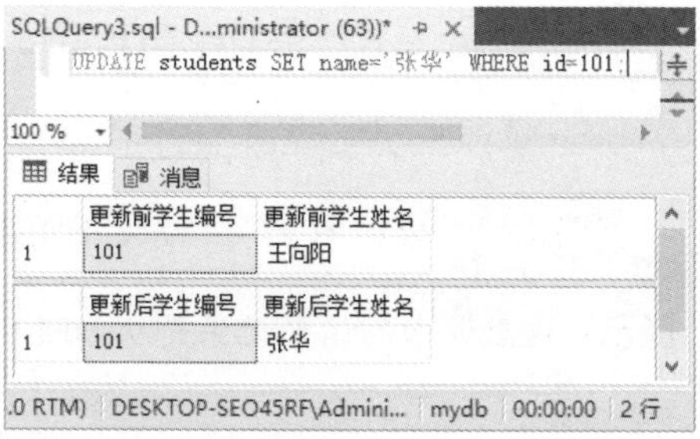　　　　图 13-8　调用 Update_Student 触发器

> **提示**：由执行过程可以看到，UPDATE 语句触发触发器之后，可以看到 DELETED 和 INSERTED 两个表中保存的数据分别为执行更新前后的数据。该触发器同时也更新了保存所有学生人数的 stu_Sum 表，该表中 number 字段的值也同时被更新。

13.1.3　创建 DDL 触发器

与 DML 触发器相同，DDL 触发器可以通过用户的操作而激活。对于 DDL 触发器而言，其创建和管理过程与 DML 触发器类似。创建 DDL 触发器的语法格式如下：

```
CREATE TRIGGER trigger_name
ON { ALL SERVER | DATABASE }
[ WITH <ddl_trigger_option> [ ,...n ] ]
{ FOR | AFTER } { event_type | event_group } [ ,...n ]
AS { sql_statement  [ ; ] [ ,...n ] | EXTERNAL NAME < method specifier >  [ ; ]
}
<ddl_trigger_option> ::=
     [ ENCRYPTION ]
```

```
[ EXECUTE AS Clause ]
```

主要参数介绍如下。

- DATABASE：表示将 DDL 触发器的作用域应用于当前数据库。
- ALL SERVER：表示将 DDL 或登录触发器的作用域应用于当前服务器。
- event_type：指定激发 DDL 触发器的 T-SQL 语言事件的名称。

下面以创建数据库或服务器作用域的 DDL 触发器为例来介绍创建 DDL 触发器的方法。在创建数据库或服务器作用域的 DDL 触发器时，需要指定 ALL SERVER 参数。

▌实例 5：创建数据库作用域的 DDL 触发器

创建一个数据库作用域的 DDL 触发器，拒绝用户对数据库中表的删除和修改操作，输入语句如下：

```
USE mydb;
GO
CREATE TRIGGER DenyDelete_mydbase
ON DATABASE
FOR DROP_TABLE,ALTER_TABLE
AS
BEGIN
PRINT '用户没有权限执行删除操作！'
ROLLBACK TRANSACTION
END
GO
```

代码执行结果如图 13-9 所示，即可完成触发器的创建操作。其中，ON 关键字后面的 DATABASE 指定触发器作用域；DROP_TABLE、ALTER_TABLE 指定 DDL 触发器的触发事件，即删除和修改表；最后定义 BEGIN…END 语句块，输出提示信息。

创建完成，执行一条 DROP 语句触发该触发器，输入语句如下：

```
DROP TABLE mydb;
```

代码执行结果如图 13-10 所示，开始执行 DROP 语句，并激活创建的触发器。

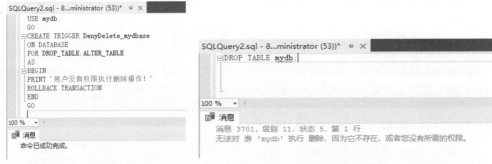

图 13-9　创建 DDL 触发器　　　　图 13-10　激活数据库级别的 DDL 触发器

▌实例 6：创建服务器作用域的 DDL 触发器

创建一个服务器作用域的 DDL 触发器，拒绝用户创建或修改数据库操作，输入语句如下：

```
CREATE TRIGGER DenyCreate_AllServer
ON ALL SERVER
FOR CREATE_DATABASE,ALTER_DATABASE
AS
BEGIN
PRINT '用户没有权限创建或修改服务器上的数据库！'
ROLLBACK TRANSACTION
END
GO
```

代码执行结果如图 13-11 所示，即可完成触发器的创建操作。

创建成功之后，依次打开服务器的【服务器对象】下的【触发器】节点，可以看到创建的服务器作用域的触发器 DenyCreate_AllServer，如图 13-12 所示。

图 13-11　创建服务器作用域的 DDL 触发器　　　图 13-12　【触发器】节点

上述代码成功创建了整个服务器作为作用域的触发器。当用户创建或修改数据库时触发触发器，禁止用户的操作，并显示提示信息，输入语句如下：

```
CREATE DATABASE mydbase;
```

代码执行结果如图 13-13 所示，即可完成测试触发器的执行过程，可以看到触发器已经激活。

图 13-13　激活服务器域的 DDL 触发器

13.1.4　创建登录触发器

登录触发器是在遇到 LOGON 事件时触发的，LOGON 事件是在建立用户会话时引发的。创建登录触发器的语法格式如下：

```
CREATE [ OR ALTER ] TRIGGER trigger_name
ON ALL SERVER
[ WITH <logon_trigger_option> [ ,...n ] ]
{ FOR| AFTER } LOGON
AS { sql_statement  [ ; ] [ ,...n ] | EXTERNAL NAME < method specifier > [ ; ] }
<logon_trigger_option> ::=
    [ ENCRYPTION ]
    [ EXECUTE AS Clause ]
```

主要参数介绍如下。

- trigger_name：用于指定触发器的名称，其名称在当前数据库中必须是唯一的。
- ALL SERVER：表示登录触发器的作用域为当前服务器。
- FOR|AFTER：AFTER 指定仅在触发 T-SQL 语句中指定的所有操作成功执行时触发触发器。所有引用级联操作和约束检查在此触发器触发之前也必须成功。当 FOR 是指定的唯一关键字时，AFTER 是默认值。视图无法定义 AFTER 触发器。
- sql_statement：触发条件和动作。触发条件指定附加条件，以确定尝试的 DML、DDL 或登录事件是否导致执行触发器操作。
- <method_specifier>：对于 CLR 触发器，指定要与触发器绑定的程序集的方法。该方法不得不引用任何参数。class_name 必须是有效的 SQL Server 标识符，并且必须作为具有程序集可见性的程序集中的类存在。

实例 7：创建一个只允许白名单连接服务器的登录触发器

创建一个登录触发器，该触发器仅允许白名单主机名连接 SQL Server 服务器，输入语句如下：

```
CREATE TRIGGER MyHostsOnly
ON ALL SERVER
FOR LOGON
AS
BEGIN
    IF
    (.
        HOST_NAME() NOT IN ('ProdBox','QaBox','DevBox')
    )
    BEGIN
        RAISERROR('You are not allowed to login from this hostname.', 16, 1);
        ROLLBACK;
    END
END
```

代码执行结果如图 13-14 所示，即可完成登录触发器的创建。

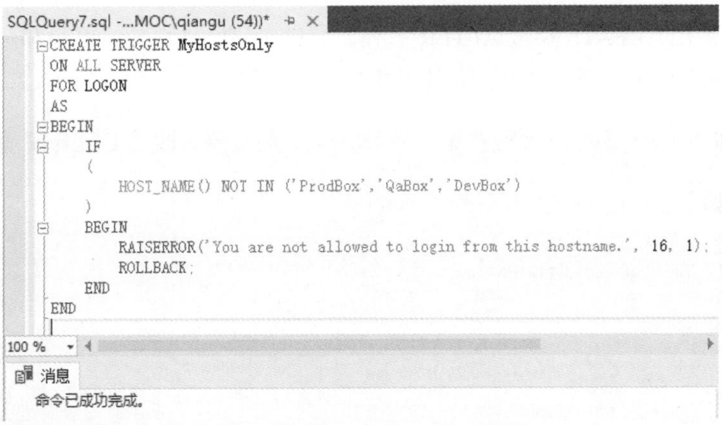

图 13-14　创建登录触发器

设置登录触发器后，当用户再次尝试使用 SQL Server Management Studio 登录时，会出现类似下面的错误，如图 13-15 所示，因为用户要连接的主机名并不在当前的白名单上。

图 13-15　警告信息框

13.2　修改触发器

当触发器不满足需求时，可以修改触发器的定义和属性。在 SQL Server 中，可以通过两种方式进行修改：先删除原来的触发器，再重新创建与之名称相同的触发器；使用 ALTER TRIGGER 语句直接修改现有触发器的定义。

13.2.1　修改 DML 触发器

修改 DML 触发器的基本语法格式如下：

```
ALTER  TRIGGER  schema_name.trigger_name
ON { table | view }
[ WITH <dml_trigger_option> [ ,...n ] ]
{ FOR | AFTER | INSTEAD OF }
{ [ INSERT ] [ , ] [ UPDATE ] [ , ] [ DELETE ] }
 [ NOT FOR REPLICATION ]
AS { sql_statement  [ ; ] [ ,...n ] | EXTERNAL NAME <method specifier [ ; ] > }
<dml_trigger_option> ::=
    [ ENCRYPTION ]
    [ EXECUTE AS Clause ]
<method_specifier> ::=
    assembly_name.class_name.method_name
```

除了关键字由 CREATE 换成 ALTER 之外，修改 DML 触发器的语句和创建 DML 触发器的语法格式完全相同。各个参数的作用不再赘述，读者可以参考创建触发器小节。

▌实例 8：修改 Insert_Student 触发器，将 INSERT 触发器修改为 DELETE 触发器

输入语句如下：

```
ALTER TRIGGER Insert_Student
ON students
AFTER DELETE
AS
BEGIN
  IF OBJECT_ID(N'stu_Sum',N'U') IS NULL              --判断stu_Sum表是否存在
    CREATE TABLE stu_Sum(number INT DEFAULT 0);    --创建存储学生人数的stu_Sum表
  DECLARE @stuNumber INT;
  SELECT @stuNumber = COUNT(*) FROM students;
  IF NOT EXISTS (SELECT * FROM stu_Sum)
    INSERT INTO stu_Sum VALUES(0);
  UPDATE stu_Sum SET number = @stuNumber; --把更新后总的学生人数插入到stu_Sum表中
END
```

代码执行结果如图 13-16 所示，即可完成对触发器的修改操作，这里也可以根据需要修改触发器中的操作语句内容。

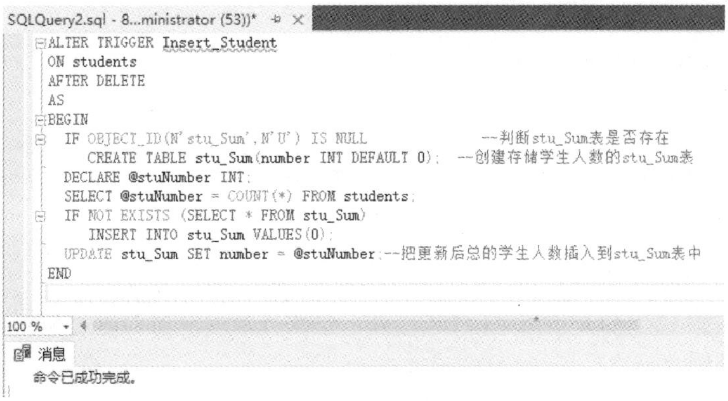

图 13-16　修改触发器的内容

13.2.2　修改 DDL 触发器

修改 DDL 触发器的语法格式如下：

```
ALTER TRIGGER trigger_name
ON { ALL SERVER | DATABASE }
[ WITH <ddl_trigger_option> [ ,...n ] ]
{ FOR | AFTER } { event_type | event_group } [ ,...n ]
AS { sql_statement  [ ; ] [ ,...n ] | EXTERNAL NAME < method specifier >  [ ; ] }
<ddl_trigger_option> ::=
    [ ENCRYPTION ]
    [ EXECUTE AS Clause ]
<method_specifier> ::=
    assembly_name.class_name.method_name
```

除了关键字由 CREATE 换成 ALTER 之外，修改 DDL 触发器的语句和创建 DDL 触发器的语法格式完全相同。

▎实例 9：修改服务器作用域的 DenyCreate_AllServer 触发器

修改服务器作用域的 DenyCreate_AllServer 触发器，拒绝用户对数据库进行修改操作，输入语句如下：

```
ALTER TRIGGER DenyCreate_AllServer
ON ALL SERVER
FOR DROP_DATABASE
AS
BEGIN
PRINT '用户没有权限删除服务器上的数据库！'
ROLLBACK TRANSACTION
END
GO
```

图 13-17　修改服务器作用域的 DDL 触发器

代码执行结果如图 13-17 所示，即可完成 DDL 触发器的修改操作。

13.2.3 修改登录触发器

修改登录触发器的语法格式如下：

```
ALTER TRIGGER trigger_name
ON ALL SERVER
[ WITH <logon_trigger_option> [ ,...n ] ]
{ FOR| AFTER } LOGON
AS { sql_statement  [ ; ] [ ,...n ] | EXTERNAL NAME < method specifier >  [ ; ] }
<logon_trigger_option> ::=
    [ ENCRYPTION ]
    [ EXECUTE AS Clause ]
```

除了关键字由 CREATE 换成 ALTER 之外，修改登录触发器的语句和创建登录触发器的语法格式完全相同。

▌实例 10: 修改登录触发器 MyHostsOnly

修改登录触发器 MyHostsOnly，添加允许登录 SQL Server 服务器的白名单主机名为 "UserBox"，输入语句如下：

```
ALTER TRIGGER MyHostsOnly
ON ALL SERVER
FOR LOGON
AS
BEGIN
    IF
    (
        HOST_NAME() NOT IN ('ProdBox','QaBox','DevBox','UserBox')
    )
    BEGIN
        RAISERROR('You are not allowed to login from this hostname.', 16, 1);
        ROLLBACK;
    END
END
```

代码执行结果如图 13-18 所示，即可完成登录触发器的修改操作。

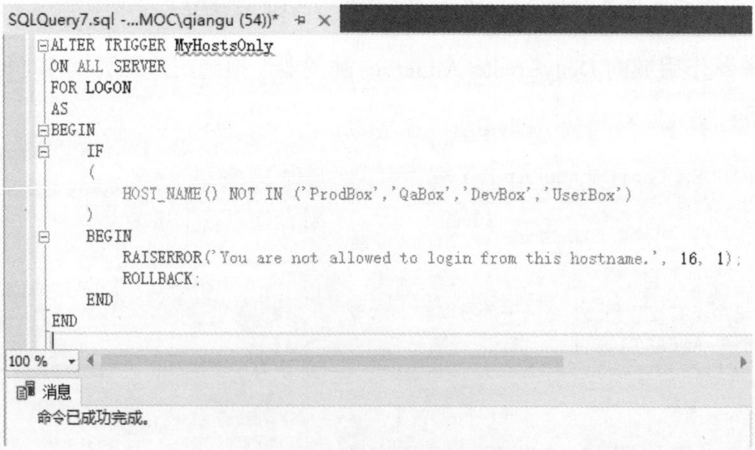

图 13-18　修改登录触发器

13.3 管理触发器

用户既可以启用与禁用触发器、修改触发器的名称，也可以查看触发器的相关信息。

13.3.1 禁用触发器

触发器创建之后便启用了，如果暂时不需要使用某个触发器，可以将其禁用。触发器被禁用后并没有删除，它仍然作为对象存储在当前数据库中，但是当用户执行触发操作（INSERT、DELETE、UPDATE）时，触发器不会被调用。禁用触发器可以使用 ALTER TABLE 语句或者 DISABLE TRIGGER 语句。

实例 11：禁止使用数据库作用域的触发器 DenyDelete_mydbase

输入语句如下：

```
DISABLE TRIGGER DenyDelete_ mydbase ON DATABASE;
```

代码执行结果如图 13-19 所示，即可禁用数据库作用域的触发器 DenyDelete_mydbase，其中，ON 关键字后面指定触发器的作用域。

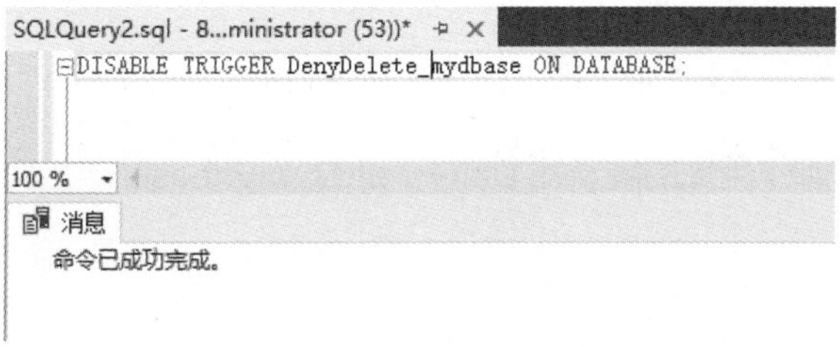

SQLQuery2.sql - 8...ministrator (53))*
DISABLE TRIGGER DenyDelete_mydbase ON DATABASE;
100 %
消息
命令已成功完成。

图 13-19　禁用 DenyDelete_mydbase 触发器

实例 12：禁用 Update_Student 触发器

输入语句如下：

```
ALTER TABLE students
DISABLE TRIGGER Update_Student
```

代码执行结果如图 13-20 所示，禁止使用名称为 Update_Student 的触发器。

也可以使用下面的语句禁用 Update_Student 触发器。

```
DISABLE TRIGGER Update_Student ON students
```

代码执行结果如图 13-21 所示，禁止使用名称为 Update_Student 的触发器。

SQLQuery2.sql - 8...ministrator (53))*
ALTER TABLE students
DISABLE TRIGGER Update_Student
100 %
消息
命令已成功完成。

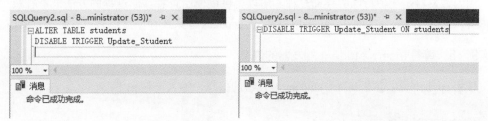

图 13-20　禁用 Update_Student 触发器

SQLQuery2.sql - 8...ministrator (53))*
DISABLE TRIGGER Update_Student ON students
100 %
消息
命令已成功完成。

图 13-21　禁用 Update_Student 触发器

可以看到，这两种方法的思路是相同的，指定要禁用的触发器的名称和触发器所在的表。读者在禁用时选择其中一种即可。

13.3.2 启用触发器

被禁用的触发器可以通过 ALTER TABLE 语句或 ENABLE TRIGGER 语句重新启用。

▌实例 13：启用 Update_Student 触发器

输入语句如下：

```
ALTER TABLE students
ENABLE TRIGGER Update_Student
```

代码执行结果如图 13-22 所示，即可启用名称为 Update_Student 的触发器。

另外，也可以使用下面的语句启用 Update_Student 触发器：

```
ENABLE TRIGGER Update_Student ON students
```

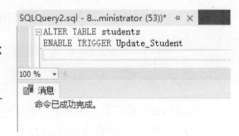

图 13-22　启用 Update_Student 触发器

代码执行结果如图 13-23 所示，即可启用名称为 Update_Student 的触发器。

▌实例 14：启用数据库作用域的触发器 DenyDelete_mydbase

输入语句如下：

```
ENABLE TRIGGER DenyDelete_mydbase ON DATABASE;
```

代码执行结果如图 13-24 所示，即可启用名称为 DenyDelete_mydbase 的触发器。

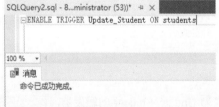

图 13-23　启用 Update_Student 触发器

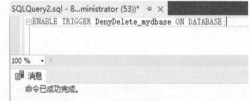

图 13-24　启用 DenyDelete_mydbase 触发器

13.3.3 查看触发器

因为触发器是一种特殊的存储过程，所以也可以使用查看存储过程的方法来查看触发器的内容，例如使用 sp_helptext、sp_help 以及 sp_depends 等系统存储过程来查看触发器的信息。

▌实例 15：查看 Insert_student 触发器的信息

使用 sp_helptext 查看 Insert_student 触发器的信息，输入语句如下：

```
sp_helptext Insert_student;
```

代码执行结果如图 13-25 所示,即可完成查看触发器信息的操作。

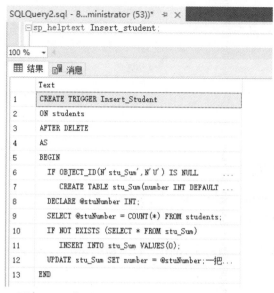

图 13-25 使用 sp_helptext 查看触发器定义信息

由结果可以看到,使用系统存储过程 sp_helptext 查看的触发器的定义信息,与用户输入的代码是相同的。

13.3.4 删除触发器

当触发器不再需要使用时,可以将其删除,删除触发器不会影响其操作的数据表,而当某个表被删除时,该表上的触发器也同时被删除。使用 DROP TRIGGER 语句可以删除一个或多个触发器,其语法格式如下:

```
DROP TRIGGER trigger_name [ ,...n ]
```

其中,trigger_name 为要删除的触发器的名称。

▍实例 16:删除 Insert_Student 触发器

使用 DROP TRIGGER 语句删除 Insert_Student 触发器,输入语句如下:

```
USE mydb;
GO
DROP TRIGGER Insert_Student;
```

代码执行结果如图 13-26 所示,删除该触发器。

▍实例 17:删除服务器作用域触发器 DenyCreate_AllServer

输入语句如下:

```
DROP TRIGGER DenyCreate_AllServer ON ALL Server;
```

代码执行结果如图 13-27 所示,即可完成触发器的删除操作。

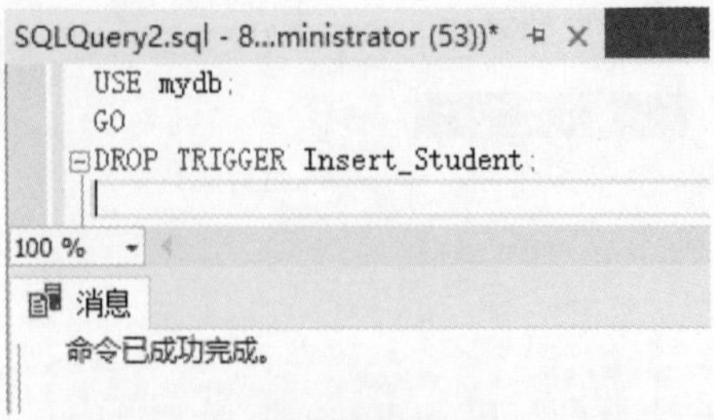

图 13-26　删除触发器 Insert_Student 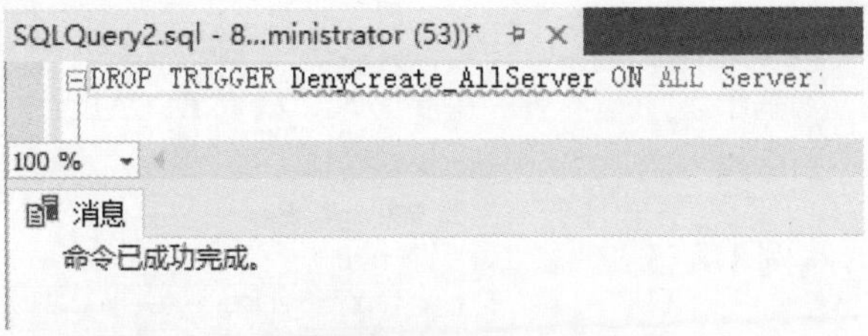　　　　图 13-27　删除触发器 DenyCreate_AllServer

13.3.5　重命名触发器

用户可以使用 sp_rename 系统存储过程修改触发器的名称。使用 sp_rename 系统存储过程重命名触发器与重命名存储过程相同。

▌实例 18：重命名触发器 Delete_Student 为 Delete_Stu

输入语句如下：

```
sp_rename 'Delete_Student', 'Delete_Stu';
```

代码执行结果如图 13-28 所示，即可完成触发器的重命名操作。

图 13-28　重命名触发器

> **注意**：使用 sp_rename 系统存储过程重命名触发器，不会更改 sys.sql_modules 类别视图的 definition 列中相应对象名的名称，所以建议用户不要使用该系统存储过程重命名触发器，而是删除该触发器，然后使用新名称重新创建触发器。

13.4　其他触发器

除前面介绍的常用触发器外，本节再来介绍一些其他类型的触发器，如替代触发器、嵌套触发器与递归触发器等。

13.4.1　替代触发器

替代（INSTEAD OF）触发器与前面介绍的 AFTER 触发器不同，SQL Server 服务器在执行触发 AFTER 触发器的 T-SQL 代码后，先建立临时的 INSERTED 和 DELETED 表，然后执行 T-SQL 代码中对数据的操作，最后才激活触发器中的代码。

对于替代（INSTEAD OF）触发器，SQL Server 服务器在执行触发 INSTEAD OF 触发器的代码时，先建立临时的 INSERTED 和 DELETED 表，然后直接触发 INSTEAD OF 触发器，而拒绝执行用户输入的 DML 操作语句。

基于多个基本表的视图必须使用 INSTEAD OF 触发器对多个表中的数据进行插入、更新和删除操作。

▎实例 19：创建替代触发器 InsteadOfInsert_Student

创建 INSTEAD OF 触发器，当用户插入 students 表中的学生记录中的年龄大于 30 时，拒绝插入，同时提示"插入年龄错误"信息，输入语句如下：

```
CREATE TRIGGER InsteadOfInsert_Student
ON students
INSTEAD OF INSERT
AS
BEGIN
DECLARE @stuAge INT;
SELECT @stuAge=(SELECT age FROM inserted)
If @stuAge>30
    SELECT '插入年龄错误' AS 失败原因
END
GO
```

代码执行结果如图 13-29 所示，即可完成创建触发器的操作。

创建完成，执行一条 INSERT 语句触发该触发器，输入语句如下：

```
INSERT INTO students (id,name,age)
VALUES(111,'小鸿',40);
SELECT * FROM students;
```

代码执行结果如图 13-30 所示。由返回结果可以看到，插入记录的 age 字段值大于 30，将无法插入基本表，基本表中的记录没有新增记录。

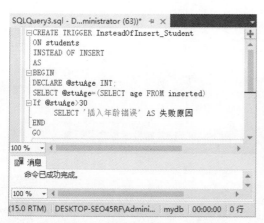

图 13-29　创建 INSTEAD OF 触发器　　图 13-30　调用 InsteadOfInsert_Student 触发器

13.4.2　嵌套触发器

如果一个触发器在执行操作时调用了另外一个触发器，而这个触发器又接着调用了下一个触发器，就形成了嵌套触发器。

实例 20：激活并设置嵌套触发器选项

嵌套触发器在安装时就被启用，但是可以使用系统存储过程 sp_configure 禁用和重新启用嵌套触发器。

使用如下语句可以禁用嵌套：

```
EXEC sp_configure 'nested triggers',0
```

若要再次启用嵌套，则可使用如下语句：

```
EXEC sp_configure 'nested triggers',1
```

如果不想对触发器进行嵌套，还可以通过【允许触发器激发其他触发器】的服务器配置选项来控制，但不管此设置是什么，都可以嵌套 INSTEAD OF 触发器。

设置触发器嵌套选项的具体操作步骤如下。

01 在【对象资源管理器】窗格中，右击服务器名，在弹出的快捷菜单中选择【属性】命令，如图 13-31 所示。

02 打开【服务器属性】对话框，选择【高级】选项。设置【杂项】中的【允许触发器激活其他触发器】为 True 或 False，分别代表激活或不激活，设置完成后，单击【确定】按钮，如图 13-32 所示。

图 13-31 选择【属性】命令

图 13-32 设置触发器嵌套是否激活

13.4.3 递归触发器

触发器的递归是指一个触发器从其内部再一次激活该触发器。例如，UPDATE 操作激活的触发器内部还有一条对数据表的更新语句，那么这个更新语句就有可能再次激活这个触发器。当然，这种递归的触发器内部还会有判断语句，只有在一定情况下才会执行 T-SQL 语句，否则就成了无限调用的死循环了。

SQL Server 中的递归触发器包括两种：直接递归和间接递归。

- 直接递归：触发器被触发并执行一个操作，而该操作又使这一触发器再次被触发。
- 间接递归：触发器被触发并执行一个操作，而该操作又使另一个表中的某个触发器被触发，第二个触发器使原始表得到更新，从而再次触发第一个触发器。

实例 21：激活并设置递归触发器

默认情况下，递归触发器选项是禁用的，但可以通过管理平台来设置启用递归触发器，操作步骤如下。

01 选择需要修改的数据库并右击，在弹出的快捷菜单中选择【属性】命令，如图 13-33 所示。

图 13-33 选择【属性】命令

02 打开【数据库属性】对话框，选择【选项】选项，在【杂项】选项组中的【递归触发器已启用】下拉列表框中选择 True，单击【确定】按钮，完成修改，如图 13-34 所示。

> **提示**：递归触发器最多只能递归 16 层，如果递归中的第 16 个触发器激活了第 17 个触发器，则结果与发布 ROLLBACK 命令一样，所有数据将回滚。

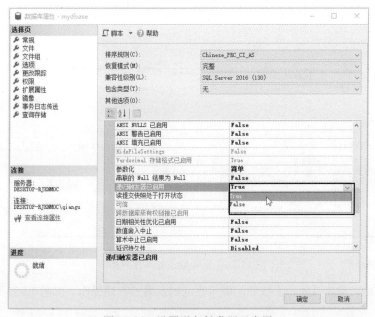

图 13-34 设置递归触发器已启用

13.5 在 SQL Server Management Studio 中管理触发器

在 SQL Server Management Studio 中可以以界面方式管理触发器。本节就来介绍在 SQL Server Management Studio 中管理触发器的方法。

13.5.1 创建触发器

在 SQL Server Management Studio 中创建触发器的操作非常简单。

▌实例 22：以图形界面方式创建触发器

01 在对象资源管理器中，在数据库目录下展开需要创建触发器的数据表，在展开的表目录下，右击触发器节点，在弹出的快捷菜单中选择【新建触发器】命令，如图 13-35 所示。

图 13-35 选择【新建触发器】命令

02 打开创建触发器的工作界面，在其中根据需要添加相应的参数，如图 13-36 所示。

```
GO
SET QUOTED_IDENTIFIER ON
GO
-- =============================================
-- Author:        <Author,,Name>
-- Create date:   <Create Date,,>
-- Description:   <Description,,>
-- =============================================
CREATE TRIGGER Insert_Student
ON students
AFTER INSERT
AS
BEGIN
    IF OBJECT_ID(N'stu_Sum',N'U') IS NULL            --判断stu_Sum表是否存在
        CREATE TABLE stu_Sum(number INT DEFAULT 0);  --创建存储学生人数的stu_Sum表
    DECLARE @stuNumber INT;
    SELECT @stuNumber = COUNT(*) FROM students;
    IF NOT EXISTS (SELECT * FROM stu_Sum)            --判断表中是否有记录
        INSERT INTO stu_Sum VALUES(0);
    UPDATE stu_Sum SET number = @stuNumber;          --把更新后总的学生人数插入到stu_Sum表中
END
GO
```

图 13-36 新建触发器工作界面

03 添加完成后，单击【执行】按钮，即可完成触发器的创建操作，如图 13-37 所示。

```
SQLQuery3.sql - 8...ministrator (55))*    ⊣ ×   SQLQuery2.sql - 8...ministrator (53))*
    -- Description: <Description,,>
    -- =========================================================
⊟CREATE TRIGGER Insert_Student
  ON students
  AFTER INSERT
  AS
⊟BEGIN
⊟  IF OBJECT_ID(N'stu_Sum',N'U') IS NULL                --判断stu_Sum表是否存在
      CREATE TABLE stu_Sum(number INT DEFAULT 0);   --创建存储学生人数的stu_Sum表
    DECLARE @stuNumber INT;
    SELECT @stuNumber = COUNT(*) FROM students;
⊟  IF NOT EXISTS (SELECT * FROM stu_Sum)              --判断表中是否有记录
      INSERT INTO stu_Sum VALUES(0);
    UPDATE stu_Sum SET number = @stuNumber;    --把更新后总的学生人数插入到stu_Sum表中
  END
  GO
100 % ▾ ◄
🔲 消息
命令已成功完成。
```

图 13-37　触发器创建完成

13.5.2　修改触发器

在 SQL Server Management Studio 中修改触发器要比创建触发器容易一些。

▎实例 23：以图形界面方式修改触发器

01▶选择需要修改的触发器并右击，在弹出的快捷菜单中选择【修改】命令，如图 13-38 所示。
02▶打开用于修改触发器的工作界面，在其中修改相应的触发器参数，然后单击【执行】按钮，即可完成修改触发器的操作，如图 13-39 所示。

图 13-38　选择【修改】命令

```
SQLQuery4.sql - D...ministrator (67))    ⊣ ×   SQLQuery3.sql - D...ministrator (63))*
    USE [mydb]
    GO
    /****** Object:  Trigger [dbo].[Insert_Student]     Script Date: 20.5.20 18:56:48
    SET ANSI_NULLS ON
    GO
    SET QUOTED_IDENTIFIER ON
    GO
⊟  ALTER TRIGGER [dbo].[Insert_Student]
  ON [dbo].[students]
  AFTER DELETE
  AS
⊟BEGIN
⊟  IF OBJECT_ID(N'stu_Sum',N'U') IS NULL              --判断stu_Sum表是否存在
      CREATE TABLE stu_Sum(number INT DEFAULT 0);  --创建存储学生人数的stu_Sum表
    DECLARE @stuNumber INT;
    SELECT @stuNumber = COUNT(*) FROM students;
⊟  IF NOT EXISTS (SELECT * FROM stu_Sum)
      INSERT INTO stu_Sum VALUES(0);
    UPDATE stu_Sum SET number = @stuNumber;  --把更新后总的学生人数插入到stu_Sum表中
  END
100 % ▾ ◄
▶️ 已连接。(...  DESKTOP-SEO45RF (15.0 RTM)  DESKTOP-SEO45RF\Admini...  mydb  00:00:00  0 行
```

图 13-39　触发器修改界面

13.5.3　查看触发器

在 SQL Server Management Studio 中可以以界面方式查看触发器信息。

▎实例 24：以图形界面方式查看触发器

01▶使用 SQL Server Management Studio 登录 SQL Server 服务器，在【对象资源管理器】窗

格中打开需要查看的触发器所在的数据表节点。在触发器列表中选择要查看的触发器并右击，在弹出的快捷菜单中选择【修改】命令，或者双击该触发器，如图 13-40 所示。

02 在查询编辑窗口中将显示创建该触发器的代码内容，同时也可以对触发器的代码进行修改，如图 13-41 所示。

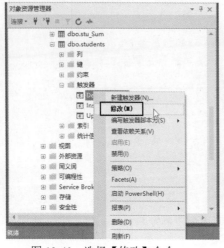

图 13-40　选择【修改】命令

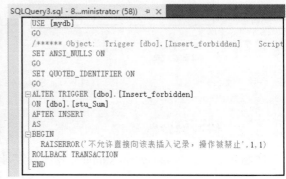

图 13-41　查看触发器内容

13.5.4　删除触发器

删除触发器的操作与前面介绍的删除数据库、数据表以及存储过程类似。

▌实例 25：以图形界面方式删除触发器

01 在 SQL Server Management Studio 中选择要删除的触发器并右击，在弹出的快捷菜单中选择【删除】命令或者按键盘上的 Delete 键进行删除，如图 13-42 所示。

02 在弹出的【删除对象】对话框中单击【确定】按钮，即可完成触发器的删除操作，如图 13-43 所示。

图 13-42　选择【删除】命令

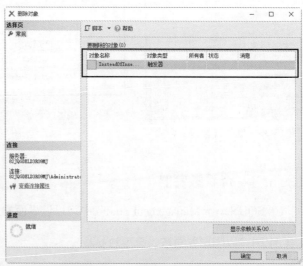

图 13-43　【删除对象】对话框

13.6 疑难问题解析

▌疑问 1：使用触发器需要注意的问题是什么？

答：在使用触发器的时候需要注意，对相同的表、相同的事件只能创建一个触发器。比如已经为表 account 创建了一个 AFTER INSERT 触发器，如果再为表 account 创建一个 AFTER INSERT 触发器，SQL Server 将会报错，此时只可以在表 account 上创建 AFTER INSERT 或者 INSTEAD OF UPDATE 类型的触发器。灵活地运用触发器将为操作省去很多麻烦。

▌疑问 2：不再使用的触发器如何处理？

答：触发器定义之后，每次执行触发事件都会激活触发器并执行触发器中的语句。如果需求发生变化，而触发器没有进行相应的改变或者删除，则触发器仍然会执行旧的语句，从而会影响新的数据的完整性。因此，要将不再使用的触发器及时删除。

13.7 综合实战训练营

▌实战 1：在数据库的表上创建一个触发器。

在 marketing 数据库中，为"订单信息"表创建一个触发器，该触发器的功能为当用户插入新的订单行时，按照订货量应相应地减少该货品的库存量。

▌实战 2：在 marketing 数据库上创建替代触发的插入触发器。

（1）在 marketing 数据库中，为"订单信息"表创建一个触发器，该触发器的功能为当用户插入新的订单行时，如果订货量未超过库存量，则可以插入订货信息，如果订货量超过库存量，则不能实现插入操作，并给出提示信息。

（2）测试创建的触发器是否满足要求。

第14章 创建和使用游标

本章导读

查询语句可能会返回多条记录，如果数据量非常大，就需要使用游标来逐条读取查询结果集中的记录。本章就来介绍游标的创建与应用等内容。

知识导图

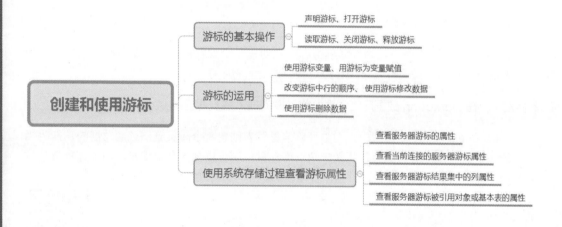

14.1　游标的基本操作

下面介绍如何操作游标，包括声明游标、打开游标、读取游标、关闭游标和释放游标。

14.1.1　声明游标

游标主要包括游标结果集和游标位置两部分：游标结果集是由定义游标的 SELECT 语句返回的行集合，游标位置则是指向这个结果集中某一行的指针。

使用游标之前，要声明游标，在 SQL Server 中可使用 DECLARE CURSOR 语句，其语法格式如下：

```
DECLARE cursor_name CURSOR [ LOCAL | GLOBAL ]
[ FORWARD_ONLY | SCROLL ]
[ STATIC | KEYSET | DYNAMIC | FAST_FORWARD ]
[ READ_ONLY | SCROLL_LOCKS | OPTIMISTIC ]
[ TYPE_WARNING ]
FOR select_statement
[ FOR UPDATE [ OF column_name [ ,...n ] ] ]
```

主要参数介绍如下。

● cursor_name：所定义的 Transact-SQL 服务器游标的名称。

● LOCAL：对于在其中创建的批处理、存储过程或触发器来说，游标的作用域是局部的。

● GLOBAL：指定游标的作用域是全局的。

● FORWARD_ONLY：指定游标只能从第一行滚动到最后一行。FETCH NEXT 是唯一支持的提取选项。如果在指定 FORWARD_ONLY 时不指定 STATIC、KEYSET 和 DYNAMIC 关键字，则游标作为 DYNAMIC 游标进行操作。如果 FORWARD_ONLY 和 SCROLL 均未指定，则除非指定 STATIC、KEYSET 或 DYNAMIC 关键字，否则默认为 FORWARD_ONLY。STATIC、KEYSET 和 DYNAMIC 游标默认为 SCROLL。与 ODBC 和 ADO 这类数据库 API 不同，STATIC、KEYSET 和 DYNAMIC Transact-SQL 游标支持 FORWARD_ONLY。

● STATIC：定义一个游标，以创建将由该游标使用的数据的临时副本。对游标的所有请求都从 tempdb 这一临时表中得到应答；因此，在对该游标进行提取操作时返回的数据不反映对基表所做的修改，并且该游标不允许修改。

● KEYSET：指定当游标打开时游标中行的成员身份和顺序已经固定。对行进行唯一标识的键集内置在 tempdb 内一个称为 keyset 的表中。

● DYNAMIC：定义一个游标，以反映在滚动游标时对结果集内的各行所做的所有数据更改。行的数据值、顺序和成员身份在每次提取时都会更改。动态游标不支持 ABSOLUTE 提取选项。

● FAST_FORWARD：指定启用了性能优化的 FORWARD_ONLY、READ_ONLY 游标。如果指定了 SCROLL 或 FOR_UPDATE，则不能指定 FAST_FORWARD。

● SCROLL_LOCKS：指定通过游标进行的定位更新或删除一定会成功。将行读入游标时，SQL Server 将锁定这些行，以确保随后可对它们进行修改。如果还指定了

FAST_FORWARD 或 STATIC，则不能指定 SCROLL_LOCKS。

- OPTIMISTIC：指明在数据被读入游标后，如果游标中某行数据已发生变化，那么对游标数据进行更新或删除可能会导致失败。
- TYPE_WARNING：指定将游标从所请求的类型隐式转换为另一种类型时，向客户端发送警告消息。
- select_statement：定义游标结果集的标准 SELECT 语句。

实例 1：在 test 数据库中声明游标 cursor_fruits

输入语句如下：

```
USE test;
GO
DECLARE cursor_fruits CURSOR FOR
SELECT f_name, f_price FROM fruits ;
```

代码执行结果如图 14-1 所示，即可完成游标的声明操作，并在【消息】窗格中显示"命令已成功完成"。

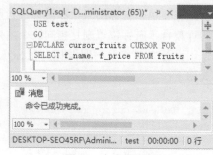

图 14-1 声明游标

在上面的代码中，定义游标的名称为 cursor_fruits，SELECT 语句表示从 fruits 表中查询出 f_name 和 f_price 字段的值。

14.1.2 打开游标

在使用游标之前，必须打开游标，打开游标的语法格式如下：

```
OPEN  [GLOBAL] cursor_name | cursor_variable_name
```

主要参数介绍如下。

- GLOBAL：指定 cursor_name 是全局游标。
- cursor_name：已声明游标的名称。
- cursor_variable_name：游标变量的名称，该变量引用一个游标。

实例 2：打开名称为 cursor_fruits 的游标

输入语句如下：

```
USE test;
GO
OPEN  cursor_fruits ;
```

代码执行结果如图 14-2 所示，即可完成游标的打开操作，并在【消息】窗格中显示"命令已成功完成"。

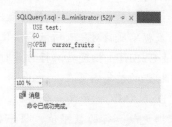

图 14-2 打开游标

14.1.3 读取游标

打开游标之后，就可以读取游标中的数据了，FETCH 命令可以读取游标中的某一行数据，

语法格式如下:

```
FETCH
        [ [ NEXT | PRIOR | FIRST | LAST
                | ABSOLUTE { n | @nvar }
                | RELATIVE { n | @nvar }
          ]
          FROM
        ]
{ { [ GLOBAL ] cursor_name } | @cursor_variable_name }
[ INTO @variable_name [ ,...n ] ]
```

主要参数介绍如下。

- NEXT:紧跟当前行返回结果行,并且当前行递增为返回行。如果 FETCH NEXT 为对游标的第一次提取操作,则返回结果集中的第一行。NEXT 为默认的游标提取选项。
- PRIOR:返回紧邻当前行前面的结果行,并且当前行递减为返回行。如果 FETCH PRIOR 为对游标的第一次提取操作,则没有行返回并且游标置于第一行之前。
- FIRST:返回游标中的第一行并将其作为当前行。
- LAST:返回游标中的最后一行并将其作为当前行。
- ABSOLUTE { n | @nvar }:如果 n 或 @nvar 为正,则返回从游标头开始向后的第 n 行,并将返回行变成新的当前行。如果 n 或 @nvar 为负,则返回从游标末尾开始向前的第 n 行,并将返回行变成新的当前行。如果 n 或 @nvar 为 0,则不返回行。n 必须是整数常量,并且 @nvar 的数据类型必须为 smallint、tinyint 或 int。
- RELATIVE { n | @nvar }:如果 n 或 @nvar 为正,就返回从当前行开始向后的第 n 行,并将返回行变成新的当前行;如果 n 或 @nvar 为负,则返回从当前行开始向前的第 n 行,并将返回行变成新的当前行;如果 n 或 @nvar 为 0,则返回当前行。在对游标进行第一次提取时,如果在将 n 或 @nvar 设置为负数或 0 的情况下指定 FETCH RELATIVE,则不返回行。n 必须是整数常量,@nvar 的数据类型必须为 smallint、tinyint 或 int。
- GLOBAL:指定 cursor_name 是全局游标。
- cursor_name:要从中进行提取数据的开放游标名称。如果全局游标和局部游标都使用 cursor_name 作为它们的名称,那么指定 GLOBAL 时,cursor_name 指的是全局游标;未指定 GLOBAL 时,cursor_name 指的是局部游标。
- @cursor_variable_name:游标变量名,引用要从中进行提取操作的打开的游标。
- INTO @variable_name[,...n]:允许将提取操作的列数据放到局部变量中。列表中的各个变量从左到右与游标结果集中的相应列相关联。各变量的数据类型必须与相应的结果集列的数据类型匹配,或是结果集列数据类型所支持的隐式转换。变量的数目必须与游标选择列表中的列数一致。

实例 3:使用游标检索数据表中的数据记录

使用名称为 cursor_fruits 的游标,检索 fruits 表中的记录,输入语句如下:

```
USE test;
GO
FETCH NEXT FROM cursor_fruits
WHILE @@FETCH_STATUS = 0
```

```
BEGIN
    FETCH NEXT FROM cursor_fruits
END
```

代码执行结果如图 14-3 所示，即可读取游标中的数据，并在【结果】窗格中显示读取的数据信息。

图 14-3　读取游标中的数据

14.1.4　关闭游标

在 SQL Server 2019 中打开游标以后，服务器会专门为游标开辟一定的内存空间存放游标操作的数据结果集合，同时也会根据具体情况对某些数据进行封锁。所以在不使用游标的时候可以将其关闭，以释放游标所占用的服务器资源。关闭游标使用 CLOSE 语句，语法格式如下：

```
CLOSE [GLOBAL ] cursor_name | cursor_variable_name
```

主要参数介绍如下。

● GLOBAL：指定 cursor_name 是全局游标。

● cursor_name：声明游标的名称。该变量引用一个游标。

● cursor_variable_name：游标变量的名称，该变量引用一个游标。

▌实例 4：关闭名称为 cursor_fruits 的游标

输入语句如下：

```
CLOSE cursor_fruits;
```

代码执行结果如图 14-4 所示，即可完成游标的关闭操作，并在【消息】窗格中显示"命令已成功完成"。

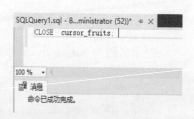

图 14-4　关闭游标

14.1.5 释放游标

关闭游标虽然释放了结果集空间，但是游标结构本身也会占用一定的计算机资源，所以在使用完游标之后，为了收回被游标占用的资源，应该将游标释放。释放游标使用 DEALLOCATE 语句，其语法格式如下：

```
DEALLOCATE [GLOBAL] cursor_name | @cursor_variable_name
```

主要参数介绍如下。
- cursor_name：声明游标的名称。
- @cursor_variable_name：游标变量的名称，必须为 cursor 类型。
- DEALLOCATE @cursor_variable_name：只删除对游标变量名称的引用，直到批处理、存储过程或触发器结束时变量离开作用域才释放变量。

▌实例 5：释放名称为 cursor_fruits 的游标

使用 DEALLOCATE 语句释放名称为 cursor_fruits 的变量，输入语句如下：

```
USE test;
GO
DEALLOCATE cursor_fruits;
```

代码执行结果如图 14-5 所示，即可完成游标的释放操作，并在【消息】窗格中显示"命令已成功完成"。

图 14-5　释放游标

14.2　游标的运用

在了解了游标的基本操作后，下面对游标的功能做进一步的介绍，包括如何使用游标变量、在游标中对数据进行排序以及使用游标修改 / 删除数据等。

14.2.1 使用游标变量

声明变量需要使用 DECLARE 语句，为变量赋值可以使用 SET 或 SELECT 语句，对于游标变量的声明和赋值，其操作过程基本相同。在具体使用时，首先要创建一个游标，将其打开之后，将游标的值赋给游标变量，并通过 FETCH 语句从游标变量中读取值，最后关闭并释放游标。

▌实例 6：声明名称为 @VarCursor 的游标变量

输入语句如下：

```
USE test;
GO
DECLARE @VarCursor Cursor              --声明游标变量
DECLARE cursor_fruits CURSOR FOR       --创建游标
SELECT f_name, f_price FROM fruits ;
OPEN cursor_fruits                     --打开游标
SET @VarCursor = cursor_fruits         --为游标变量赋值
```

```
FETCH NEXT FROM @VarCursor              --从游标变量中读取值
WHILE @@FETCH_STATUS = 0                --判断FETCH语句是否执行成功
BEGIN
    FETCH NEXT FROM @VarCursor          --读取游标变量中的数据
END
CLOSE @VarCursor                        --关闭游标
DEALLOCATE @VarCursor                   --释放游标
```

代码执行结果如图 14-6 所示，即可完成使用游标变量的操作，并在【结果】窗格中显示读取的游标数据。

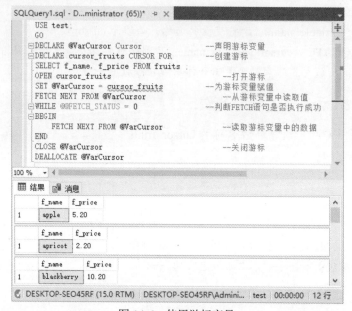

图 14-6　使用游标变量

14.2.2　用游标为变量赋值

在游标的操作过程中，可以使用 FETCH 语句将数据值存入变量，这些变量可以在后面的程序中使用。

▎实例 7：使用游标为变量赋值

创建游标 cursor_variable，将 fruits 表中记录的 f_name、f_price 值赋给变量 @fruitName 和 @fruitPrice，并打印输出，输入语句如下：

```
USE test;
GO
DECLARE @fruitName VARCHAR(20), @fruitPrice DECIMAL(8,2)
DECLARE cursor_variable CURSOR FOR
SELECT f_name, f_price FROM fruits
WHERE s_id=101;
OPEN cursor_variable
FETCH NEXT FROM cursor_variable
INTO @fruitName, @fruitPrice
PRINT '编号为101的供应商提供的水果种类和价格为：'
PRINT '类型：' +'      价格：'
```

```
WHILE @@FETCH_STATUS = 0
BEGIN
     PRINT @fruitName +' '+ STR(@fruitPrice,8,2)
FETCH NEXT FROM cursor_variable
INTO @fruitName, @fruitPrice
END
CLOSE cursor_variable
DEALLOCATE cursor_variable
```

代码执行结果如图 14-7 所示，即可完成用游标为变量赋值的操作，并在【消息】窗格中显示读取的数据。

图 14-7　使用游标为变量赋值

14.2.3　改变游标中行的顺序

使用 ORDER BY 子句可以改变游标中行的顺序，不过，只有出现在游标中的 SELECT 语句中的列才能作为 ORDER BY 子句的排序列，而对于非游标的 SELECT 语句，表中任何列都可以作为 ORDER BY 的排序列，即使该列没有出现在 SELECT 语句的查询结果列中。

▌实例 8：使用游标对数据字段进行排序

声明名称为 Cursor_order 的游标，对 fruits 表中的记录按照价格字段降序排列，输入语句如下：

```
USE test;
GO
DECLARE Cursor_order CURSOR FOR
SELECT f_id,f_name, f_price FROM fruits
ORDER BY f_price DESC
OPEN Cursor_order
```

```
FETCH NEXT FROM Cursor_order
WHILE @@FETCH_STATUS = 0
FETCH NEXT FROM Cursor_order
CLOSE Cursor_order
DEALLOCATE Cursor_order;
```

代码执行结果如图 14-8 所示，即可完成改变游标中行的顺序的操作，并在【结果】窗格中显示排序后的数据（这里返回的记录行中，其 f_price 字段值是依次减小的，即降序显示）。

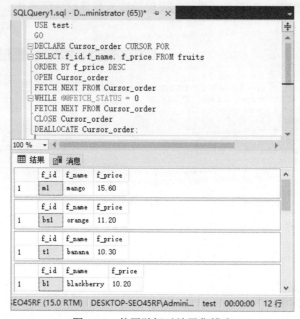

图 14-8　使用游标对结果集排序

14.2.4　使用游标修改数据

相信读者应该已经掌握了如何使用游标变量查询表中记录的方法，下面介绍如何使用游标对表中的数据进行修改。

▍实例 9：使用游标修改数据记录

声明整型变量 @sID=101，然后声明一个对 fruits 表进行操作的游标。打开该游标，使用 FETCH NEXT 方法来获取游标中每一行的数据，如果获取到的记录的 s_id 字段值与 @sID 值相同，就将 s_id=@sID 记录中的 f_price 字段值修改为 11.1，最后关闭并释放游标，输入语句如下：

```
USE test;
GO
DECLARE @sID INT                --声明变量
DECLARE @ID INT =101
DECLARE cursor_fruit CURSOR FOR
SELECT s_id FROM fruits ;
OPEN cursor_fruit
FETCH NEXT FROM cursor_fruit INTO @sID
WHILE @@FETCH_STATUS = 0
```

```
BEGIN
  IF @sID = @ID
  BEGIN
    UPDATE fruits SET f_price =11.1 WHERE s_id=@ID
  END
FETCH NEXT FROM cursor_fruit INTO @sID
END
CLOSE cursor_fruit
DEALLOCATE cursor_fruit
SELECT * FROM fruits WHERE s_id = 101;
```

代码执行结果如图 14-9 所示，即可完成使用游标修改数据的操作，并在【结果】窗格中显示修改后的数据信息。

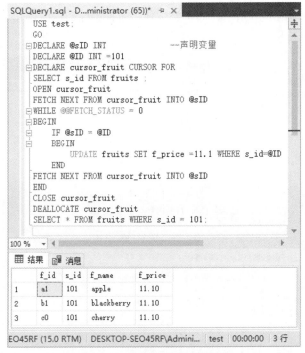

图 14-9　使用游标修改数据

由最后一条 SELECT 查询语句返回的结果可以看到，使用游标修改操作执行成功，所有编号为 101 的供应商提供的水果的价格都修改为 11.10。

14.2.5　使用游标删除数据

在使用游标删除数据时，既可以删除游标结果集中的数据，也可以删除基本表中的数据。

▎实例 10：使用游标删除数据表中的数据记录

使用游标删除 fruits 表中 s_id=102 的记录，输入语句如下：

```
USE test;
GO
DECLARE @sID INT              --声明变量
DECLARE @ID INT =102
DECLARE cursor_delete CURSOR FOR
```

```
SELECT s_id FROM fruits ;
OPEN cursor_delete
FETCH NEXT FROM cursor_delete INTO @sID
WHILE @@FETCH_STATUS = 0
BEGIN
    IF @sID = @ID
  BEGIN
      DELETE FROM fruits WHERE s_id=@ID
  END
FETCH NEXT FROM cursor_delete INTO @sID
END
CLOSE cursor_delete
DEALLOCATE cursor_delete
SELECT * FROM fruits WHERE s_id = 102;
```

代码执行结果如图 14-10 所示，即可完成使用游标删除数据的操作，并在【结果】窗格中显示删除后的数据信息。

图 14-10　使用游标删除表中的记录

14.3　使用系统存储过程查看游标属性

使用系统存储过程 sp_cursor_list、sp_describe_cursor、sp_describe_cursor_columns 或者 sp_describe_cursor_tables 可以分别查看服务器游标的属性、游标结果集中列的属性、被引用对象或基本表的属性等。

14.3.1　查看服务器游标的属性

使用 sp_describe_cursor 存储过程可以查看服务器游标的属性，其语法格式如下：

```
sp_describe_cursor [ @cursor_return = ] output_cursor_variable OUTPUT {
  [ , [ @cursor_source = ] N'local' , [ @cursor_identity = ] N'local_cursor_
```

```
name' ]
| [ , [ @cursor_source = ] N'global' , [ @cursor_identity = ] N'global_
cursor_name' ]
| [ , [ @cursor_source = ] N'variable' , [ @cursor_identity = ] N'input_
cursor_variable' ]
}
```

主要参数介绍如下。

- [@cursor_return =] output_cursor_variable OUTPUT：用于接收游标输出的游标变量
  的名称。output_cursor_variable 的数据类型为 cursor，无默认值。调用 sp_describe_
  cursor 时，该参数不得与任何游标关联。返回的游标是可滚动的动态只读游标。
- [@cursor_source =] { N 'local' | N 'global' | N 'variable' }：确定是使用局部游标、全局
  游标还是游标变量的名称来指定要报告的游标。
- [@cursor_identity =] N 'local_cursor_name']：由具有 LOCAL 关键字或默认设置为
  LOCAL 的 DECLARE CURSOR 语句创建的游标名称。
- [@cursor_identity =] N 'global_cursor_name']：由具有 GLOBAL 关键字或默认设置
  为 GLOBAL 的 DECLARE CURSOR 语句创建的游标名称。
- [@cursor_identity =] N 'input_cursor_variable']：与所打开游标相关联的游标变量的
  名称。

实例 11：使用 sp_describe_cursor 查看游标的属性

打开一个全局游标，并使用 sp_describe_cursor 报告该游标的属性，输入语句如下：

```
USE test;
GO
--声明游标
DECLARE testcur CURSOR  FOR
SELECT f_name
FROM test.dbo.fruits
--打开游标
OPEN testcur
--声明游标变量
DECLARE @Report CURSOR

--执行sp_describe_ cursor存储过程，将结果保存到@Report游标变量中
EXEC sp_describe_cursor @cursor_return = @Report OUTPUT,
@cursor_source=N'global',@cursor_identity = N'testcur'
--输出游标变量中的每一行
FETCH NEXT from @Report
WHILE (@@FETCH_STATUS <> -1)
BEGIN
    FETCH NEXT from @Report
END
--关闭并释放游标变量
CLOSE @Report
DEALLOCATE @Report
GO
--关闭并释放原始游标
CLOSE testcur
DEALLOCATE testcur
GO
```

代码执行结果如图 14-11 所示。

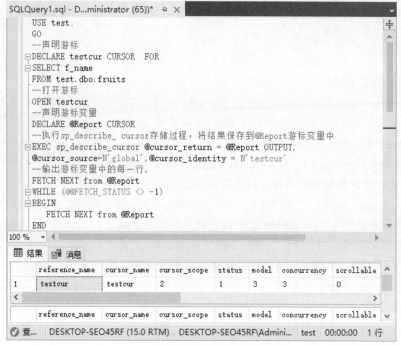

图 14-11　使用 sp_describe_cursor 报告服务器游标属性

14.3.2　查看当前连接的服务器游标属性

使用 sp_cursor_list 存储过程可以查看当前为连接打开的服务器游标的属性，其语法格式如下：

```
sp_cursor_list [ @cursor_return = ] cursor_variable_name OUTPUT , [ @cursor_
scope = ] cursor_scope
```

主要参数介绍如下。

- [@cursor_return =]cursor_variable_name OUTPUT：声明的游标变量的名称。cursor_variable_name 的数据类型为 cursor，无默认值。游标是只读的可滚动动态游标。
- [@cursor_scope =] cursor_scope：指定要报告的游标级别。cursor_scope 的数据类型为 int，无默认值，可以是下列值之一：
  - ◆ 1：报告所有本地游标。
  - ◆ 2：报告所有全局游标。
  - ◆ 3：报告本地游标和全局游标。

▌实例 12：使用 sp_cursor_list 查看游标的属性

打开一个全局游标，并使用 sp_cursor_list 报告该游标的属性，输入语句如下：

```
USE test;
GO
--声明游标
```

```
DECLARE testcur CURSOR  FOR
SELECT f_name
FROM test.dbo.fruits
WHERE f_name LIKE 'b%'
--打开游标
OPEN testcur
--声明游标变量
DECLARE @Report CURSOR
--执行sp_cursor_list存储过程，将结果保存到@Report游标变量中
EXEC sp_cursor_list @cursor_return = @Report OUTPUT,@cursor_scope = 2
--输出游标变量中的每一行
FETCH NEXT from @Report
WHILE (@@FETCH_STATUS <> -1)
BEGIN
    FETCH NEXT from @Report
END
--关闭并释放游标变量
CLOSE @Report
DEALLOCATE @Report
GO
--关闭并释放原始游标
CLOSE testcur
DEALLOCATE testcur
GO
```

代码执行结果如图 14-12 所示。

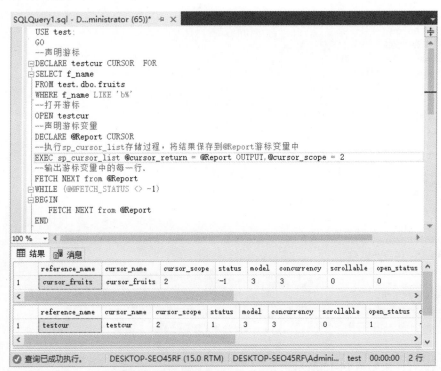

图 14-12　使用 sp_cursor_list 报告游标属性

14.3.3　查看服务器游标结果集中的列属性

使用 sp_describe_cursor_columns 存储过程可以查看服务器游标结果集中的列属性，其语

法格式如下：

```
sp_describe_cursor_columns  [ @cursor_return = ] output_cursor_variable OUTPUT
    {
    [ , [ @cursor_source = ] N'local', [ @cursor_identity = ] N'local_cursor_
    name' ]
    | [ , [ @cursor_source = ] N'global', [ @cursor_identity = ] N'global_
    cursor_name' ]
    | [ , [ @cursor_source = ] N'variable', [ @cursor_identity = ] N'input_
    cursor_variable' ]
    }
```

该存储过程的各个参数与 sp_describe_cursor 存储过程中的参数相同，不再赘述。

▌实例 13：使用 sp_describe_cursor_columns 查看游标所使用的列属性

打开一个全局游标，并使用 sp_describe_cursor_columns 报告游标所使用的列属性，输入
语句如下：

```
USE test;
GO
--声明游标
DECLARE testcur CURSOR  FOR
SELECT f_name
FROM test.dbo.fruits
--打开游标
OPEN testcur
--声明游标变量
DECLARE @Report CURSOR
--执行sp_describe_cursor_columns存储过程，将结果保存到@Report游标变量中
EXEC master.dbo.sp_describe_cursor_columns
    @cursor_return = @Report OUTPUT
    ,@cursor_source = N'global'
    ,@cursor_identity = N'testcur';
--输出游标变量中的每一行记录
FETCH NEXT from @Report
WHILE (@@FETCH_STATUS <> -1)
BEGIN
    FETCH NEXT from @Report
END
--关闭并释放游标变量
CLOSE @Report
DEALLOCATE @Report
GO

--关闭并释放原始游标
CLOSE testcur
DEALLOCATE testcur
GO
```

代码执行结果如图 14-13 所示。

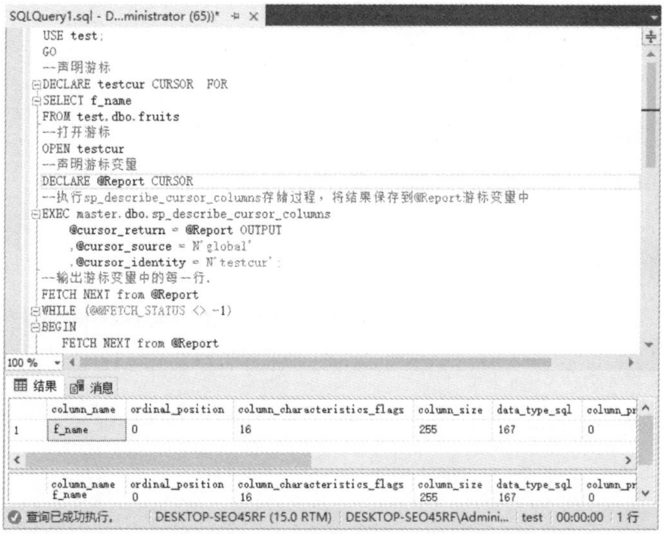

图 14-13 使用 sp_describe_cursor_columns 查看服务器游标的列属性

14.3.4 查看服务器游标引用的对象或基本表的属性

使用 sp_describe_cursor_tables 存储过程可以查看服务器游标引用的对象或基本表的属性，其语法格式如下：

```
sp_describe_cursor_tables  [ @cursor_return = ] output_cursor_variable OUTPUT
     {
[ , [ @cursor_source = ] N'local' , [@cursor_identity = ] N'local_cursor_name' ]
     | [ , [ @cursor_source = ] N'global' , [ @cursor_identity = ] N'global_
cursor_name' ]
     | [ , [ @cursor_source = ] N'variable' , [ @cursor_identity = ] N'input_
cursor_variable' ]
     }
```

▌实例 14：使用 sp_describe_cursor_tables 查看游标所引用的表

打开一个全局游标，使用 sp_describe_cursor_tables 查看游标所引用的表，输入语句如下：

```
USE test;
GO
--声明游标
DECLARE testcur CURSOR  FOR
SELECT f_name
FROM test.dbo.fruits
WHERE f_name LIKE 'b%'
--打开游标
OPEN testcur
--声明游标变量
DECLARE @Report CURSOR
--执行sp_describe_cursor_tables存储过程，将结果保存到@Report游标变量中
EXEC sp_describe_cursor_tables
     @cursor_return = @Report OUTPUT,
     @cursor_source = N'global', @cursor_identity = N'testcur'
--输出游标变量中的每一行
FETCH NEXT from @Report
```

333

```
WHILE (@@FETCH_STATUS <> -1)
BEGIN
    FETCH NEXT from @Report
END
--关闭并释放游标变量
CLOSE @Report
DEALLOCATE @Report
GO
```

代码执行结果如图 14-14 所示。

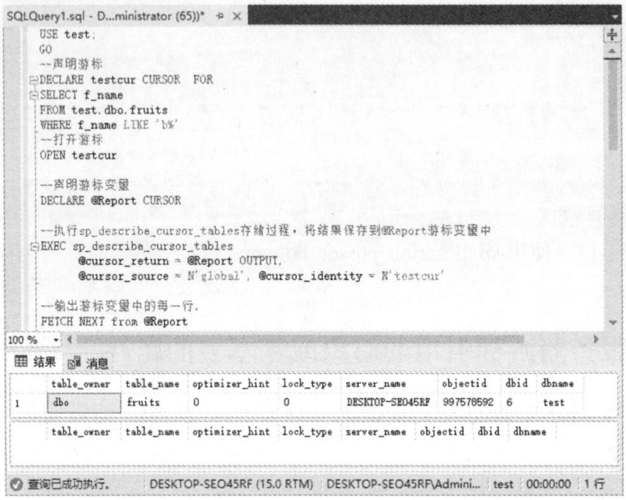

图 14-14　使用 sp_describe_cursor_tables 查看服务器游标属性

14.5　疑难问题解析

▌疑问 1：游标变量可以为游标变量赋值吗？

答：当然可以，游标可以赋值为游标变量，也可以将一个游标变量赋值给另一个游标变量，如 SET @cursorVar1 = @cursorVar2。

▌疑问 2：游标使用完后如何处理？

答：在使用完游标之后，一定要将其关闭和删除。关闭游标的作用是释放游标和数据库的连接；删除游标是将其从内存中删除，释放系统资源。

14.6　综合实战训练营

▌实战 1：使用游标统计数据表中的数据记录

使用游标统计"货品信息"表中指定供应商提供的货品种类，用货品的供应商编码信息进行检索。

▌实例 2：使用游标删除数据表中的数据记录

使用游标删除"销售人员"表中人员编号为"5"的数据记录。

第15章 事务和锁的应用

📖 本章导读

SQL Server 中提供了多种数据完整性的保障机制，如事务与锁管理。事务管理主要是为了保证一批相关数据库中数据的操作能够全部被完成，从而保障数据的完整性。锁机制主要是对多个活动事务执行并发控制。本章就来介绍事务与锁的应用，主要内容包括事务的原理与事务管理的常用语句、事务的隔离级别和应用、锁的内涵与类型、锁的应用等。

🗺 知识导图

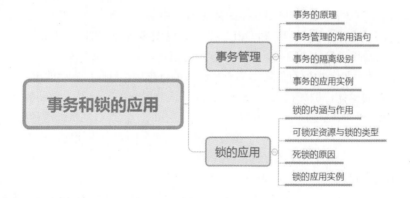

15.1 事务管理

事务是 SQL Server 中的基本工作单元，是用户定义的一个数据库操作序列，这些操作要么做要么全不做，是一个不可分割的工作单元。SQL Server 中的事务主要可以分为自动提交事务、隐式事务、显式事务和分布式事务 4 种类型，如表 15-1 所示。

表 15-1　事务类型

类　　型	含　　义
自动提交事务	每条单独语句都是一个事务
隐式事务	前一个事务完成时新事务隐式启动，每个事务仍以 COMMIT 或 ROLLBACK 语句显式结束
显式事务	每个事务均以 BEGIN TRNSACTION 语句显式开始，以 COMMIT 或 ROLLBACK 语句显式结束
分布式事务	跨越多个服务器的事务

15.1.1　事务的原理

1. 事务的含义

事务要有非常明确的开始和结束点，SQL Server 中的每一条数据操作语句，例如 SELECT、INSERT、UPDATE 和 DELETE 都是隐式事务的一部分。即使只有一条语句，系统也会把这条语句当作一个事务，要么执行所有语句，要么什么都不执行。

事务开始之后，事务中所有的操作都会写到事务日志中。写到日志中的事务一般有两种：一种是针对数据的操作，例如插入、修改和删除，这些操作的对象是大量的数据；另一种是针对任务的操作，例如创建索引。当取消这些事务操作时，系统自动执行这种操作的反操作，保证系统的一致性。系统自动生成一个检查点机制，这个检查点周期地检查事务日志。如果在事务日志中，事务全部完成，那么检查点事务日志中的事务提交到数据库中，并且在事务日志中做一个检查点提交标识；如果在事务日志中事务没有完成，那么检查点不会将事务日志中的事务提交到数据库中，并且在事务日志中做一个检查点未提交的标识。事务的恢复及检查点保证了系统的完整和可恢复性。

2. 事务属性

事务是作为单个逻辑工作单元执行的一系列操作。一个逻辑工作单元必须有 4 个属性，即原子性（Atomic）、一致性（Consistent）、隔离性（Isolated）和持久性（Durable），简称 ACID 属性，只有这样才能构成一个事务。

- 原子性：事务必须是原子工作单元；对于其数据修改，要么全都执行，要么全都不执行。
- 一致性：事务在完成时，必须所有的数据都保持一致状态。在相关数据库中，所有规则都必须应用于事务的修改，以保持所有数据的完整性。事务结束时，所有的内部数据结构都必须是正确的。
- 隔离性：由并发事务所做的修改必须与任何其他并发事务所做的修改隔离。事务识别数据时数据所处的状态，要么是另一并发事务修改它之前的状态，要么是第二个事务修改它之后的状态，事务不会识别中间状态的数据。这称为可串行性，因为它能够重新装载起始数据，并且重播一系列事务，以使数据结束时的状态与原始事务执行时的状态相同。

● 持久性：事务完成之后，对于系统的影响是永久性的。该修改即使出现系统故障也将一直保持。

3. 建立事务应遵循的原则

● 事务中不能包含以下语句：ALTER DATABASE、DROP DATABASE 、ALTER FULLTEXT CATALOG、DROP FULLTEXT CATALOG、ALTER FULLTEXT INDEX、DROP FULLTEXT INDEX、BACKUP、RECONFIGURE、CREATE DATABASE、 RESTORE、CREATE FULLTEXT CATALOG、UPDATE STATISTICS、CREATE FULLTEXT INDEX。

● 当调用远程服务器上的存储过程时，不能使用 ROLLBACK TRANSACTION 语句，不可执行回滚操作。

● SQL Server 不允许在事务中使用存储过程建立临时表。

15.1.2 事务管理的常用语句

SQL Server 中常用的事务管理语句包含如下几条。

● BEGIN TRANSACTION：建立一个事务。

● COMMIT TRANSACTION：提交事务。

● ROLLBACK TRANSACTION：事务失败时执行回滚操作。

● SAVE TRANSACTION：保存事务。

> 提示：BEGIN TRANSACTION 和 COMMIT TRANSACTION 同时使用，用来标识事务的开始和结束。

15.1.3 事务的隔离级别

事务具有隔离性，在同一时间可以有多个事务处理数据，但是每个数据在同一时刻只能由一个事务进行操作。如果将数据锁定，使用数据的事务就必须排队等待，可以防止多个事务互相影响。如果有几个事务锁定了自己的数据，同时又在等待其他事务释放数据，则会造成死锁。

为了提高数据的并发使用效率，可以为事务在读取数据时设置隔离状态，SQL Server 2019 中事务的隔离状态由低到高可以分为 4 个级别。

● READ UNCOMMITTED(未提交)级别：该级别不隔离数据，即使事务正在使用数据，其他事务也能同时修改或删除该数据。在 READ UNCOMMITTED 级别运行的事务，不会发出共享锁来防止其他事务修改当前事务读取的数据。

● READ COMMITTED（提交读）级别：指定语句不能读取已由其他事务修改但尚未提交的数据。这样可以避免脏读。其他事务可以在当前事务的各个语句之间更改数据，从而产生不可重复读取和幻象数据。在 READ COMMITTED 事务中读取的数据随时都可能被修改，但已经修改过的数据事务会一直被锁定，直到事务结束为止。该选项是 SQL Server 的默认设置。

- REPEATABLE READ（可重复读）级别：指定语句不能读取已由其他事务修改但尚未提交的行，并且指定，其他任何事务都不能在当前事务完成之前修改由当前事务读取的数据。该事务中的每条语句所读取的全部数据都设置了共享锁，并且该共享锁一直保持到事务完成为止。这样可以防止其他事务修改当前事务读取的任何行。
- SERIALIZABLE（可串行读）级别：将事务所要用到的时间全部锁定，不允许其他事务添加、修改和删除数据，使用该等级的事务并发性最低，要读取同一数据的事务必须排队等待。

可以使用 SET 语句更改事务的隔离级别，其语法格式如下：

```
SET TRANSACTION ISOLATION LEVEL
{
 READ UNCOMMITTED
| READ COMMITTED
| REPEATABLE READ
| SNAPSHOT
| SERIALIZABLE
}[ ; ]
```

15.1.4 事务的应用实例

为了演示本节介绍的内容，需要在 test_db 数据库下的 stu_info 数据表中插入演示数据。首先删除该表中所有的原始数据，语句如下：

```
USE test_db
DELECT FROM stu_info;
```

然后插入演示数据，语句如下：

```
INSERT INTO stu_info VALUES(1,'王明明',98,'男',18),
        (2,'刘星',70, '女',19),
        (3,'夏雪',25, '男',18),
        (4,'李霞',10, '男',20),
        (5,'李尚',65, '女',18),
        (6,'明磊',88, '男',19),
        (7,'王凯',90, '男',19);
```

下面给出一个事务的应用实例。

实例 1：创建一个事务，限定数据表的数据记录数

限定 stu_info 表中最多只能插入 10 条学生记录，如果表中插入人数大于 10 人，插入失败，操作过程如下。

首先，为了对比执行前后的结果，先查看 stu_info 表中当前的记录，查询语句如下：

```
USE test_db
GO
SELECT * FROM stu_info;
```

代码执行后的结果如图 15-1 所示，可以看到当前表中有 7 条记录。

图 15-1　执行事务之前 stu_info 表中的记录

接下来输入下面的语句：

```
USE test_db;
GO
BEGIN TRANSACTION
INSERT INTO stu_info VALUES(8,'白云飞',80,'男',18);
INSERT INTO stu_info VALUES(9,'张露露',85,'女',18);
INSERT INTO stu_info VALUES(10,'魏晓波',70,'男',19);
INSERT INTO stu_info VALUES(11,'李婷婷',74,'女',18);
DECLARE @studentCount INT
SELECT @studentCount=(SELECT COUNT(*) FROM stu_info)
IF @studentCount > 10
  BEGIN
     ROLLBACK TRANSACTION
     PRINT '插入人数太多，插入失败！'
  END
ELSE
  BEGIN
     COMMIT TRANSACTION
     PRINT '插入成功！'
  END
```

该段代码中使用 BEGIN TRANSACTION 定义事务的开始，向 stu_info 表中插入 4 条记录，插入完成之后，判断 stu_info 表中总的记录数，如果学生人数大于 10，则插入失败，并使用 ROLLBACK TRANSACTION 撤销所有的操作；如果学生人数小于等于 10，则提交事务，将所有新的学生记录插入 stu_info 表中。

输入完成后单击【执行】按钮，运行结果如图 15-2 所示。

可以看到因为 stu_info 表中原来已经有 7 条记录，插入 4 条记录之后，总的学生人数为 11 人，大于这里定义的人数上限 10，所以插入操作失败，事务回滚了所有的操作。

执行完事务之后，再次查询 stu_info 表中的内容，验证事务执行结果，运行结果如图 15-3 所示。

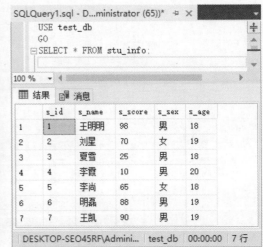

```
SQLQuery1.sql - D...ministrator (65))*  ⊣ ×
    USE test_db
    GO
    BEGIN TRANSACTION
    INSERT INTO stu_info VALUES(8,'白云飞',80,'男',18);
    INSERT INTO stu_info VALUES(9,'张露露',85,'女',18);
    INSERT INTO stu_info VALUES(10,'施晓波',70,'男',19);
    INSERT INTO stu_info VALUES(11,'李婷婷',74,'女',18);
    DECLARE @studentCount INT
    SELECT @studentCount=(SELECT COUNT(*) FROM stu_info)
    IF @studentCount > 10
        BEGIN
            ROLLBACK TRANSACTION
            PRINT '插入人数太多，插入失败！'
        END
    ELSE
        BEGIN
100 %  ▾  ◀
 消息
    (1 行受影响)

    (1 行受影响)

    (1 行受影响)

    (1 行受影响)
    插入人数太多，插入失败！
100 %  ▾  ◀
O45RF (15.0 RTM) | DESKTOP-SEO45RF\Admini... | test_db | 00:00:00 | 0 行
```

图 15-2　使用事务

```
SQLQuery1.sql - D...ministrator (65))*  ⊣ ×
    USE test_db
    GO
  ⊟SELECT * FROM stu_info;
100 %  ▾  ◀
 结果   消息
```

	s_id	s_name	s_score	s_sex	s_age
1	1	王明明	98	男	18
2	2	刘星	70	女	19
3	3	夏雪	25	男	18
4	4	李霞	10	男	20
5	5	李尚	65	女	18
6	6	明磊	88	男	19
7	7	王凯	90	男	19

DESKTOP-SEO45RF\Admini... | test_db | 00:00:00 | 7 行

图 15-3　执行事务之后 stu_info 表中的记录

可以看到执行事务前后表中内容没有变化，这是因为事务撤销了对表的插入操作。如果插入的记录数小于 4 条，就能成功地插入数据。读者可以亲自操作一下，深刻体会事务的运行过程。

15.2　锁的应用

SQL Server 支持多用户共享同一数据库，但是当多个用户对同一个数据库进行修改时，会产生并发问题，使用锁可以解决多个用户存取数据的问题，从而保证数据库的完整性和一致性。对于一般的用户，通过系统的自动锁管理机制基本可以满足使用要求。如果对数据安全、数据库完整性和一致性有特殊要求，则需要亲自控制数据库的锁和解锁，这就需要了解 SQL Server 的锁机制，掌握锁的使用方法。

15.2.1　锁的内涵与作用

数据库中数据的并发操作经常发生，而对数据的并发操作会带来下面一些问题：脏读、幻读、非重复性读取、丢失更新。

1. 脏读

当一个事务读取的记录是另一个事务的一部分时，如果另一个事务正常完成，就没有什么问题；如果此时另一个事务未完成，就产生了脏读。例如，员工表中编号为 1001 的员工工资为 1740，如果事务 1 将工资修改为 1900，但还没有提交确认；此时事务 2 读取员工的工资为 1900；事务 1 中的操作因为某种原因执行了 ROLLBACK 回滚，取消了对员工工资的修改，但事务 2 已经把编号为 1001 的员工的数据读走了。此时就发生了脏读。

2. 幻读

当某一数据行执行 INSERT 或 DELETE 操作，而该数据行恰好属于某个事务正在读取的范围时，就会发生幻读现象。例如，现在要对员工涨工资，将所有低于 1700 的工资都涨到 1900，事务 1 使用 UPDATE 语句进行更新操作，事务 2 同时读取这一批数据，但是在其中插入了几条工资低于1900的记录，此时事务1如果查看数据表中的数据，就会发现自己UPDATE之后还有工资小于1900的记录！幻读事件是在某个凑巧的环境下发生的，简而言之，就是在运行UPDATE语句的同时有人执行了INSERT操作。因为插入了一个新记录行，所以没有被锁定，并且能正常运行。

3. 非重复性读取

如果一个事务不止一次地读取相同的记录，但在两次读取中间有另一个事务刚好修改了数据，则两次读取的数据将出现差异，此时就发生了非重复性读取。例如：用户A执行两个相同的查询，在这之间，用户B运行一个事务并提交，那么用户A第二次查询出来的数据就会与第一次不同。

4. 丢失更新

一个事务更新了数据库之后，另一个事务再次对数据库更新，此时系统只能保留最后一次修改的数据。

例如，对一个员工表进行修改，事务1将员工表中编号为1001的员工工资修改为1900，之后事务2又把该员工的工资更改为3000，那么最后员工的工资为3000，导致事务1的修改丢失。

使用锁将可以实现并发控制，能够保证多个用户同时操作同一数据库中的数据而不发生上述数据不一致的现象。

15.2.2 可锁定资源与锁的类型

1. 可锁定资源

使用SQL Server 2019中的锁机制可以锁定不同类型的资源，即具有多粒度锁，为了使锁的成本降至最低，SQL Server会自动将资源锁定在合适的层次，锁定的层次越高，它的粒度就越粗。锁定在较高的层次，例如表，就限制了其他事务对表中任意部分进行访问，但需要的资源较少，因为需要维护的锁较少；锁定在较小的层次，例如行，可以增加并发操作，但需要较大的开销，因为锁定了许多行，需要控制更多的锁。对于SQL Server来说，可以根据粒度大小分为6种可锁定的资源，这些资源由粗到细分别是：

- 数据库：锁定整个数据库，这是一种最高层次的锁，使用数据库锁将禁止任何事务或者用户对当前数据库的访问。
- 表：锁定整个数据表，包括实际的数据行和与该表相关联的所有索引中的键。其他任何事务在同一时刻都不能访问表中的任何数据。表锁定的特点是占用较少的系统资源，但是数据资源占用量较大。
- 区段页：一组连续的8个数据页，例如数据页或索引页。区段锁可以锁定控制区段内的8个数据或索引页以及在这8页中的所有数据行。
- 页：锁定该页中的所有数据或索引键。在事务处理过程中，不管事务处理数据量的大小，每一次都锁定一页，在这个页上的数据不能被其他事务占用。使用页层次锁时，即使一个事务只处理一个页上的一行数据，该页上的其他数据行也不能被其他事务使用。
- 键：索引中的特定键或一系列键上的锁，相同索引页中的其他键不受影响。
- 行：SQL Server 2019中可以锁定的最小对象空间。行锁可以在事务处理数据过程中锁定单行或多行数据。行锁占用资源较少，因而在事务处理过程中，其他事务可以继续处理同一个表或同一个页的其他数据，极大地降低了其他事务等待处理所需要的时间，提高了系统的并发性。

2. 锁的类型

SQL Server 2019 中提供了多种锁模式，在这些类型的锁中，有些类型的锁之间可以兼容，有些类型的锁之间不能兼容。锁模式决定了并发事务访问资源的方式。下面将介绍几种常用锁类型。

- 更新锁：一般用于可更新的资源，可以防止多个会话在读取、锁定以及可能进行的资源更新时出现死锁的情况。当一个事务查询数据以便进行修改时，可以对数据项施加更新锁。如果事务修改资源，则更新锁会转化成排他锁，否则会转换成共享锁。一次只有一个事务可以获得资源上的更新锁，允许其他事务对资源的共享访问，但阻止排他式的访问。
- 排他锁：用于数据修改操作，例如 INSERT、UPDATE 或 DELETE。确保不会同时对同一资源进行多重更新。
- 共享锁：用于读取数据操作，允许多个事务读取相同的数据，但不允许其他事务修改当前数据，如 SELECT 语句。当多个事务读取一个资源时，资源上存在共享锁，任何其他事务都不能修改数据，除非将事务隔离级别设置为可重复读或者更高的级别，或者在事务生存周期内用锁定提示对共享锁进行保留，一旦数据完成读取，资源上的共享锁立即得以释放。
- 键范围锁：可防止幻读。通过保护行之间键的范围，还可以防止对事务访问的记录集进行幻象插入或删除。
- 架构锁：执行表的数据定义操作时使用架构修改锁，在架构修改锁起作用的期间，会防止对表的并发访问。这意味着在释放架构修改锁之前，该锁之外的所有操作都将被阻止。

15.2.3 死锁的原因

在两个或多个任务中，如果每个任务锁定了其他任务试图锁定的资源，会造成这些任务永久阻塞，从而出现死锁。此时系统处于死锁状态。

1. 死锁的原因

在多用户环境下，死锁的发生是由于两个事务都锁定了不同的资源而又都在申请对方锁定的资源，即一组进程中的各个进程均占有不会释放的资源，但因互相申请其他进程占用的不会释放的资源而处于一种永久等待的状态。形成死锁有 4 个必要条件。

- 请求与保持条件：获取资源的进程可以同时申请新的资源。
- 非剥夺条件：已经分配的资源不能从该进程中剥夺。
- 循环等待条件：多个进程构成环路，并且其中每个进程都在等待相邻进程占用的资源。
- 互斥条件：资源只能被一个进程使用。

2. 可能会造成死锁的资源

每个用户会话可能有一个或多个代表它运行的任务，其中每个任务可能获取或等待获取各种资源。以下类型的资源可能会造成阻塞，并最终导致死锁。

（1）锁。等待获取资源（如对象、页、行、元数据和应用程序）的锁可能导致死锁。例如，事务 T1 在行 r1 上有共享锁（S 锁）并等待获取行 r2 的排他锁（X 锁）。事务 T2 在行 r2 上有共享锁（S 锁）并等待获取行 r1 的排他锁（X 锁）。这将导致一个锁循环，其中，T1 和 T2 都等待对方释放已锁定的资源。

（2）工作线程。排队等待可用工作线程的任务可能导致死锁。如果排队等待的任务拥有阻塞所有工作线程的资源，则将导致死锁。例如，会话 S1 启动事务并获取行 r1 的共享锁（S 锁）后，进入睡眠状态；在所有可用工作线程上运行的活动会话正尝试获取行 r1 的排他锁（X 锁）；因为会话 S1 无法获取工作线程，所以无法提交事务并释放行 r1 的锁，这将导致死锁。

（3）内存。当并发请求等待获得内存，而当前的可用内存无法满足其需要时，可能发生死锁。例如，两个并发查询（Q1 和 Q2）作为用户定义函数执行，分别获取 10MB 和 20MB 的内存。如果每个查询还需要 30MB 而可用总内存为 20MB，则 Q1 和 Q2 必须等待对方释放内存，这将导致死锁。

（4）并行查询执行的相关资源。通常与交换端口关联的处理协调器、发生器或使用者线程至少包含一个不属于并行查询的进程时可能会相互阻塞，从而导致死锁。此外，当并行查询启动执行时，SQL Server 将根据当前的工作负荷确定并行度或工作线程数。如果系统工作负荷发生意外更改，例如，当新查询开始在服务器中运行或系统用完工作线程时则可能发生死锁。

3. 减少死锁的策略

复杂的系统中不可能百分之百地避免死锁，从实际出发为了减少死锁，可以采用以下策略。

- 在所有事务中以相同的次序使用资源。
- 使事务尽可能简短并且在一个批处理中。
- 为死锁超时参数设置一个合理范围，如 3 ～ 30 分钟；超时，则自动放弃本次操作，避免进程挂起。
- 避免在事务内和用户进行交互，减少资源的锁定时间。
- 使用较低的隔离级别，相比较高的隔离级别能够有效减少持有共享锁的时间，减少锁之间的竞争。
- 使用 Bound Connections。Bound Connections 允许两个或多个事务连接共享事务和锁，而且任何一个事务连接都要申请锁，因此可以运行这些事务共享数据而不会有加锁冲突。
- 使用基于行版本控制的隔离级别。持快照事务隔离和指定 READ_COMMITTED 隔离级别的事务使用行版本控制，可以将读与写操作之间发生死锁的概率降至最低。SET ALLOW_SNAPSHOT_ISOLATION ON 事务可以指定 SNAPSHOT 事务隔离级别；SET READ_COMMITTED_SNAPSHOT ON 指定 READ_COMMITTED 隔离级别的事务将使用行版本控制而不是锁定。在默认情况下，SELECT 语句会对请求的资源加 S（共享）锁，而开启此选项后，SELECT 不会对请求的资源加 S 锁。

15.2.4 锁的应用实例

锁的应用情况比较多，本节将对锁可能出现的几种情况进行具体的分析，使读者更加深刻地理解事务的使用方法。

1. 锁定行

实例 2：创建一个行锁，锁定数据表 stu_info 中的学生记录

锁定 stu_info 表中 s_id=2 的学生记录，输入语句如下：

```
USE test_db;
```

```
GO
SET TRANSACTION ISOLATION LEVEL READ UNCOMMITTED
SELECT * FROM stu_info ROWLOCK WHERE s_id=2;
```

代码执行结果如图 15-4 所示。

2. 锁定数据表

▌**实例 3：创建一个表锁，锁定数据表 stu_info 中的所有数据记录**

输入语句如下：

```
USE test_db;
GO
SELECT s_age FROM stu_info  TABLELOCKX  WHERE s_age=18;
```

代码执行结果如图 15-5 所示。对表加锁后，其他用户将不能对该表进行访问。

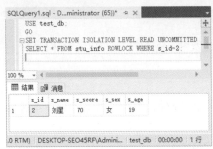

图 15-4　行锁

图 15-5　对数据表加锁

3. 排他锁

▌**实例 4：创建一个排他锁，实现事务的延迟执行**

创建名称为 transaction1 和 transaction2 的事务，在 transaction1 事务上添加排他锁，transaction1 执行 10s 之后才能执行 transaction2 事务，输入语句如下：

```
USE test_db;
GO
BEGIN TRAN transaction1
UPDATE stu_info SET s_score=88 WHERE s_name='王明明' ;
WAITFOR DELAY '00:00:10';
COMMIT TRAN

BEGIN TRAN transaction2
SELECT * FROM stu_info WHERE s_name='王明明';
COMMIT TRAN
```

代码执行结果如图 15-6 所示。transaction2 事务中的 SELECT 语句必须等待 transaction1 执行 10s 之后才能执行。

4. 共享锁

▌**实例 5：创建一个共享锁，实现两个事务的同时执行**

创建名称为 transaction1 和 transaction2 的事务，在 transaction1 事务上添加共享锁，允许两个事务同时执行查询操作，如果第二个事务要执行更新操作，必须等待 10s，输入语句如下：

```
USE test_db;
GO
BEGIN TRAN transaction1
SELECT s_score,s_sex,s_age FROM stu_info WITH(HOLDLOCK) WHERE s_name='王明明';
WAITFOR DELAY '00:00:10';
COMMIT TRAN

BEGIN TRAN transaction2
SELECT * FROM stu_info  WHERE s_name='王明明';
COMMIT TRAN
```

代码执行结果如图 15-7 所示。

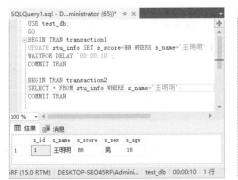

图 15-6　排他锁

图 15-7　共享锁

5. 死锁

死锁是指因为多个任务都锁定了自己的资源，而又在等待其他事务释放资源，由此造成资源的竞用。

例如，事务 A 与事务 B 是两个并发执行的事务，事务 A 锁定了表 A 中的所有数据，同时请求使用表 B 中的数据，而事务 B 锁定了表 B 中的所有数据，同时请求使用表 A 中的数据。两个事务都在等待对方释放资源，而造成了一个死循环，即死锁。除非某一个外部程序来结束其中一个事务，否则这两个事务就会无限期地等待下去。

当发生死锁时，SQL Server 将选择一个死锁牺牲，对死锁牺牲的事务进行回滚，另一个事务将继续正常运行。默认情况下，SQL Server 将会牺牲回滚代价最低的事务。

随着应用系统复杂性的提高，不可能百分之百地避免死锁，但是采取一些相应的规则，可以有效地减少死锁。

（1）按同一顺序访问对象。

如果所有并发事务按同一顺序访问对象，则发生死锁的可能性会降低。例如，两个并发事务先获取 suppliers 表上的锁，然后获取 fruits 表上的锁，则在其中一个事务完成之前，另一个事务将在 suppliers 表上被阻塞。当第一个事务提交或回滚之后，第二个事务将继续执行，这样就不会发生死锁。将存储过程用于所有数据修改可以使对象的访问顺序标准化。

（2）避免事务中的用户交互。

避免编写包含用户交互的事务，因为没有用户干预的批处理的运行速度远快于用户必须手动响应查询时的速度（例如回复输入应用程序请求的参数的提示）。例如，如果事务正在等待用户输入，而用户去吃午餐甚至回家过周末了，则用户就耽误了事务的完成。这将降低系统的吞吐量，因为事务持有的任何锁只有在事务提交或回滚后才会释放。即使不出现死锁的情况，在占用资源的事务完成之前，访问同一资源的其他事务也会被阻塞。

（3）保持事务简短并处于一个批处理中。

在同一数据库中并发执行多个需要长时间运行的事务时通常会发生死锁。事务的运行时间越长，它持有排他锁或更新锁的时间也就越长，从而会阻塞其他活动并可能导致死锁。

保持事务处于一个批处理中可以最小化事务中的网络通信往返量，减少完成事务和释放锁可能遭遇的延迟。

（4）使用较低的隔离级别。

确定事务是否能在较低的隔离级别上运行。实现已提交读允许事务读取另一个事务已读取（未修改）的数据，而不必等待第一个事务完成。使用较低的隔离级别（例如已提交读）比使用较高的隔离级别（例如可序列化）持有共享锁的时间更短，这样就减少了锁争用。

（5）使用基于行版本控制的隔离级别。

如果将 READ_COMMITTED_SNAPSHOT 数据库选项设置为 ON，则在已提交读隔离级别下运行的事务在读操作期间将使用行版本控制而不是共享锁。

快照隔离也使用行版本控制，该级别在读操作期间不使用共享锁。必须将 ALLOW_SNAPSHOT_ISOLATION 数据库选项设置为 ON，事务才能在快照隔离下运行。

实现这些隔离级别可使得在读写操作之间发生死锁的可能性降至最低。

（6）使用绑定连接。

使用绑定连接，同一应用程序打开的两个或多个连接可以相互合作。可以像主连接获取的锁那样持有次级连接获取的任何锁，反之亦然。这样它们就不会互相阻塞。

15.3　疑难问题解析

▌疑问 1：一个事务如果有多个保存点，它们的名称可以设置成一样的吗？

答：可以的，但是不建议设置成一样的。如果在一个事务中设置相同的保存点，当事务进行回滚操作时，只能回滚到离当前语句最近的保存点处，这就会出现错误的操作结果。

▌疑问 2：事务和锁有什么关系？

答：SQL Server 2019 可以使用多种机制来确保数据的完整性，例如约束、触发器以及本章介绍的事务和锁等。事务和锁的关系非常紧密。事务包含一系列的操作，这些操作要么全部成功，要么全部失败，通过事务机制管理多个事务，保证事务的一致性，事务中使用锁保护指定的资源，防止其他用户修改另外一个还没有完成的事务中的数据。

15.4　综合实战训练营

▌实战 1：在销售人员表中，启用一个事务 TRANS_01。

TRANS_01 事务的作用是在销售人员表中添加一条记录，人员编号为 7，姓名为"刘元"，如果有错误，则输出错误信息，并撤销插入操作。

▌实战 2：在销售人员表中，创建名称为 transaction1 和 transaction2 的事务。

在 transaction1 事务上添加共享锁，允许两个事务同时执行查询数据表的操作，如果 transaction2 事务要执行更新操作，必须等待 10s。

第16章　用户账户及角色的管理

本章导读

　　确保数据库中数据的安全性是每一个从事数据库管理工作人员的理想。但是，无论什么样的数据库设计都不可能是绝对安全的，而只是尽量地提高数据库的安全性。本章就来介绍与数据安全相关对象的管理方法，主要内容包括用户账户的安全管理以及数据库中角色的安全管理。

知识导图

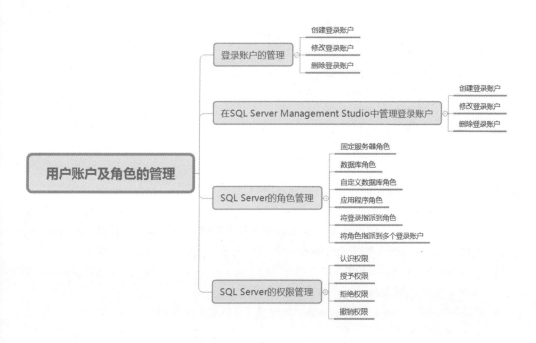

16.1　登录账户的管理

登录账户是指登录数据库时使用的用户名和密码。

16.1.1　创建登录账户

使用 T-SQL 语句可以创建登录账户，需要注意的是账号不能重名，创建登录账户的 T-SQL 语句的语法格式如下：

```
CREATE LOGIN loginName { WITH <option_list1> | FROM <sources> }

<option_list1> ::=
    PASSWORD = { 'password' | hashed_password HASHED } [ MUST_CHANGE ]
    [ , <option_list2> [ ,... ] ]

<option_list2> ::=
    SID = sid
    | DEFAULT_DATABASE = database
    | DEFAULT_LANGUAGE = language
    | CHECK_EXPIRATION = { ON | OFF}
    | CHECK_POLICY = { ON | OFF}
    | CREDENTIAL = credential_name

<sources> ::=
    WINDOWS [ WITH <windows_options> [ ,... ] ]
    | CERTIFICATE certname
    | ASYMMETRIC KEY asym_key_name

<windows_options> ::=
    DEFAULT_DATABASE = database
    | DEFAULT_LANGUAGE = language
```

主要参数介绍如下。

- loginName：指定创建的登录名。有 4 种类型的登录名：SQL Server 登录名、Windows 登录名、证书映射登录名和非对称密钥映射登录名。如果从 Windows 域账户映射 loginName，则 loginName 必须用方括号（[ ]）括起来。
- PASSWORD = 'password'：仅适用于 SQL Server 登录名。指定正在创建的登录名的密码。应使用强密码。
- PASSWORD = hashed_password：仅适用于 HASHED 关键字。指定要创建的登录名的密码的哈希值。
- HASHED：仅适用于 SQL Server 登录名。指定在 PASSWORD 参数后输入的密码已经过哈希运算。如果未选择此选项，则在将作为密码输入的字符串存储到数据库之前对其进行哈希运算。
- MUST_CHANGE：仅适用于 SQL Server 登录名。如果包括此选项，则 SQL Server 将在首次使用新登录名时提示用户输入新密码。
- CREDENTIAL = credential_name：将映射到新的 SQL Server 登录名的凭据的名称。

该凭据必须已存在于服务器中。当前此选项只将凭据链接到登录名。在未来的 SQL Server 版本中可能会扩展此选项的功能。

- SID = sid：仅适用于 SQL Server 登录名。指定新的 SQL Server 登录名的 GUID。如果未选择此选项，则 SQL Server 自动指派 GUID。
- DEFAULT_DATABASE = database：指定将指派给登录名的默认数据库。如果未包括此选项，则默认数据库将设置为 master。
- DEFAULT_LANGUAGE = language：指定将指派给登录名的默认语言。如果未包括此选项，则默认语言将设置为服务器的当前默认语言。即使将来服务器的默认语言发生更改，登录名的默认语言也仍保持不变。
- CHECK_EXPIRATION = { ON | OFF }：仅适用于 SQL Server 登录名。指定是否对此登录账户强制实施密码过期策略。默认值为 OFF。
- CHECK_POLICY = { ON | OFF }：仅适用于 SQL Server 登录名。指定应对此登录名强制实施运行 SQL Server 的计算机的 Windows 密码策略。默认值为 ON。
- WINDOWS：指定将登录名映射到 Windows 登录名。
- CERTIFICATE certname：指定将与此登录名关联的证书名称。此证书必须已存在于 master 数据库中。
- ASYMMETRIC KEY asym_key_name：指定将与此登录名关联的非对称密钥的名称。此密钥必须已存在于 master 数据库中。

使用 T-SQL 语句，可以添加 Windows 登录账户与 SQL Server 登录账户。

实例 1：添加 Windows 登录账户

创建登录名为 user01、密码为 123abc 的登录账户，输入语句如下：

```
CREATE LOGIN user01 WITH PASSWORD='123abc';
```

代码执行结果如图 16-1 所示，即可完成登录账户的创建。

实例 2：添加 SQL Server 登录账户

输入语句如下：

```
CREATE LOGIN DBAdmin
WITH PASSWORD= 'dbpwd', DEFAULT_DATABASE=test
```

代码执行结果如图 16-2 所示，执行完成之后会创建一个名称为 DBAdmin 的 SQL Server 账户，密码为 dbpwd，默认数据库为 test。

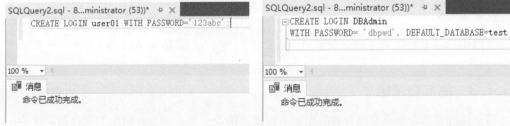

图 16-1　创建登录账户　　　　　图 16-2　添加 SQL Server 登录账户

16.1.2　修改登录账户

登录账户创建完成之后，可以根据需要修改登录账户的名称、密码、密码策略、默认数据库以及禁用或启用该登录账户等。

修改登录账户信息使用 ALTER LOGIN 语句，其语法格式如下：

```
ALTER LOGIN login_name
    {
    <status_option>
    | WITH <set_option> [ ,... ]
    | <cryptographic_credential_option>
    }

<status_option> ::=
        ENABLE | DISABLE

<set_option> ::=
    PASSWORD = 'password' | hashed_password HASHED
    [
      OLD_PASSWORD = 'oldpassword' | MUST_CHANGE | UNLOCK
    ]
    | DEFAULT_DATABASE = database
    | DEFAULT_LANGUAGE = language
    | NAME =login_name
    | CHECK_POLICY = { ON | OFF }
    | CHECK_EXPIRATION = { ON | OFF }
    | CREDENTIAL = credential_name
    | NO CREDENTIAL

<cryptographic_credentials_option> ::=
        ADD CREDENTIAL credential_name
          | DROP CREDENTIAL credential_name
```

主要参数介绍如下。

● login_name：指定正在更改的 SQL Server 登录名称。

● ENABLE | DISABLE：启用或禁用此登录。

可以看到，其他参数与 CREATE LOGIN 语句中的作用相同，这里就不再赘述了。

▍实例 3：修改登录账户的名称

使用 ALTER LOGIN 语句将登录名 DBAdmin 修改为 NewAdmin，输入语句如下：

```
ALTER  LOGIN  DBAdmin  WITH
NAME=NewAdmin
    GO
```

代码执行结果如图 16-3 所示，即可完成

登录账户名称的修改。

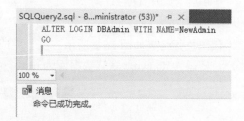

图 16-3　修改登录账户

16.1.3　删除登录账户

用户管理的另一项重要内容就是删除不再使用的登录账户。及时删除不再使用的账户，可以保证数据库的安全。

用户也可以使用 DROP LOGIN 语句删除登录账户。DROP LOGIN 语句的语法格式如下：

```
DROP LOGIN login_name
```

主要参数介绍如下。

login_name：登录账户的登录名。

▌实例 4：删除不用的登录账户

使用 DROP LOGIN 语 句 删 除 名 称 为 NewAdmin 的登录账户，输入语句如下：

```
DROP LOGIN NewAdmin
```

代码执行结果如图 16-4 所示，即可完成

删除操作。

图 16-4　删除登录账户

16.2　在 SQL Server Management Studio 中管理登录账户

除了使用 T-SQL 语句管理登录账户外，用户还可以在 SQL Server Management Studio 中创建用户账户。

16.2.1　创建登录账户

Windows 登录账户的使用非常方便，只要能获得 Windows 操作系统的登录权限，就可以与 SQL Server 建立连接。

▌实例 5：创建 SQL Server 登录账户

01 在对象资源管理器中依次展开服务器下面的【安全性】→【登录名】节点。右击【登录名】节点，在弹出的快捷菜单中选择【新建登录名】命令，打开【登录名 - 新建】对话框，选中【SQL Server 身份验证】单选按钮，然后输入用户名和密码，取消勾选【强制实施密码策略】复选框，并选择新账户的默认数据库，如图 16-5 所示。

图 16-5　创建 SQL Server 登录账户

02 选择左侧的【用户映射】选择页，启用默认数据库 test，系统会自动创建与登录名同名的数据库用户，并进行映射，这里可以选择登录账户的数据库角色，为登录账户设置权限，默认选择 public 表示拥有最小权限，如图 16-6 所示。

图 16-6 【用户映射】选择页

03 单击【确定】按钮，完成 SQL Server 登录账户的创建。

实例 6：使用新账户登录 SQL Server

01 使用 Windows 登录账户登录服务器之后，右击服务器节点，在弹出的快捷菜单中选择【重新启动】命令，如图 16-7 所示。

02 在弹出的重启确认对话框中单击【是】按钮，如图 16-8 所示。

图 16-7 选择【重新启动】命令　　　　　图 16-8 重启服务器提示对话框

03 系统开始自动重启，并显示重启的进度条，如图 16-9 所示。

图 16-9 重启进度对话框

> **注意**：上述重启步骤并不是必需的。如果在安装 SQL Server 2019 时指定登录模式为【混合模式】，则不需要重新启动服务器，直接使用新创建的 SQL Server 账户登录即可；否则需要修改服务器的登录方式，然后重新启动服务器。

04▶单击对象资源管理器左上角的【连接】按钮，在下拉菜单中选择【数据库引擎】命令，弹出【连接到服务器】对话框，在【身份验证】下拉列表框中选择【SQL Server 身份验证】选项，在【登录名】下拉列表框中输入用户名 DataBaseAdmin2，在【密码】文本框中输入对应的密码，如图 16-10 所示。

05▶单击【连接】按钮，登录服务器，登录成功之后可以查看相应的数据库对象，如图 16-11 所示。

图 16-10 【连接到服务器】对话框

图 16-11 使用 SQL Server 账户登录

> **注意**：使用新建的 SQL Server 账户登录之后，虽然能看到其他数据库，但是只能访问指定的 test 数据库，若访问其他数据库，则会提示错误信息（因为无权访问）。另外，因为系统并没有给该登录账户配置任何权限，所以当前登录只能进入 test 数据库，不能执行其他操作。

16.2.2 修改登录账户

用户可以通过图形化的管理工具修改登录账户。

▌实例 7：修改新创建的登录账户

01▶打开【对象资源管理器】窗格，依次展开【服务器】节点下的【安全性】→【登录名】节点，该节点下列出了当前服务器中的所有登录账户。

02▶选择要修改的用户，例如选择刚修改过的 DataBaseAdmin2，右击该用户节点，在弹出的快捷菜单中选择【重命名】命令，在显示的文本框中输入新的名称即可，如图 16-12 所示。

03▶如果要修改账户的其他属性信息，如默认数据库、权限等，可以在弹出的快捷菜单中选择【属性】命令，然后在弹出的【登录属性】对话框中进行修改，如图 16-13 所示。

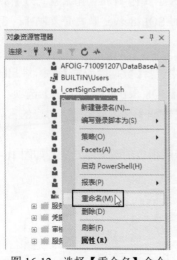

图 16-12　选择【重命名】命令

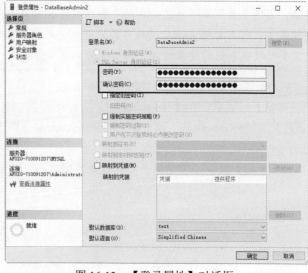

图 16-13　【登录属性】对话框

16.2.3　删除登录账户

用户可以在对象资源管理器中删除登录账户。

▌实例 8：删除无用的登录账户

01▶打开【对象资源管理器】窗格，依次展开【服务器】节点下的【安全性】→【登录名】节点，该节点下列出了当前服务器中的所有登录账户，如图 16-14 所示。

02▶选择要修改的用户，例如这里选择 DataBaseAdmin2，右击该用户节点，在弹出的快捷菜单中选择【删除】命令，弹出【删除对象】对话框，如图 16-15 所示。

图 16-14　服务器登录账户

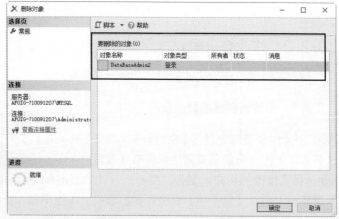

图 16-15　【删除对象】对话框

03▶单击【确定】按钮，完成登录账户的删除操作。

16.3　SQL Server 的角色管理

角色相当于 Windows 操作系统中的用户组，可以集中管理数据库或服务器的权限。按照角色的作用范围，可以将其分为 4 类：固定服务器角色、数据库角色、自定义数据库角色和应用程序角色。

16.3.1　固定服务器角色

可以在服务器角色中添加 SQL Server 登录名、Windows 账户和 Windows 组。固定服务器角色的每个成员都可以向其所属角色添加其他登录名。

SQL Server 2019 中提供了 9 个固定服务器角色，在【对象资源管理器】窗格中依次展开【安全性】→【服务器角色】节点，即可看到所有的固定服务器角色，如图 16-16 所示。

表 16-1 列出了各个服务器角色的功能。

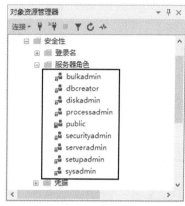

图 16-16　固定服务器角色列表

表 16-1　固定服务器角色的功能

服务器角色名称	说　明
sysadmin	固定服务器角色的成员可以在服务器上执行任何活动。默认情况下，Windows BUILTIN\Administrators 组（本地管理员组）的所有成员都是 sysadmin 固定服务器角色的成员
serveradmin	固定服务器角色的成员可以更改服务器范围的配置选项和关闭服务器
securityadmin	固定服务器角色的成员可以管理登录名及其属性。它们可以拥有 GRANT、DENY 和 REVOKE 服务器级别的权限，也可以拥有 GRANT、DENY 和 REVOKE 数据库级别的权限。此外，它们还可以重置 SQL Server 登录名的密码
public	每个 SQL Server 登录名都属于 public 服务器角色。如果未向某个服务器主体授予或拒绝对某个安全对象的特定权限，该用户将继承授予该对象的 public 角色的权限
processadmin	固定服务器角色的成员可以终止在 SQL Server 实例中运行的进程
setupadmin	固定服务器角色的成员可以添加和删除连接服务器
bulkadmin	固定服务器角色的成员可以运行 BULK INSERT 语句
diskadmin	固定服务器角色用于管理磁盘文件
dbcreator	固定服务器角色的成员可以创建、更改、删除和还原任何数据库

16.3.2　数据库角色

数据库角色是针对某个具体数据库的权限分配。数据库用户可以作为数据库角色的成员，继承数据库角色的权限。数据库管理人员也可以通过管理角色的权限来管理数据库用户的权限。SQL Server 2019 中系统默认添加了 10 个固定的数据库角色，如表 16-2 所示。

表 16-2　固定数据库角色及其说明

数据库角色名称	说　明
db_owner	固定数据库角色的成员可以执行数据库的所有配置和维护活动，还可以删除数据库
db_securityadmin	固定数据库角色的成员可以修改角色成员身份和管理权限。向此角色中添加主体可能会导致意外的权限升级
db_accessadmin	固定数据库角色的成员可以为 Windows 登录名、Windows 组和 SQL Server 登录名添加或删除数据库访问权限

续表

数据库角色名称	说　明
db_backupoperator	固定数据库角色的成员可以备份数据库
db_ddladmin	固定数据库角色的成员可以在数据库中运行任何数据定义语言（DDL）命令
db_datawriter	固定数据库角色的成员可以在所有用户表中添加、删除或更改数据
db_datareader	固定数据库角色的成员可以从所有用户表中读取所有数据
db_denydatawriter	固定数据库角色的成员不能添加、修改或删除数据库内用户表中的任何数据
db_denydatareader	固定数据库角色的成员不能读取数据库内用户表中的任何数据
public	每个数据库用户都属于 public 数据库角色。如果未向某个用户授予或拒绝对安全对象的特定权限时，该用户将继承授予该对象的 public 角色的权限

16.3.3　自定义数据库角色

实际的数据库管理过程中，某些用户可能只能对数据库进行插入、更新和删除操作，但是固定数据库角色中不能提供这样一个角色，因此需要创建一个自定义的数据库角色。

▎实例 9：创建一个自定义的数据库角色

01 打开 SSMS，在【对象资源管理器】窗格中，依次展开【数据库】→ test_db →【安全性】→【角色】节点，用鼠标右击【角色】节点下的【数据库角色】节点，在弹出的快捷菜单中选择【新建数据库角色】命令，如图 16-17 所示。

02 打开【数据库角色 - 新建】对话框，设置角色名称为 Monitor、所有者为 dbo，单击【添加】按钮，如图 16-18 所示。

图 16-17　选择【新建数据库角色】命令　　图 16-18　【数据库角色 - 新建】对话框

03 打开【选择数据库用户或角色】对话框，单击【浏览】按钮，找到并添加对象 public，单击【确定】按钮，如图 16-19 所示。

04 添加用户完成，返回【数据库角色 - 新建】对话框，如图 16-20 所示。

05 选择【数据库角色 - 新建】对话框左侧的【安全对象】选择页，在【安全对象】选择页中单击【搜索】按钮，如图 16-21 所示。

06 打开【添加对象】对话框，选中【特定对象】单选按钮，如图 16-22 所示。

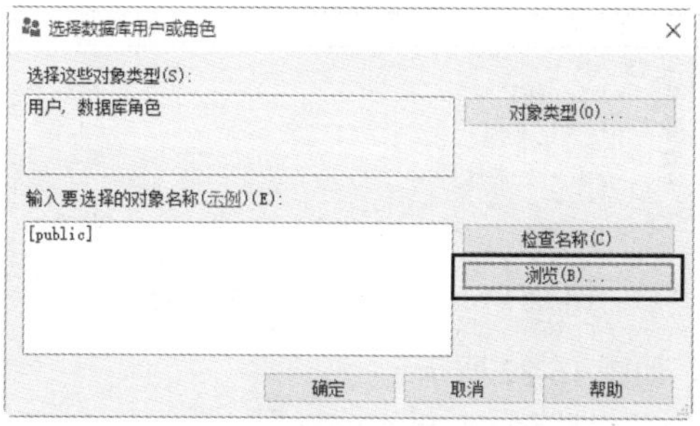

图 16-19 【选择数据库用户或角色】对话框

图 16-20 用户添加完成

图 16-21 【安全对象】选择页

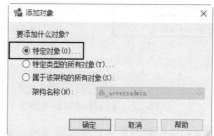

图 16-22 【添加对象】对话框

07 单击【确定】按钮，打开【选择对象】对话框，单击【对象类型】按钮，如图 16-23 所示。

08 打开【选择对象类型】对话框，选中【表】复选框，如图 16-24 所示。

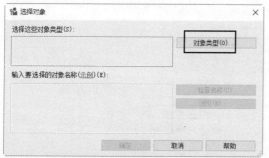

图 16-23 【选择对象】对话框

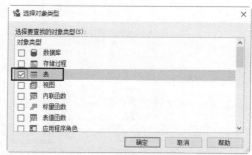

图 16-24 【选择对象类型】对话框

09 完成选择后，单击【确定】按钮返回，然后单击【选择对象】对话框中的【浏览】按钮，如图 16-25 所示。

⑩打开【查找对象】对话框，选中【匹配的对象】列表中的 stu_info 复选框，如图 16-26 所示。

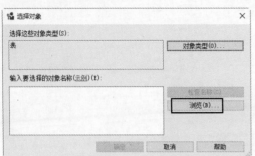

图 16-25　单击【浏览】按钮

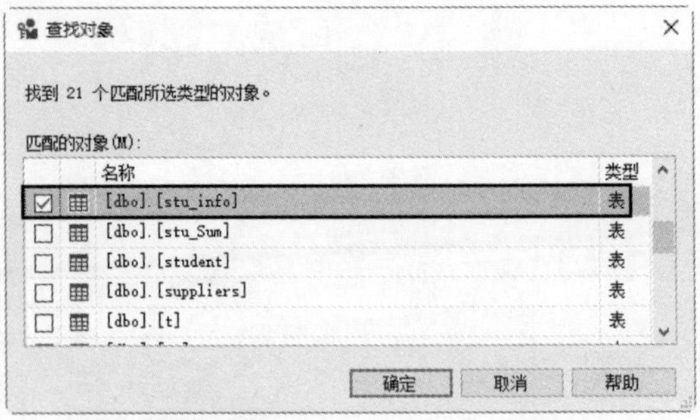

图 16-26　选择 stu_info 数据表

⑪单击【确定】按钮，返回【选择对象】对话框，如图 16-27 所示。

⑫单击【确定】按钮，返回【数据库角色 - 新建】对话框，如图 16-28 所示。

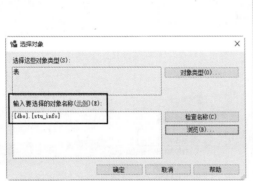

图 16-27　【选择对象】对话框

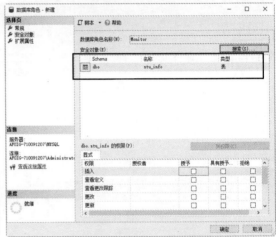

图 16-28　【数据库角色 - 新建】对话框

⑬如果希望限定用户只能对某些列进行操作，可以单击【数据库角色 - 新建】对话框中的【列权限】按钮，为该数据库角色配置更细致的权限，如图 16-29 所示。

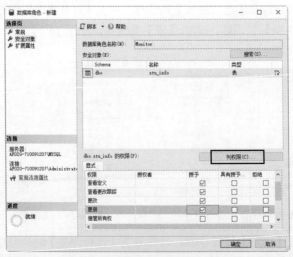

图 16-29　单击【列权限】按钮

14权限分配完毕，单击【确定】按钮，完成角色的创建。

使用 SQL Server 账户 NewAdmin 连接到服务器之后，执行下面两条查询语句。

```
SELECT s_name, s_age, s_sex,s_score FROM stu_info;
SELECT s_id, s_name, s_age, s_sex,s_score FROM stu_info;
```

第一条语句可以正确执行，而第二条语句在执行过程中会出错，这是因为数据库角色 NewAdmin 没有对 stu_info 表中 s_id 列的操作权限。第一条语句中的查询列都是权限范围内的列，所以可以正常执行。

16.3.4　应用程序角色

应用程序角色能够用其自身、类似用户的权限来运行，是一个数据库主体。应用程序主体只允许通过特定应用程序连接的用户访问某些数据。

与服务器角色和数据库角色不同，SQL Server 2019 中的应用程序角色在默认情况下不包含任何成员，并且应用程序角色必须激活后才能发挥作用。当激活某个应用程序角色之后，连接将失去用户权限，转而获得应用程序权限。

添加应用程序角色可以使用 CREATE APPLICATION ROLE 语句，其语法格式如下：

```
CREATE APPLICATION ROLE application_role_name
WITH PASSWORD = 'password' [ , DEFAULT_SCHEMA = schema_name ]
```

主要参数介绍如下。

- application_role_name：指定应用程序角色的名称。该名称一定不能被用于引用数据库中的任何主体。
- PASSWORD = 'password'：指定数据库用户将用于激活应用程序角色的密码，应始终使用强密码。
- DEFAULT_SCHEMA = schema_name：指定服务器在解析该角色的对象名时将搜索的第一个架构。如果未定义 DEFAULT_SCHEMA，则应用程序角色将使用 DBO 作为其默认架构。schema_name 可以是数据库中不存在的架构。

▌实例10：创建一个名称为 App_User 的应用程序角色

使用 Windows 身份验证登录 SQL Server 2019，创建名称为 App_User 的应用程序角色，输入语句如下：

```
CREATE APPLICATION ROLE App_User
WITH PASSWORD = '123pwd'
```

代码执行结果如图 16-30 所示。

前面提到过，默认情况下应用程序角色是没有被激活的，所以使用之前必须将其激活。系统存储过程 sp_setapprole 可以完成应用程序角色的激活过程。激活应用程序角色 App_User 的输入语句如下：

```
sp_setapprole 'App_User', @PASSWORD='123pwd'
USE test_db;
GO
```

```
SELECT * FROM stu_info
```

代码执行结果如图 16-31 所示。

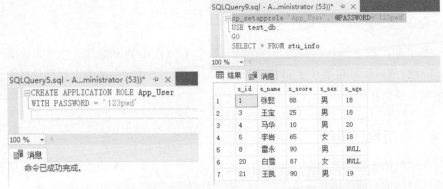

图 16-30　创建应用程序角色　　　　图 16-31　激活应用程序角色

使用 DataBaseAdmin2 登录服务器之后，如果直接执行 SELECT 语句，就会出错，系统将提示如下错误：

```
消息229，级别14，状态5，第1 行
拒绝了对对象'stu_info' (数据库'test'，架构'dbo')的SELECT 权限
```

这是因为 DataBaseAdmin2 在创建时没有指定对数据库的 SELECT 权限。当激活应用程序角色 App_User 之后，服务器将 DBAdmin 当作 App_User 角色，而这个角色拥有对 test 数据库中 stu_info 表的 SELECT 权限，因此执行 SELECT 语句可以看到正确的结果。

16.3.5　将登录账户指派到角色

登录名类似公司的员工编号，而角色则类似一个人在公司中的职位，公司会根据每个人的特点和能力将不同的人安排到所需的岗位上，例如会计、车间工人、经理、文员等，这些不同的职位角色有不同的权限。

▎实例 11：将登录账户指派给不同的角色。

01 在【对象资源管理器】窗格中，依次展开服务器节点下的【安全性】→【登录名】节点。右击名称为 DataBaseAdmin2 的登录账户，在弹出的快捷菜单中选择【属性】命令，如图 16-32 所示。

02 打开【登录属性 -DataBaseAdmin2】对话框，选择窗口左侧列表中的【服务器角色】选择页，在【服务器角色】列表中，通过选择列表中的复选框来授予 DataBaseAdmin2 用户不同的服务器角色，例如 sysadmin，如图 16-33 所示。

03 如果要执行数据库角色，可以打开【用户映射】选择页，在【数据库角色成员身份】列表中通过启用复选框来授予 DataBaseAdmin2 不同的数据库角色，

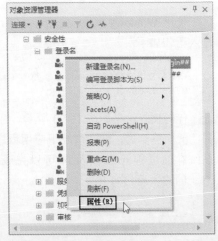

图 16-32　选择【属性】命令

最后单击【确定】按钮即可，如图 16-34 所示。

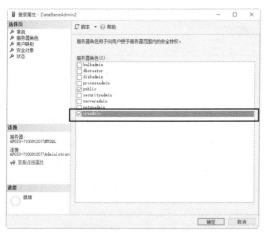 

图 16-33　【登录属性 -DataBaseAdmin2】对话框　　　图 16-34　【用户映射】选择页

16.3.6　将角色指派到多个登录账户

前面介绍的方法可以为某一个登录账户指派角色，如果要批量为多个登录账户指定角色，使用前面的方法将非常烦琐，下面介绍将角色同时指派给多个登录账户的方法。

▌实例 12：将角色指派到多个登录账户

01 在【对象资源管理器】窗格中依次展开服务器节点下的【安全性】→【服务器角色】节点。右击系统角色 sysadmin，在弹出的快捷菜单中选择【属性】命令，如图 16-35 所示。

02 打开【服务器角色属性】对话框，单击【添加】按钮，如图 16-36 所示。

图 16-35　选择【属性】命令　　　　　图 16-36　【服务器角色属性】对话框

03 打开【选择服务器登录名或角色】对话框，可以单击【浏览】按钮选择要添加的登录账户，如图 16-37 所示。

04 单击【浏览】按钮后，打开【查找对象】对话框，选中登录名前的复选框，然后单击【确定】按钮，如图 16-38 所示。

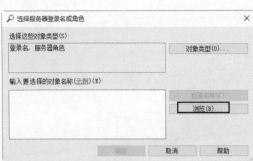

图 16-37 【选择服务器登录名或角色】对话框

图 16-38 【查找对象】对话框

05 返回到【选择服务器登录名或角色】对话框，单击【确定】按钮，如图 16-39 所示。

06 返回【服务器角色属性】对话框，如图 16-40 所示。用户在这里还可以删除不需要的登录名。

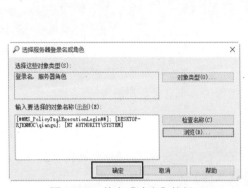

图 16-39 单击【确定】按钮

图 16-40 【服务器角色属性】对话框

07 完成服务器角色指派的配置后，单击【确定】按钮，此时已经成功地将 3 个登录账户指派为 sysadmin 角色。

16.4 SQL Server 的权限管理

在 SQL Server 2019 中，根据是否是系统预定义，可以把权限划分为预定义权限和自定义权限；按照权限与特定对象的关系，可以把权限划分为针对所有对象的权限和针对特殊对象的权限。

16.4.1 认识权限

在 SQL Server 中，根据不同的情况，可以把权限更为细致地分类，包括预定义权限和自定义权限、所有对象权限和特殊对象权限。

● 预定义权限：SQL Server 2019 安装完成之后即可拥有预定义权限，不必通过授予即可取得。固定服务器角色和固定数据库角色就属于预定义权限。

● 自定义权限：需要经过授权或者继承才能得到的权限，大多数安全主体都需要经过授权才能获得指定对象的使用权限。

● 所有对象权限：针对 SQL Server 2019 中所有的数据库对象，CONTROL 权限可用于所有对象。

- 特殊对象权限：某些只能在指定对象上执行的权限。例如，SELECT 可用于表或者视图，但是不能用于存储过程；EXEC 权限只能用于存储过程，而不能用于表或者视图。

数据库用户在操作表和视图之前必须拥有相应的操作权限，可以授予数据库用户针对表和视图的权限有 INSERT、UPDATE、DELETE、SELECT 和 REFERENCES 。

用户只有获得针对某种对象指定的权限后，才能对该类对象执行相应的操作。在 SQL Server 2019 中，不同的对象有不同的权限。权限管理包括授予权限、拒绝权限和撤销权限。

16.4.2　授予权限

可以使用 GRANT 语句进行授权活动，授予权限命令的基本语法格式如下：

```
GRANT { ALL [ PRIVILEGES ] }
    | permission [ ( column [ ,...n ] ) ] [ ,...n ]
    [ ON [ class :: ] securable ] TO principal [ ,...n ]
    [ WITH GRANT OPTION ] [ AS principal ]
```

使用 ALL 参数相当于授予以下权限。

- 如果安全对象为数据库，则 ALL 表示 BACKUP DATABASE、BACKUP LOG、CREATE DATABASE、CREATE DEFAULT、CREATE FUNCTION、CREATE PROCEDURE、CREATE RULE、CREATE TABLE 和 CREATE VIEW。
- 如果安全对象为标量函数，则 ALL 表示 EXECUTE 和 REFERENCES。
- 如果安全对象为表值函数，则 ALL 表示 DELETE、INSERT、REFERENCES、SELECT 和 UPDATE。
- 如果安全对象是存储过程，则 ALL 表示 EXECUTE。
- 如果安全对象为表，则 ALL 表示 DELETE、INSERT、REFERENCES、SELECT 和 UPDATE。
- 如果安全对象为视图，则 ALL 表示 DELETE、INSERT、REFERENCES、SELECT 和 UPDATE。

其他参数的含义解释如下。

- PRIVILEGES：包含此参数是为了符合 ISO 标准。
- permission：权限的名称，如 SELECT、UPDATE、EXEC 等。
- column：指定表中将授予其权限的列的名称，需要使用小括号 ()。
- class：指定将授予其权限的安全对象的类，需要范围限定符 ::。
- securable：指定将授予其权限的安全对象。
- TO principal：主体的名称。可为其授予安全对象权限的主体，随安全对象而异。相关有效的组合，请参阅下面列出的子主题。
  - ◆ GRANT OPTION：指示被授权者在获得指定权限的同时还可以将指定权限授予其他主体。
  - ◆ AS principal：指定一个主体，执行该查询的主体从该主体获得授予该权限的权利。

▌实例 13：向 Monitor 用户授予操作权限

向 Monitor 用户授予对 mydb 数据库中 students 表的 SELECT、INSERT、UPDATE 和 DELETE 权限，输入语句如下：

```
USE mydb;
GRANT SELECT,INSERT, UPDATE, DELETE
ON students
TO Monitor
GO
```

代码执行结果如图 16-41 所示，即可完成为用户授予权限的操作。

当权限授予完成后，用户可以使用系统存储过程 sp_helprotect 来查询用户的权限信息。查询用户 Monitor 的权限的 T-SQL 语句如下：

```
sp_helprotect @username='Monitor';
GO
```

代码执行结果如图 16-42 所示，即可完成查询用户权限的操作。

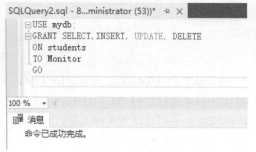

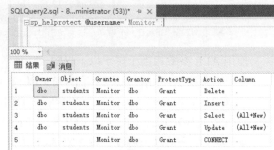

图 16-41　给用户授予权限　　　　　　　图 16-42　查询用户被授予的权限

16.4.3　拒绝权限

拒绝权限可以在授予用户指定的操作权限之后，根据需要暂时停止用户对指定数据库对象的访问或操作。拒绝对象权限的基本语法格式如下：

```
DENY { ALL [ PRIVILEGES ] }
     | permission [ ( column [ ,...n ] ) ] [ ,...n ]
     [ ON [ class :: ] securable ] TO principal [ ,...n ]
     [ CASCADE] [ AS principal ]
```

DENY 语句与 GRANT 语句中的参数完全相同，这里不再赘述。

▌实例 14：拒绝向 Monitor 用户授予操作权限

拒绝 Monitor 用户对 mydb 数据库中 students 表的 INSERT 和 DELETE 权限，输入语句如下：

```
USE mydb;
GO
DENY INSERT, DELETE
ON students
TO Monitor
GO
```

代码执行结果如图 16-43 所示，即可完成拒绝用户权限的操作。

当权限拒绝操作完成后，可以使用系统存储过程 sp_helprotect 来查询用户当前的权限信息。查询用户 Monitor 的权限的 T-SQL 语句如下：

```
sp_helprotect @username='Monitor';
```

代码执行结果如图 16-44 所示，即可完成查询用户权限的操作。

图 16-43　拒绝用户的权限　　　　图 16-44　查询用户权限

16.4.4　撤销权限

撤销权限是指删除为某个用户授予的权限。撤销权限使用 REVOKE 语句，其基本语法格式如下：

```
REVOKE [ GRANT OPTION FOR ]
     {
       [ ALL [ PRIVILEGES ] ]
       |permission [ ( column [ ,...n ] ) ] [ ,...n ]
     }
     [ ON [ class :: ] securable ]
     { TO | FROM } principal [ ,...n ]
     [ CASCADE] [ AS principal ]
```

CASCADE 表示当前正在撤销的权限也将从其他被该主体授权的主体中撤销。使用 CASCADE 参数时，还必须同时指定 GRANT OPTION FOR 参数。REVOKE 语句与 GRANT 语句中的其他参数作用相同。

▎实例 15：撤销 Monitor 用户的删除操作权限

撤销 Monitor 用户对 mydb 数据库中 students 表的 DELETE 权限，输入语句如下：

```
USE mydb;
GO
REVOKE DELETE
ON OBJECT::students
FROM Monitor CASCADE
```

代码执行结果如图 16-45 所示，即可完成撤销用户权限的操作。

当权限撤销操作完成后，可以使用系统存储过程 sp_helprotect 来查询用户当前的权限信息。查询用户 Monitor 的权限的 T-SQL 语句如下：

```
sp_helprotect @username='Monitor';
```

代码执行结果如图 16-46 所示，即可完成查询用户权限的操作。

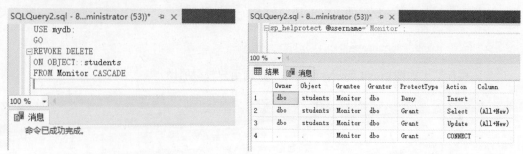

图 16-45　撤销用户的权限　　　　　　　　　图 16-46　查询用户的权限

16.5　疑难问题解析

疑问 1：怎样来验证用户是否具有操作权限？

答：创建数据库用户之后，可以以该数据库用户的身份重新与 SQL Server 建立连接，然后可以验证该用户的权限。

疑问 2：在删除登录账户时，有时会提示无法删除映射的数据库用户，这是为什么？

答：在删除登录名之前，最好将其映射到数据库的用户名删除，若没有删除用户名，则系统会给出无法删除的提示信息。

16.6　综合实战训练营

实战 1：使用 T-SQL 命令创建与管理用户账户和角色

（1）使用 SQL 语句为 Windows 身份验证的登录账户 JSJ\test 和 SQL Server 身份验证的登录账户"stu05"，指定服务器管理的服务器角色 serveradmin。完成指定操作后再取消该角色。

（2）使用 SQL 语句为 Windows 身份验证的登录账户 JSJ\test 和 SQL Server 身份验证的登录账户"stu05"，在数据库 marketing 中分别建立用户"WinUser"和"SQLUser"。

（3）使用系统存储过程 sp_addrole，在数据库 marketing 中添加名为"role2"的数据库角色。使用系统存储过程 sp_addrolemember 将一些数据库用户添加为角色成员。

（4）使用 GRANT 给用户"stu05"授予 CREATE DATABASE 的权限。

（5）取消用户"stu05"的 CREATE DATABASE 权限，并从数据库中将该用户删除。

实战 2：使用 SQL Server Management Studio 创建与管理用户账户和角色

使用 SQL Server Management Studio 的对象资源管理器，创建一个使用 SQL Server 身份验证的登录账户 mySQL，并在数据库 marketing 中建立同名用户，并授予该用户服务器角色 dbcreator 及数据库角色 db_datareader 和 db_datawriter。再利用 SQL Server Management Studio 的对象资源管理器创建一个数据库角色 myROLE，授予该角色对数据库中所有表的查询和修改权限，并将用户 mySQL 添加为该角色的成员。

第17章　数据库的备份与恢复

本章导读

　　保证数据安全的一个最重要措施是对数据进行定期备份。如果数据库中的数据丢失或者出现错误，可以使用备份的数据进行还原，这样就会尽可能地降低意外原因导致的损失。SQL Server 提供了一整套功能强大的数据库备份和恢复工具。本章就来介绍数据的备份与恢复，主要内容包括数据的备份、数据的还原、建立自动备份的维护计划、为数据加密等。

知识导图

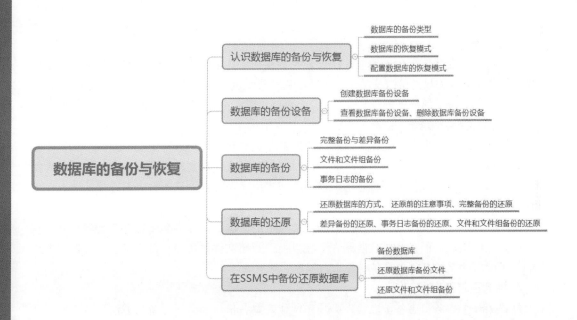

17.1 认识数据库的备份与恢复

数据库的备份是对数据库结构和数据对象的复制，以便在数据库遭到破坏时能够及时修复数据库。备份数据是数据库管理员非常重要的工作。数据库备份后，一旦系统发生崩溃或者执行了错误的数据库操作，就可以从备份文件中恢复数据库。数据库恢复是指将数据库备份加载到系统中的过程。

17.1.1 数据库的备份类型

SQL Server 2019 中有 4 种不同的备份类型，分别是完整数据库备份、差异备份、文件和文件组备份以及事务日志备份。

1. 完整数据库备份

完整数据库备份是指备份整个数据库，包括所有的对象、系统表、数据以及部分事务日志。完整备份可以还原数据库在备份操作完成时的完整数据库状态。

由于是对整个数据库的备份，因此这种备份类型速度较慢，并且将占用大量的磁盘空间。在对数据库进行备份时，所有未完成的或发生在备份过程中的事务都将被忽略。这种备份方法可以快速备份小型数据库。

2. 差异备份

差异备份基于所包含数据的前一次最新完整备份，差异备份仅捕获自该次完整备份后发生更改的数据。因为只备份改变的内容，所以这种类型的备份速度比较快，可以频繁地执行。差异备份中也备份了部分事务日志。

3. 文件和文件组备份

文件和文件组备份方法可以对数据库中的部分文件和文件组进行备份。当一个数据库很大时，数据库的完整备份会花很多时间，这时可以采用文件和文件组备份。在使用文件和文件组备份时，还必须备份事务日志，所以不能在启用【在检查点截断日志】选项的情况下使用这种备份技术。

文件组备份是一种将数据库存放在多个文件上的方法，这样数据库就不会受到只存储在单个硬盘上的限制，而是可以分散到许多硬盘上。利用文件组备份，每次可以备份这些文件中的一个或多个文件，而不是备份整个数据库。

4. 事务日志备份

创建第一个事务日志备份之前，必须先创建完整备份。事务日志备份方法将备份所有数据库修改的记录，用来在还原操作期间提交完成的事务以及回滚未完成的事务。事务日志备份记录备份操作开始时的事务日志状态。事务日志备份比完整数据库备份节省时间和空间。利用事务日志备份进行恢复时，可以指定恢复到某一个时间，而完整备份和差异备份做不到这一点。

17.1.2 数据库的恢复模式

数据库的恢复模式可以保证在数据库发生故障时恢复相关的数据库。SQL Server 2019 中包括 3 种恢复模式，分别是简单恢复模式、完整恢复模式和大容量日志恢复模式。不同的恢复模式在备份、恢复方式和性能方面存在差异，而且不同的恢复模式对避免数据损失的程度也不同。

1. 简单恢复模式

简单恢复模式可以将数据库恢复到上一次的备份。这种模式的备份策略由完整备份和差异备份组成。简单恢复模式能够提高磁盘的可用空间，但是无法将数据库还原到故障点或特定的时间点。对于小型数据库或者数据更改程度不高的数据库，通常使用简单恢复模式。

2. 完整恢复模式

完整恢复模式可以将数据库恢复到故障点或时间点。在这种模式下，所有操作被写入日志，例如大容量的操作和大容量的数据加载、数据库和日志都将被备份。因为日志记录了全部事务，所以可以将数据库还原到特定时间点。

3. 大容量日志恢复模式

与完整恢复模式类似，大容量日志恢复模式使用数据库和日志备份来恢复数据库。使用这种模式可以在大容量操作和大批量数据装载时提供最佳性能和最少的日志使用空间。在这种模式下，日志只记录多个操作的最终结果，而并非存储操作的过程细节，所以日志更小、大批量操作的速度更快。

如果事务日志没有被破坏，那么除了故障期间发生的事务以外，SQL Server 能够还原全部数据，但是该模式不能恢复数据库到特定的时间点。

17.1.3 配置数据库的恢复模式

用户可以根据实际需求选择适合的数据库恢复模式。在 SQL Server Management Studio 中可以以界面方式配置数据库的恢复模式。

▌实例 1：以图形界面方式配置数据库的恢复模式

`01` 使用登录账户连接到 SQL Server 2019，打开 SQL Server Management Studio 图形化管理工具，在【对象资源管理器】窗格中，打开服务器节点，依次选择【数据库】→ test 节点，右击 test 数据库，从弹出的快捷菜单中选择【属性】命令，如图 17-1 所示。

`02` 打开【数据库属性 -test】对话框，选择【选项】选择页，在【恢复模式】下拉列表框中选择一种恢复模式，如图 17-2 所示。

`03` 选择完成后单击【确定】按钮，完成恢复模式的配置。

> 提示：SQL Server 2019 提供了几个系统数据库，分别是 master、model、msdb 和 tempdb。查看这些数据库的恢复模式，就会发现 master、msdb 和 tempdb 使用的是简单恢复模式，而 model 数据库使用的是完整恢复模式。因为 model 是所有新建立数据库的模板数据库，所以用户数据库默认使用完整恢复模式。

图 17-1　选择【属性】命令

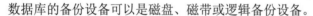

图 17-2　选择恢复模式

17.2　数据库的备份设备

数据库的备份设备是用来存储数据库、事务日志以及文件和文件组备份的存储介质。备份数据库之前，必须首先指定或创建备份设备。

数据库的备份设备可以是磁盘、磁带或逻辑备份设备。

1. 磁盘备份设备

磁盘备份设备是存储在硬盘或者其他磁盘媒体上的文件，与常规操作系统文件一样，可以在服务器的本地磁盘或者共享网络资源的原始磁盘上定义磁盘设备备份。如果在备份操作将备份数据追加到媒体集时磁盘文件已满，则备份操作会失败。备份文件的最大大小由磁盘设备上的可用磁盘空间决定，因此备份磁盘设备的大小取决于备份数据的大小。

2. 磁带备份设备

磁带备份设备的用法与磁盘备份设备相同，磁带备份设备必须物理连接到 SQL Server 实例运行的计算机上。在使用磁带机时，备份操作可能会写满一个磁带后，继续在另一个磁带上进行。每个磁带包含一个媒体标头。使用的第一个媒体称为"起始磁带"，每个后续磁带称为"延续磁带"，数据库的备份设备可以是磁盘或逻辑备份设备。

将数据备份到磁带设备上，需要使用磁带备份设备或者微软操作系统平台支持的磁带驱动器。

3. 逻辑备份设备

逻辑备份设备是指为特定物理备份设备（磁盘文件或磁带机）的可选用户定义名称。通过逻辑备份设备，可以在引用相应的物理备份设备时使用间接寻址。逻辑备份设备可以更简单、有效地描述备份设备的特征。相对于物理设备的路径名称，逻辑设备备份名称较短。

逻辑备份设备对于标识磁带备份设备非常有用，通过编写脚本使用特定逻辑备份设备，可以直接切换到新的物理备份设备。切换时，首先删除原来的逻辑备份设备，然后定义新的逻辑备份设备，新设备使用原来的逻辑设备名称，但映射到不同的物理备份设备。

17.2.1 创建数据库备份设备

SQL Server 2019 中创建备份设备的方法有两种：一种是在 SQL Server Management Studio 管理工具中创建；另一种是使用系统存储过程来创建。下面将分别介绍这两种方法。

▌实例 2：以图形化界面方式创建备份设备

01 使用 Windows 或者 SQL Server 身份验证连接服务器，打开 SSMS 窗口。在【对象资源管理器】窗格中，依次展开服务器节点下面的【服务器对象】→【备份设备】节点，右击【备份设备】节点，从弹出的快捷菜单中选择【新建备份设备】命令，如图 17-3 所示。

02 打开【备份设备】对话框，设置备份设备的名称，这里输入"test 数据库备份"，然后设置目标文件的位置或者保持默认值，目标硬盘驱动器上必须有足够的可用空间。设置完成后单击【确定】按钮，完成创建备份设备的操作，如图 17-4 所示。

图 17-3　选择【新建备份设备】命令　　　　图 17-4　新建备份设备

▌实例 3：使用系统存储过程创建备份设备

使用系统存储过程 sp_addumpdevice 可以添加备份设备，这个存储过程可以添加磁盘或磁带设备。sp_addumpdevice 语句的基本语法格式如下：

```
sp_addumpdevice [ @devtype = ] 'device_type'
, [ [ @logicalname = ] 'logical_name'
, [ [ @physicalname = ] 'physical_name'
[ , { [ [ @cntrltype = ] controller_type |
[ @devstatus = ] 'device_status' }
]
```

主要参数介绍如下。

- [@devtype =] 'device_type'：备份设备的类型。
- [@logicalname =] 'logical_name'：在 BACKUP 和 RESTORE 语句中使用的备份设备的逻辑名称。logical_name 的数据类型为 sysname，无默认值，且不能为 NULL。

- [@physicalname =] 'physical_name'：备份设备的物理名称。物理名称必须遵从操作系统文件名规则或网络设备的通用命名约定，并且必须包含完整路径。
- [@cntrltype =] 'controller_type'：已过时。如果指定该选项，则忽略此参数。支持它完全是为了向后兼容。新的 sp_addumpdevice 使用应省略此参数。
- [@devstatus =] 'device_status'：已过时。如果指定该选项，则忽略此参数。支持它完全是为了向后兼容。新的 sp_addumpdevice 使用应省略此参数。

例如：添加一个名为 mydiskdump 的磁盘备份设备，其物理名称为 d:\dump\testdump.bak，输入语句如下：

```
USE master;
GO
EXEC sp_addumpdevice 'disk', 'mydiskdump', ' d:\dump\testdump.bak ';
```

代码执行结果如图 17-5 所示，即可完成磁盘备份设备的添加操作。

SQLQuery3.sql - 8...ministrator (53))* ⊹ ×

```
    USE master;
    GO
EXEC sp_addumpdevice 'disk', 'mydiskdump', ' d:\dump\testdump.bak ';
```

100 % ▾ ◂

消息

命令已成功完成。

图 17-5　添加磁盘备份设备

> 提示：使用 sp_addumpdevice 创建备份设备后，并不会立即在物理磁盘上创建备份设备文件，只有在该备份设备上执行备份时才会创建备份设备文件。

17.2.2　查看数据库备份设备

使用系统存储过程 sp_helpdevice 可以查看当前服务器上所有备份设备的状态信息。

▌实例 4：使用系统存储过程查看备份设备

输入语句如下：

```
sp_helpdevice;
```

代码执行结果如图 17-6 所示，即可查看数据库的备份设备。

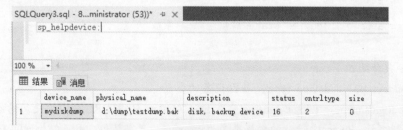

SQLQuery3.sql - 8...ministrator (53))* ⊹ ×

```
    sp_helpdevice;
```

100 % ▾ ◂

结果　消息

	device_name	physical_name	description	status	cntrltype	size
1	mydiskdump	d:\dump\testdump.bak	disk, backup device	16	2	0

图 17-6　查看服务器上的设备信息

17.2.3 删除数据库备份设备

当备份设备不再需要使用时，可以将其删除。删除备份设备后，备份设备中的数据都将丢失。删除备份设备使用系统存储过程 sp_dropdevice（同时能删除操作系统文件），语法格式如下：

```
sp_dropdevice [ @logicalname = ] 'device'
[ , [ @delfile = ] 'delfile' ]
```

主要参数介绍如下。

● [@logicalname =] 'device'：在 master.dbo.sysdevices.name 中列出的数据库设备或备份设备的逻辑名称。device 的数据类型为 sysname，无默认值。

● [@delfile =] 'delfile'：指定物理备份设备文件是否应删除。如果指定为 DELFILE，则删除物理备份设备磁盘文件。

▌ 实例 5：删除不用的备份设备 mydiskdump

删除备份设备 mydiskdump，输入语句如下：

```
EXEC sp_dropdevice mydiskdump
```

代码执行结果如图 17-7 所示，即可完成数据库备份设备的删除操作。

如果服务器创建了备份文件，就要同时删除物理文件，可以输入如下语句：

```
EXEC sp_dropdevice mydiskdump, delfile
```

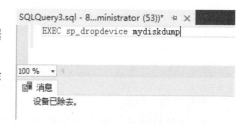

图 17-7　删除数据库备份设备

当然，在对象资源管理器中，也可以执行备份设备的删除操作。在服务器对象下的【备份设备】节点下选择需要删除的备份设备，右击，在弹出的快捷菜单中选择【删除】命令，如图 17-8 所示；弹出【删除对象】对话框，然后单击【确定】按钮，即可完成备份设备的删除操作，如图 17-9 所示。

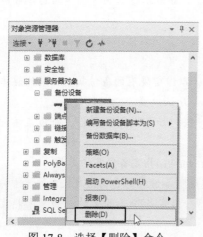

图 17-8　选择【删除】命令

图 17-9　【删除对象】对话框

17.3 数据库的备份

当备份设备添加完成后，接下来就可以备份数据库了。由于其他所有备份类型都依赖于完整备份，完整备份是所有备份策略中都要求完成的第一种备份类型，因此要先执行完整备份，之后才可以执行差异备份和事务日志备份。

17.3.1 完整备份与差异备份

完整备份将对整个数据库中的表、视图、触发器和存储过程等数据库对象进行备份，同时还对能够恢复数据的事务日志进行备份。完整备份的操作过程比较简单，基本语法格式如下：

```
BACKUP DATABASE { database_name | @database_name_var }
TO <backup_device> [ ,...n ]
 [ WITH
{
COPY_ONLY
| NAME = { backup_set_name | @backup_set_name_var }
| { NOINIT | INIT }
| DESCRIPTION = { 'text' | @text_variable }
| NAME = { backup_set_name | @backup_set_name_var }
| PASSWORD = { password | @password_variable }
| { EXPIREDATE = { 'date' | @date_var }
| RETAINDAYS = { days | @days_var } } [ ,...n ]
}
]
[;]
```

主要参数介绍如下。

- DATABASE：指定一个完整数据库备份。
- { database_name | @database_name_var }：备份事务日志、部分数据库或完整的数据库时所用的源数据库。如果作为变量（@database_name_var）提供，则可以将该名称指定为字符串常量（@database_name_var = database name）或指定为字符串数据类型（ntext 或 text 数据类型除外）的变量。
- <backup_device>：指定用于备份操作的逻辑备份设备或物理备份设备。
- COPY_ONLY：指定备份为仅复制备份，该备份不影响正常的备份顺序。仅复制备份是独立于定期计划的常规备份而创建的。仅复制备份不会影响数据库的总体备份和还原过程。
- { NOINIT | INIT }：控制备份操作是追加到还是覆盖备份媒体中的现有备份集。默认为追加到媒体中最新的备份集（NOINIT）。
- NOINIT：表示备份集将追加到指定的媒体集上，以保留现有的备份集。如果为媒体集定义了媒体密码，则必须提供密码。NOINIT 是默认设置。
- INIT：指定应覆盖所有备份集，但是保留媒体标头。如果指定了 INIT，将覆盖该设备上所有现有的备份集（如果条件允许）。
- NAME = { backup_set_name | @backup_set_name_var }：指定备份集的名称。
- DESCRIPTION = { 'text' | @text_variable }：指定说明备份集的自由格式文本。
- NAME = { backup_set_name | @backup_set_var }：指定备份集的名称。如果未指定 NAME，它将为空。

- PASSWORD = { password | @password_variable }：为备份集设置密码。PASSWORD 是一个字符串。
- { EXPIREDATE ='date' | @date_var }：指定允许覆盖该备份的备份集的日期。
- RETAINDAYS = { days | @days_var }：指定必须经过多少天才可以覆盖该备份媒体集。

实例 6：完整备份数据库 test

创建 test 数据库的完整备份，备份设备为创建好的本地备份设备"test 数据库备份"，输入语句如下：

```
BACKUP DATABASE test
TO test数据库备份
WITH INIT,
NAME='test数据库完整备份',
DESCRIPTION='该文件为test数据库的完整备份'
```

代码执行结果如图 17-10 所示，即可完成数据库的备份。

> **注意**：差异数据库备份比完整数据库备份数据量更小、速度更快，缩短了备份的时间，但同时会增加备份的复杂程度。

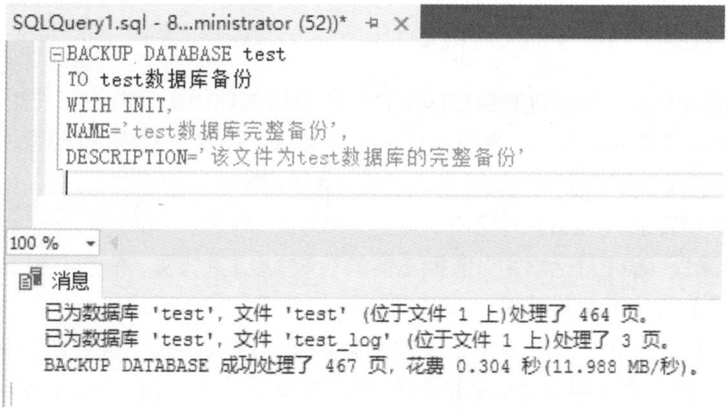

图 17-10 创建完整数据库备份

实例 7：差异性备份数据库 test

差异数据库备份也使用 BACKUP 菜单命令，与完整备份菜单命令的语法格式基本相同，只是在使用菜单命令时在 WITH 选项中指定 DIFFERENTIAL 参数。

这里对 test 做一次差异数据库备份，输入语句如下：

```
BACKUP DATABASE test
TO test数据库备份
WITH DIFFERENTIAL,NOINIT,
NAME='test数据库差异备份',
DESCRIPTION='该文件为test数据库的差异备份'
```

代码执行结果如图 17-11 所示，即可完成数据库的备份。

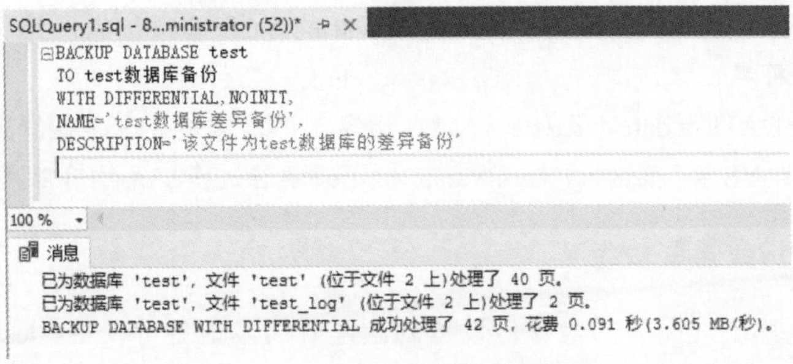

```
SQLQuery1.sql - 8...ministrator (52))*  ⊕  ×
BACKUP DATABASE test
  TO test数据库备份
  WITH DIFFERENTIAL, NOINIT,
  NAME='test数据库差异备份',
  DESCRIPTION='该文件为test数据库的差异备份'
```

```
100 %  ▼  ◄
消息
已为数据库 'test', 文件 'test' (位于文件 2 上)处理了 40 页。
已为数据库 'test', 文件 'test_log' (位于文件 2 上)处理了 2 页。
BACKUP DATABASE WITH DIFFERENTIAL 成功处理了 42 页, 花费 0.091 秒(3.605 MB/秒)。
```

图 17-11　创建 test 数据库差异备份

> **提示：** 在创建差异备份时使用了 NOINIT 选项，该选项表示备份数据追加到现有备份集，避免覆盖已有的完整备份。

17.3.2　文件和文件组备份

对于大型数据库，每次执行完整备份需要消耗大量时间。SQL Server 2019 提供的文件和文件组备份就是为了解决大型数据库的备份问题。创建文件和文件组备份之前，必须先创建文件组。

▌实例 8：备份数据库 test 中的文件和文件组

在 test 数据库中添加一个新的数据库文件，并将该文件添加至新的文件组。

01 使用 Windows 或者 SQL Server 身份验证登录服务器，在【对象资源管理】窗格中的【服务器】节点下，依次展开【数据库】→ test 节点，右击 test 数据库，从弹出的快捷菜单中选择【属性】命令，打开【数据库属性 -test】对话框。

02 在【数据库属性 -test】对话框中，选择左侧的【文件组】选择页，单击右侧的【添加文件组】按钮，在【名称】文本框中输入 SecondFileGroup，如图 17-12 所示。

03 选择【文件】选择页，在右侧单击【添加】按钮，然后设置逻辑名称为 testDataDump、文件类型为行数据、文件组为 SecondFileGroup、初始大小为 3MB、路径为默认、文件名为 testDataDump.mdf，结果如图 17-13 所示。

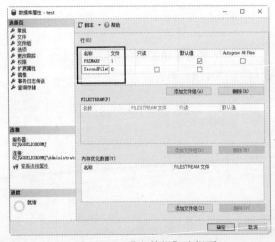

图 17-12　【文件组】选择页

图 17-13　【文件】选择页

04 单击【确定】按钮，在 SecondFileGroup 文件组上创建了一个新文件。

05 右击 test 数据库中的 fruits 表，从弹出的快捷菜单中选择【设计】命令，打开表设计器，然后选择【视图】→【属性窗口】命令。

06 打开【属性】窗格，展开【表设计器】节点，并将【Text/Image 文件组】设置为 SecondFileGroup，如图 17-14 所示。

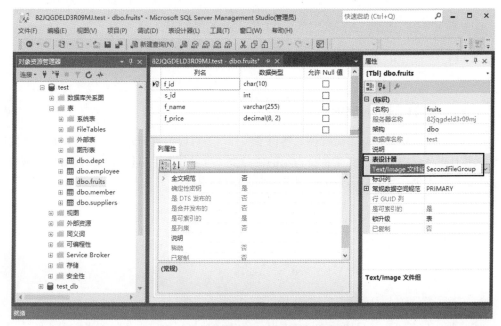

图 17-14 设置文件组或分区方案名称

07 单击【全部保存】按钮，完成当前表的修改，并关闭【表设计器】窗格和【属性】窗格。

文件组创建完成，下面使用 BACKUP 语句对文件组进行备份。使用 BACKUP 语句备份文件组的语法格式如下：

```
BACKUP DATABASE database_name
<file_or_filegroup> [ ,...n ]
TO <backup_device> [ ,...n ]
WITH options
```

主要参数介绍如下。

● file_or_filegroup：指定要备份的文件或文件组。如果是文件，则写作"FILE= 逻辑文件名"；如果是文件组，则写作"FILEGROUP= 逻辑文件组名"。

● WITH options：指定备份选项，与前面介绍的参数作用相同。

例如：将 test 数据库中添加的文件组 SecondFileGroup 备份到本地备份设备"test 数据库备份"，输入语句如下：

```
BACKUP DATABASE test
FILEGROUP='SecondFileGroup'
TO test数据库备份
WITH NAME='test文件组备份', DESCRIPTION='test数据库的文件组备份'
```

代码执行结果如图 17-15 所示，即可完成文件和文件组的备份操作。

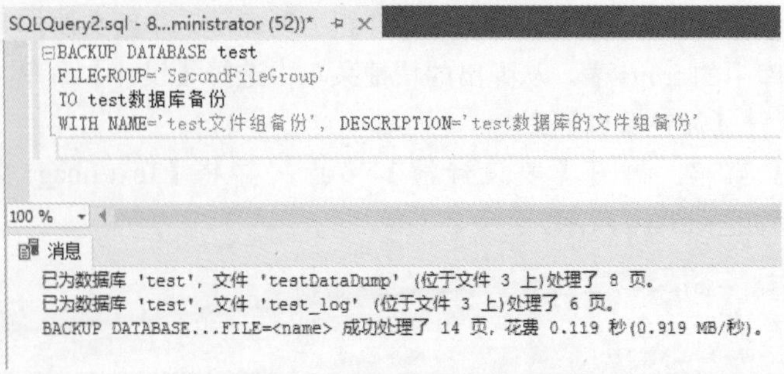

图 17-15　备份文件与文件组

17.3.3　事务日志的备份

使用事务日志备份，除了运行还原备份事务外，还可以将数据库恢复到故障点或特定时间点，并且事务日志备份比完整备份占用的资源少，可以频繁地执行事务日志备份，减少数据丢失的风险。创建事务日志备份使用 BACKUP LOG 语句，其基本语法格式如下：

```
BACKUP LOG { database_name | @database_name_var }
TO <backup_device> [ ,...n ]
[ WITH
NAME = { backup_set_name | @backup_set_name_var }
| DESCRIPTION = { 'text' | @text_variable }
]
{ { NORECOVERY | STANDBY = undo_file_name }} [ ,...n ] ]
```

LOG 指定仅备份事务日志，该日志是从上一次成功执行的日志备份到当前日志的末尾，只有创建完整备份后，才能创建第一个日志备份，其他参数与前面介绍的各个备份语句中的参数作用相同。

▍实例 9：备份数据库 test 中的事务日志文件

对 test 数据库执行事务日志备份，要求追加到现有的备份设备"test 数据库备份"上，输入语句如下：

```
BACKUP LOG test
TO test数据库备份
WITH NOINIT,NAME='test数据库事务日志备份',
DESCRIPTION='test数据库事务日志备份'
```

代码执行结果如图 17-16 所示，即可完成事务日志的备份操作。

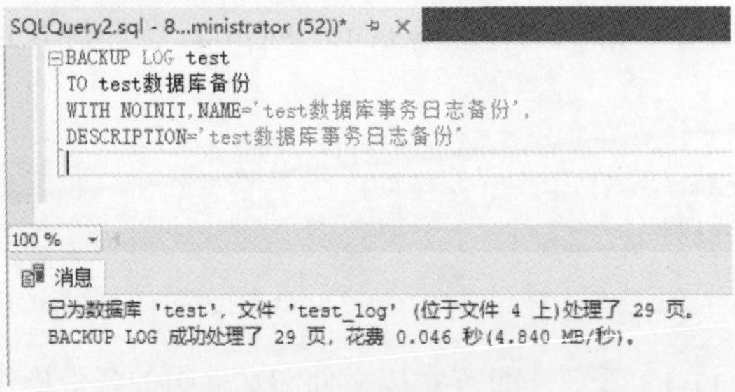

图 17-16　备份事务日志文件

17.4 数据库的还原

使用 T-SQL 语句可以对数据库进行还原操作。RESTORE DATABASE 语句可以执行完整备份还原、差异备份还原、文件和文件组备份还原。如果要还原事务日志备份,则使用 RESTORE LOG 语句。

17.4.1 还原数据库的方式

前面介绍了4种备份数据库的方式,在还原时也可以使用4种方式,分别是完整备份还原、差异备份还原、事务日志备份还原以及文件和文件组备份还原。

1. 完整备份还原

完整备份是差异备份和事务日志备份的基础,同样在还原时也要先做完整备份还原。完整备份还原将还原完整备份文件。

2. 差异备份还原

完整备份还原之后,可以执行差异备份还原。例如,在周末执行一次完整数据库备份,以后每隔一天创建一个差异备份集,如果在周三数据库发生了故障,则首先用最近上个周末的完整备份做一个完整备份还原,然后还原周二做的差异备份。如果在差异备份之后还有事务日志备份,那么还应该还原事务日志备份。

3. 事务日志备份还原

事务日志备份相对比较频繁,因此事务日志备份的还原步骤比较多。例如,周末对数据库进行完整备份,每天晚上8点对数据库进行差异备份,每隔3个小时做一次事务日志备份。如果周三早上9点钟数据库发生故障,那么还原数据库的步骤如下:首先恢复周末的完整备份,然后恢复周二下午做的差异备份,最后依次还原差异备份到损坏为止的每一个事务日志备份,即周二晚上11点、周三早上2点、周三早上5点和周三早上8点所做的事务日志备份。

4. 文件和文件组备份还原

该还原方式并不常用,只有当数据库中的文件或文件组发生损坏时才使用。

17.4.2 还原前的注意事项

还原数据库备份之前,需要检查备份设备或文件,确认要还原的备份文件或设备是否存在,并检查备份文件或备份设备里的备份集是否正确无误。

验证备份集中内容的有效性可以使用 RESTORE VERIFYONLY 语句,不仅可以验证备份集是否完整、整个备份是否可读,还可以对数据库执行额外的检查,从而及时地发现错误。RESTORE VERIFYONLY 语句的基本语法格式如下:

```
RESTORE VERIFYONLY
FROM <backup_device> [ ,...n ]
[ WITH
{
 MOVE 'logical_file_name_in_backup' TO 'operating_system_file_name'  [ ,...n ]
| FILE = { backup_set_file_number | @backup_set_file_number }
| PASSWORD = { password | @password_variable }
| MEDIANAME = { media_name | @media_name_variable }
| MEDIAPASSWORD = { mediapassword | @mediapassword_variable }
| { CHECKSUM | NO_CHECKSUM }
| { STOP_ON_ERROR | CONTINUE_AFTER_ERROR }
```

```
| STATS [ = percentage ]
} [ ,...n ]
]
[;]
<backup_device> ::=
{
{ logical_backup_device_name | @logical_backup_device_name_var }
| { DISK | TAPE } = { 'physical_backup_device_name'
| @physical_backup_device_name_var }
}
```

主要参数介绍如下。

- MOVE 'logical_file_name_in_backup' TO 'operating_system_file_name' [...n]：对于由 logical_file_name_in_backup 指定的数据或日志文件，应当通过将其还原到 operating_system_file_name 所指定的位置来对其进行移动。默认情况下，logical_file_name_in_backup 文件将还原到它的原始位置。

- FILE ={ backup_set_file_number | @backup_set_file_number }：标识要还原的备份集。例如，backup_set_file_number 为 1，指示备份媒体中的第一个备份集；backup_set_file_number 为 2，指示第二个备份集。可以通过使用 RESTORE HEADERONLY 语句来获取备份集的 backup_set_file_number。未指定时，默认值是 1。

- MEDIANAME = { media_name | @media_name_variable}：指定媒体名称。

- MEDIAPASSWORD = { mediapassword | @mediapassword_variable }：提供媒体集的密码。媒体集密码是一个字符串。

- { CHECKSUM | NO_CHECKSUM }：默认行为是在存在校验和时验证校验和，不存在校验和时不进行验证并继续执行操作。

- CHECKSUM：指定必须验证备份校验和，在备份缺少备份校验和的情况下，该选项将导致还原操作失败，并会发出一条消息表明校验和不存在。

- NO_CHECKSUM：显式禁用还原操作的校验和验证功能。

- STOP_ON_ERROR：指定还原操作在遇到第一个错误时停止。这是 RESTORE 的默认行为，但对于 VERIFYONLY 例外，后者的默认值是 CONTINUE_AFTER_ERROR。

- CONTINUE_AFTER_ERROR：指定遇到错误后继续执行还原操作。

- STATS [= percentage]：每当操作完成一定的百分比时，将显示一条消息，用于测量操作完成的进度。如果省略 percentage，则 SQL Server 每完成 10%（近似）就显示一条消息。

- {logical_backup_device_name | @logical_backup_device_name_var }：是由 sp_addumpdevice 创建的备份设备（数据库将从该备份设备还原）的逻辑名称。

- {DISK | TAPE}={'physical_backup_device_name' | @physical_backup_device_name_var}：允许从命名磁盘或磁带设备还原备份。

▌实例 10：检查数据库备份设备是否有误

检查名称为"test 数据库备份"的设备是否有误，输入语句如下：

```
RESTORE VERIFYONLY FROM test数据库备份
```

代码执行结果如图 17-17 所示。

默认情况下，RESTORE VERIFYONLY 检查第一个备份集，如果一个备份设备中包含多个备份集，例如要检查"test 数据库备份"设备中的第二个备份集是否正确，可以指定 FILE 值为 2，语句如下：

```
RESTORE VERIFYONLY
FROM test数据库备份 WITH FILE=2
```

代码执行结果如图 17-18 所示。

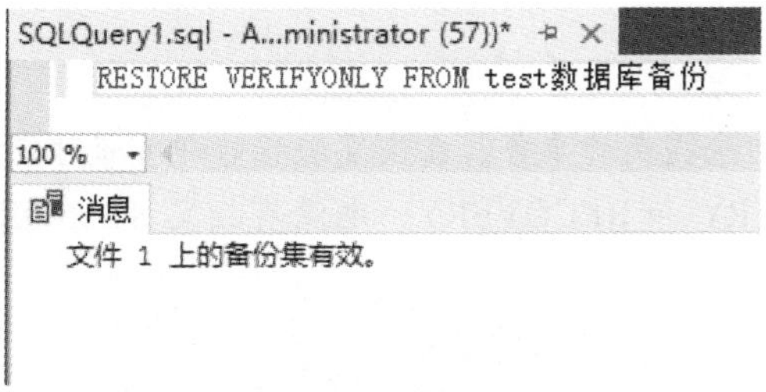

图 17-17　检查备份设备的第一个备份集 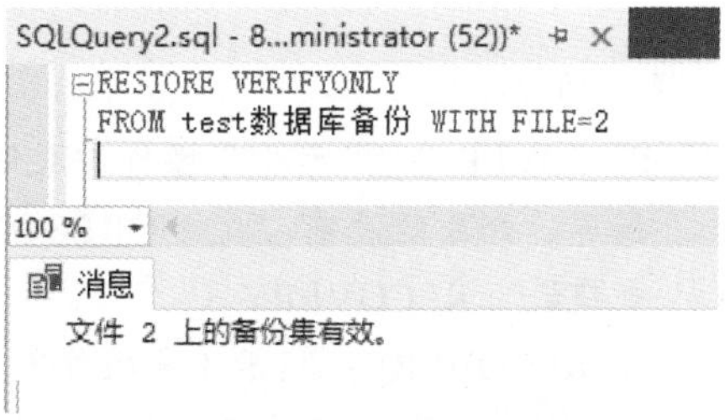　　　图 17-18　检查备份设备的第二个备份集

> **注意**：在还原之前还要查看当前数据库是否还有其他人在使用，如果还有其他人在使用，将无法还原数据库。

17.4.3　完整备份的还原

数据库完整备份还原的目的是还原整个数据库。数据库在还原期间处于脱机状态。执行完整备份还原的 RESTORE 语句的基本语法格式如下：

```
RESTORE DATABASE { database_name | @database_name_var }
 [ FROM <backup_device> [ ,...n ] ]
 [ WITH
{
[ {CHECKSUM | NO_CHECKSUM} ]
| [ {CONTINUE_AFTER_ERROR | STOP_ON_ERROR}]
| [RECOVERY|NORECOVERY|STANDBY=
{standby_file_name | @standby_file_name_var }  ]
| FILE = { backup_set_file_number | @backup_set_file_number }
| PASSWORD = { password | @password_variable }
| MEDIANAME = { media_name | @media_name_variable }
| MEDIAPASSWORD = { mediapassword | @mediapassword_variable }
| { CHECKSUM | NO_CHECKSUM }
| { STOP_ON_ERROR | CONTINUE_AFTER_ERROR }
| MOVE 'logical_file_name_in_backup' TO 'operating_system_file_name'
          [ ,...n ]
| REPLACE
| RESTART
 | RESTRICTED_USER
| ENABLE_BROKER
 | ERROR_BROKER_CONVERSATIONS
 | NEW_BROKER
| STOPAT = {'datetime' | @datetime_var }
| STOPATMARK = {'mark_name' | 'lsn:lsn_number' } [ AFTER 'datetime' ]
```

```
   | STOPBEFOREMARK = {'mark_name' | 'lsn:lsn_number' } [ AFTER 'datetime' ]
   }
]
[;]

<backup_device>::=
{
   { logical_backup_device_name |
           @logical_backup_device_name_var }
 | { DISK | TAPE } = { 'physical_backup_device_name' |
           @physical_backup_device_name_var }
}
```

主要参数介绍如下。

- RECOVERY：指示还原操作回滚任何未提交的事务。在恢复进程后即可随时使用数据库。如果既没有指定 NORECOVERY 和 RECOVERY，也没有指定 STANDBY，则默认为 RECOVERY。

- NORECOVERY：指示还原操作不回滚任何未提交的事务。

- STANDBY = standby_file_name：指定一个允许撤销恢复效果的备用文件。standby_file_name 指定了一个备用文件，其位置存储在数据库的日志中。如果某个现有文件使用了指定的名称，那么该文件将被覆盖，否则数据库引擎会创建该文件。

- MOVE：将逻辑名指定的数据文件或日志文件还原到所指定的位置。

- REPLACE：指定即使存在另一个具有相同名称的数据库，SQL Server 也应该创建指定的数据库及其相关文件。在这种情况下将删除现有的数据库。如果不指定 REPLACE 选项，则会执行安全检查，这样可以防止意外覆盖其他数据库。

- RESTART：指定 SQL Server 应重新启动被中断的还原操作。RESTART 从中断点重新启动还原操作。

- RESTRICTED_USER：限制只有 db_owner、dbcreator 或 sysadmin 角色的成员才能访问新近还原的数据库。

- ENABLE_BROKER：指定在还原结束时启用 Service Broker 消息传递，以便可以立即发送消息。默认情况下，还原期间禁用 Service Broker 消息传递。数据库保留现有的 Service Broker 标识符。

- ERROR_BROKER_CONVERSATIONS：结束所有会话，并给出一个错误提示信息，提示当前数据库是否已还原。这样，应用程序即可为现有会话执行定期清理。在此操作完成之前，Service Broker 消息传递始终处于禁用状态，此操作完成后即处于启用状态。数据库保留现有的 Service Broker 标识符。

- NEW_BROKER：指定为数据库分配新的 Service Broker 标识符。

- STOPAT ={'datetime' | @datetime_var}：指定将数据库还原到它在 datetime 或 @datetime_var 参数指定的日期和时间时的状态。

- STOPATMARK ={'mark_name' | 'lsn:lsn_number' } [AFTER 'datetime']：指定恢复至指定的恢复点。恢复中包括指定的事务，但是仅当该事务最初于实际生成事务时已获得提交才可进行本次提交。

- STOPBEFOREMARK = { 'mark_name' | 'lsn:lsn_number' } [AFTER 'datetime']：指定恢复至指定的恢复点为止。在恢复中不包括指定的事务，且在使用 WITH RECOVERY 时将回滚。

实例11：完整还原数据库 test

输入语句如下：

```
USE master;
GO
RESTORE DATABASE test FROM test数据
库备份
WITH REPLACE
```

代码执行结果如图 17-19 所示。该段代码指定 REPLACE 参数，表示对 test 数据库执行恢复操作时将覆盖当前数据库。

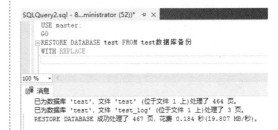

图 17-19　完整还原数据库

17.4.4　差异备份的还原

差异备份还原与完整备份还原的语法基本一样，只是在还原差异备份时，必须先还原完整备份，再还原差异备份。完整备份和差异备份可能在同一个备份设备中，也可能不在同一个备份设备中。如果在同一个备份设备中，应使用 file 参数指定备份集。无论备份集是否在同一个备份设备中，除了最后一个还原操作外，其他所有还原操作都必须加上 NORECOVERY 或 STANDBY 参数。

实例12：差异性还原数据库 test

输入语句如下：

```
USE master;
GO
RESTORE DATABASE test FROM test数据
库备份
WITH FILE = 1, NORECOVERY, REPLACE
GO
RESTORE DATABASE test FROM test数据
库备份
WITH FILE = 2
GO
```

代码执行结果如图 17-20 所示。

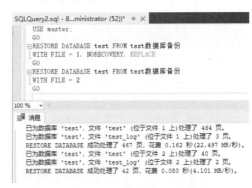

图 17-20　差异性还原数据库

> **注意**：前面对 test 数据库备份时，差异备份是"test 数据库备份"设备中的第 2 个备份集，因此需要指定 FILE 参数。

17.4.5　事务日志备份的还原

与差异备份还原类似，事务日志备份还原时只要知道它在备份设备中的位置即可。还原事务日志备份之前，必须先还原在其之前的完整备份，除了最后一个还原操作，其他所有操作都必须加上 NORECOVERY 或 STANDBY 参数。

实例13：还原数据库 test 中的事务日志文件

输入语句如下：

```
USE master
GO
RESTORE DATABASE test FROM test数据库备份
WITH FILE = 1, NORECOVERY, REPLACE
GO
RESTORE DATABASE test FROM test数据库备份
WITH FILE = 4
GO
```

代码执行结果如图 17-21 所示。

因为事务日志恢复中包含日志，所以也可以使用 RESTORE LOG 语句还原事务日志备份，上面的代码可以修改如下：

```
USE master
GO
RESTORE DATABASE test FROM test数据库备份
WITH FILE = 1, NORECOVERY, REPLACE
GO
RESTORE LOG test FROM test数据库备份
WITH FILE = 4
GO
```

代码执行结果如图 17-22 所示。

图 17-21　事务日志的还原　　　　　　　　　图 17-22　还原事务日志文件

17.4.6　文件和文件组备份的还原

RESTORE DATABASE 语句中加上 FILE 或者 FILEGROUP 参数之后可以还原文件和文件组备份，在还原文件和文件组之后，还可以还原其他备份来获得最近的数据库状态。

▍实例 14：还原数据库 test 中的文件和文件组

使用名称为"test 数据库备份"的备份设备来还原文件和文件组，输入语句如下：

```
USE master
GO
RESTORE DATABASE test
FILEGROUP = 'PRIMARY'
FROM test数据库备份
```

```
WITH REPLACE,NORECOVERY
GO
```

代码执行结果如图 17-23 所示。

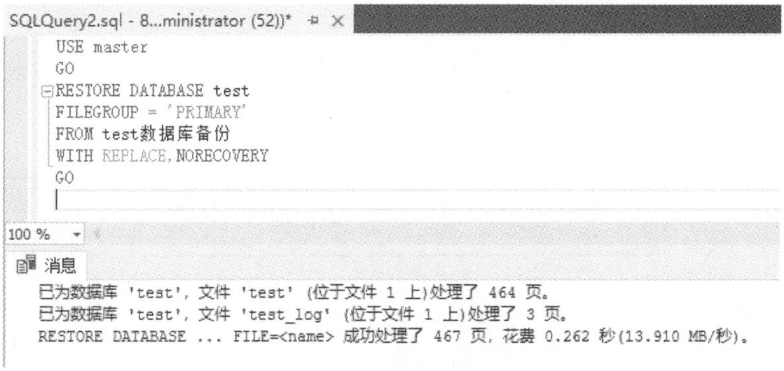

SQLQuery2.sql - 8...ministrator (52))*
USE master
GO
RESTORE DATABASE test
FILEGROUP = 'PRIMARY'
FROM test数据库备份
WITH REPLACE,NORECOVERY
GO
100 %
消息
已为数据库 'test'，文件 'test' (位于文件 1 上)处理了 464 页。
已为数据库 'test'，文件 'test_log' (位于文件 1 上)处理了 3 页。
RESTORE DATABASE ... FILE=<name> 成功处理了 467 页，花费 0.262 秒(13.910 MB/秒)。

图 17-23　还原文件和文件组

17.5　在 SQL Server Management Studio 中备份还原数据库

还原是备份的相反操作，当完成备份之后，如果硬件或软件由于损坏、意外事故或者操作失误导致数据丢失时，需要对数据库中的重要数据进行还原，还原过程和备份过程相似。

17.5.1　备份数据库

在 SQL Server Management Studio 中可以以界面方式来备份数据库。

实例 15：备份数据库 mydb

01 选择需要备份的数据库，右击，在弹出的快捷菜单中选择【任务】→【备份】命令，如图 17-24 所示。

对象资源管理器
连接
DESKTOP-SEO45RF (SQL Server 15.0.2000.5
数据库
系统数据库
数据库快照
Goods
安全性
复制
新建数据库(N)...
新建查询(Q)
编写数据库脚本为(S)
任务(T)
策略(O)
Facets(A)
启动 PowerShell(H)
Azure Data Studio (A)
分离(D)...
脱机(T)
联机(F)
延伸(S)
加密列...
数据发现和分类(D)
漏洞评估(V)
收缩(S)
备份(B)...
还原(R)
镜像(M)...
启动数据库镜像监视器(O)...
传送事务日志(L)...

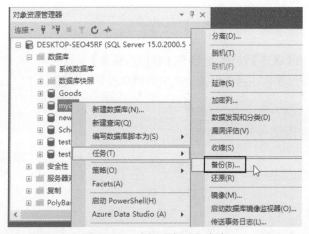

图 17-24　选择【备份】命令

02 打开【备份数据库】对话框，在其中设置【备份类型】为【完整】，如图 17-25 所示。

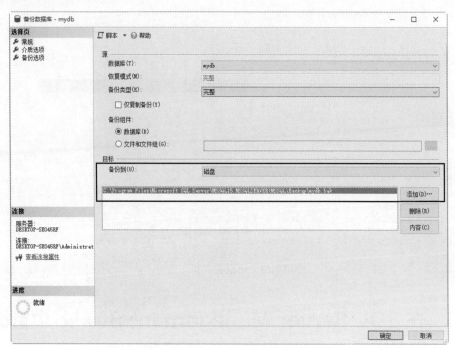

图 17-25　【备份数据库】对话框

03 在【目标】设置区域中单击【添加】按钮，即可打开【选择备份目标】对话框，在其中设置数据库的备份位置，如图 17-26 所示。

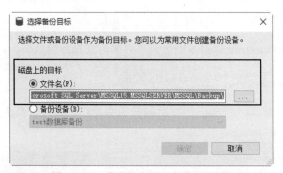

图 17-26　【选择备份目标】对话框

04 设置完毕后，单击【确定】按钮，返回到【备份数据库】对话框中，再次单击【确定】按钮，即可完成数据库的备份操作，并弹出备份完成的信息提示，如图 17-27 所示。

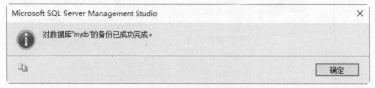

图 17-27　信息提示框

17.5.2　还原数据库备份文件

还原数据库备份是指根据保存的数据库备份，将数据库还原到某个时间点的状态。

实例16：还原数据库 test 的备份文件

01 使用 Windows 或 SQL Server 身份验证连接服务器，在【对象资源管理器】窗格中，选择要还原的数据库并右击，依次从弹出的快捷菜单中选择【任务】→【还原】→【数据库】命令，如图 17-28 所示。

图 17-28 选择【数据库】命令

02 打开【还原数据库】对话框，在【常规】选择页中可以设置【源】和【目标】等信息，如图 17-29 所示。

图 17-29 【还原数据库】对话框

在【常规】选择页中的主要选项介绍如下。

● 目标数据库：选择要还原的数据库。

● 目标时间点：当备份文件或设备中的备份集很多时用于指定还原数据库的时间，如果有事务日志备份支持，可以还原到某个时间的数据库状态。默认情况下，该选项的值为最近状态。

● 【源】区域：指定用于还原的备份集的源和位置。

● 【要还原的备份集】列表框：列出了所有可用的备份集。

03 选择【选项】选择页，可以设置具体的还原选项、结尾日志备份和服务器连接等信息，如图 17-30 所示。

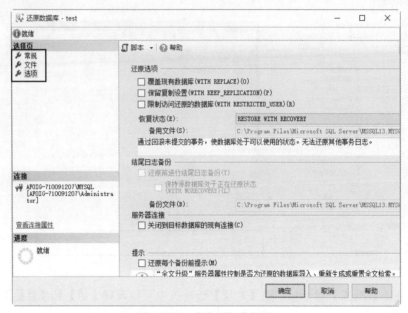

图 17-30　【选项】选择页

【选项】选择页中的主要选项介绍如下。

● 【覆盖现有数据库】选项：覆盖当前所有数据库以及相关文件，包括已存在的同名的其他数据库或文件。

● 【保留复制设置】选项：将已发布的数据库还原到创建该数据库的服务器之外的服务器时，保留复制设置。

● 【还原每个备份前提示】选项：在还原每个备份设备前都会要求用户进行确认。

● 【限制访问还原的数据库】选项：使还原的数据库仅供 db_owner、dbcreator 或 sysadmin 的成员使用。

04 完成上述参数设置之后，单击【确定】按钮进行还原操作。

17.5.3　还原文件和文件组备份

文件还原的目标是还原一个或多个损坏的文件，而不是还原整个数据库。

▌实例 17：还原数据库 test 的备份文件和文件组

01 在【对象资源管理器】窗格中，选择要还原的数据库并右击，依次从弹出的快捷菜单中选择【任务】→【还原】→【文件和文件组】命令，如图 17-31 所示。

02 打开【还原文件和文件组】对话框，设置还原的目标和源文件，如图 17-32 所示。

在【还原文件和文件组】对话框中，可以对如下选项进行设置。

● 【目标数据库】下拉列表框：可以选择要还原的数据库。

● 【还原的源】区域：用来选择要还原的备份文件或备份设备，用法与还原数据库完整备份相同，不再赘述。

● 【选择用于还原的备份集】列表框：可以选择要还原的备份集。该区域列出的备份集中不仅包含文件和文件组的备份，还包括完整备份、差异备份和事务日志备份，这里不仅可以恢复文件和文件组备份，还可以恢复完整备份、差异备份和事务备份。

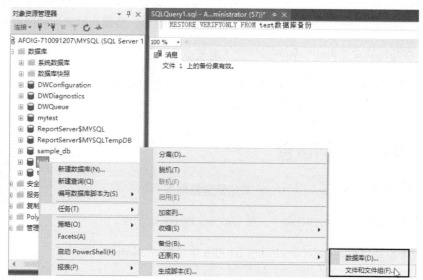

图 17-31 选择【文件和文件组】命令

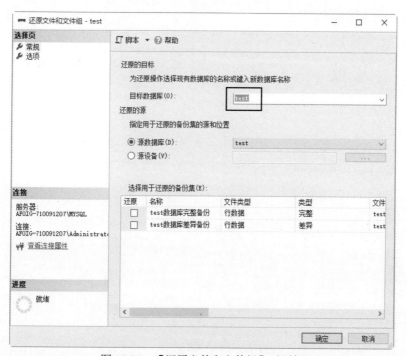

图 17-32 【还原文件和文件组】对话框

03 【选项】选择页中的内容与前面介绍的相同，读者可以参考进行设置，设置完毕，单击【确定】按钮，执行还原操作。

17.6　疑难问题解析

▌疑问 1：在备份数据库时，如何提高备份的速度？

答：本章介绍的各种备份方式将所有备份文件放在一个备份设备中，如果要提高备份速度，可以备份到多个备份设备，这些种类的备份可以在硬盘驱动器、网络或者本地磁带驱动器上执行。执行备份到多个备份设备时将并行使用多个设备，数据将同时写到所有介质上。

▌疑问 2：在备份日志文件时，如何做才能不覆盖现有备份集？

答：使用 BACKUP 语句执行差异备份时，要使用 WITH NOINIT 选项，这样将追加到现有的备份集，避免覆盖已存在的完整备份。

17.7　综合实战训练营

▌实战 1：使用 BACKUP DATABASE 命令备份数据库。

使用 BACKUP DATABASE 命令完整备份 marketing 数据库。

▌实战 2：在 SQL Server Management Studio 中恢复 marketing 数据库。

使用 SQL Server Management Studio 可以按照步骤提示一步步恢复 marketing 数据库。

第18章　数据库的自动化管理

📖 本章导读

　　使用 SQL Server 中的作业、维护计划、警报以及操作员等对象，可以维护与管理数据库，特别是通过合理使用警报能够避免数据库操作中的一些错误。本章就来介绍 SQL Server 数据库系统的维护，主要内容包括作业的管理、维护计划的设定、警报的管理等。

📘 知识导图

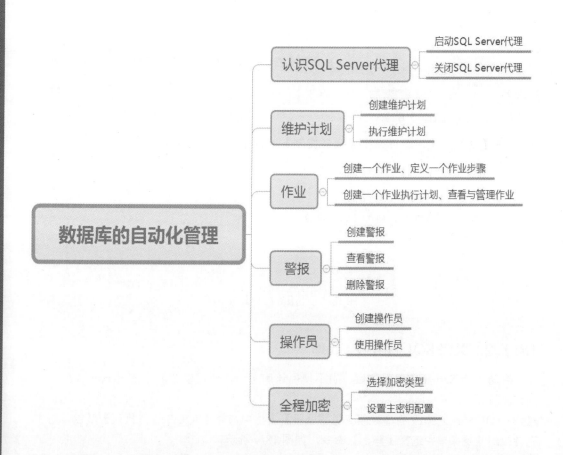

18.1 认识 SQL Server 代理

SQL Server 代理是用来完成所有自动化任务的重要组成部分，可以说，所有的自动化任务都是通过 SQL Server 代理来完成的。

18.1.1 启动 SQL Server 代理

启动 SQL Server 代理服务很简单，可以在 SQL Server 管理工具 SQL Server Management Studio 中启动 SQL Server 代理，具体操作步骤如下。

01▶在 SQL Server 2019 的【对象资源管理器】窗格中选择【SQL Server 代理】节点，右击，在弹出的快捷菜单中选择【启动】命令，如图 18-1 所示。

02▶随即弹出一个信息提示框，提示用户是否确实要启动 SQL Server 代理服务，如图 18-2 所示。

图 18-1　选择【启动】命令

图 18-2　信息提示框

03▶单击【是】按钮，即可弹出【服务控制】对话框，在其中显示了服务启动的进度，如图 18-3 所示。

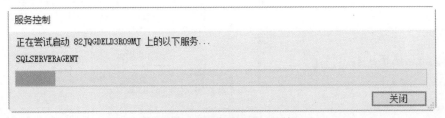

图 18-3　【服务控制】对话框

18.1.2 关闭 SQL Server 代理

启动 SQL Server 代理服务后，当不使用该服务后，还可以关闭 SQL Server 代理，具体操作步骤如下。

01▶在 SQL Server 2019 的【对象资源管理器】窗格中选择【SQL Server 代理】节点，右击，在弹出的快捷菜单中选择【停止】命令，如图 18-4 所示。

02▶随即弹出一个信息提示框，提示用户是否确实要停止 SQL Server 代理服务，如图 18-5 所示。

图 18-4　选择【停止】命令

图 18-5　信息提示框

03 单击【是】按钮，即可弹出【服务控制】面板，在其中显示了服务停止的进度，如图 18-6 所示。

图 18-6　【服务控制】面板

18.2　维护计划

维护计划是维护数据库的好帮手，使用维护计划可以实现一些自动的维护工作。例如，通过维护计划可以完成数据的备份、重新生成索引、执行作业等。下面就来创建一个自动备份数据库的维护计划。

18.2.1　创建维护计划

在 SQL Server Management Studio 中，可以使用向导一步一步地创建维护计划，创建过程可以分为如下几步。

01 登录 SQL Server 2019 数据库，在【对象资源管理器】窗格中选择【SQL Server 代理】节点，单击鼠标右键，在弹出的快捷菜单中选择【启动】命令，如图 18-7 所示。

02 弹出警告对话框，单击【是】按钮，如图 18-8 所示。

图 18-7　选择【启动】命令

图 18-8　警告对话框

03 在【对象资源管理器】窗格中，展开服务器下的【管理】节点，选择【维护计划】节点，单击鼠标右键，在弹出的快捷菜单中选择【维护计划向导】命令，如图 18-9 所示。

04 打开【维护计划向导】对话框，单击【下一步】按钮，如图 18-10 所示。

图 18-9　选择【维护计划向导】命令　　　　图 18-10　【维护计划向导】对话框

05 打开【选择计划属性】界面，在【名称】文本框中可以输入维护计划的名称，在【说明】文本框里可以输入维护计划的说明文字，如图 18-11 所示。

06 单击【下一步】按钮，进入【选择维护任务】界面，用户可以选择多种维护任务，例如检查数据库完整性、收缩数据库、重新组织索引或重新生成索引、执行 SQL Server 代理作业、备份数据库等。这里选中【备份数据库（完整）】复选框。如果要添加其他维护任务，选中相应的复选框即可，如图 18-12 所示。

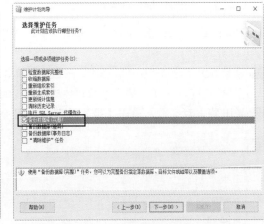

图 18-11　【选择计划属性】界面　　　　图 18-12　【选择维护任务】界面

07 单击【下一步】按钮，打开【选择维护任务顺序】界面，如果有多个任务，在这里可以通过单击【上移】和【下移】两个按钮来设置维护任务的顺序，如图 18-13 所示。

08 单击【下一步】按钮，打开定义任务属性的界面，在【数据库】下拉列表框里可以选择要备份的数据库，在【备份组件】区域里可以选择备份数据库还是数据库文件，还可以选择备份介质为磁盘或磁带等，如图 18-14 所示。

图 18-13　【选择维护任务顺序】界面　　　　　图 18-14　定义任务属性

09 单击【下一步】按钮，弹出【选择报告选项】界面，在该界面中可以选择如何管理维护计划报告，可以将其写入文本文件，也可以通过电子邮件发送给数据库管理员，如图 18-15 所示。

10 单击【下一步】按钮，弹出【完成向导】界面，如图 18-16 所示，单击【完成】按钮，完成创建维护计划的配置。

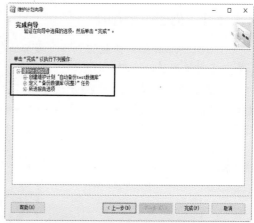

图 18-15　【选择报告选项】界面　　　　　图 18-16　【完成向导】界面

18.2.2　执行维护计划

维护计划创建完成后，SQL Server 2019 将自动执行维护计划任务，并弹出如图 18-17 所示对话框。单击【关闭】按钮，完成维护计划任务的创建。展开【维护计划】节点，即可看到创建的自动备份数据库的维护计划，如图 18-18 所示。

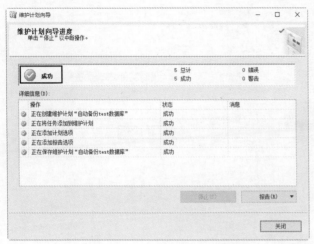

图 18-17　执行维护计划操作

图 18-18　【维护计划】节点列表

18.3　作业

SQL Server 代理中的作业可以看作是一个任务，在 SQL Server 代理中，使用最多的就是作业了。一个作业可以由一个或多个步骤组成，有序地安排好每一个作业步骤，能够有效地使用作业。

18.3.1　创建一个作业

在 SQL Server 中，作业的创建一般都是在企业管理器中，创建作业的操作步骤如下。

01 在【对象资源管理器】窗格中，展开 SQL Server 代理节点，右击【作业】节点，在弹出的快捷菜单中选择【新建作业】命令，如图 18-19 所示。

02 弹出【新建作业】对话框，在其中输入作业的名称，并设置好作业的类别等信息，单击【确定】按钮，即可完成作业的创建，如图 18-20 所示。

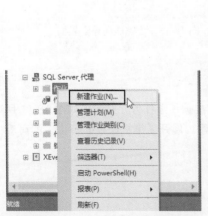

图 18-19　选择【新建作业】命令

图 18-20　【新建作业】对话框

18.3.2　定义一个作业步骤

作业创建完成后，还不能帮助用户做什么工作，还需要定义一个作业步骤，定义作业步骤的具体操作步骤如下。

01 在【对象资源管理器】窗格中，展开 SQL Server 代理，创建一个新作业或右击一个现有作业，在弹出的快捷菜单中选择【属性】命令，打开【作业属性 - 作业 1】对话框，如图 18-21 所示。

02 在【选择页】列表中选择【步骤】选项，进入【步骤】设置界面，如图 18-22 所示。

图 18-21　【作业属性 - 作业 1】对话框

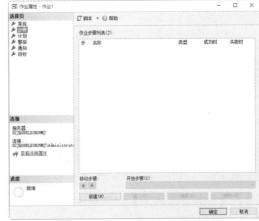

图 18-22　【步骤】设置界面

03 单击【新建】按钮，即可打开【新建作业步骤】对话框，在其中设置步骤的名称、选择数据库为 test，并在【命令】右侧的空白框中输入相关命令信息，如图 18-23 所示。

04 单击【确定】按钮，即可完成作业步骤的新建操作，返回到【作业属性 - 作业 1】对话框，在作业步骤列表中可以看到新建的作业步骤，如图 18-24 所示。

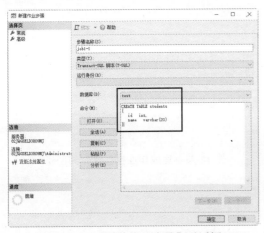

图 18-23　【新建作业步骤】对话框

图 18-24　【作业属性 - 作业 1】对话框

18.3.3　创建一个作业执行计划

作业创建完成后，还需要创建一个作业执行计划，这样才能使作业按照计划的时间执行，创建作业执行计划的操作步骤如下。

01 在【对象资源管理器】窗格中，展开【SQL Server 代理】节点，创建一个新作业或右击一个现有作业，在弹出的快捷菜单中选择【属性】命令，打开【作业属性 - 作业 1】对话框，并选择【计划】选择页，如图 18-25 所示。

02 单击【新建】按钮，即可打开【新建作业计划】对话框，在其中可以看到新建作业计划的各个参数，如图 18-26 所示。

图 18-25　【作业属性 - 作业 1】对话框

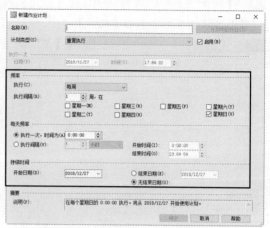

图 18-26　【新建作业计划】对话框

03 在【新建作业计划】对话框中，输入作业计划的名称，并设置作业计划的频率等信息，如图 18-27 所示。

04 单击【确定】按钮，即可完成作业计划的新建操作，如图 18-28 所示。

图 18-27　设置作业计划参数

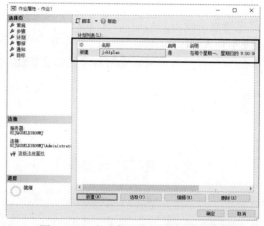

图 18-28　完成作业执行计划的创建

18.3.4　查看与管理作业

作业创建完成后，经常会需要查看、修改以及删除作业的内容，在对象资源管理器中可以轻松查看与管理作业。

1. 查看作业

作业的内容主要通过作业属性来查看，具体操作步骤如下。

01 在【对象资源管理器】窗格中，展开【SQL Server 代理】节点，右击【作业活动监视器】节点，在弹出的快捷菜单中选择【查看作业活动】命令，如图 18-29 所示。

02 弹出【作业活动监视器】对话框，在其中可以查看当前代理作业活动列表，如图 18-30 所示。

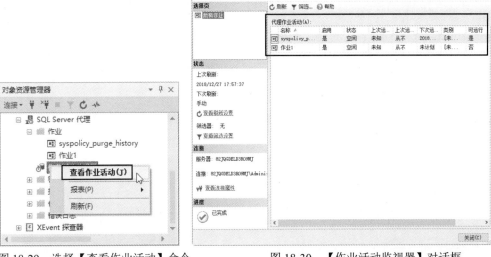

图 18-29　选择【查看作业活动】命令　　　　　图 18-30　【作业活动监视器】对话框

03 右击需要查看的作业，在弹出的快捷菜单中选择【属性】命令，如图 18-31 所示。

04 打开【作业属性】对话框，在其中可以看到当前作业的属性信息，如图 18-32 所示。

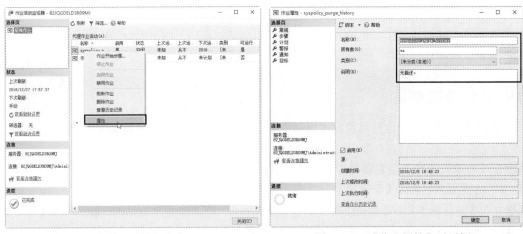

图 18-31　选择【属性】命令　　　　　图 18-32　【作业属性】对话框

> **提示：** 在【作业活动监视器】对话框中，右击任意作业，在弹出的快捷菜单中如果选择
> 【作业开始步骤】命令，则执行该作业；如果选择【禁用作业】命令，则该作业被禁用；
> 如果选择【启用作业】命令，则该作业被启用；如果选择【删除作业】命令，则该作业
> 被删除；如果选择【查看历史记录】命令，则显示该作业执行的日志信息。

2. 管理作业

对于作业的管理，主要包括对作业的修改和删除操作，修改作业与查看作业基本是一样
的，都是在作业的属性界面中完成的。修改作业后，一定要记得保存。修改作业的方法与创
建作业类似，这里不再赘述。

下面介绍删除作业的方法，在对象资源管理器中删除作业很简单，具体操作步骤如下。

01 在【对象资源管理器】窗格中，展开【SQL Server 代理】节点，选择一个需要删除的作业，
然后右击鼠标，在弹出的快捷菜单中选择【删除】命令，如图 18-33 所示。

02 弹出【删除对象】对话框，然后单击【删除】按钮，即可将选中的作业删除，如图 18-34 所示。

图 18-33　选择【删除】命令　　　　　　　　图 18-34　【删除对象】对话框

18.4　警报

警报通常是在违反了一定的规则后出现的一种通知行为。在使用数据库时，如果预先设定了警报，则错误发生时，就会发出警告告知用户。

18.4.1　创建警报

在数据库中，合理地使用警报可以帮助数据库管理员更好地管理数据库，并提高数据库的安全性。创建警报的操作步骤如下。

01 在【对象资源管理器】窗格中，展开【SQL Server 代理】节点，右击【警报】节点，在弹出的快捷菜单中选择【新建警报】命令，如图 18-35 所示。

02 弹出【新建警报】对话框，在其中输入警报的名称，并选择警报的类型，最后单击【确定】按钮，即可完成警报的创建操作，如图 18-36 所示。

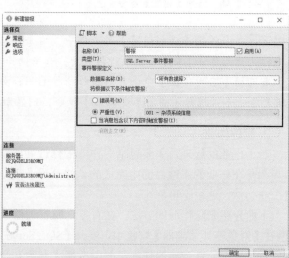

图 18-35　选择【新建警报】命令　　　　　　图 18-36　【新建警报】对话框

18.4.2 查看警报

警报创建完成后，还可以根据需要管理警报。管理警报的操作步骤如下。

01 在【对象资源管理器】窗格中，选择需要查看的警报，右击鼠标，在弹出的快捷菜单中选择【属性】命令，或双击警报，即可打开【"警报"警报属性】对话框，在其中查看警报信息，如图 18-37 所示。

02 选择需要管理的警报，右击鼠标，在弹出的快捷菜单中选择【禁用】命令，即可禁用该警报，如图 18-38 所示，如果还需要使用被禁用的警报，可以通过单击【启用】命令来启用。

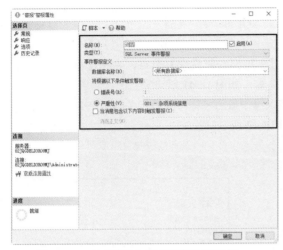

图 18-37 【"警报"警报属性】对话框

图 18-38 选择【禁用】命令

18.4.3 删除警报

删除警报的具体操作步骤如下。

01 在【对象资源管理器】窗格中，展开【SQL Server 代理】→【警报】节点，右击需要删除的警报，在弹出的快捷菜单中选择【删除】命令，如图 18-39 所示。

02 弹出【删除对象】对话框，在【要删除的对象】列表中显示要删除的警报，然后单击【确定】按钮，即可完成警报的删除操作，如图 18-40 所示。

图 18-39 选择【删除】命令

图 18-40 【删除对象】对话框

18.5　操作员

操作员是 SQL Server 数据库中设定好的信息通知对象。当系统出现警报时，可以直接通知操作员，通知的方式通常为发送电子邮件或通过 Windows 系统的服务发送网络信息。

18.5.1　创建操作员

创建操作员是使用操作员的第一步，在 SQL Server Management Studio 中创建操作员的操作步骤如下。

01 在【对象资源管理器】窗格中，展开【SQL Server 代理】节点，右击【操作员】节点，在弹出的快捷菜单中选择【新建操作员】命令，如图 18-41 所示。

02 弹出【新建操作员】对话框，在其中输入操作员的名称与其他相关参数信息，单击【确定】按钮，即可完成操作员的创建操作，如图 18-42 所示。

图 18-41　选择【新建操作员】命令

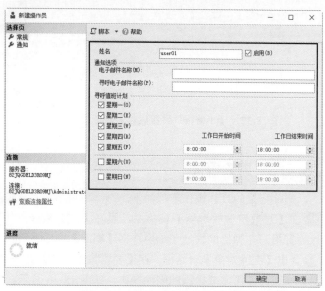

图 18-42　【新建操作员】对话框

18.5.2　使用操作员

操作员创建完成后，就可以使用操作员管理数据库了。使用操作员的操作步骤如下。

01 在【对象资源管理器】窗格中，展开【SQL Server 代理】→【操作员】节点，右击 user01 操作员，在弹出的快捷菜单中选择【属性】命令，即可弹出【user01 属性】对话框，如图 18-43 所示。

02 选择【通知】选择页，进入【通知】设置界面，在其中选中【警报】单选按钮，并选择通知的方式为【电子邮件】，最后单击【确定】按钮，即可完成操作员的通知设置，如图 18-44 所示。

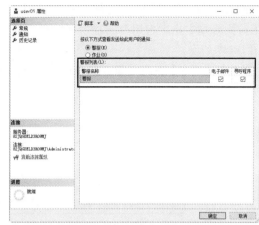

| 图 18-43　【user01 属性】对话框 | 图 18-44　【通知】设置界面 |

18.6　全程加密

SQL Server 2019 通过全程加密（Always Encrypted）特性可以让加密工作变得更简单，这项特性提供的加密方式，可以确保在数据库中不会看到敏感列中的未加密值，并且无须对应用进行重写。下面将以加密 School 数据库下的数据表 student 中的数据为例进行讲解。

18.6.1　选择加密类型

SQL Server 2019 提供的加密类型有两种，分别是确定型加密与随机加密，我们可以根据自己的需要来选择，具体操作可分为以下几步。

01 登录 SQL Server 2019 数据库，在【对象资源管理器】窗格中，展开需要加密的数据库 School，选择【安全性】节点，在其中展开【Always Encrypted 密钥】节点，可以看到【列主密钥】和【列加密密钥】，如图 18-45 所示。

02 选择【列主密钥】节点，单击鼠标右键，在弹出的快捷菜单中选择【新建列主密钥】命令，如图 18-46 所示。

图 18-45　展开【Always Encrypted 密钥】节点

图 18-46　选择【新建列主密钥】命令

03 打开【新列主密钥】对话框，在【名称】文本框中输入主密钥的名次，然后在【密钥存储】下拉列表框中指定密钥存储提供器，单击【生成证书】按钮，即可生成自签名的证书，如图 18-47 所示。

04 单击【确定】按钮，即可在【对象资源管理器】窗格中查看新增的列主密钥，如图 18-48 所示。

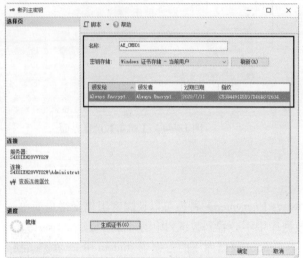

图 18-47　【新列主密钥】对话框　　　　　　　图 18-48　查看新增的列主密钥

05 在【对象资源管理器】窗格中选择【列加密密钥】选项，单击鼠标右键，在弹出的快捷菜单中选择【新建列加密密钥】命令，如图 18-49 所示。

06 打开【新列加密密钥】对话框，在【名称】文本框中输入加密密钥的名称，选择列主密钥为 AE_CMK01，单击【确定】按钮，如图 18-50 所示。

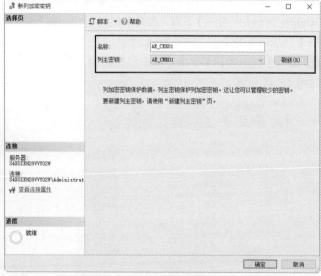

图 18-49　选择【新建列加密密钥】命令　　　　　图 18-50　【新列加密密钥】对话框

07 在【对象资源管理器】窗格中查看新建的列加密密钥，如图 18-51 所示。

08 在【对象资源管理器】窗格中选择需要加密的数据表，这里选择 student 数据表，单击鼠标右键，在弹出的快捷菜单中选择【加密列】命令，如图 18-52 所示。

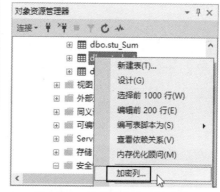

图 18-51　选择【列加密密钥】选项　　　　图 18-52　选择【加密列】命令

09　打开【简介】界面，单击【下一步】按钮，如图 18-53 所示。

10　打开【列选择】界面，选择需要加密的列，然后选择加密类型和加密密钥，如图 18-54 所示。

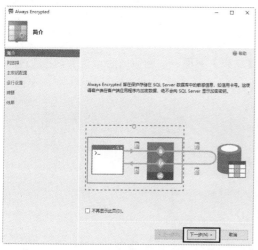

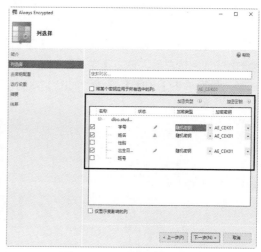

图 18-53　【简介】界面　　　　　　　　　图 18-54　【列选择】界面

> **提示**：在【列选择】界面，可以选择【确定型加密】与【随机加密】两种类型。其中，确定型加密能够确保对某个值加密后的结果是始终相同的，这就允许使用者对该数据列进行等值比较、连接及分组操作。确定型加密的缺点在于，它允许未授权的用户通过对加密列的模式进行分析，从而猜测加密值的相关信息。在取值范围较小的情况下，这一点会体现得尤为明显。为了提高安全性，应当使用随机型加密。它能够保证某个给定值在任意两次加密后的结果总是不同的，从而杜绝了猜出原值的可能性。

18.6.2　设置主密钥配置

加密类型选择完毕后，下面还需要设置主密钥的相关配置，具体过程可以分为如下几步。

01　紧接着上一小节来操作，在【列选择】界面中单击【下一步】按钮，打开【主密钥配置】界面，如图 18-55 所示。

02 单击【下一步】按钮，打开【运行设置】界面，选中【现在继续完成】单选按钮，如图 18-56 所示。

图 18-55　【主密钥配置】界面

图 18-56　【运行设置】界面

03 单击【下一步】按钮，打开【摘要】界面，如图 18-57 所示。

04 确认加密信息后，单击【完成】按钮，打开【结果】界面，加密完成后，显示"已通过"信息，最后单击【关闭】按钮，如图 18-58 所示。

图 18-57　【摘要】界面

图 18-58　【结果】界面

> **注意**：不支持加密的数据类型包括：xml、rowversion、image、ntext、text、sql_variant、hierarchyid、geography、geometry 以及用户自定义类型。

18.7　疑难问题解析

▌疑问 1：当执行维护计划时，为什么操作结果与预计结果不一样？

答：创建成功后的维护计划向导会直接出现在维护计划的节点下，如果需要修改或删除该向导，可以直接右击该向导，在弹出的快捷菜单中选择相应的命令。但是一定要注意，维护计划不仅存在于维护计划的节点下，还会出现在作业的节点下，我们不能直接操作作业节点下的维护计划，以免造成操作错误。

▌疑问 2：警报创建完毕后，还可以对警报进行设置吗？

答：当然可以。警报创建完成后，会出现在警报节点下，如果要查看该警报，可以选择警报，然后单击鼠标右键，在弹出的快捷菜单中选择【属性】命令。同时，我们还可以通过右键菜单命令对警报进行"启用"和"禁用"处理。

18.8 综合实战训练营

▌实战 1：创建一个名称为"marketing 备份"的维护计划

按照本章创建维护计划的步骤与方法创建一个名为"marketing 备份"的维护计划。

▌实战 2：创建一个名称为"job01"的作业

job01 的作用是在数据库 marketing 中创建任意数据表。

第19章　新闻发布系统数据库设计

本章导读

  SQL Server 2019 数据库的应用非常广泛，很多网站和管理系统使用 SQL Server 2019 数据库存储数据。本章主要讲述新闻发布系统数据库的设计过程，通过本章的学习，读者可以在新闻发布系统的设计过程中学会如何使用 SQL Server 2019 数据库。

知识导图

19.1 系统概述

本章介绍的是一个小型新闻发布系统，管理员可以通过该系统发布新闻信息，管理新闻信息。一个典型的新闻发布系统网站至少应包含新闻信息管理、新闻信息显示和新闻信息查询 3 种功能。

新闻发布系统所要实现的功能具体包括：添加新闻信息、修改新闻信息、删除新闻信息、显示全部新闻信息、按类别显示新闻信息、按关键字查询新闻信息、按关键字进行站内查询。

本章要实现的新闻信息发布系统具有以下特点。实用：系统实现了一个完整的信息查询过程；简单易用：为使用户尽快掌握和使用整个系统，系统结构简单但功能齐全，简洁的页面设计使操作变得非常简便；代码规范：作为一个实例，文中的代码规范简洁、清晰易懂。

本系统主要功能如下。

（1）具有用户注册及个人信息管理功能。

（2）管理员可以发布新闻、删除新闻。

（3）用户注册后可以对新闻进行评论、发表留言。

（4）管理员可以管理留言和用户。

19.2 系统功能

本新闻发布系统分为 5 个管理部分，即用户管理、管理员管理、权限管理、新闻管理和评论管理，各功能模块如图 19-1 所示。

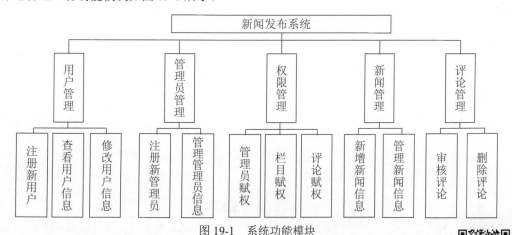

图 19-1　系统功能模块

表 19-1 中各模块的详细介绍如下。

（1）用户管理模块：实现新增用户，查看和修改用户信息功能。

（2）管理员管理模块：实现新增管理员，查看、修改和删除管理员信息功能。

（3）权限管理模块：实现对管理员或用户的权限功能。

（4）新闻管理模块：实现有相关权限的管理员对新闻的增加、查看、修改和删除功能。

（5）评论管理模块：实现有相关权限的管理员对评论的审核和删除功能。

通过本节的介绍，读者对这个新闻发布系统的主要功能有了一定的了解，下一节将介绍本系统所需要的数据库和表。

19.3 数据库设计和实现

数据库设计是开发管理系统最重要的一个步骤。如果数据库设计得不够合理，将会给后续的开发工作带来很大的麻烦。本节介绍新闻发布系统数据库的开发过程。

设计数据库时要确定设计哪些表、表中包含哪些字段、字段的数据类型和长度。通过本节的学习，读者可以对 SQL Server 2019 数据库的知识有个全面的了解。

19.3.1 设计表

本系统所有的表都放在 webnews 数据库下，创建和选择 webnews 数据库的 SQL 代码如下：

```
CREATE DATABASE [webnews] ON PRIMARY
(
NAME ='webnews',
FILENAME = 'C:\SS2019Data\webnews.mdf',
SIZE = 5120KB,
MAXSIZE =30MB,
FILEGROWTH = 5%
)
LOG ON
(
NAME = 'sample_log',
FILENAME = 'C:\SQL Server 2019\ webnews _log.ldf',
SIZE = 1024KB ,
MAXSIZE = 8192KB ,
FILEGROWTH = 10%
)
GO

USE webnews;
GO
```

这个数据库下共有 9 张表，分别是 users、admin、roles、news、category、comment、admin_Roles、news_Comment 和 users_Comment。

1. users 表

users 表中存储用户编号、用户名称、用户密码和用户 Email，所以 user 表设计了 4 个字段。users 表中每个字段的信息如表 19-1 所示。

表 19-1　users 表的内容

列　名	数据类型	允许 NULL 值	说　明
userID	INT	否	用户编号
userName	VARCHAR(20)	否	用户名称
userPassword	VARCHAR(20)	否	用户密码
userEmail	VARCHAR(20)	否	用户 Email

根据表 19-1 的内容创建 users 表。创建 users 表的 SQL 语句如下：

```
CREATE TABLE users(
userID INT PRIMARY KEY,
```

```
userName VARCHAR(20) NOT NULL,
userPassword VARCHAR(20) NOT NULL,
sex varchar(10) NOT NULL,
userEmail VARCHAR(20) NOT NULL
);
```

创建完成后，可以使用 sp_help 语句查看 users 表的基本结构，也可以通过 sp_columns 语句查看 users 表的详细信息。

2. admin 表

管理员信息表（admin）主要用来存放用户账号信息，如表 19-2 所示。

表 19-2　admin 表的内容

列　名	数据类型	允许 NULL 值	说　明
adminID	INT	否	管理员编号
adminName	VARCHAR(20)	否	管理员名称
adminPassword	VARCHAR(20)	否	管理员密码

根据表 19-2 的内容创建 admin 表。创建 admin 表的 SQL 语句如下：

```
CREATE TABLE admin(
adminID INT PRIMARY KEY,
adminName VARCHAR(20) NOT NULL,
adminPassword VARCHAR(20) NOT NULL
);
```

创建完成后，可以使用 sp_help 语句查看 admin 表的基本结构，也可以通过 sp_columns 语句查看 admin 表的详细信息。

3. roles 表

权限信息表（roles）主要用来存放权限信息，如表 19-3 所示。

表 19-3　roles 表的内容

列　名	数据类型	允许 NULL 值	说　明
roleID	INT	否	权限编号
roleName	VARCHAR(20)	否	权限名称

根据表 19-3 的内容创建 roles 表。创建 roles 表的 SQL 语句如下：

```
CREATE TABLE roles(
roleID INT PRIMARY KEY,
roleName VARCHAR(20) NOT NULL
);
```

创建完成后，可以使用 sp_help 语句查看 roles 表的基本结构，也可以通过 sp_columns 语句查看 roles 表的详细信息。

4. news 表

新闻信息表（news）主要用来存放新闻信息，如表 19-4 所示。

表 19-4　news 表的内容

列　名	数据类型	允许 NULL 值	说　明
newsID	INT	否	新闻编号
newsTitle	VARCHAR(50)	否	新闻标题
newsContent	TEXT	否	新闻内容
newsDate	TIMESTAMP	是	发布时间
newsDesc	VARCHAR(50)	否	新闻描述
newsImagePath	VARCHAR(50)	是	新闻图片路径
newsRate	INT	否	新闻级别
newsIsCheck	BIT	否	新闻是否检验
newsIsTop	BIT	否	新闻是否置顶

根据表 19-4 的内容创建 news 表。创建 news 表的 SQL 语句如下：

```
CREATE TABLE news(
newsID INT PRIMARY KEY,
newsTitle VARCHAR(50) NOT NULL,
newsContent TEXT NOT NULL,
newsDate TIMESTAMP,
newsDesc VARCHAR(50) NOT NULL,
newsImagePath VARCHAR(50),
newsRate INT NOT NULL,
newsIsCheck BIT NOT NULL,
newsIsTop BIT NOT NULL
);
```

创建完成后，可以使用 sp_help 语句查看 news 表的基本结构，也可以通过 sp_columns 语句查看 news 表的详细信息。

5. categroy 表

栏目信息表（categroy）主要用来存放新闻栏目信息，如表 19-5 所示。

表 19-5　categroy 表的内容

列　名	数据类型	允许 NULL 值	说　明
categroyID	INT	否	栏目编号
categroyName	VARCHAR(50)	否	栏目名称
categroyDesc	VARCHAR(50)	否	栏目描述

根据表 19-5 的内容创建 categroy 表。创建 categroy 表的 SQL 语句如下：

```
CREATE TABLE categroy (
categroyID INT PRIMARY KEY,
categroyName VARCHAR(50) NOT NULL,
categroyDesc VARCHAR(50) NOT NULL
);
```

创建完成后，可以使用 sp_help 语句查看 categroy 表的基本结构，也可以通过 sp_columns 语句查看 categroy 表的详细信息。

6. comment 表

评论信息表（comment）主要用来存放新闻评论信息，如表 19-6 所示。

表 19-6　comment 表的内容

列　名	数据类型	允许 NULL 值	说　明
categroyID	INT	否	栏目编号
categroyName	VARCHAR(50)	否	栏目名称
categroyDesc	VARCHAR(50)	否	栏目描述

根据表 19-6 的内容创建 comment 表。创建 comment 表的 SQL 语句如下：

```
CREATE TABLE comment (
commentID INT PRIMARY KEY,
commentTitle VARCHAR(50) NOT NULL,
commentContent TEXT NOT NULL,
commentDate DATETIME
);
```

创建完成后，可以使用 sp_help 语句查看 comment 表的基本结构，也可以通过 sp_columns 语句查看 comment 表的详细信息。

7. admin_Roles 表

管理员 _ 权限表（admin_Roles）主要用来存放管理员和权限的关系，如表 19-7 所示。

表 19-7　admin_Roles 表的内容

列　名	数据类型	允许 NULL 值	说　明
aRID	INT	否	管理员 _ 权限编号
adminID	INT	否	管理员编号
roleID	INT	否	权限编号

根据表 19-7 的内容创建 admin_Roles 表。创建 admin_Roles 表的 SQL 语句如下：

```
CREATE TABLE admin_Roles (
aRID INT PRIMARY KEY,
adminID INT NOT NULL,
roleID INT NOT NULL
);
```

创建完成后，可以使用 sp_help 语句查看 admin_Roles 表的基本结构，也可以通过 sp_columns 语句查看 admin_Roles 表的详细信息。

8. news_Comment 表

新闻 _ 评论表（news_Comment）主要用来存放新闻和评论的关系，如表 19-8 所示。

表 19-8　news_Comment 表的内容

列　名	数据类型	允许 NULL 值	说　明
nCommentID	INT	否	新闻 _ 评论编号
newsID	INT	否	新闻编号
commentID	INT	否	评论编号

根据表 19-8 的内容创建 news_Comment 表。创建 news_Comment 表的 SQL 语句如下：

```
CREATE TABLE news_Comment (
nCommentID INT PRIMARY KEY,
```

```
newsID INT NOT NULL,
commentID INT NOT NULL
);
```

创建完成后，可以使用 sp_help 语句查看 news_Comment 表的基本结构，也可以通过 sp_columns 语句查看 news_Comment 表的详细信息。

9. users_Comment 表

用户 _ 评论表（users_Comment）主要用来存放用户和评论的关系，如表 19-9 所示。

表 19-9　users_Comment 表的内容

列　名	数据类型	允许 NULL 值	说　明
uCID	INT	否	用户 _ 评论编号
userID	INT	否	用户编号
commentID	INT	否	评论编号

根据表 19-9 的内容创建 users_Comment 表。创建 users_Comment 表的 SQL 语句如下：

```
CREATE TABLE users_Comment (
uCID  INT PRIMARY KEY,
userID  INT NOT NULL,
commentID  INT NOT NULL
);
```

创建完成后，可以使用 sp_help 语句查看 users_Comment 表的基本结构，也可以通过 sp_columns 语句查看 users_Comment 表的详细信息。

19.3.2　设计索引

索引是创建在表上的，是对数据库中一列或者多列的值进行排序的一种结构。索引可以提高查询的速度。在新闻发布系统中需要查询新闻的信息，这就需要在某些特定字段上建立索引，以便提高查询速度。

1. 在 news 表上建立索引

在新闻发布系统中，需要按照 newsTitle 字段、newsDate 字段和 newsRate 字段查询新闻信息。在本书的前面章节中介绍了几种创建索引的方法。本小节将使用 CREATE INDEX 语句创建索引。

下面使用 CREATE INDEX 语句在 newsTitle 字段上创建名为 index_new_title 的索引。SQL 语句如下：

```
CREATE UNIQUE NONCLUSTERED INDEX [index_new_title]
ON news(newsTitle)
WITH
FILLFACTOR=30;
```

然后，在 newsDate 字段上创建名为 index_new_date 的索引。SQL 语句如下：

```
CREATE NONCLUSTERED INDEX [index_new_date]
ON news(newsDate)
WITH
FILLFACTOR=10;
```

最后，在 newsRate 字段上创建名为 index_new_rate 的索引。SQL 语句如下：

```
CREATE NONCLUSTERED INDEX [index_new_rate]
ON news (newsRate)
WITH
FILLFACTOR=10;
```

2. 在 categroy 表上建立索引

在新闻发布系统中，需要通过栏目名称查询栏目下的新闻，因此需要在 categroyName 字段上创建索引。创建索引的语句如下：

```
CREATE CLUSTERED INDEX [index_categroy_name]
ON categroy (categroyName)
WITH
FILLFACTOR=10;
```

3. 在 comment 表上建立索引

在新闻发布系统中，需要通过 commentTitle 字段和 commentDate 字段查询评论内容。因此可以在这两个字段上创建索引。创建索引的语句如下：

```
CREATE CLUSTERED INDEX [index_ comment_title]
ON comment (commentTitle)
WITH
FILLFACTOR=10;
CREATE NONCLUSTERED INDEX [index_ comment_date]
ON comment (commentDate)
WITH
FILLFACTOR=10;
```

19.3.3　设计视图

在新闻发布系统中，如果直接查询 news_Comment 表，显示信息时会显示新闻编号和评论编号。这种显示不直观，为了以后查询方便，可以建立一个视图 news_view，以显示评论编号、新闻编号、新闻级别、新闻标题、新闻内容和新闻发布时间。创建视图 news_view 的 SQL 代码如下：

```
CREATE VIEW news_view(cid,nid,nRate,title,content,date)
AS SELECT c.ncommentID,n.newsID,n.newsRate,n.newsTitle,n.newsContent,n.newsDate
FROM news_Comment c,news n
WHERE c.newsID=n.newsID;
```

上面的 SQL 语句中给表取了别名，news_Comment 表的别名为 c；news 表的别名为 n，这个视图从这两个表中选取相应的字段。

19.4　本章小结

本章介绍了设计新闻发布系统数据库的方法。在数据库设计方面，不仅要设计表和字段，还要设计索引、视图等内容。其中，为了提高表的查询速度，有意识地在表中增加了冗余字段，这是数据库性能优化的内容。希望通过本章的学习，读者可以对 SQL Server 2019 数据库有一个全新的认识。

第20章 开发企业人事管理系统

本章导读

　　本章将使用 Visual Studio 2019 开发环境，以 Windows 窗体应用程序为例开发一个企业人事管理系统，通过本系统的讲述，使读者真正掌握软件开发的流程及 C# 在实际项目中涉及的重要技术。

　　软件的开发是有流程可遵循的，不能像前面设计一段程序一样，直接编码，软件开发需要经过可行性分析、需求分析、概要设计、数据库设计、详细设计、编码、测试、安装部署和后期维护阶段。

知识导图

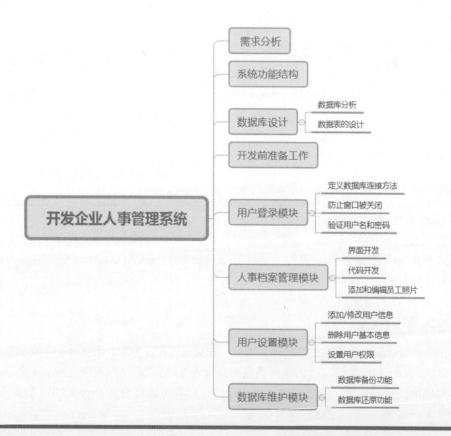

20.1　需求分析

需求调查是任何一个软件项目的第一个工作，人事管理系统也不例外。软件首先从登录界面开始，验证用户名和密码之后，根据登录用户的权限不同，打开软件后展示不同的功能模块。软件主要功能模块是人事管理、备忘录、员工生日提醒、数据库的维护等。

通过需求调查之后，总结出如下需求信息。

（1）由于该系统的使用对象较多，要有较好的权限管理，每个用户可以具备对不同功能模块操作的权限。

（2）对员工的基础信息进行初始化。

（3）记录公司内部员工基本档案信息，提供便捷的查询功能。

（4）在查询员工信息时，可以对当前员工的家庭情况、培训情况进行添加、修改、删除操作。

（5）按照指定的条件对员工进行统计。

（6）可以将员工信息以表格的形式导出到 Word 文档中以便进行打印。

（7）具备灵活的数据备份、还原及清空功能。

20.2　系统功能结构

公司人事管理系统以操作简单方便、界面简洁美观、系统运行稳定、安全可靠为开发原则，依照功能需求为开发目标。

根据具体需求分析，设计企业人事管理系统的功能结构，如图 20-1 所示。

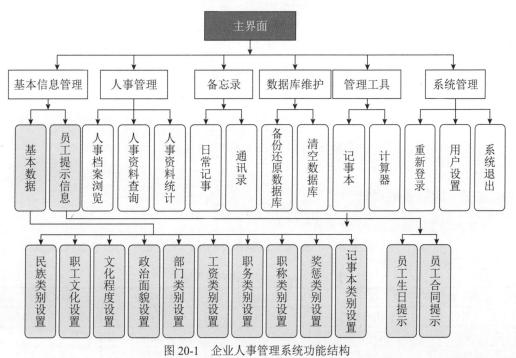

图 20-1　企业人事管理系统功能结构

20.3 数据库设计

数据库设计得好坏，直接影响着软件的开发效率及维护的方便性，以及以后能否对功能的扩充留有余地。因此，数据库设计非常重要，良好的数据库结构，可以事半功倍。

20.3.1 数据库分析

该公司人事管理系统主要侧重于员工的基本信息及工作简历、家庭成员、奖惩记录等，数据量的多少由公司员工的多少来决定。SQL Server 2019 数据库系统在安全性、准确性和运行速度上有绝对的优势，并且处理数据量大、效率高。它作为微软的产品，与 Viual Studio 2019 实现无缝连接，数据库命名为db_PWMS_GSJ，其中包含了 23 张表，用于存储不同的信息，如图 20-2 所示。

图 20-2　公司人事管理系统所用数据表

20.3.2 数据表的设计

下面列出主要数据表，其他的请参见本书附带的源码。

（1）tb_Login（用户登录表），用来记录操作者的用户名和密码，如表 20-1 所示。

表 20-1　tb_Login（用户登录表）

列　名	描　述	数据类型	空／非空	约束条件
ID	用户编号	Int	非空	主键，自动增长
Uid	用户登录名	Varchar（50）	非空	
Pwd	密码	Varchar（50）	非空	

（2）tb_Family（家庭关系表），如表 20-2 所示。

表 20-2　tb_Family（家庭关系表）

列　名	描　述	数据类型	空／非空	约束条件
ID	编号	INT	非空	主键，自动增长
Sut_ID	职工编号	Varchar（50）	非空	外键
LeaguerName	家庭成员名称	Varchar（20）		
Nexus	与本人的关系	Varchar（20）		
BirthDate	出生日期	Datetime		
WorkUnit	工作单位	Varchar（50）		
Business	职务	Varchar（20）		
Visage	政治面貌	Varchar（20）		

（3）tb_WorkResume（工作简历表），如表 20-3 所示。

表 20-3　tb_WorkResume（工作简历表）

列　名	描　述	数据类型	空／非空	约束条件
ID	编号	INT	非空	主键，自动增长
Sut_ID	职工编号	Varchar（50）	非空	外键
BeginDate	开始时间	Datetime		
EndDate	结束时间	DateTime		
WorkUnit	工作单位	Varchar（50）		
Branch	部门	Varchar（20）		
Business	职务	Varchar（20）		

（4）tb_Randp（奖惩表），如表 20-4 所示。

表 20-4　tb_Randp（奖惩表）

列　名	描　述	数据类型	空／非空	约束条件
ID	编号	INT	非空	主键，自动增长
Sut_ID	职工编号	Varchar（50）	非空	外键
RPKind	奖惩种类	Varchar（20）		
RPDate	奖惩时间	DateTime		
SealMan	批准人	Varchar（20）		
QuashDate	撤销时间	Datetime		
QuashWhys	撤销原因	Varchar（100）		

（5）tb_TrainNote（培训记录表），如表 20-5 所示。

表 20-5 tb_TrainNote（培训记录表）

列　名	描　述	数据类型	空/非空	约束条件
ID	编号	Int	非空	主键，自动增长
Sut_ID	职工编号	Varchar（50）	非空	外键
TrainFashion	培训方式	Varchar（20）		
BeginDate	培训开始时间	DateTime		
EndDate	培训结束时间	Datetime		
Speciality	培训专业	Varchar（20）		
TrainUnit	培训单位	Varchar（50）		
KulturMemo	培训内容	Varchar（50）		
Charger	费用	money		
Effects	效果	Varchar（20）		

（6）tb_AddressBook（通讯录表），如表 20-6 所示。

表 20-6 tb_AddressBook（通讯录表）

列　名	描　述	数据类型	空/非空	约束条件
ID	编号	Int	非空	主键，自动增长
SutName	职工姓名	Varchar（20）	非空	
Sex	性别	Varchar（4）		
Phone	家庭电话	Varchar（18）		
QQ	QQ 号	Varchar（15）		
WorkPhone	工作电话	Varchar（18）		
E-Mail	邮箱地址	Varchar（100）		
Handset	手机号	Varchar（12）		

（7）tb_Stuffbusic（职工基本信息表），如表 20-7 所示。

表 20-7 tb_Stuffbusic（职工基本信息表）

列　名	描　述	数据类型	空/非空	约束条件
ID	自动编号	Int	非空	自动增长/主键
Sut_ID	职工编号	Varchar（50）	非空	唯一
StuffName	职工姓名	Varchar（20）		
Folk	民族	Varchar（20）		
Birthday	出生日期	DateTime		
Age	年龄	Int		
Kultur	文化程度	Varchar（14）		
Marriage	婚姻	Varchar（4）		
Sex	性别	Varchar（4）		
Visage	政治面貌	Varchar（20）		
IDCard	身份证号	Varchar（20）		
WorkDate	单位工作时间	DateTime		
WorkLength	工龄	Int		

续表

列　名	描　述	数据类型	空 / 非空	约束条件
Employee	职工类型	Varchar（20）		
Business	职务类型	Varchar（10）		
Laborage	工资类别	Varchar（10）		
Branch	部门类别	Varchar（20）		
Duthcall	职称类别	Varchar（20）		
Phone	电话	Varchar（14）		
Handset	手机	Varchar（11）		
School	毕业学校	Varchar（50）		
Speciality	主修专业	Varchar（20）		
GraduateDate	毕业时间	DateTime		
Address	家庭住址	Varchar（50）		
Photo	个人照片	Image		
BeAware	省	Varchar（30）		
City	市	Varchar（30）		
M_Pay	月工资	Money		
Bank	银行账号	Varchar（20）		
Pact_B	合同起始日期	DateTime		
Pact_E	合同结束日期	DateTime		
Pact_Y	合同年限	Float		

20.4　开发前准备工作

进行系统开发之前，需要做如下准备工作。

（1）搭建开发环境。

（2）根据数据库设计表结构，在 SQL Server 2019 数据库软件中实现数据库和表的创建。操作步骤在此不再赘述，如有疑问，请参阅数据库相关章节。

（3）创建项目。在 Visual Studio 2019 开发环境中创建"人事管理系统 _GSJ"项目，具体操作步骤，请参阅前面章节内容。

（4）该系统的窗体比较多，为了方便窗体的操作和统一管理，在项目的根目录下创建 FormsControls 类文件，通过该类的 ShowSubForm 静态方法实现根据给定的不同参数，显示相应的窗体，代码如下：

```
using System;
using System.Collections.Generic;
using System.ComponentModel;
using System.Data;
using System.Drawing;
using System.Text;
using System.Windows.Forms;
namespace 人事管理系统 _GSJ
{
    class FormsControls
    {
        /// <summary>
```

```csharp
/// 根据不同的参数显示相应窗体
/// </summary>
/// <param name="formSign"> 窗体的标识 </param>
public static void ShowSubForm(string formSign)
{
    #region 基础数据
    if (formSign == " 民族类别设置 ")
    {
        Frm_JiBen frm_jb = new Frm_JiBen();
        frm_jb.Text = formSign;
        frm_jb.ShowDialog();
        frm_jb.Dispose();
    }
    else if (formSign == " 职工类别设置 ")
    {
        Frm_JiBen frm_jb = new Frm_JiBen();
        frm_jb.Text = formSign;
        frm_jb.ShowDialog();
        frm_jb.Dispose();
    }
    else if (formSign == " 文化程度设置 ")
    {
        Frm_JiBen frm_jb = new Frm_JiBen();
        frm_jb.Text = formSign;
        frm_jb.ShowDialog();
        frm_jb.Dispose();
    }
    else if (formSign == " 政治面貌设置 ")
    {
        Frm_JiBen frm_jb = new Frm_JiBen();
        frm_jb.Text = formSign;
        frm_jb.ShowDialog();
        frm_jb.Dispose();
    }
    else if (formSign == " 部门类别设置 ")
    {
        Frm_JiBen frm_jb = new Frm_JiBen();
        frm_jb.Text = formSign;
        frm_jb.ShowDialog();
        frm_jb.Dispose();
    }
    else if (formSign == " 工资类别设置 ")
    {
        Frm_JiBen frm_jb = new Frm_JiBen();
        frm_jb.Text = formSign;
        frm_jb.ShowDialog();
        frm_jb.Dispose();
    }
    else if (formSign == " 职务类别设置 ")
    {
        Frm_JiBen frm_jb = new Frm_JiBen();
        frm_jb.Text = formSign;
        frm_jb.ShowDialog();
        frm_jb.Dispose();
    }
    else if (formSign == " 职称类别设置 ")
    {
        Frm_JiBen frm_jb = new Frm_JiBen();
        frm_jb.Text = formSign;
```

```
            frm_jb.ShowDialog();
            frm_jb.Dispose();
        }
        else if (formSign == "奖惩类别设置")
        {
            Frm_JiBen frm_jb = new Frm_JiBen();
            frm_jb.Text = formSign;
            frm_jb.ShowDialog();
            frm_jb.Dispose();
        }
        else if (formSign == "记事本类别设置")
        {
            Frm_JiBen frm_jb = new Frm_JiBen();
            frm_jb.Text = formSign;
            frm_jb.ShowDialog();
            frm_jb.Dispose();
        }
        #endregion
        #region 员工信息提醒
        else if (formSign == "员工生日提示")
        {
            Frm_TiShi frm_ts = new Frm_TiShi();
            frm_ts.Text = formSign;
            frm_ts.ShowDialog();
            frm_ts.Dispose();
        }
        else if (formSign == "员工合同提示")
        {
            Frm_TiShi frm_ts = new Frm_TiShi();
            frm_ts.Text = formSign;
            frm_ts.ShowDialog();
            frm_ts.Dispose();
        }
        #endregion
        #region 人事管理
        else if (formSign == "人事档案管理")
        {
            Frm_DangAn frm_da = new Frm_DangAn();
            frm_da.Text = formSign;
            frm_da.ShowDialog();
            frm_da.Dispose();
        }
        else if (formSign == "人事资料查询")
        {
            Frm_ChaZhao frm_cz = new Frm_ChaZhao();
            frm_cz.Text = "人事资料查询";
            frm_cz.ShowDialog();
            frm_cz.Dispose();
        }
        else if (formSign == "人事资料统计")
        {
            Frm_TongJi frm_tj = new Frm_TongJi();
            frm_tj.Text = formSign;
            frm_tj.ShowDialog();
            frm_tj.Dispose();
        }
        #endregion
        #region 备忘录
        else if (formSign == "日常记事")
```

```
    {
        Frm_JiShi frm_js = new Frm_JiShi();
        frm_js.Text = formSign;
        frm_js.ShowDialog();
        frm_js.Dispose();
    }
    else if (formSign == "员工通讯录")
    {
        Frm_TongXunLu frm_txl = new Frm_TongXunLu();
        frm_txl.Text = formSign;
        frm_txl.ShowDialog();
        frm_txl.Dispose();
    }
    else if (formSign == "个人通讯录")
    {
        Frm_TongXunLu frm_txl = new Frm_TongXunLu();
        frm_txl.Text = formSign;
        frm_txl.ShowDialog();
        frm_txl.Dispose();
    }
    #endregion
    #region 数据库维护
    else if (formSign == "备份/还原数据库")
    {
        Frm_BeiFenHuanYuan frm_bfhy = new Frm_BeiFenHuanYuan();
        frm_bfhy.Text = formSign;
        frm_bfhy.ShowDialog();
        frm_bfhy.Dispose();
    }
    else if (formSign == "清空数据库")
    {
        Frm_QingKong frm_qk = new Frm_QingKong();
        frm_qk.Text = formSign;
        frm_qk.ShowDialog();
        frm_qk.Dispose();
    }
    #endregion
    #region 工具管理
    else if (formSign == "计算器")
    {
        try
        {
            System.Diagnostics.Process.Start("calc.exe");
        }
        catch
        {
        }
    }
    else if (formSign == "记事本")
    {
        try
        {
            System.Diagnostics.Process.Start("notepad.exe");
        }
        catch
        {
        }
    }
    #endregion
```

```
#region 系统管理和帮助
else if (formSign == " 用户设置 ")
{
    Frm_XiuGaiYongHu frm_xgyh = new Frm_XiuGaiYongHu();
    frm_xgyh.Text = formSign;
    frm_xgyh.ShowDialog();
    frm_xgyh.Dispose();
}
else if (formSign == " 重新登录 ")
{
    Application.Restart();
}
else if (formSign == " 退出系统 ")
{
    Application.Exit();
}
else if (formSign == " 显示提醒 ")
{
    Frm_TiXing frm_tx = new Frm_TiXing();
    frm_tx.ShowDialog();
    frm_tx.Dispose();
}
else if(formSign==" 关于本软件 ")
{
    FrmAbout frma = new FrmAbout();
    frma.ShowDialog();
    frma.Dispose();
}
else if (formSign == " 系统帮助 ")
{
    try
    {
        System.Diagnostics.Process.Start(Application.StartupPath + "\\ 企业
        人事管理系统使用说明书 .doc");
    }
    catch
    {
    }
}
#endregion
        }
    }
}
```

> **注意**：在类文件中用了大量的 #region 和 #endregion 分区域，主要是代码太长，方便代码折叠。

本段代码的功能是设计程序主窗体中的菜单命令。首先定义的是 ShowSubForm 静态方法，此方法根据代码中不同的参数来显示相应的窗体，通过 if…else if 语句块对参数 formSign 进行判断，例如，当 formSign 为"民族类别设置"时，就打开"民族类别设置"的相应窗体。

（5）系统中用到了大量的数据合法性验证，为了开发程序时进行复用，自定义了大量方法。在项目根目录下创建 DoValidate 类，代码如下。

```
using System;
using System.Collections.Generic;
```

```csharp
using System.Text;
// 导入正则表达式类
using System.Text.RegularExpressions;
namespace 人事管理系统_GSJ
{
    class DoValidate
    {
        /// <summary>
        /// 检查固定电话是否合法
        /// </summary>
        /// <param name="str"> 固定电话字符串 </param>
        /// <returns> 合法返回 true</returns>
        public static bool CheckPhone(string str)   // 检查固定电话是否合法，合法则返回 true
        {
            Regex phoneReg = new Regex(@"^(\d{3,4}-)?\d{6,8}$");
            return phoneReg.IsMatch(str);
        }
        /// <summary>
        /// 检查 QQ
        /// </summary>
        /// <param name="Str">qq 字符串 </param>
        /// <returns> 合法返回 true</returns>
        public static bool CheckQQ(string Str)//QQ
        {
            Regex QQReg = new Regex(@"^\d{9,10}?$");
            return QQReg.IsMatch(Str);
        }
        /// <summary>
        /// 检查手机号
        /// </summary>
        /// <param name="Str"> 手机号 </param>
        /// <returns> 合法返回 true</returns>
        public static bool CheckCellPhone(string Str)// 手机
        {
            Regex CellPhoneReg = new
            Regex(@"^1[358][0-9][0-9][0-9][0-9][0-9][0-9][0-9][0-9][0-9]$");
            return CellPhoneReg.IsMatch(Str);
        }
        ///<summary>
        /// 检查 E-Mail 是否合法
        ///</summary>
        ///<param name="Str"> 要检查的 E-mail 字符串 </param>
        ///<returns> 合法返回 true</returns>
        public static bool CheckEMail(string Str)//E-mail
        {
            Regex emailReg = new
            Regex(@"^\w+((-\w+)|(\.\w+))*\@[A-Za-z0-9]+((\.|-)[A-Za-z0-9]+)*\.[A-Za-z0-9]+$");
            return emailReg.IsMatch(Str);
        }
        /// <summary>
        /// 验证两个日期是否合法
        /// </summary>
        /// <param name="date1"> 开始日期 </param>
        /// <param name="date2"> 结束日期 </param>
        /// <returns> 通过验证返回 true</returns>
        public static bool DoValitTwoDatetime(string date1, string date2)
        // 验证两个日期是否合法 包括合同日期、培训日期等，不能相同，不能前大后小
        {
            if (date1 == date2)// 两个日期相同
```

```
    {
        return false;
    }
    // 检查是否为前大后小
    TimeSpan ts = Convert.ToDateTime(date1) - Convert.ToDateTime(date2);
    if (ts.Days >0)
    {
        return false;
    }
    return true;// 通过验证
}
/// <summary>
/// 检查姓名是否合法
/// </summary>
/// <param name="nameStr"> 要检查的内容 </param>
/// <returns></returns>
public static bool CheckName(string nameStr)   // 检查姓名是否合法
{
    Regex nameReg = new Regex(@"^[\u4e00-\u9fa5]{0,}$");// 为汉字
    Regex nameReg2 = new Regex(@"^\w+$");// 字母
    if (nameReg.IsMatch(nameStr) || nameReg2.IsMatch(nameStr))// 为汉字或字母
    {
        return true;
    }
    else
    {
        return false;
    }
}
    }
}
```

本段代码规定程序中的各项验证方法。定义 CheckPhone 方法，用于验证固定电话是否合法；定义 CheckQQ 方法，用于检验 QQ 号码的输入是否合法；定义 CheckCellPhone 方法，用于检查手机号码的输入是否合法；定义 CheckEMail 方法，用于检查 E-Mail 是否合法；定义 DoValitTwoDatetime 方法用于检验日期的合理性，例如比较合同日期与培训日期，它们不能相同，不能前大后小。定义 CheckName 方法用于检验输入姓名的合法性。

（6）系统主窗体的设计。主窗体是程序功能的聚焦处，也是人机交互的重要环节，通过主窗体，用户可以调用系统相关的各子模块。为了方便用户操作，本系统将主窗体分为 4 个部分，包括菜单栏、工具栏、侧边树状导航和状态栏。

20.5　用户登录模块

登录模块是整个应用程序的入口，要求操作者提供用户名和密码，它主要是为了提高程序的安全性，并且该模块可以根据不同的用户权限，操作系统的不同功能模块。运行结果如图 20-3 所示。

20.5.1　定义数据库连接方法

本系统的所有窗体几乎都用到数据库操作，为了代码重用，提高开发效率，现将数据库相关操作定义

图 20-3　用户登录界面

到 MyDBControls 类文件中，由于该类和窗体中的其他类在同一命名空间中，所以使用时直接对该类进行操作，主要代码如下。

```csharp
using System;
using System.Collections.Generic;
using System.Text;
// 导入命名空间
using System.Data;
using System.Data.SqlClient;
namespace 人事管理系统_GSJ
{
    class MyDBControls
    {
        #region 模块级变量
        private static string server = ".";
        public static string Server  // 服务器
        {
            get { return MyDBControls.server; }
            set { MyDBControls.server = value; }
        }
        private static string uid="sa";
        public static string Uid  // 登录名
        {
            get { return MyDBControls.uid; }
            set { MyDBControls.uid = value; }
        }
        private static string pwd="";
        public static string Pwd  // 密码
        {
            get { return MyDBControls.pwd; }
            set { MyDBControls.pwd = value; }
        }
        public static SqlConnection M_scn_myConn;  // 数据库连接对象
        #endregion
        public static void GetConn() // 连接数据库
        {
            try
            {
                string M_str_connStr =
                "server="+Server+";database=db_PWMS_GSJ;uid="+Uid+";pwd="+Pwd; // 连接字符串
                M_scn_myConn = new SqlConnection(M_str_connStr);
                M_scn_myConn.Open();
            }
            catch // 处理异常
            {
            }
        }
        public static void CloseConn() // 关闭连接
        {
            if (M_scn_myConn.State == ConnectionState.Open)
            {
                M_scn_myConn.Close();
                M_scn_myConn.Dispose();
            }
        }
        public static SqlCommand CreateCommand(string commStr)// 根据字符串产生 SQL 命令
        {
            SqlCommand P_scm = new SqlCommand(commStr, M_scn_myConn);
```

```
            return P_scm;
    }
    public static int ExecNonQuery(string commStr)  // 执行命令返回受影响行数
    {
            return CreateCommand(commStr).ExecuteNonQuery();
    }
    public static object ExecSca(string commStr)  // 返回结果集的第一行第一列
    {
            return CreateCommand(commStr).ExecuteScalar();
    }
    public static SqlDataReader GetDataReader(string commStr)  // 返回 DataReader
    {
            return CreateCommand(commStr).ExecuteReader();
    }
    public static DataSet GetDataSet(string commStr)  // 返回 DataSet
    {
        SqlDataAdapter P_sda = new SqlDataAdapter(commStr, M_scn_myConn);
        DataSet P_ds = new DataSet();
        P_sda.Fill(P_ds);
        return P_ds;
    }
    /// <summary>
    /// 执行带图片的插入操作的 sql 语句
    /// </summary>
    /// <param name="sql">sql 语句 </param>
    /// <param name="bytes"> 图片转后的数组 </param>
    /// <returns> 受影响行数 </returns>
    public static int SaveImage(string sql,object bytes)
    // 存图像，参数 1：sql 语句；参数 2，图像转换的数组
    {
        SqlCommand scm = new SqlCommand();// 声明 sql 语句
        scm.CommandText = sql;
        scm.CommandType = CommandType.Text;
        scm.Connection = M_scn_myConn;
        SqlParameter imgsp = new SqlParameter("@imgBytes", SqlDbType.Image);// 设置参数的值
        imgsp.Value = (byte[])bytes;
        scm.Parameters.Add(imgsp);
        return scm.ExecuteNonQuery();// 执行
    }
    /// <summary>
    /// 还原数据库
    /// </summary>
    /// <param name="filePath"> 文件路径 </param>
    public static void RestoreDB(string filePath)
    {
        // 试图关闭原来的连接
        CloseConn();
        // 还原语句
        string reSql = "restore database db_PWMS_GSJ from disk ='" + filePath + "'
        with replace";
        // 强制关闭原来连接的语句
        string reSql2 = "select spid from master..sysprocesses where dbid=db_id
        ('db_pwms_GSJ')";
        // 新建连接
        SqlConnection reScon = new SqlConnection("server=.;database=master;uid=" + Uid +
            ";pwd=" + Pwd);
        try
        {
            reScon.Open();// 打开连接
            SqlCommand reScm1 = new SqlCommand(reSql2, reScon);
```

```
        // 执行查询找出与要还原数据库有关的所有连接
        SqlDataAdapter reSDA = new SqlDataAdapter(reScm1);
        DataSet reDS = new DataSet();
        reSDA.Fill(reDS);      // 临时存储查询结果
        for (int i = 0; i < reDS.Tables[0].Rows.Count; i++)// 逐一关闭这些连接
        {
            string killSql = "kill " + reDS.Tables[0].Rows[i][0].ToString();
            SqlCommand killScm = new SqlCommand(killSql, reScon);
            killScm.ExecuteNonQuery();
        }
        SqlCommand reScm2 = new SqlCommand(reSql, reScon);// 执行还原
        reScm2.ExecuteNonQuery();
        reScon.Close();// 关闭本次连接
    }
    catch // 处理异常
    {
    }
  }
 }
}
```

本段代码主要实现数据库连接配置。首先定义模块级变量，包含服务器、登录名以及密码。然后定义 GetConn 方法，用于实现连接数据库并打开连接；定义 CloseConn 方法，用于关闭数据库连接；定义 CreateCommand 方法，可根据字符串产生 SQL 命令；定义 SaveImage 方法，通过传递参数实现执行插入图片 SQL 语句；定义 RestoreDB 方法用于将数据库还原。

20.5.2　防止窗口被关闭

由于该软件没有控制栏，如需退出系统，只能通过"取消"按钮。为了避免用户无意间关闭窗口，在窗体的 FormClosing 事件中增加了如下代码。

```
if (P_needValite)// 没成功登录而关闭
{
    // 确认取消登录
    DialogResult dr = MessageBox.Show("确认取消登录吗？", "提示", MessageBoxButtons.OKCancel,
        MessageBoxIcon.Warning, MessageBoxDefaultButton.Button2);
    if (dr == DialogResult.Cancel) // 当选择取消时不执行操作
    {
        e.Cancel = true;
    }
    else // 退出程序
    {
        Application.ExitThread();
    }
}
```

20.5.3　验证用户名和密码

当用户输入用户名和密码后，单击"登录"按钮进行登录。在"登录"的 click 事件中，调用自定义方法 DoValidated()，实现用户的登录功能。在没有输入用户名和密码的时候，提醒必须输入，输入正确则进入系统主界面，否则提示用户名和密码错误。

自定义验证方法，代码如下。

```csharp
private void DoValidated()  // 验证登录
{
    #region 验证输入有效性
    if (txt_Name.Text == string.Empty)
    {
        MessageBox.Show(" 用户名不能为空 !", " 提示 ", MessageBoxButtons.OK,
            MessageBoxIcon.Warning);
        return;
    }
    if (txt_Pwd.Text == string.Empty)
    {
        MessageBox.Show(" 密码不能为空 !", " 提示 ", MessageBoxButtons.OK,
            MessageBoxIcon.Warning);
        return;
    }
    #endregion
    #region 连接数据库验证用户是否合法并处理异常
    GSJ_DESC myDesc = new GSJ_DESC("@gsj");       // 实例化加 / 解密对象
    //Sql 语句查询，加密后的用户名和加密后的密码
    string P_sqlStr = string.Format("select count(*) from tb_Login where Uid='{0}' and
        Pwd='{1}'",myDesc.Encry(txt_Name.Text.Trim()),myDesc.Encry(txt_Pwd.Text.Trim()));
    try
    {
        // 读取数据库的连接字符
        RegistryKey CU_software = Registry.CurrentUser;
        RegistryKey softPWMS = CU_software.OpenSubKey(@"SoftWare\PWMS");
        MyDBControls.Server = myDesc.Decry(softPWMS.GetValue("server").ToString());
        MyDBControls.Uid = myDesc.Decry(softPWMS.GetValue("uid").ToString());
        MyDBControls.Pwd = myDesc.Decry(softPWMS.GetValue("pwd").ToString());
        //MessageBox.Show(MyDBControls.Server + MyDBControls.Uid + MyDBControls.Pwd);
        MyDBControls.GetConn();// 打开连接
        if (Convert.ToInt32(MyDBControls.ExecSca(P_sqlStr)) != 0)// 判断是否为合法用户
        {
            FrmMain.P_currentUserName = txt_Name.Text;
            FrmMain.P_isSucessLoad = true;
            P_needValite = false;// 不需确认直接关闭
            this.Close();  // 登录成功关闭本窗体
        }
        else
        {
            MessageBox.Show(" 用户名或密码错误，请重新输入 !");
            // 清空原有内容
            txt_Name.Text = string.Empty;
            txt_Pwd.Text = string.Empty;
            // 用户名获得焦点
            txt_Name.Focus();
        }
        MyDBControls.CloseConn();// 关闭连接
    }
    catch // 数据库连接失败时
    {
        if (DialogResult.Yes == MessageBox.Show(" 数据库连接失败，程序不能启动 !\n是否重新注册 ?",
            " 提示 ", MessageBoxButtons.YesNo, MessageBoxIcon.Information))
        {
            Frm_reg frmReg = new Frm_reg();// 显示注册窗体
            frmReg.ShowDialog();
            frmReg.Dispose();
        }
```

```
        else
        {
            Application.ExitThread();
        }
    }
    #endregion
}
// 登录按钮 click 事件，代码如下。
private void btn_Load_Click(object sender, EventArgs e)
{
    DoValidated();// 验证登录
}
}
```

本段代码实现登录过程中的相关验证功能。首先定义 DoValidated 方法，用于验证输入结果的有效性，如果用户没有输入用户名或密码，会进行提示；如果输入用户名与密码，则打开数据库将加密过后的用户名、密码与数据库中的数据进行比对；若正确则登录成功。若错误则弹出提示。如果数据库在连接过程中失败，则弹出 Frm_reg 窗体，进行数据库连接的相关操作。

20.6 人事档案管理模块

人事档案管理窗体是对员工的基本信息、家庭情况、培训记录等进行浏览，以及增加、修改、删除的操作。可以通过菜单栏、工具栏或侧边导航树调用该功能。

20.6.1 界面开发

在项目中添加 subrms 文件夹，新建窗体 Frm_DangAn，并将窗体保存在 subrms 文件夹中。本系统中人事档案管理有多个面板，功能大致相同，下面将以"职工基本信息"面板为例进行讲述，其他不再赘述。"职工基本信息"窗体界面，如图 20-4 所示。

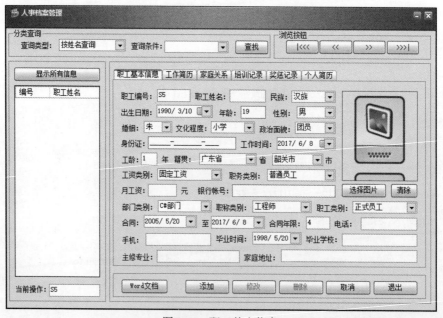

图 20-4   职工基本信息

该窗体主要涉及 TextBox 控件、MaskTextBox（身份证）控件、ComboBox 控件、Button 控件、OpenFileDialog（选择图片）控件、PictureBox 控件、DataTimePicker 控件、DataGridView 控件和 TabConTrol 控件及 Label 标签控件。

20.6.2　代码开发

为了编写程序代码的需要，特声明如下类字段：

```
string imgPath = "";  //图片路径
private string operaTable = "";  //指定二级菜单操作的数据表
private DataGridView currentDGV;  //二级页面操作的 datagridview
byte[] imgBytes = new byte[1024];  //保存图像使用的数组
string lastOperaSql = "";  //记录上次操作，为了在修改和删除后进行更新
private bool needClose = false;//验证基础信息不完整时要关闭
string showThisUser = "";//是否有立即要显示的信息（如果有，则表示职工编号）
```

（1）为了使职工编号能够自动产生，编写 MakeIdNo 方法，代码如下。

```
private void MakeIdNo()// 自动编号
{
    try
    {
        int id = 0;
        string sql = "select count(*) from tb_Stuffbusic";
        MyDBControls.GetConn();
        object obj = MyDBControls.ExecSca(sql);
        if (obj.ToString() == "")
        {
            id = 1;
        }
        else
        {
            id = Convert.ToInt32(obj) + 1;
        }
        SSS.Text = "S" + id.ToString();
    }
    catch // 异常
    {
        this.Close();
        //MessageBox.Show(err.Message);
    }
}
```

（2）为了保证数据输入的正确性，编写 DoValitPrimary 方法，代码如下。

```
private bool DoValitPrimary()// 验证基本信息输入内容
{
    //编号
    if (SSS.Text.Trim() == string.Empty)
    {
        MessageBox.Show("编号不能为空！");
        SSS.Focus();
        return false;
    }
    //姓名，检查是否空，不为空时要求必须为汉字或字母
    if (SSS_0.Text.Trim() == string.Empty || !DoValidate.CheckName(SSS_0.Text.Trim()))
```

```
    {
        MessageBox.Show("姓名应为汉字或英文！");
        return false;
    }
    // 身份证号
    if (SSS_8.Text.Trim().Length != 20 || SSS_8.Text.Trim().IndexOf(" ") != -1)// 身份证号 18
    {
        MessageBox.Show("身份证号不合法！");
        return false;
    }
    if (SSS_8.Text.Substring(7, 4) != SSS_2.Value.Year.ToString() ||
    Convert.ToInt16(SSS_8.Text.Substring(11, 2)).ToString() != SSS_2.Value.Month.ToString() ||
    Convert.ToInt16(SSS_8.Text.Substring(13, 2)).ToString() != SSS_2.Value.Day.ToString())
    {
        MessageBox.Show("身份证号不正确！");
        return false;
    }
    // 银行账号
    if (SSS_26.Text.Trim() == string.Empty || SSS_26.Text.Trim().Length < 15 ||
    SSS_26.Text.Trim().IndexOf(" ") != -1)
    {
        MessageBox.Show("银行账号不合法！ ");
        return false;
    }
    // 手机号
    if (SSS_17.Text.Trim() != string.Empty)
    {
        if (!DoValidate.CheckCellPhone(SSS_17.Text.Trim()))
        {
            MessageBox.Show("手机号不合法！");
            return false;
        }
    }
    // 固定电话
    if (SSS_16.Text.Trim() != string.Empty)
    {
        if (!DoValidate.CheckPhone(SSS_16.Text.Trim()))
        {
            MessageBox.Show("固定电话格式就为：三或四位区号 -8 位号码！");
            return false;
        }
    }
    // 验证合同日期
    if (!DoValidate.DoValitTwoDatetime(SSS_27.Value.Date.ToString(), SSS_28.Value.Date.ToString()))
    {
        MessageBox.Show("合同日期不合法！");
        return false;
    }
    // 出生日期
    if (SSS_3.Text == "0")
    {
        MessageBox.Show("出生日期不合法！");
        return false;
    }
    // 工龄
    try
    {
        if (Convert.ToDecimal(SSS_10.Text) < 0)
        {
```

```
                MessageBox.Show(" 工龄有误!");
                return false;
            }
        }
        catch
        {
            MessageBox.Show(" 工龄有误!");
            return false;
        }
        // 工资
        try
        {
            if (Convert.ToDecimal(SSS_25.Text) < 0)
            {
                MessageBox.Show(" 工资有误!");
                return false;
            }
        }
        catch
        {
            MessageBox.Show(" 工资有误!");
            return false;
        }
        return true;
    }
```

（3）初始化页面相关信息及填充下拉列表框中的内容，例如，性别中的第一项为"男""政治面貌"下拉列表框中的内容等。

```
private void Frm_DangAn_Load(object sender, EventArgs e)
{
    #region 初始化可选项
    // 限制工作时间、工作简历结束时间、家庭关系中的出生日期、最大值为当前日期
    SSS_9.MaxDate = DateTime.Now;
    G_2.MaxDate = DateTime.Now;
    F_3.MaxDate = DateTime.Now;
    // 查询类型选中第一项
    cbox_type.SelectedIndex = 0;
    // 性别选中第一项
    SSS_6.SelectedIndex = 0;
    // 婚姻状态选中第一项
    SSS_5.SelectedIndex = 0;
    // 填充民族
    string sql = "select * from tb_Folk";// 定义 sql 语句
    InitCombox(sql, SSS_1);
    // 填充文化程度
    sql = "select * from tb_Kultur";
    InitCombox(sql, SSS_4);
    // 填充政治面貌
    sql = "select * from tb_Visage";
    InitCombox(sql, SSS_7);// 职工基本信息中的政治面貌
    InitCombox(sql, F_5);// 家庭关系中的政治面貌
    //省
    sql = "select id, BeAware from tb_City";
    InitCombox(sql, SSS_23);
    //市
    sql = "select id, City from tb_city where BeAware=' 广东省 '";
    InitCombox(sql, SSS_24);
```

```
// 工资类别
sql = "select * from tb_Laborage";
InitCombox(sql, SSS_13);
// 职务类别
sql = "select * from tb_Business";
InitCombox(sql, SSS_12);
// 职称类别
sql = "select * from tb_Duthcall";
InitCombox(sql, SSS_15);
// 部门类别
sql = "select * from tb_Branch";
InitCombox(sql, SSS_14);
// 职工类别
sql = "select * from tb_EmployeeGenre";
InitCombox(sql, SSS_11);
// 奖惩类别
sql = "select * from tb_RPKind";
InitCombox(sql, R_1);
// 编号
MakeIdNo();
// 判断是否有立即显示的内容（当被查询，提醒窗体调用时会有立即被显示的内容）
if (showThisUser != "")
{
    // 有要显示的内容
    string showThisUsersql = "select stu_id,stuffname from tb_stuffbusic where stu_id='" +
        showThisUser + "'";
    try
    {
        MyDBControls.GetConn();
        dgv_Info.DataSource = MyDBControls.GetDataSet(showThisUsersql).Tables[0];
        MyDBControls.CloseConn();
        // 记录此次操作方便刷新
        lastOperaSql = showThisUsersql;
        // 显示此员工信息
        ShowInfo(showThisUser);
    }
    catch
    {
    }
}
if (needClose)
{
    MessageBox.Show("基础数据不完整，请先进行基础信息设置！");
    this.Close();
}
#endregion
}
```

（4）"添加"功能主要是实现职工基本信息、家庭关系、工作简历、培训记录、奖惩记录和个人简历的增加，以下的删除、修改、取消和 Word 文档都是指对这几个功能模块的操作，因此不再说明。

```
private void btn_Add_Click(object sender, EventArgs e)
{
    // 验证输入
    if (!DoValitPrimary())
    {
        return;
```

```
}
#region 产生 sql 语句
//ID 职工编号 int identit
string insertSql = string.Format("insert into tb_Stuffbusic
values('{30}','{0}','{1}','{2}','{3}','{4}','{5}','{6}','{7}','{8}','{9}',{10},"+
"'{11}','{12}','{13}','{14}','{15}','{16}','{17}','{18}','{19}','{20}',"+
"'{21}',{22},'{23}','{24}',{25},'{26}','{27}','{28}',{29})",
SSS_0.Text.Trim(),//StuffName 职工姓名 Varchar(20)
SSS_1.Text.Trim(), //Folk 民族 Varchar(20)
SSS_2.Text, //Birthday 出生日期 DateTime
SSS_3.Text.Trim(),//Age 年龄 Int
SSS_4.SelectedItem.ToString(),//Kultur 文化程度 Varchar(14)
SSS_5.SelectedItem.ToString(),//Marriage 婚姻 Varchar(4)
SSS_6.SelectedItem.ToString(),//Sex 性别 Varchar(4)
SSS_7.Text,//Visage 政治面貌 Varchar(20)
SSS_8.Text,//IDCard 身份证号 Varchar(20)
SSS_9.Text, //WorkDate     单位工作时间 DateTime
SSS_10.Text.Trim(),//WorkLength 工龄 Int
SSS_11.SelectedItem.ToString(),//Employee 职工类型 Varchar(20)
SSS_12.SelectedItem.ToString(),//Business 职务类型 Varchar(10)
SSS_13.SelectedItem.ToString(),//Laborage 工资类别 Varchar(10)
SSS_14.SelectedItem.ToString(),//Branch 部门类别 Varchar(20)
SSS_15.SelectedItem.ToString(),//Duthcall 职称类别 Varchar(20)
SSS_16.Text.Trim(),//Phone 电话 Varchar(14)
SSS_17.Text.Trim(),//Handset 手机 Varchar(11)
SSS_18.Text.Trim(),//School 毕业学校 Varchar(50)
SSS_19.Text.Trim(),//Speciality 主修专业 Varchar(20)
SSS_20.Text, //GraduateDate 毕业时间 DateTime
SSS_21.Text.Trim(),//Address 家庭住址 Varchar(50)
"@imgBytes",//Photo 个人照片 Image
SSS_23.SelectedItem.ToString(),//BeAware 省 Varchar(30)
SSS_24.SelectedItem.ToString(),//City 市 Varchar(30)
SSS_25.Text,//M_Pay 月工资 Money
SSS_26.Text,//Bank 银行账号 Varchar(20)
SSS_27.Text,//Pact_B 合同起始日期 DateTime
SSS_28.Text,//Pact_E 合同结束日期 DateTime
SSS_29.Text,//Pact_Y 合同年限 Float
SSS.Text.Trim()
);
#endregion
#region 将图片转换为参数
if (imgPath != "")
{
    try
    {
        FileStream imgFs = new FileStream(imgPath, FileMode.Open, FileAccess.Read);
        // 文件流
        imgBytes = new byte[imgFs.Length];
        BinaryReader imgBr = new BinaryReader(imgFs);// 读取数据流
        imgBytes = imgBr.ReadBytes((int)imgFs.Length);
    }
    catch
    {
    }
}
#endregion
// 执行保存
try
{
```

```
    MyDBControls.GetConn();// 打开连接
    if (Convert.ToInt32(MyDBControls.SaveImage(insertSql, imgBytes)) > 0)
    {
        MessageBox.Show("保存成功!");
    }
    MyDBControls.CloseConn();// 关闭连接
    ClearControl(tp1.Controls);// 清空控件
    Img_Clear_Click(sender, e);// 清除图片信息
    MakeIdNo();// 产生新编号
}
catch (Exception err)// 处理异常
{
    if (err.Message.IndexOf("将截断字符串或二进制数据") != -1)
    {
        MessageBox.Show("输入内容长度不合法!");
        return;
    }
    if (err.Message.IndexOf("un2") != -1) //un2 是数据库中的约束名，检查身份证号唯一
    {
        MessageBox.Show("已存在此身份证号!");
        return;
    }
    if (err.Message.IndexOf("UN") != -1) //UN 是数据库中的约束名，检查职工编号唯一
    {
        MessageBox.Show("已存在此职工编号!");
        return;
    }
    MessageBox.Show("请检查输入内容是否合法!");
}
//MessageBox.Show(insertSql);
}
```

> **注意**：在添加按钮的操作过程中，用到了照片的添加、编辑操作，具体详见 20.6.3 小节。

（5）修改人事档案资料，修改按钮代码如下。

```
private void btn_update_Click(object sender, EventArgs e)// 修改
{
    // 验证输入
    if (!DoValitPrimary())
    {
        return;
    }
    #region 修改当前员工信息
    string delStr = string.Format("delete from tb_Stuffbusic where Stu_id='{0}'", SSS.Text.Trim());
    try
    {
        MyDBControls.GetConn();
        MyDBControls.ExecNonQuery(delStr);
        MyDBControls.CloseConn();
        btn_Add_Click(sender, e);
    }
    catch
    {
        MessageBox.Show("请重试!");
    }
    #endregion
    #region 刷新
```

```
    try
    {
        MyDBControls.GetConn();
        dgv_Info.DataSource = MyDBControls.GetDataSet(lastOperaSql).Tables[0];
        MyDBControls.CloseConn();
    }
    catch
    {
    }
    #endregion
    btn_Delete.Enabled = btn_update.Enabled = false;// 停用删除按钮控件
}
```

（6）删除人事档案信息，删除按钮代码如下。

```
private void btn_Delete_Click(object sender, EventArgs e)// 删除
{
    if (MessageBox.Show("此操作不可恢复，确认删除吗 ?", "提示 ", MessageBoxButtons.OKCancel,
    MessageBoxIcon.Warning, MessageBoxDefaultButton.Button2) == DialogResult.Cancel)
    {
        MessageBox.Show("操作已取消 !");
        return;
    }
    string delStr = string.Format("delete from tb_Stuffbusic where stu_id='{0}'",
        SSS.Text.Trim());
    string delStr2 = string.Format("delete from tb_WorkResume where sut_id='{0}'",
        SSS.Text.Trim());
    string delStr3 = string.Format("delete from tb_Family where sut_id='{0}'",
        SSS.Text.Trim());
    string delStr4 = string.Format("delete from tb_TrainNote where sut_id='{0}'",
        SSS.Text.Trim());
    string delStr5 = string.Format("delete from tb_Randp where sut_id='{0}'",
        SSS.Text.Trim());
    string delStr6 = string.Format("delete from tb_Individual where sut_id='{0}'",
        SSS.Text.Trim());
    try
    {
        MyDBControls.GetConn();// 打开连接
        MyDBControls.ExecNonQuery(delStr);// 执行删除
        MyDBControls.ExecNonQuery(delStr2);// 执行删除
        MyDBControls.ExecNonQuery(delStr3);// 执行删除
        MyDBControls.ExecNonQuery(delStr4);// 执行删除
        MyDBControls.ExecNonQuery(delStr5);// 执行删除
        MyDBControls.ExecNonQuery(delStr6);// 执行删除
        MyDBControls.CloseConn();// 关闭连接
        btn_Back_Click(sender, e);// 已选中项换到上一行
        Img_Clear_Click(sender, e);// 清除图片信息
        MessageBox.Show("删除成功 !");
    }
    catch (Exception err)
    {
        MessageBox.Show(err.Message);
    }
    #region 刷新
    try
    {
        MyDBControls.GetConn();
        dgv_Info.DataSource = MyDBControls.GetDataSet(lastOperaSql).Tables[0];
        MyDBControls.CloseConn();
```

```
    }
    catch
    {
    }
    #endregion
    btn_Delete.Enabled = btn_update.Enabled = false;// 停用删除按钮
}
```

（7）查询人事档案信息，查找按钮代码如下。

```
private void btn_find_Click(object sender, EventArgs e)// 查询
{
    string findType = "";// 查询条件
    switch (cbox_type.SelectedItem.ToString())
    {
        case " 按姓名查询 ":
            findType = "StuffName";
            break;
        case " 按性别查询 ":
            findType = "Sex";
            break;
        case " 按民族查询 ":
            findType = "Folk";
            break;
        case " 按文化程度查询 ":
            findType = "Kultur";
            break;
        case " 按政治面貌查询 ":
            findType = "Visage";
            break;
        case " 按职工类别查询 ":
            findType = "Employee";
            break;
        case " 按职工职务查询 ":
            findType = "Business";
            break;
        case " 按职工部门查询 ":
            findType = "Branch";
            break;
        case " 按职称类别查询 ":
            findType = "Duthcall";
            break;
        case " 按工资类别查询 ":
            findType = "Laborage";
            break;
    }
    string sql = string.Format("select stu_id,stuffname from tb_stuffbusic where {0}='{1}'",
        findType, txt_condition.Text);
    try
    {
        MyDBControls.GetConn();
        dgv_Info.DataSource = MyDBControls.GetDataSet(sql).Tables[0];
        MyDBControls.CloseConn();
        // 记录此次操作方便刷新
        lastOperaSql = sql;
    }
    catch
    {
    }
```

```
    }
```

（8）逐条查看人事档案信息。通过单击界面右上方"浏览按钮"区域的相关按钮，实现人员档案信息的逐条查看功能。

```
// 查看第一条记录
private void btn_First_Click(object sender, EventArgs e)
{
    try
    {
        dgv_Info.Rows[0].Selected = true;// 第一行选中
        ShowInfo(dgv_Info.Rows[0].Cells[0].Value.ToString());// 显示第一条
    }
    catch
    {
    }
}
// 查看最后一条记录
private void btn_End_Click(object sender, EventArgs e)
{
    try
    {
        dgv_Info.Rows[dgv_Info.Rows.Count - 1].Selected = true;// 最后一行选中
        ShowInfo(dgv_Info.Rows[dgv_Info.Rows.Count - 1].Cells[0].Value.ToString());
        // 显示第一条
    }
    catch
    {
    }
}
// 查看上一条记录
private void btn_Back_Click(object sender, EventArgs e)
{
    try
    {
        int currentRow = dgv_Info.SelectedRows[0].Index;// 当前选中行的索引号
        int backRow = 0;
        if ((currentRow - 1) >= 0) // 判断是否为第一行，如果是，则一直选中第一行
        {
            backRow = currentRow - 1;
        }
        else
        {
            MessageBox.Show("已到第一行!");
            backRow = 0;
        }
        dgv_Info.Rows[backRow].Selected = true;// 前一行选中
        ShowInfo(dgv_Info.Rows[backRow].Cells[0].Value.ToString());// 显示前一条
    }
    catch
    {
    }
}
// 查看后一条记录
private void btn_next_Click(object sender, EventArgs e)
{
    try
    {
```

```
            int currentRow = dgv_Info.SelectedRows[0].Index;// 当前选中行的索引号
            int nextRow = dgv_Info.Rows.Count - 1;// 后一行的索引，默认的是后一行索引
            if ((currentRow + 1) < dgv_Info.Rows.Count)// 判断是否到了最后一行
            {
                nextRow = currentRow + 1;
            }
            else
            {
                MessageBox.Show("已到最后一行！");
            }
            dgv_Info.Rows[nextRow].Selected = true;// 后一行选中
            ShowInfo(dgv_Info.Rows[nextRow].Cells[0].Value.ToString());// 显示后一条员工信息
        }
        catch
        {
        }
    }
```

（9）为了方便员工信息的存储及打印，"Word 文档"按钮可以将全部或选择的员工信息导出到 Word 文件，代码如下。

```
private void btn_create_Click(object sender, EventArgs e)
{
    # region 产生 sql 语句
    StringBuilder sqlSB=new StringBuilder("select Stu_id," +"StuffName ," +"Folk ," +
        "Birthday ," +"Age ," +"Kultur ," +"Marriage ," +"Sex ," +"Visage ," +"IDCard ," +
        "WorkDate ," +"WorkLength ," +"Employee ," +"Business ," +"Laborage ," +"Branch ," +
        "Duthcal ," +"Phone ," +"Handset ," +"School ," +"Speciality ," +"GraduateDate ," +
        "Address ," +"Photo ," +"BeAware ," +"City ," +"M_Pay ," +"Bank ," +"Pact_B ," +"Pact_E ," +
        "Pact_Y " +"from tb_Stuffbusic ");
    if (rbn_one.Checked)// 判断是单个还是全部
    {
        sqlSB.Append(" where Stu_id ='" + StuId + "'");
    }
    #endregion
    DataSet MyDS_Grid;
    #region 读取数据
    try
    {
        MyDBControls.GetConn();
        MyDS_Grid = MyDBControls.GetDataSet(sqlSB.ToString());
        MyDBControls.CloseConn();
    }
    catch
    {
        MessageBox.Show("数据读取出错，导出失败！ ");
        return;
    }
    #endregion
    object Nothing = System.Reflection.Missing.Value;
    object missing = System.Reflection.Missing.Value;
    // 创建 Word 文档
    Word.Application wordApp = new Word.ApplicationClass();
    Word.Document wordDoc = wordApp.Documents.Add(ref Nothing, ref Nothing, ref Nothing, ref
        Nothing);
    wordApp.Visible = true;
    // 设置文档宽度
    wordApp.Selection.PageSetup.LeftMargin = wordApp.CentimetersToPoints(float.Parse("2"));
```

```
wordApp.ActiveWindow.ActivePane.HorizontalPercentScrolled = 11;
wordApp.Selection.PageSetup.RightMargin = wordApp.CentimetersToPoints(float.Parse("2"));
Object start = Type.Missing;
Object end = Type.Missing;
PictureBox pp = new PictureBox();// 新建一个 PictureBox 控件
int p1 = 0;
for (int i = 0; i < MyDS_Grid.Tables[0].Rows.Count; i++)
{
    try
    {
        byte[] pic = (byte[])(MyDS_Grid.Tables[0].Rows[i][23]);
        // 将数据库中的图片转换成二进制流
        MemoryStream ms = new MemoryStream(pic);// 将字节数组存入到二进制流中
        pp.Image = Image.FromStream(ms);// 二进制流在 Image 控件中显示
        pp.Image.Save(@"C:\20.bmp");// 将图片存入到指定的路径
    }
    catch
    {
        p1 = 1;
    }
    object rng = Type.Missing;
    string strInfo = "职工基本信息表" + "(" + MyDS_Grid.Tables[0].Rows[i][1].ToString() + ")";
    start = 0;
    end = 0;
    wordDoc.Range(ref start, ref end).InsertBefore(strInfo);// 插入文本
    wordDoc.Range(ref start, ref end).Font.Name = "Verdana";// 设置字体
    wordDoc.Range(ref start, ref end).Font.Size = 20;// 设置字体大小
    wordDoc.Range(ref start, ref end).ParagraphFormat.Alignment =
        Word.WdParagraphAlignment.wdAlignParagraphCenter;// 设置字体居中
    start = strInfo.Length;
    end = strInfo.Length;
    wordDoc.Range(ref start, ref end).InsertParagraphAfter();// 插入回车
    object missingValue = Type.Missing;
    object location = strInfo.Length;// 如果 location 超过已有字符的长度将会出错。一定要比
        " 明细表 " 串多一个字符
    Word.Range rng2 = wordDoc.Range(ref location, ref location);
    wordDoc.Tables.Add(rng2, 14, 6, ref missingValue, ref missingValue);
    wordDoc.Tables.Item(1).Rows.HeightRule = Word.WdRowHeightRule.wdRowHeightAtLeast;
    wordDoc.Tables.Item(1).Rows.Height = wordApp.CentimetersToPoints(float.Parse("0.8"));
    wordDoc.Tables.Item(1).Range.Font.Size = 10;
    wordDoc.Tables.Item(1).Range.Font.Name = " 宋体 ";
    // 设置表格样式
    wordDoc.Tables.Item(1).Borders.Item(Word.WdBorderType.wdBorderLeft).LineStyle =
        Word.WdLineStyle.wdLineStyleSingle;
    wordDoc.Tables.Item(1).Borders.Item(Word.WdBorderType.wdBorderLeft).LineWidth =
        Word.WdLineWidth.wdLineWidth050pt;
    wordDoc.Tables.Item(1).Borders.Item(Word.WdBorderType.wdBorderLeft).Color =
        Word.WdColor.wdColorAutomatic;
    wordApp.Selection.ParagraphFormat.Alignment =
        Word.WdParagraphAlignment.wdAlignParagraphRight;// 设置右对齐
    // 第 5 行显示
    wordDoc.Tables.Item(1).Cell(1, 5).Merge(wordDoc.Tables.Item(1).Cell(5, 6));
    // 第 6 行显示
    wordDoc.Tables.Item(1).Cell(6, 5).Merge(wordDoc.Tables.Item(1).Cell(6, 6));
    // 第 9 行显示
    wordDoc.Tables.Item(1).Cell(9, 4).Merge(wordDoc.Tables.Item(1).Cell(9, 6));
    // 第 12 行显示
    wordDoc.Tables.Item(1).Cell(12, 2).Merge(wordDoc.Tables.Item(1).Cell(12, 6));
    // 第 13 行显示
```

```
wordDoc.Tables.Item(1).Cell(13, 2).Merge(wordDoc.Tables.Item(1).Cell(13, 6));
// 第14行显示
wordDoc.Tables.Item(1).Cell(14, 2).Merge(wordDoc.Tables.Item(1).Cell(14, 6));
// 第1行赋值
wordDoc.Tables.Item(1).Cell(1, 1).Range.Text = " 职工编号: ";
wordDoc.Tables.Item(1).Cell(1, 2).Range.Text = MyDS_Grid.Tables[0].Rows[i][0].ToString();
wordDoc.Tables.Item(1).Cell(1, 3).Range.Text = " 职工姓名: ";
wordDoc.Tables.Item(1).Cell(1, 4).Range.Text = MyDS_Grid.Tables[0].Rows[i][1].ToString();
// 插入图片
if (p1 == 0)
{
    // 图片所在路径
    string FileName = @"C:\22.bmp";
    object LinkToFile = false;
    object SaveWithDocument = true;
    // 指定图片插入的区域
    object Anchor = wordDoc.Tables.Item(1).Cell(1, 5).Range;
    // 将图片插入到单元格中
    wordDoc.Tables.Item(1).Cell(1, 5).Range.InlineShapes.AddPicture(FileName,
    ref LinkToFile, ref SaveWithDocument, ref Anchor);
}
p1 = 0;
// 第2行赋值
wordDoc.Tables.Item(1).Cell(2, 1).Range.Text = " 民族类别: ";
wordDoc.Tables.Item(1).Cell(2, 2).Range.Text = MyDS_Grid.Tables[0].Rows[i][2].ToString();
wordDoc.Tables.Item(1).Cell(2, 3).Range.Text = " 出生日期: ";
try
{
    wordDoc.Tables.Item(1).Cell(2, 4).Range.Text =
    Convert.ToString(Convert.ToDateTime(MyDS_Grid.Tables[0].Rows[i][3].
        ToShortDateString());
}
catch
{
    wordDoc.Tables.Item(1).Cell(2, 4).Range.Text = "";
}
//Convert.ToString(MyDS_Grid.Tables[0].Rows[i][3]);
// 第3行赋值
wordDoc.Tables.Item(1).Cell(3, 1).Range.Text = " 年龄: ";
wordDoc.Tables.Item(1).Cell(3, 2).Range.Text =
Convert.ToString(MyDS_Grid.Tables[0].Rows[i][4]);
wordDoc.Tables.Item(1).Cell(3, 3).Range.Text = " 文化程度: ";
wordDoc.Tables.Item(1).Cell(3, 4).Range.Text = MyDS_Grid.Tables[0].Rows[i][5].ToString();
// 第4行赋值
wordDoc.Tables.Item(1).Cell(4, 1).Range.Text = " 婚姻: ";
wordDoc.Tables.Item(1).Cell(4, 2).Range.Text = MyDS_Grid.Tables[0].Rows[i][6].ToString();
wordDoc.Tables.Item(1).Cell(4, 3).Range.Text = " 性别: ";
wordDoc.Tables.Item(1).Cell(4, 4).Range.Text = MyDS_Grid.Tables[0].Rows[i][7].ToString();
// 第5行赋值
wordDoc.Tables.Item(1).Cell(5, 1).Range.Text = " 政治面貌: ";
wordDoc.Tables.Item(1).Cell(5, 2).Range.Text = MyDS_Grid.Tables[0].Rows[i][8].ToString();
wordDoc.Tables.Item(1).Cell(5, 3).Range.Text = " 单位工作时间: ";
try
{
    wordDoc.Tables.Item(1).Cell(5, 4).Range.Text =
        Convert.ToString(Convert.ToDateTime(MyDS_Grid.Tables[0].Rows[0][10].
        ToShortDateString());
}
catch
```

```
    {
        wordDoc.Tables.Item(1).Cell(5, 4).Range.Text = "";
    }
    // 第6行赋值
    wordDoc.Tables.Item(1).Cell(6, 1).Range.Text = "籍贯：";
    wordDoc.Tables.Item(1).Cell(6, 2).Range.Text = MyDS_Grid.Tables[0].Rows[i][24].
        ToString();
    wordDoc.Tables.Item(1).Cell(6, 3).Range.Text = MyDS_Grid.Tables[0].Rows[i][25].
        ToString();
    wordDoc.Tables.Item(1).Cell(6, 4).Range.Text = "身份证：";
    wordDoc.Tables.Item(1).Cell(6, 5).Range.Text = MyDS_Grid.Tables[0].Rows[i][9].
        ToString();
    // 第7行赋值
    wordDoc.Tables.Item(1).Cell(7, 1).Range.Text = "工龄：";
    wordDoc.Tables.Item(1).Cell(7, 2).Range.Text =
        Convert.ToString(MyDS_Grid.Tables[0].Rows[i][11]);
    wordDoc.Tables.Item(1).Cell(7, 3).Range.Text = "职工类别：";
    wordDoc.Tables.Item(1).Cell(7, 4).Range.Text = MyDS_Grid.Tables[0].Rows[i][12].
        ToString();
    wordDoc.Tables.Item(1).Cell(7, 5).Range.Text = "职务类别：";
    wordDoc.Tables.Item(1).Cell(7, 6).Range.Text = MyDS_Grid.Tables[0].Rows[i][13].
        ToString();
    // 第8行赋值
    wordDoc.Tables.Item(1).Cell(8, 1).Range.Text = "工资类别：";
    wordDoc.Tables.Item(1).Cell(8, 2).Range.Text = MyDS_Grid.Tables[0].Rows[i][14].
    ToString();
    wordDoc.Tables.Item(1).Cell(8, 3).Range.Text = "部门类别：";
    wordDoc.Tables.Item(1).Cell(8, 4).Range.Text = MyDS_Grid.Tables[0].Rows[i][15].
    ToString();
    wordDoc.Tables.Item(1).Cell(8, 5).Range.Text = "职称类别：";
    wordDoc.Tables.Item(1).Cell(8, 6).Range.Text = MyDS_Grid.Tables[0].Rows[i][16].
    ToString();
    // 第9行赋值
    wordDoc.Tables.Item(1).Cell(9, 1).Range.Text = "月工资：";
    wordDoc.Tables.Item(1).Cell(9, 2).Range.Text =
        Convert.ToString(MyDS_Grid.Tables[0].Rows[i][26]);
    wordDoc.Tables.Item(1).Cell(9, 3).Range.Text = "银行账号：";
    wordDoc.Tables.Item(1).Cell(9, 4).Range.Text = MyDS_Grid.Tables[0].Rows[i][27].
        ToString();
    // 第10行赋值
    wordDoc.Tables.Item(1).Cell(10, 1).Range.Text = "合同起始日期：";
    try
    {
        wordDoc.Tables.Item(1).Cell(10, 2).Range.Text =
            Convert.ToString(Convert.ToDateTime(MyDS_Grid.Tables[0].Rows[i][28]).
            ToShortDateString());
    }
    catch
    {
        wordDoc.Tables.Item(1).Cell(10, 2).Range.Text = "";
    }
    //Convert.ToString(MyDS_Grid.Tables[0].Rows[i][28]);
    wordDoc.Tables.Item(1).Cell(10, 3).Range.Text = "合同结束日期：";
    try
    {
        wordDoc.Tables.Item(1).Cell(10, 4).Range.Text =
            Convert.ToString(Convert.ToDateTime(MyDS_Grid.Tables[0].Rows[i][29]).
            ToShortDateString());
    }
```

```
        catch
        {
            wordDoc.Tables.Item(1).Cell(10, 4).Range.Text = "";
        }
        //Convert.ToString(MyDS_Grid.Tables[0].Rows[i][29]);
        wordDoc.Tables.Item(1).Cell(10, 5).Range.Text = " 合同年限: ";
        wordDoc.Tables.Item(1).Cell(10, 6).Range.Text =
            Convert.ToString(MyDS_Grid.Tables[0].Rows[i][30]);
        // 第 11 行赋值
        wordDoc.Tables.Item(1).Cell(11, 1).Range.Text = " 电话: ";
        wordDoc.Tables.Item(1).Cell(11, 2).Range.Text = MyDS_Grid.Tables[0].Rows[i][17].
            ToString();
        wordDoc.Tables.Item(1).Cell(11, 3).Range.Text = " 手机: ";
        wordDoc.Tables.Item(1).Cell(11, 4).Range.Text = MyDS_Grid.Tables[0].Rows[i][18].
            ToString();
        wordDoc.Tables.Item(1).Cell(11, 5).Range.Text = " 毕业时间: ";
        try
        {
            wordDoc.Tables.Item(1).Cell(11, 6).Range.Text =
                Convert.ToString(Convert.ToDateTime(MyDS_Grid.Tables[0].Rows[i][21]).
                ToShortDateString());
        }
        catch
        {
            wordDoc.Tables.Item(1).Cell(11, 6).Range.Text = "";
        }
        //Convert.ToString(MyDS_Grid.Tables[0].Rows[i][21]);
        // 第 12 行赋值
        wordDoc.Tables.Item(1).Cell(12, 1).Range.Text = " 毕业学校: ";
        wordDoc.Tables.Item(1).Cell(12, 2).Range.Text = MyDS_Grid.Tables[0].Rows[i][19].
            ToString();
        // 第 13 行赋值
        wordDoc.Tables.Item(1).Cell(13, 1).Range.Text = " 主修专业: ";
        wordDoc.Tables.Item(1).Cell(13, 2).Range.Text = MyDS_Grid.Tables[0].Rows[i][20].
            ToString();
        // 第 14 行赋值
        wordDoc.Tables.Item(1).Cell(14, 1).Range.Text = " 家庭地址: ";
        wordDoc.Tables.Item(1).Cell(14, 2).Range.Text = MyDS_Grid.Tables[0].Rows[i][22].
            ToString();
        wordDoc.Range(ref start, ref end).InsertParagraphAfter();// 插入回车
        wordDoc.Range(ref start, ref end).ParagraphFormat.Alignment =
            Word.WdParagraphAlignment.wdAlignParagraphCenter;// 设置字体居中
        // 清除临时文件
        File.Delete(@"C:\22.bmp");
    }
    MessageBox.Show(" 导出成功!");
    this.Close();
}
```

20.6.3　添加和编辑员工照片

将照片保存到数据库中可以采用两种方法，一种是在数据库中保存照片的路径，另一种是将照片信息写入数据中。第一种方法操作简单，但是照片源文件不能删除，也不能修改位置，否则就会出错。第二种方法操作复杂，但是安全性高，不依赖于照片源文件，本系统采用第二种方法。照片的操作包括选择照片、清除选择、保存照片到数据库。

（1）单击"选择图片"按钮时，弹出浏览文件窗口，可以选择照片文件，代码如下。

```
private void Img_Save_Click(object sender, EventArgs e)// 添加图像
{
    ofd_FindImage.Filter = " 图像文件 (*.jpg *.bmp *.png)|*.jpg; *.bmp; *.png";
    ofd_FindImage.Title = " 选择头像 ";
    if (DialogResult.OK == ofd_FindImage.ShowDialog())
    {
        imgPath = ofd_FindImage.FileName;
        S_Image.Image = Image.FromFile(ofd_FindImage.FileName);
        Img_Clear.Enabled = true;
    }
}
```

（2）单击"清除"按钮时，将所选照片清除，图片控件的 Image 属性为 null，图片路径为空字符串，imgBytes 字段为 0 字节，代码如下。

```
private void Img_Clear_Click(object sender, EventArgs e)// 图像清除按钮
{
    S_Image.Image = null;// 清除图像
    imgPath = "";// 图像路径
    imgBytes = new byte[0];
}
```

（3）保存照片到数据库。在系统中添加、修改员工基本信息时都会涉及照片的读取及保存。读取与保存照片的设计思路是将照片文件转换为字节流读入数据库，可从数据库中将字节流读出。保存照片时用到了自定义 SaveImage 方法，该方法在 MyDBControls 类文件中，请在 20.5.1 小节中查看，在此不再赘述。

20.7 用户设置模块

用户设置模块主要是对人事管理系统中操作用户进行管理，包括用户的添加、删除和修改，以及权限的分配。用户设置模块如图 20-5 所示。

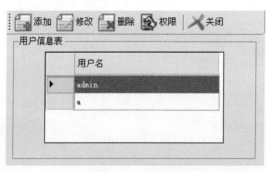

图 20-5 用户设置

20.7.1 添加 / 修改用户信息

新建一个 Windows 窗体，命名为 Frm_JiaYongHu，添加用户信息和修改用户信息使用同一个窗体，主要通过布尔型字段 isAdd 判断是添加还是修改，窗体的运行效果如图 20-6 所示。

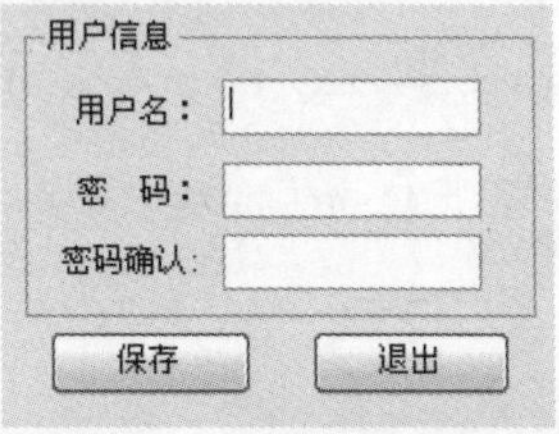

图 20-6　添加 / 修改用户信息

添加 / 修改用户窗体代码如下。

```csharp
using System;
using System.Collections.Generic;
using System.ComponentModel;
using System.Data;
using System.Drawing;
using System.Text;
using System.Windows.Forms;
// 导入加密类
using GSJ_Descryption;
namespace 人事管理系统_GSJ
{
    public partial class Frm_JiaYongHu : Form
    {
        public Frm_JiaYongHu()
        {
            InitializeComponent();
        }
        private string uidStr = "";// 当前要操作的用户名, 添加新用户时此项为空
        public string UidStr
        {
            get { return uidStr; }
            set { uidStr = value; }
        }
        private string pwdStr = "";// 当前要操作的密码, 添加新用户时此项为空
        public string PwdStr
        {
            get { return pwdStr; }
            set { pwdStr = value; }
        }
        private bool isAdd = true;// 判断是添加还是修改
        public bool IsAdd
        {
            get { return isAdd; }
            set { isAdd = value; }
        }
        private void btn_exit_Click(object sender, EventArgs e)
        {
            this.Close();
        }
        private void btn_save_Click(object sender, EventArgs e)
        {
            #region 验证输入内容
            if (text_Name.Text.Trim() == string.Empty || text_Pass.Text.Trim() == string.Empty)
            {
                MessageBox.Show(" 用户名和密码不允许为空 !");
                text_Name.Focus();
                return;
```

```csharp
        }
        if (txt_Pwd2.Text != text_Pass.Text)
        {
            MessageBox.Show("密码不一致，请重新填写！");
            txt_Pwd2.Text = text_Pass.Text = string.Empty;
            text_Pass.Focus();
            return;
        }
        #endregion
        #region 用户登录名加密
        GSJ_DESC myDesc = new GSJ_DESC("@gsj");
        string descryUser = myDesc.Encry(text_Name.Text.Trim());// 加密后的用户名
        string descryPwd = myDesc.Encry(text_Pass.Text.Trim());// 加密后的密码
        #endregion
        if (IsAdd) // 添加用户时检查是否已存在
        {
            #region 验证是否已存在此用户
            string sql = "select count(*) from tb_Login where Uid='" + descryUser + "'";
            try
            {
                MyDBControls.GetConn();// 打开连接
                if (Convert.ToInt32(MyDBControls.ExecSca(sql)) > 0) // 检查是否存在
                {
                    MessageBox.Show("已存在此用户！");
                    text_Name.Text = string.Empty; // 清空
                    text_Name.Focus(); // 获得焦点
                    return;
                }
                MyDBControls.CloseConn();// 关闭连接
            }
            catch
            {
                return; // 出错时不再往下执行
            }
            #endregion
            #region 添加用户
            // 添加用户名 \ 密码
            string addUser = "insert into tb_Login values('" + descryUser + "','" +
                descryPwd + "')";string popeModel = "select popeName from tb_popeModel";
                // 检查权限模块 DataSet popeDS
            try
            {
                MyDBControls.GetConn(); // 打开连接
                if (Convert.ToInt32(MyDBControls.ExecNonQuery(addUser)) > 0)// 执行添加
                {
                    popeDS = MyDBControls.GetDataSet(popeModel);
                    for (int i = 0; i < popeDS.Tables[0].Rows.Count; i++)
                    {
                        // 逐一添加权限
                        string popeSql = "insert into tb_UserPope values
                            ('"+descryUser+"','" + popeDS.Tables[0].Rows[i][0].
                            ToString() + "','"+0+")";
                        //MessageBox.Show(popeSql);
                        MyDBControls.ExecNonQuery(popeSql);
                    }
                }
                MyDBControls.CloseConn();// 关闭连接
                text_Name.Text = text_Pass.Text = txt_Pwd2.Text = string.Empty;// 清空
                MessageBox.Show("添加成功！");
```

```
            }
            catch (Exception err)
            {
                if (err.Message.IndexOf("将截断字符串或二进制数据") != -1)
                {
                    MessageBox.Show("输入内容长度不合法，最大长度为 20 位字母或 10 个汉
                        字!");
                    return;
                }
            }
            #endregion
        }
        else//修改用户时
        {
            #region 修改用户信息
            //修改语句
            string updSql = "update tb_Login set Uid='" + descryUser + "',Pwd='" +
                descryUser + "' where Uid='" + UidStr + "'";
            try
            {
                MyDBControls.GetConn(); //打开连接
                if (Convert.ToInt32(MyDBControls.ExecNonQuery(updSql)) > 0)//执行修改
                {
                    text_Name.Text = text_Pass.Text = txt_Pwd2.Text = string.Empty; //清空
                    MessageBox.Show("修改成功!");
                }
                MyDBControls.CloseConn();//关闭连接
            }
            catch (Exception err)
            {
                if (err.Message.IndexOf("将截断字符串或二进制数据") != -1)
                {
                    MessageBox.Show("输入内容长度不合法，最大长度为 20 位字母或 10 个汉
                        字!");
                    return;
                }
            }
            #endregion
        }
        this.Close();
    }
    private void Frm_JiaYongHu_Load(object sender, EventArgs e)
    {
        text_Name.Text = UidStr;//填充用户名和密码
        txt_Pwd2.Text = text_Pass.Text = PwdStr;
        //修改时用户名为只读
        if (!IsAdd) text_Name.ReadOnly = true;
    }
    }
}
```

　　本段代码实现添加与修改用户信息功能。首先定义 UidStr、PwdStr 等属性，作为进行操作的用户名密码等。当单击【保存】按钮时，首先对用户名和密码进行验证，如果不为空，则进行加密操作，然后进行判断；如果数据库中不存在此用户，则进行添加用户的操作；如果存在此用户，则进行修改操作。

20.7.2　删除用户基本信息

在 Frm_XiuGaiYongHu 窗体中单击"删除"按钮，判断要删除的用户是不是管理员，如果是，弹出提示信息，提示不能修改管理员信息；否则，删除选中的用户信息，同时删除其权限信息，代码如下。

```
private void tool_UserDelete_Click(object sender, EventArgs e)// 删除用户
{
    if (!CheckHavaSelected())// 检查是否有操作对象
    {
        return; // 未选择任何用户所以终止执行
    }
    if (CheckIsCurrent())// 检查是否为当前用户，若是则不执行操作
    {
        return;
    }
    // 确认是否操作
    if (MessageBox.Show(" 真的要删除吗？ ", " 警告 ", MessageBoxButtons.OKCancel,
        MessageBoxIcon.Warning) == DialogResult.Cancel)
    {
        MessageBox.Show(" 操作已取消 !");
        return;
    }
    try
    {
        GSJ_DESC myDesc = new GSJ_DESC("@gsj");
        MyDBControls.GetConn(); // 打开连接
        string delStr="delete from tb_Userpope where Uid='"
            +myDesc.Encry(dgv_userInfo.SelectedRows[0].Cells[0].Value.ToString()) + "'";
        // 删除对应的权限信息
        MyDBControls.ExecNonQuery(delStr);
        //选中的用户名
        string delSql = "delete from tb_Login where Uid='"
            +myDesc.Encry(dgv_userInfo.SelectedRows[0].Cells[0].Value.ToString()) + "' and
            Pwd='"+myDesc.Encry(dgv_userInfo.SelectedRows[0].Cells[1].Value.ToString()) + "'";
        if (Convert.ToInt32(MyDBControls.ExecNonQuery(delSql)) > 0) // 执行删除
        {
            MessageBox.Show(" 删除成功 !");
        }
        MyDBControls.CloseConn();// 关闭连接
        ShowAllUser();// 重新加载用户信息
    }
    catch
    {
        ShowAllUser();// 重新加载用户信息
    }
}
```

20.7.3　设置用户权限

在 Frm_XiuGaiYongHu 窗体中单击【权限】按钮，弹出权限设置窗体，如图 20-7 所示。

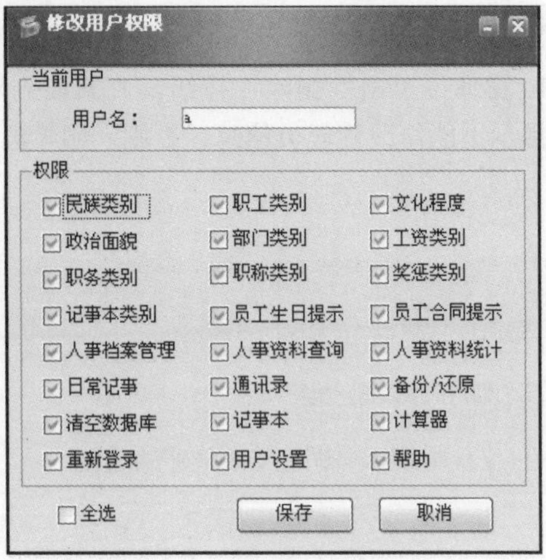

图 20-7　用户权限设置

权限设置窗体中"保存"按钮的代码如下。

```
private void User_Save_Click(object sender, EventArgs e)// 保存权限
{
    try
    {
        MyDBControls.GetConn();//打开连接
        foreach (Control c in popeControls)// 逐一检测是否修改所对应的权限
        {
            int flg = 0;// 没选中则为 0，表示权限不能用，否则为 1，表示能用
            if (((CheckBox)c).Checked)
            {
                flg = 1;
            }
            string sql = "update tb_UserPope set pope=" + flg + " where Uid='"
                +myDesc.Encry(txt_userName.Text) + "' and PopeName='" + c.Text + "'";
            MyDBControls.ExecNonQuery(sql);
        }
        MyDBControls.CloseConn();// 关闭连接
        MessageBox.Show(" 保存成功 !");
        this.Close();
    }
    catch (Exception err)
    {
        MessageBox.Show(err.Message);
    }
}
```

20.8　数据库维护模块

为了保证数据的安全，防止数据丢失，需要对数据库进行备份和还原。故在程序中需实现数据库备份功能与还原功能。

20.8.1　数据库备份功能

备份数据库的保存位置，提供了保存在默认路径下和用户选择路径两种方法，新建 Windows 窗体 Frm_BeiFenHuanYuan，如图 20-8 所示。

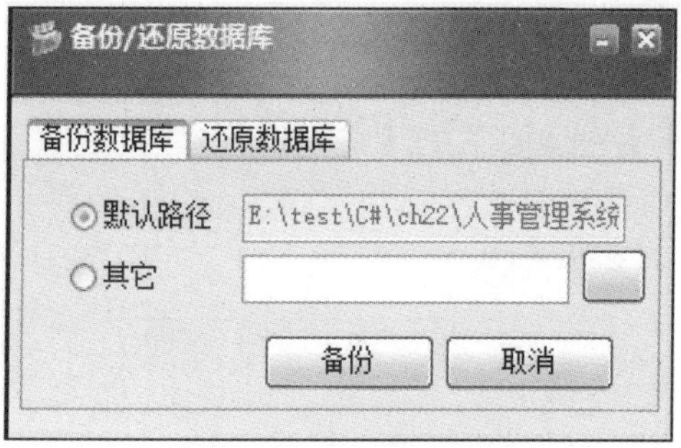

图 20-8　数据库备份

"备份"按钮代码如下。

```
private void btn_backup_Click(object sender, EventArgs e)// 执行备份
{
    string savePath="";// 最终存放路径
    if (rbtn_1.Checked)
    {
        savePath = txt_B_Path1.Text;
    }
    else
    {
        if (txt_B_Path2.Text == string.Empty)// 判断路径是否为空
        {
            MessageBox.Show(" 请选择路径 !");
            return;
        }
        savePath = txt_B_Path2.Text;
    }
    // 备份语句
    string backSql = "backup database db_PWMS_GSJ to disk ='" + savePath +"'";
    //MessageBox.Show(backSql);
    //return;
    try
    {
        MyDBControls.GetConn(); // 打开连接
        MyDBControls.ExecNonQuery(backSql);// 执行命令
        MyDBControls.CloseConn();// 关闭连接
        MessageBox.Show(" 已成功备份到 :\n"+savePath);
        this.Close();
    }
    catch // 处理异常
    {
        MessageBox.Show(" 文件路径不正确 !");
    }
}
```

20.8.2　数据库还原功能

还原数据库程序界面如图 20-9 所示。

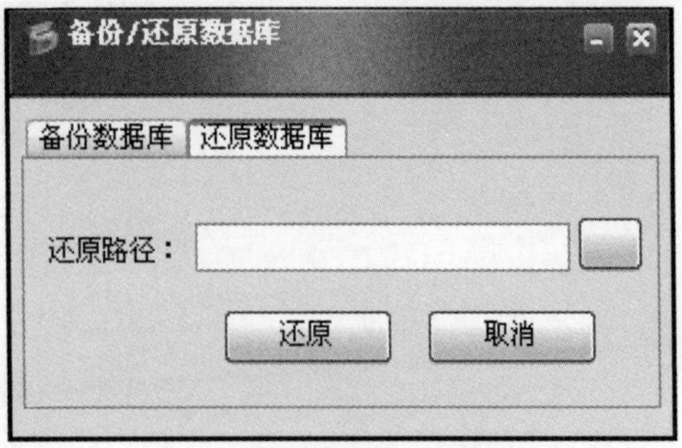

图 20-9　数据库还原

"还原"按钮代码如下。

```
private void btn_restore_Click(object sender, EventArgs e)
{
    btn_restore.Enabled = false;//防止还原过程中错误操作
    MyDBControls.RestoreDB(txt_R_Path.Text);
    MessageBox.Show("成功还原！为了防止数据丢失请重新登录！");
    Application.Restart();
}
```

注意：在还原数据库时，一定要将 SQL Server 的 SQL Server Management Studio 关闭。

20.9　本章小结

本章讲述的人事管理系统实现了基本功能，如人事档案管理模块、用户设置模块、数据库维护模块等。由于篇幅有限，文中主要讲解了有代表性的模块源代码。只要读者理解了这部分代码，对未讲述的那部分源代码，理解起来也是很容易的，通过本章的学习，读者可在此基础上进一步分析挖掘和扩充其他功能，如工资管理、招聘管理等。